新世纪高等学校选用教材

精细有机合成单元反应

（第二版）

张铸勇　主编

张铸勇　祁国珍　庄　莆　编著

華東理工大學出版社
EAST CHINA UNIVERSITY OF SCIENCE AND TECHNOLOGY PRESS

内 容 提 要

精细化工包括染料、医药、农药、表面活性剂、颜料、助剂、香料、涂料及化学试剂等生产领域。精细化工产品繁多，更新又快，涉及脂肪族、芳香族和杂环化合物。本书注重理论联系实际，介绍精细化工生产中常见的各种单元反应，着重阐明其基本原理和应用范围，探讨反应物的结构因素和影响反应的因素，并辅以重要的应用实例。本书共分12章，包括有机合成反应理论、磺化(硫酸化)、硝化、卤化、还原、氨解、烷基化、酰化、氧化、羟基化、酯化和缩合反应等。

本书除作为高等学校与精细化工相关专业的教材外，还可供化工和化学系的相邻专业师生以及在有机合成和精细化工领域工作的科技人员参考。

图书在版编目(CIP)数据

精细有机合成单元反应/张铸勇主编．—2版．—上海：华东理工大学出版社，2003.8(2023.8重印)
ISBN 978-7-5628-1430-6

Ⅰ．精… Ⅱ．张… Ⅲ．精细化工－有机合成
Ⅳ．TQ2

中国版本图书馆CIP数据核字(2003)第061777号

新世纪高等学校选用教材
精细有机合成单元反应
(第二版)

张铸勇 主编 张铸勇 祁国珍 庄 莆 编著

出版	华东理工大学出版社有限公司	开本	787×960 1/16
社址	上海市梅陇路130号	印张	25
邮编	200237 电话(021)64250306	字数	462千字
网址	www.ecustpress.cn	版次	2003年8月第2版
发行	华东理工大学出版社有限公司	印次	2023年8月第16次
印刷	常熟市华顺印刷有限公司		

ISBN 978-7-5628-1430-6/TQ·92 定价：48.00元

第二版说明

本书自出版以来,承广大读者及全国众多兄弟院校师生厚爱,选作教材或参考书。

本次再版,编者对全书内容再次进行了审定和必要的部分修改,并对原书中存在的某些错误作了更正。

编　者

第一版前言

根据全国高等学校工科专业调整方案，原“中间体及染料专业”已调整为“精细化工专业”，专业范围有较大拓宽，可覆盖染料、医药、农药、表面活性剂、颜料、助剂、涂料及香料等化工生产领域。华东理工大学精细化工专业的教学计划规定精细有机合成单元反应是专业基础课。鉴于精细有机化工的产品繁多，更新又快，涉及脂肪族、芳香族和杂环化合物等几大类，所以本课程不宜以精细有机化工的产品加以分类讨论，而选定以有机合成的反应为中心，着重讨论各种单元反应的基本原理和应用范围，注意探讨反应物的结构因素和影响反应的有关因素，并辅以结合专业的应用实例。

本教材共分十二章，依次为有机合成反应理论、磺化(硫酸化)、硝化、卤化、还原、氨解、烷基化、酰化、氧化、羟基化、酯化和缩合反应。其中的第一、七、八、九、十一、十二章由张铸勇编写，第二、三、十章由祁国珍编写，第四、五、六章由庄莆编写。全书由张铸勇主编。此外，在编写过程中还得到华东理工大学汪巩教授的帮助和指正，特此致谢。

由于我们水平有限，时间仓促，书内出现不足甚至谬误之处，诚恳希望读者批评指正，以便今后修改增补。

编　者

目 录

1 有机合成反应理论

1.1 脂肪族亲核取代反应

脂肪族亲核取代反应是有机合成反应中研究得较为深入的一类反应。最经典的是卤代烷与许多亲核试剂可以发生亲核取代反应，生成相应的醇、醚、腈、胺等化合物。表 1-1 列有常见的卤代烷亲核取代反应。卤代烷中卤素的电负性很强，因此 C—X 键的电子对偏向卤素，使碳原子上带有部分正电荷，所以容易遭受带有一对电子的亲核试剂的进攻，反应后卤素带着一对电子离开。反应的通式为：

$$R—X + Nu^- \longrightarrow R—Nu + X^- \quad (1\text{-}1)$$

此反应是亲核试剂对带有正电荷的碳进行攻击，因此称为亲核取代反应，以 S_N 表示。卤代烷是受攻击的对象，称为底物；Nu^- 是亲核试剂或称进入基团；X^- 为反应中离开的基团，称为离去基团。

表 1-1 常见的卤代烷亲核取代反应

反应	产物
$RX + OH^- \longrightarrow ROH + X^-$	醇
$RX + H_2O \longrightarrow ROH + HX$	醇
$RX + R'O^- \longrightarrow ROR' + X^-$	醚
$RX + I^- \longrightarrow RI + X^-$	碘化物
$RX + SH^- \longrightarrow RSH + X^-$	硫醇
$RX + SCN^- \longrightarrow RSCN + X^-$	硫氰化物
$RX + CN^- \longrightarrow RCN + X^-$	腈
$RX + NH_3 \longrightarrow RNH_2 + HX$	胺
$RX + NO_2^- \longrightarrow RONO, RNO_2 + X^-$	亚硝酸酯，硝基烷
$RX + R'C{\equiv}C^- \longrightarrow RC{\equiv}CR' + X^-$	炔化物

1.1.1 反应动力学与历程

对卤代烷的水解反应研究较多，可由碱的水溶液按下式生成醇：

$$RX + OH^- \longrightarrow ROH + X^- \quad (1\text{-}2)$$

通过各种亲核试剂对卤代烷进攻反应的动力学测定，表明存在着两类不同类型的反应，一种是：

$$\text{反应速度} = k_2[\mathrm{RX}][\mathrm{Nu^-}] \qquad \mathrm{S_N2}\ \text{反应}$$

另一种是：

$$\text{反应速度} = k_1[\mathrm{RX}] \qquad \mathrm{S_N1}\ \text{反应}$$

此外，在某些情况下，反应速度方程式是以上两种的混合形式或较为复杂的形式。式中 k_1 及 k_2 分别为一级反应及二级反应的速度常数。

(1) $\mathrm{S_N2}$ *反应*　卤代烷，如溴甲烷、溴乙烷，以及异溴丙烷在碱性水溶液中的水解反应遵循二级动力学，即反应速度取决于两个反应物的浓度，这可认为卤代烷和羟基离子在反应中都参与了限速步骤。$\mathrm{S_N2}$ 反应历程可用一般式表示为：

$$\mathrm{Nu^- + RX} \underset{}{\overset{\text{慢}}{\rightleftharpoons}} \underset{\text{过渡态}}{[\overset{\delta^-}{\mathrm{Nu}}\cdots\mathrm{R}\cdots\overset{\delta^-}{\mathrm{X}}]} \xrightarrow{\text{快}} \mathrm{RNu + X^-} \qquad (1\text{-}3)$$

例如溴甲烷用羟基离子的水解反应：

$$\mathrm{OH^-} + \mathrm{H_3C{-}Br} \overset{\text{慢}}{\rightleftharpoons} \underset{\text{过渡态}}{\left[\mathrm{HO^{\delta-}\text{---}\overset{H\ \ H}{\underset{H}{C}}\text{---}Br^{\delta-}}\right]}$$

$$\xrightarrow{\text{快}} \mathrm{HO{-}CH_3} + \mathrm{Br^-} \qquad (1\text{-}4)$$

即反应是同步过程，亲核试剂从反应物离去基团的背面向与它连接的碳原子进攻，先与碳原子形成较弱的键；与此同时，离去基团与碳原子的键有所减弱，两者与碳原子成直线形状，碳原子上另外三个键逐渐由伞形转变成平面，所需要消耗的能量即活化能，所以这一过程进行较慢，是控制反应速度的一步。当反应进行和达到最高能量状态(即过渡态)时，亲核试剂与碳原子之间的键开始形成，离去基团与碳原子之间的键发生断裂。碳原子上另外三个键由平面向另一边偏转，正如大风将雨伞由里向外翻转，这时就会释放能量，生成反应产物，这一过程进行得很快。$\mathrm{S_N2}$ 反应过程的能量变化如图 1-1

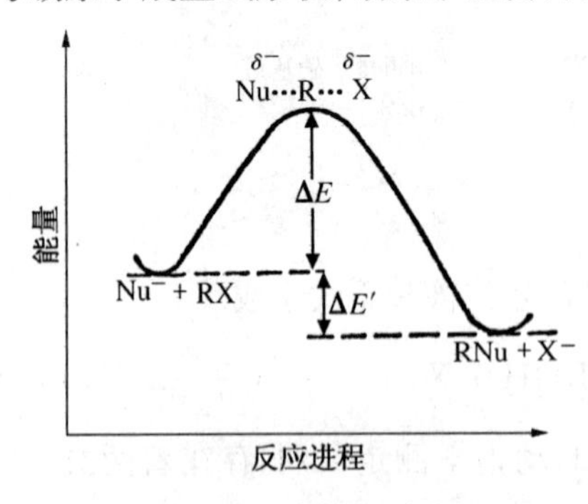

图 1-1　$\mathrm{S_N2}$ 反应能量变化图

所示。当反应物形成过渡状态时,需要吸收能量 ΔE,处在能量最高点,因此形成过渡态的过程是最慢的一步,控制着整个反应的速度。过渡态一旦形成,随即释放能量,形成产物,这一过程进行得很快。反应物与产物之间的能量差为 $\Delta E'$。由于控制反应速度的一步是双分子反应,需要两个反应物分子碰撞,因此这种反应是双分子亲核取代反应。

(2) S_N1 *反应* 叔丁基溴水解生成叔丁醇的反应遵循一级动力学,即反应速度仅取决于叔丁基溴的浓度,而不受 OH^- 浓度的影响。这种反应动力学表明反应历程是分步进行的,卤代烷反应物首先离解为正碳离子与带负电荷的离去基团,这种离解过程需消耗能量,是控制反应速度的慢的一步。离解生成的正碳离子立即与亲核试剂反应,这一过程的速度极快,是快的一步。S_N1 反应历程可用一般式表示为:

$$R—X \xrightleftharpoons{\text{慢}} R^+ + X^- \tag{1-5}$$

$$R^+ + Nu^- \xrightarrow{\text{快}} R—Nu \tag{1-6}$$

例如叔丁基溴的醇解反应:

$$(CH_3)_3CBr \xrightarrow{\text{慢}} (CH_3)_3C^+ + Br^- \tag{1-7}$$

$$(CH_3)_3C^+ + C_2H_5OH \xrightarrow{\text{快}} (CH_3)_3COC_2H_5 + H^+ \tag{1-8}$$

C—X 离解需消耗能量,当能量达到最高点时,即相当于第一个过渡态 $R_3C\cdots X$(见图 1-2),C—X 离解生成正碳离子中间体,能量降低。当正碳离子与亲核试剂碰撞形成新的键时,又需要能量,形成第二个过渡态 $R_3C\cdots Nu$,当键一旦形成,就释放出能量得到产物。正碳离子是反应过程的中间体,它的碳上只有六个电子,反应活性很高,所以在反应中只能暂时存在,一般不能分离得到。由于控制反应速度的一步是单分子,因此这种反应是单分子亲核取代反应。

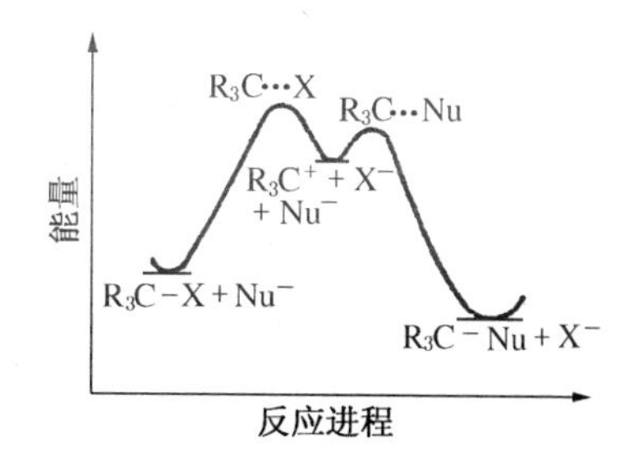

图 1-2 S_N1 反应能量变化图

为了验证 S_N2 或 S_N1 反应的动力学测定,可以通过添加亲核性较高的试剂如叠氮阴离子 N_3^-,观察其对反应速度的影响。如果反应速度有所提高,说明 N_3^- 导致 Nu^- 浓度[Nu^-]提高,反应历程属于 S_N2 型。如果反应速度不受 N_3^- 影响,则反应历程属 S_N1 型。

1.1.2　影响反应的因素

(1) 烷基结构　卤代烷的烷基结构对取代反应速度的影响非常明显。通常影响反应速度的因素有:电子效应和空间效应。在卤代烷的 S_N2 反应中,溴甲烷的反应速度最大;当甲基上的氢(α 位上的氢)逐步被甲基取代,反应速度随着变小,显然是空间效应在起主要作用,而不是电子效应。因为对于双分子反应,必须由两个分子碰撞才能发生反应,所以反应速度的差别直接和取代基大小有关,而与它的吸电子或给电子的能力无关。随着连有卤素的碳原子上所接的取代基数目的增加,S_N2 取代反应的活性就降低。这些取代基可以是脂肪族的、芳香族的或两者都有。下列溴代烷与 I^- 发生 S_N2 取代反应的相对活性可排列成两个次序:

RBr	CH_3Br	>	CH_3CH_2Br	>	$(CH_3)_2CHBr$	>	$(CH_3)_3CBr$
相对活性	150		1		0.01		0.001

$$C_6H_5CH_2Br > C_6H_5CH(CH_3)Br > C_6H_5C(CH_3)_2Br$$

由以上列举的 S_N2 取代反应的相对活性,可知 RX 的活性由高到低的次序是:CH_3X、伯卤烷(1°)、仲卤烷(2°)、叔卤烷(3°)。此外,在空间效应保持相同的条件下,还能观察到反应的电子效应,但是这种电子效应相对而言是比较小的。

在卤代烷的 S_N1 反应中,正碳离子的生成是控制速度的一步,因此可以预计卤代烷的反应活性主要取决于生成的正碳离子的稳定程度。例如叔卤代烷,由于与离去基团相连碳原子背面的空间阻碍较大,不能发生 S_N2 反应,而容易按 S_N1 历程进行反应,这是由于正碳离子稳定性较大。因为叔正碳离子上有较多的 C—H 键与正碳离子的空轨道发生超共轭作用,结果使正碳离子上的正电荷分散而稳定,因而叔正碳离子最稳定,仲正碳离子次之,伯正碳离子的超共轭效应最少,所以稳定性最差。此外,烯丙基及苄基型卤代物,在卤素的 α 碳上带有双键或苯环,其中活动的 π 电子可以与正碳离子的空轨道共轭,使体系比较稳定,卤素也容易带着一对电子离去,所以烯丙基及苄基型卤代物都是特别活泼的。S_N1 取代反应中 RX 的活性由高到低的次序是:烯丙基、苄基卤代物、叔卤烷、仲卤烷、伯卤烷、CH_3X。

(2) 立体化学和重排　S_N2 亲核取代反应是亲核试剂对离去基团所连接的碳原子的背面进攻,这可由下列事实得到证实:如将含手性碳原子的 2-碘辛烷与同位素碘离子(I^{*-})在丙酮中进行交换反应,在同样的反应条件下,发现消旋化速度是交换反应速度的两倍。从消旋这一事实,说明不对称碳原子的构型发生了变化。

$$I^{*-} + \begin{matrix} H_3C \\ H \blacktriangleright C\text{---}I \\ H_{13}C_6 \end{matrix} \longrightarrow I^{*}\text{---}C \begin{matrix} CH_3 \\ \blacktriangleleft H \\ C_6H_3 \end{matrix} + I^- \qquad (1\text{-}9)$$

S构型　　　　R构型

上式中反应物是S构型,经S_N2反应后,构型完全转化为R构型,旋光方向相反,R构型的反应产物可以与S构型的反应物形成R、S外消旋物,旋光正好抵消,所以当交换反应进行到一半时,旋光已经消失,因此消旋化速度是交换反应速度的两倍。上述立体化学的事实证明了双分子亲核取代反应的历程;从构型的完全转化,说明了亲核试剂是从离去的基团所连接的碳原子的背面进攻。绝大多数亲核取代反应属于S_N2反应历程。

一般认为S_N1亲核取代反应是通过形成正碳离子完成的,由于正碳离子是三角形的平面结构,带正电荷的碳原子上有一个空的p轨道,如碳原子上连接有三个不同的基团又保持在同一平面上,与亲核试剂反应时,在平面的两边均可进攻,而且机会均等,所以可以反应生成构型转化和构型保持的两种化合物,得到的是消旋混合物。在许多反应中,构型转化与构型保持几乎相等,但在某些反应中,构型转化会占多数,这可能是由于亲核试剂进攻时,离去基团还未完全离去,阻碍了亲核试剂的进攻,只能从背面进攻,导致构型转化占多数。这种立体化学的证据,即反应生成的是消旋混合物,可以证实S_N1反应是经过正碳离子中间体的过程。正碳离子的另一个特征是能够发生重排,形成更加稳定的正碳离子。例如新戊基溴代烷在乙醇中与$C_2H_5O^-$作用,通过S_N2反应得到醚:

$$CH_3-\overset{\displaystyle CH_3}{\underset{\displaystyle CH_3}{\overset{|}{\underset{|}{C}}}}-CH_2Br + C_2H_5O^- \xrightarrow{C_2H_5OH} CH_3-\overset{\displaystyle CH_3}{\underset{\displaystyle CH_3}{\overset{|}{\underset{|}{C}}}}-CH_2OC_2H_5 + Br^- \qquad (1\text{-}10)$$

此中没有重排产物。但如果新戊基溴代烷在乙醇中进行反应,就能生成两个产物,即醚和烯,碳架发生了变化,这显然是通过S_N1反应历程,首先生成的伯正碳离子,由于稳定性较差,立即发生重排,成为比较稳定的叔正碳离子,再进而完成取代或消除反应:

$$CH_3-\underset{CH_3}{\overset{CH_3}{C}}-CH_2^+ \longrightarrow CH_3-\underset{+}{\overset{CH_3}{C}}-CH_2CH_3 \xrightarrow{C_2H_5OH} CH_3-\underset{OC_2H_5}{\overset{CH_3}{C}}-CH_2CH_3$$

$$+ CH_3\overset{CH_3}{C}{=}CHCH_3 \qquad (1\text{-}11)$$

叔正碳离子与醇反应生成醚,进行消除反应便生成烯。消除和重排均是正碳离子的特征性质,也可用来证实 S_N1 反应历程是经过正碳离子中间体的过程。

(3) **进入基团** 亲核试剂能提供一对电子,与底物的碳原子成键。进入基团的给电子能力强,成键就快,表示其亲核性强。通常进入基团的碱性愈强,亲核能力亦愈强。在很多情况下,碱性与亲核性是一致的,但有时并不完全一致,因为碱性是对一个质子的亲合能力,而亲核性是一个碱在过渡态对碳原子的亲合能力。亲核试剂的亲核能力取决于两个因素:碱性和可极化性。这两个因素,有时这个是主要的,有时则另一个是主要的。一般而言,周期表中第三、第四周期元素的亲核性强,第二周期元素的碱性强。

碱性强弱与溶剂的关系很大,因此亲核性亦受溶剂的影响,但是可极化性很少受溶剂的影响。I^-、SH^-、SCN^- 是可极化性很高而碱性很弱的试剂,这些离子在质子溶剂中,由于碱性很弱,被质子溶剂化较少;在偶极溶剂中,也很少被溶剂化,所以这些离子在质子溶剂与偶极溶剂中的亲核性均很高。F^-、Cl^-、Br^- 的体积较小,电荷比较集中,所以显得碱性很强而可极化性较低,这些离子在质子溶剂中与质子形成氢键的力量强,也就是溶剂化作用大,在反应时需消耗去溶剂化的能量,所以反应性降低;但在偶极溶剂中,这些离子不被溶剂分子包围,就显出碱性,所以反应性就高。因此在质子溶剂中,一些常见的亲核试剂的亲核性由高到低的顺序是:

$RS^- > ArS^- > I^- > CN^- > OH^- > N_3^- > Br^- > ArO^- > Cl^- >$ 吡啶 $> AcO^- > H_2O$

但在偶极溶剂中,有些试剂的亲核性顺序是相反的:

$$F^- > Cl^- > Br^- > I^-$$

应该指出:这些离子的亲核性顺序不是固定不变的,如在水或醇中,$I^- > Br^- > Cl^-$;在丙酮中,三者比较接近;而在二甲基甲酰胺中,$Cl^- > Br^- > I^-$。在 S_N2 反应中,由于亲核试剂参加决定反应速度的一步,会影响反应速度,因此选用溶剂非常重要，尽管偶极溶剂对 S_N2 反应比质子溶剂更为有利，但由于质子溶剂便宜，而且方便易得，所以仍是目前大量使用的溶剂。

在 S_N1 反应中，亲核试剂与正碳离子的反应不是反应速度的控制步骤，因此亲核试剂对反应速度影响不大。由于正碳离子的反应性很高，不论亲核试剂的亲核能力是大或小，均能发生反应。

(4) **离去基团** 在亲核取代反应中发生 C—X 键断裂，X 带有一对电子离开，称为离去基团。凡是 C—X 键弱，X^- 容易离去，否则就不易离去。C—X 键的强弱，主要取决于 X^- 的电负性，也就是碱性。离去基团的碱性愈弱，形成的负离子愈稳定，愈容易被进入基团取代，这样的离去基团就是好的离去基团。HI、HBr、HCl 酸类均是强酸，其中的氢很易以质子形式离去，所以 I^-、Br^-、Cl^- 是强酸的共轭碱，都是弱碱，十分稳定，因此均是好的离去基团。碘代烷、溴代烷、氯代烷均能很容易进行亲核取代，如按离去基团的碱性大小排列有下列次序：

$$I^- < Br^- < Cl^-$$

因此卤代烷的反应活性次序为：

$$RI > RBr > RCl$$

氟氢酸是比较弱的酸，氢不易以质子形式离去，这是由于氟离子的外层电子比较集中，且离核较近，控制较牢，使氟离子的碱性较强，所以 RF 中的氟不是好的离去基团，不太容易进行反应。

除卤代烷中的卤素外，硫酸酯及磺酸酯，例如硫酸二甲酯、甲磺酸酯、苯磺酸酯、对甲苯磺酸酯等中的酸根均是好的离去基团。

OH^-、OR^-、NH_2^-、NHR^- 等基团，因碱性强，一般不易被置换，所以是不好的离去基团。当用醇制备卤代烷时，因卤离子不易置换醇中的 OH 基，所以需用硫酸或氯化锌等为催化剂，使形成 R^+OH_2 或 $R—\overset{+}{\underset{|\atop H}{O}}\cdots\bar{Z}nCl_2$，以降低离去基团的碱性，因而容易接受一对电子离去。

不论 S_N2 反应或 S_N1 反应，变换离去基团肯定都会影响这两类反应的速度，其影响基本相同。不同的离去基团在亲核取代反应中的相对活性如下：

X	—F	—Cl	—Br	$—^+OH_2$	—I
相对活性	10^{-2}	1	50	50	150

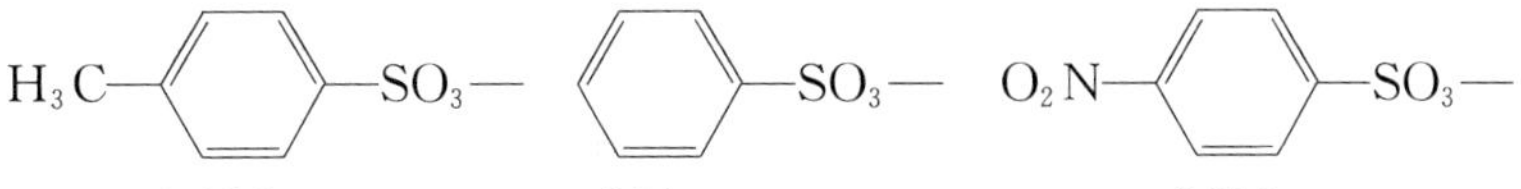

$H_3C—C_6H_4—SO_3—$	$C_6H_5—SO_3—$	$O_2N—C_6H_4—SO_3—$
190	300	2800

（5）*溶剂效应* 亲核取代反应中，质子溶剂中的质子可以与反应中生成的负离子，尤其是与由氧与氮形成的负离子通过氢键溶剂化，使负电荷得到分散，负离子变得稳定，因此有利于离解反应，有利于反应按 S_N1 进行。增加溶剂的酸性，即增加质子形成氢键的能力，有利于按 S_N1 反应进行。例如在溶剂化能力较小的醇中，许多反应是在 S_N2 或 S_N2 与 S_N1 的边缘；而在甲酸溶剂中，有利于按 S_N1 反应进行。当在质子溶剂中进行 S_N2 反应时，亲核试剂可以被溶剂分子包围，因此必须消耗能量，先除掉亲核试剂周围的部分溶剂分子，才能使试剂与底物接触发生反应。

偶极溶剂由于其偶极正端埋于分子内部，负离子很难溶剂化，故亲核试剂一般不会受偶极溶剂分子的包围，所以 S_N2 反应在偶极溶剂中进行比在质子溶剂中快。

增加溶剂的极性能够加速卤代烷的离解，对 S_N1 反应有利，使由原来极性较小的底物变为极性较大的过渡态，即在反应过程中极性增大：

$$RX \longrightarrow [\overset{\delta^+}{R}\cdots\overset{\delta^-}{X}] \longrightarrow R^+ + X^- \qquad (1\text{-}12)$$

溶剂可以与过渡态形成偶极-偶极键。底物在形成过渡态时需消耗能量，此能量可以由形成偶极-偶极键时所释放的能量提供。因此溶剂的极性大，溶剂化的力量亦大，提供的能量亦大，离解就很容易。对于 S_N2 反应，增加溶剂的极性，反应并不有利，因为按 S_N2 历程在形成过渡态时，原来电荷比较集中的亲核试剂变成电荷比较分散的过渡态：

$$RX + Nu^- \longrightarrow [\overset{\delta^-}{N}u\cdots R\cdots\overset{\delta^-}{X}] \longrightarrow NuR + X^- \qquad (1\text{-}13)$$

亲核试剂 Nu^- 的一部分电荷经 R 传给了 X，因此上述过渡态的负电荷比较分散，不如原先的亲核试剂集中，因而过渡态的极性不如亲核试剂大，所以增加溶剂的极性，反而使极性大的亲核试剂溶剂化，不利于形成过渡态。S_N1 和 S_N2 反应方式在一定程度上可用溶剂在性质上的差异来判断。

1.1.3 氧亲核试剂的反应

（1）*酯的水解* 酯常用酸或碱催化水解：

$$R-\underset{\underset{O}{\|}}{C}-OR' \begin{cases} \underset{-H_2O}{\overset{H^+, H_2O}{\rightleftharpoons}} RCOOH + R'OH \\ \xrightarrow{OH^-, H_2O} RCOO^- + R'OH \end{cases} \qquad (1\text{-}14)$$

由于 OR′是一个比卤离子(或 OCOR)更差的离去基团,所以单用水不能使多数酯水解。酸由于能使羰基形成更多的正电荷,因而对亲核试剂的进攻更为敏感。当用碱催化反应时,进攻试剂是一个更强的亲核试剂 OH^-,这种反应通称为皂化反应,结果生成该羧酸的盐。酸碱催化的反应都是平衡反应,平衡反应只在平衡移动到右侧成为一种方法时才有实用意义。按上式酯在碱性溶液中能生成羧酸盐,因此常用作制备目的,除非对碱敏感。此外,酯的水解反应也能被金属离子、酶和亲核试剂所催化。

(2) **羧酸的酯化**　羧酸和醇的酯化是式(1-14)的逆反应,只要采取适当的方法使平衡能向生成酯的方向移动就可以完成。方法有:使反应原料之一过量,通常是醇;蒸出酯和水分;或者用脱水剂除去反应生成的水。当 R′是甲基时,最简单的移动平衡的方法是加过量甲醇;当 R′是乙基时,可用共沸法脱除水分。酯化时最普通的催化剂是 H_2SO_4,但对某些活泼羧酸,如甲酸就不必再用催化剂。除了甲基、乙基外,R′还可能是其他伯或仲烷基,但是不宜采用叔醇,因叔醇常产生正碳离子和消除反应。羧酸有时亦可用来制备酚酯,但产量均很低。

(3) **酯的醇解**　即酯基转移的反应。此反应可用酸或碱催化:

$$RCOOR' + R''OH \underset{\text{或 } OH^-}{\overset{H^+}{\rightleftharpoons}} RCOOR'' + R'OH \tag{1-15}$$

这也是一个平衡反应,应设法使平衡移向所期望的方向。在许多场合,可以通过较低沸点的醇边生成边蒸出,就可以把较低沸点的酯变成较高沸点的酯。

(4) **酰卤的醇解**　这是制取酯最好的一般方法:

$$RCOX + R'OH \longrightarrow RCOOR' + HX \tag{1-16}$$

此法适用范围很大,而且不受许多官能团的干扰。通常可用碱使其与 HX 结合。如用碱水溶液时,这反应称肖藤-鲍曼(Schotten-Baumann)法,但也常使用吡啶结合 HX。R 和 R′可以是伯、仲、叔烷基或芳基。当用有位阻效应的酸或叔醇时,若进行反应有困难,可以改用烷氧化物代替醇。用酚的铊盐可以合成产率很高的酚酯。

当酰卤是光气时,可以得到氯甲酸酯或碳酸酯。其重要的应用是农药多菌灵的中间体氯甲酸甲酯,可用光气和甲醇合成:

$$COCl_2 + CH_3OH \longrightarrow ClCOOCH_3 + HCl \tag{1-17}$$

1.1.4　硫亲核试剂的反应

硫的化合物是较好的亲核试剂,所以在大多数情况中,用硫亲核试剂反应比用氧亲核试剂更为快速和平稳。

氯代烷用亚硫酸盐反应,可以生成相应的烷基磺酸盐,它是阴离子表面活性剂中的重要品种之一:

$$RCl + SO_3^{2-} \longrightarrow RSO_3^- + Cl^- \tag{1-18}$$

氯代烷可以是伯或仲氯代烷,甚至也可是叔氯代烷,但产量较低。

此外环氧化合物也能用亚硫酸氢盐处理发生开环生成 β-羟基磺酸:

$$\underset{\diagdown \ O \ \diagup}{>C\!\!-\!\!\!-\!\!C<} + HSO_3^- \xrightarrow{H_2O} >\underset{HO}{\underset{|}{C}}-\underset{SO_3^-}{\underset{|}{C}}< \tag{1-19}$$

这个反应的重要应用是由环氧乙烷与亚硫酸氢钠反应:

$$\underset{\diagdown \ O \ \diagup}{CH_2-CH_2} + NaHSO_3 \longrightarrow CH_2(OH)-CH_2SO_3Na \tag{1-20}$$

生成的羟乙基磺酸钠可用来制备阴离子表面活性剂,如 N-甲基-N-油酰基牛磺酸钠盐,俗称胰加漂 T(Igepon T)。羟乙基磺酸钠先与甲胺反应生成 N-甲基牛磺酸钠,然后再与油酸酰氯反应,即得成品 $C_{17}H_{33}CON(CH_3)CH_2CH_2SO_3Na$。

1.1.5 氮亲核试剂的反应

(1) 氨或胺的烷基化　卤代烷与亲核试剂氨或胺类可以发生下列 N-烷基化反应:

$$NH_3 + 3RX \xrightarrow[-3HX]{} R_3N \xrightarrow{RX} R_4N^+ X^- \tag{1-21}$$

$$R'NH_2 + 2RX \xrightarrow[-2HX]{} R_2R'N \xrightarrow{RX} R_3R'N^+ X^- \tag{1-22}$$

$$R'R''NH + RX \xrightarrow[-HX]{} RR'R''N \xrightarrow{RX} R_2R'R''N^+ X^- \tag{1-23}$$

$$R'R''R'''N + RX \longrightarrow RR'R''R'''N^+ X^- \tag{1-24}$$

卤代烷与氨的反应往往不会停留在伯胺甚至仲胺的阶段,而是可以发生连串的 N-烷基化。因为脂肪族伯胺及仲胺的碱性均比氨更强,所以这类反应对制备脂肪族叔胺和季铵盐比较有利。如果用氨作亲核试剂,产物氮原子上的所有烷基是完全一样的;如用伯、仲或叔胺,则同一氮原子上的烷基可以是不同的。如用大量过量的氨进行反应,通过此法也能制备伯胺。此外,当场效应或别的效应会使伯胺成为一种比氨更弱的碱时，利用此法也可制备伯胺，产率又高，如由 α-卤代酸变成 α-氨基酸：

$$\underset{\displaystyle X}{R-\underset{|}{CH}}-COOH + NH_3 \longrightarrow \underset{\displaystyle NH_2}{R-\underset{|}{CH}}-COOH + HX \tag{1-25}$$

(2) 环氧化合物的胺化　在亲核试剂氨的作用下，环氧化合物会发生开环反应，这是制备 β-羟胺的一种重要方法：

$$>C\overset{O}{—}C< + NH_3 \longrightarrow >\underset{HO}{C}-\underset{NH_2}{C}< \xrightarrow{>C\overset{O}{—}C<}$$

$$\left(>\underset{HO}{C}-\underset{|}{C}<\right)_2 NH \xrightarrow{>C\overset{O}{—}C<} \left(>\underset{HO}{C}-\underset{|}{C}<\right)_3 N \tag{1-26}$$

具有重要实际意义的是环氧乙烷与氨的反应，能生成一乙醇胺，它能继续与环氧乙烷反应，进一步生成二乙醇胺以及三乙醇胺。控制一定的反应条件，特别是反应原料的比例，可以期望生成某一产品为主。环氧乙烷与胺，尤其是与仲胺反应，可以获得产率较高的 N,N-二取代氨基乙醇。在环氧化合物中，环氧乙烷和环氧丙烷是易得的原料，因此本法对合成 2-氨基乙醇、1-氨基-2-丙醇的衍生物十分有用。此外还有环氧异丁烯、环氧苯乙烯、环氧-1,2-二苯乙烯等均能发生类似的反应。

1.1.6　卤素亲核试剂的反应

醇与卤素亲核试剂反应是合成卤代烷最适用的方法，常用的普通试剂是氢卤酸 HX、无机酸酰卤如 $SOCl_2$、PCl_5、PCl_3、$POCl_3$ 等。HBr 和 HI 常分别用于制备溴代烷和碘代烷。使用 HI 时，会发生碘代烷还原成烷；若底物是不饱和的，还能还原双键。这类反应能用来制备伯、仲或叔卤代烷，但异丁醇或新戊醇常发生重排。叔醇易被取代，可与干燥的 HCl 顺利反应，但伯、仲醇与 HCl 反应很慢，往往要用催化剂加速反应，常用的是氯化锌，由直链伯醇可以生成产率良好的伯卤代烷。无机酸酰卤是醇的最有效的亲核试剂，当采用盐酸、氯代锌容易发生异构化等副反应时，改用 $SOCl_2$、PCl_3 等往往可获得良好结果，重排副反应明显减少。

1.1.7 在磺酰基硫上的亲核取代反应

在 RSO_2X 硫上的亲核取代与 RCOX 的反应是相类似的，但磺酰氯不如羧酸酰卤活泼。磺酰氯、磺酸酯及磺酰胺均可按下式水解成相应的酸：

$$RSO_2Cl + H_2O \longrightarrow RSO_2OH + HCl \tag{1-27}$$

$$RSO_2OR' + H_2O \xrightarrow{OH^-} RSO_2OH + R'OH \tag{1-28}$$

$$RSO_2NR'_2 + H_2O \xrightarrow{H^+} RSO_2OH + NHR'_2 \tag{1-29}$$

磺酰氯在无酸(或碱)时，用水(或醇)就能水解；也可用碱催化水解，生成相应的盐。磺酸酯容易水解，许多酯的水解是用水或稀碱就能完成。磺酰胺的水解不如磺酰卤及磺酸酯容易，通常不用碱液水解，而要用酸水解。

1.2 脂肪族亲电取代反应

脂肪族亲电取代反应中最重要的离去基团是外层缺少电子对而能很好存在的离去基团。质子也是脂肪系中的离去基团，但反应性取决于酸度。饱和烷烃中的质子很不活泼，亲电取代常在更显酸性的位置上发生。例如羰基的 α 位，或在端基炔位(RC≡CH)。亲电取代的又一类型为阴离子分裂，包括 C—C 键的断裂，反应中有碳离去基团。

1.2.1 反应历程

对脂肪族亲电取代反应至少可区分为四种反应历程：单分子历程 S_E1，和双分子历程 S_E2(前面进攻)，S_E2(后面进攻)以及 S_Ei。

(1) *双分子历程 S_E2 和 S_Ei* 脂肪族亲电取代的双分子历程与 S_N2 反应历程相类似。亲电试剂给底物的只是一个空轨道，可以想像取代反应有两种主要的可能性：可以是由前面进攻的为 S_E2(前面)，也可以是由后面进攻的为 S_E2(后面)，其反应过程简单表示如下：

$$\gt C—X \;(+\,Y) \longrightarrow \gt C—Y \;\; X$$

S_E2(前面) 构型保持

$$Y \curvearrowleft \overset{|}{\underset{/\backslash}{C}}—X \longrightarrow Y—\overset{|}{\underset{/\backslash}{C}} \quad X \tag{1-30}$$

S_E2(后面) 构型转化

从可以识别这种可能性的底物来说,前面进攻的结果是构型保持,后面进攻是构型转化。当亲电试剂由前面进攻时,还有第三种可能性:部分亲电试剂可能有助于离去基团的除去,与离去基团成键的同时形成了新的 C—Y 键,这种历程为 S_Ei 历程:

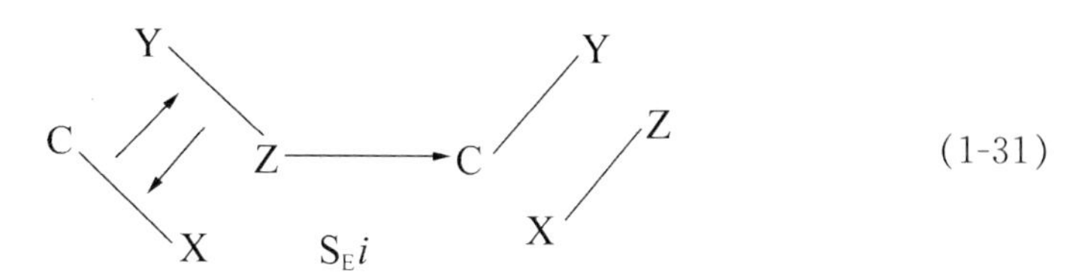

(1-31)

反应的结果是构型保持。

显然,要区分这三种历程是比较困难的,因为这三种历程的动力学全是二级,而且有两种历程都保持构型,所以能明确指出实际发生的是这三种历程中的哪一种的情况很少。至于立体化学的研究,也只能识别 S_E2(后面)和 S_E2(前面)或 S_Ei 之间的不同。

(2) **单分子历程 S_E1** 脂肪族亲电取代反应的单分子历程与脂肪族亲核取代反应的 S_N1 历程类似,它包括两步:慢的离解和快的结合:

$$R—X \xrightarrow{\text{慢}} R^- + X^+ \tag{1-32}$$

$$R^- + Y^+ \xrightarrow{\text{快}} R—Y \tag{1-33}$$

按这种历程,反应的动力学是一级的,也找到了有关证据,如在研究碱催化的互变异构中获得了支持 S_E1 历程的证据;在反应中重氢交换的速度和外消旋化的速度一样,并出现了同位素效应。

(3) **亲电取代伴随双键移动** 当亲电取代发生在烯丙式底物上时,产物可能重排:

$$>C=\overset{|}{C}—\overset{|}{\underset{|}{C}}—X + Y^+ \longrightarrow —\overset{|}{\underset{\underset{Y}{|}}{C}}—\overset{|}{C}=\overset{|}{\underset{|}{C}} + X^+ \tag{1-34}$$

发生重排的主要途径有两条:第一条类似于 S_E1 历程,此时离去基团先消除,生

成共振稳定的烯丙基负碳离子,然后再发生亲电进攻:

$$\mathrm{C{=}C{-}C{-}X} \longrightarrow \left[\mathrm{C{=}C{-}C^{-}{-}} \longleftrightarrow \mathrm{{}^{-}C{-}C{=}C}\right]$$

$$\xrightarrow{Y^{+}} \mathrm{Y{-}C{-}C{=}C} \qquad (1\text{-}35)$$

第二条是 Y 基团先进攻,产生正碳离子,然后再失去 X:

$$\mathrm{{-}C{=}C{-}C{-}X} \xrightarrow{Y^{+}} \mathrm{{-}\underset{}{\overset{Y}{C}}{-}C^{+}{-}C{-}X}$$

$$\longrightarrow \mathrm{{-}\underset{Y}{C}{-}C{=}C} + X^{+} \qquad (1\text{-}36)$$

1.2.2 氢作离去基团的反应

(1) *双键及三键的迁移* 许多不饱和的双键或三键化合物用强碱处理后,分子中的双键或三键往往发生迁移,例如:

$$\mathrm{R{-}CH_2{-}CH{=}CH_2} \xrightarrow[\text{二甲亚砜}]{KNH_2} \mathrm{R{-}CH{=}CH{-}CH_3} \qquad (1\text{-}37)$$

反应经常获得平衡混合物,大多数是以热力学稳定的异构体为主。如果新双键能与早已存在的双键共轭,或与芳环共轭,则就以上述方式完成反应。通常末端烯能异构化为内烯;非共轭烯成为共轭烯;外向六员环烯变为内向六员环烯等。这种反应是亲电取代伴有烯丙重排,其历程涉及碱的作用,产生共振稳定的负碳离子,该离子又和将产生更稳定链烯的位置上的质子结合:

第一步

$$\mathrm{R{-}CH_2{-}CH{=}CH_2} + \mathrm{B} \longrightarrow [\mathrm{R{-}\bar{C}H{-}CH{=}CH_2}$$

$$\longleftrightarrow \mathrm{R{-}CH{=}CH{-}\bar{C}H_2}] + \mathrm{BH^{+}} \qquad (1\text{-}38)$$

第二步

$$\longrightarrow \mathrm{R{-}CH{=}CH{-}CH_3} + \mathrm{B} \qquad (1\text{-}39)$$

三键在碱的作用下,也会通过丙二烯式中间体发生迁移:

$$R—CH_2—C\equiv CH \rightleftharpoons R—CH=C=CH_2 \rightleftharpoons R—C\equiv C—CH_3 \tag{1-40}$$

$NaNH_2$ 强碱能把内炔变成末端炔,而 NaOH 是相对较弱的碱,对内炔有利,有时反应能在丙二烯阶段停下来,成为制备丙二烯的一种方法。

此外,用酸催化时,若底物的双键有几个可能的位置,通常得到各种可能的异构体的混合物,因为通过正碳离子会产生许多副产物,所以酸催化的反应在合成上应用较少。

(2) **醛、酮的卤化**　醛和酮的 α 位可用溴、氯或碘取代卤化:

$$—\overset{|}{C}H—\underset{\underset{O}{\|}}{C}—R + Br_2 \xrightarrow{H^+或OH^-} —\underset{\underset{Br}{|}}{\overset{|}{C}}—\underset{\underset{O}{\|}}{C}—R + HBr \tag{1-41}$$

对于不对称酮,氯化的较好位置首先是 CH 基,其次是 CH_2 基,再次是 CH_3 基,但通常得到的是混合物。至于醛上的氢有时也能被卤取代。醛、酮的卤化反应,也可能制备两种多卤代物。当使用碱催化剂时,酮的一个 α 位全被卤化之后才进攻另一个 α 位,直到第一个 α 碳的所有氢原子被取代了,反应才停止。用酸作催化剂时,只有一个卤素取代了就容易使反应停止,但利用过量的卤素可以引进第二个卤素。在氯化反应中,第二个氯一般出现在第一个氯的同侧;但在溴化反应中,能生成 α、α'-二溴代产物。

发生上述卤化反应的其实不是醛、酮本身,而是对应的烯醇或烯醇式离子。催化剂的目的是提供少量的烯醇。微量的酸碱就足够催化形成烯醇或烯醇化物。例如用酸催化的历程是:

$$R_2CH—\underset{\underset{O}{\|}}{C}—R' \xrightarrow[慢]{H^+} R_2C=\underset{\underset{OH}{|}}{C}—R' \tag{1-42}$$

$$R_2C=\underset{\underset{OH}{|}}{C}—R' + Br_2 \longrightarrow R_2\underset{\underset{Br}{|}}{C}—\underset{\underset{OH}{|}}{\overset{+}{C}}—R' + Br^- \tag{1-43}$$

$$R_2\underset{\underset{Br}{|}}{C}—\underset{\underset{OH}{|}}{\overset{+}{C}}—R' \longrightarrow R_2\underset{\underset{Br}{|}}{C}—\underset{\underset{O}{\|}}{C}—R' + H^+ \tag{1-44}$$

支持上述历程的根据有:反应速度对底物是一级;溴不出现在反应速度式内;反

应速度在同样条件下对溴化、氯化和碘化是相同的;反应显出同位素效应。

1.2.3 碳作离去基团的反应

这些反应中发生 C—C 键的分裂,把保留电子对的部分看作底物,因此可以认为是亲电取代。

脂肪酸的脱羧化

$$RCOOH \longrightarrow RH + CO_2 \tag{1-45}$$

许多羧酸不是以游离的酸就是以盐的形式可以成功地脱羧。乙酸例外,因乙酸盐和碱加热很易反应生成甲烷。凡能成功地脱羧的脂肪酸都在 α 或 β 位有某些官能团或双键和三键,见表 1-2。

表 1-2 容易脱羧的羧酸

酸的类型	举例	脱羧产物
丙二酸式	HOOC—C(—)(—)—COOH	HOOC—C(—)(—)—H
α-氰基	NC—C(—)(—)—COOH	NC—C(—)(—)—H 或 HOOC—C(—)(—)—H
α-硝基	O_2N—C(—)(—)—COOH	O_2N—C(—)(—)—H
α-芳基	Ar—C(—)(—)—COOH	Ar—C(—)(—)—H
α-酮基	—C(=O)—COOH	—C(=O)—H
α,α,α-三卤代	X_3C—COOH	X_3C—H
β-酮基	—C(=O)—C(—)(—)—COOH	—C(=O)—C(—)(—)—H
β,γ-不饱和的	—C=C—C—COOH(各碳带取代键)	—C=C—C—H(各碳带取代键)

α-氰酸的脱羧化可能给出腈或羧酸,因为氰基在反应过程中可能会发生水解。

1.2.4 在氮上亲电取代的反应

这类反应中的亲电试剂与氮原子的未共享电子对结合。亲电试剂可以是游离的正离子，或是在进攻过程中或进攻不久后破裂的附于载体的正离子。

(1) **重氮化** 当芳伯胺与亚硝酸反应时，生成重氮盐。脂肪族伯胺也能发生这种反应，但脂肪族重氮离子极不稳定，甚至在溶液里也不稳定。芳香族重氮离子由于氮和环之间的共振作用而变得更稳定：

$$\text{C}_6\text{H}_5-\overset{+}{\text{N}}\equiv\text{N} \longleftrightarrow \text{C}_6\text{H}_5-\text{N}=\overset{+}{\text{N}} \longleftrightarrow \text{(环己二烯亚基)}=\overset{+}{\text{N}}=\overset{+}{\text{N}}\ (\text{环上}^-) \longleftrightarrow \text{等等} \qquad (1\text{-}46)$$

如同键长量度显示的，在氯化重氮苯内，C—N 键长为 0.142 nm，N—N 键长为 0.111 nm。这些数值适合于单键和三键，超过适合于两个双键，因此在式(1-46)中以左侧第一种共振式给杂化体的贡献最大。芳香族重氮盐在水溶液中和低温时比较稳定，温度较高时容易分解。干燥状态的重氮盐极不稳定，如受热或震动，易发生爆炸。因此重氮化反应一般都是在低温水溶液中进行，重氮盐产品也不必分离而直接应用于下一步合成反应。重氮盐的稳定性和芳环上的其他取代基有关，也和重氮盐的酸根有关。例如重氮盐通常只在低温(5 ℃)稳定，但是由硝基苯胺和对氨基苯磺酸制得的重氮盐在 10 ℃～15 ℃还是稳定的。此外，由硫酸根组成的重氮盐又比盐酸根的重氮盐更为稳定。

在酸溶液中发生重氮化反应的不是胺盐而是少量存在的游离胺。因为脂肪族胺是比芳香族胺更强的碱，所以在 pH 低于 3 时，没有任何的游离脂肪族胺发生重氮化，但芳香族胺依然能够反应。在稀酸中实际的进攻试剂是 N_2O_3，N_2O_3 起 NO^+ 载体的作用。支持这一历程的根据是反应速度对亚硝酸为二级；在酸度很低时，反应速度式中也不出现有胺。重氮化的历程如下：

$$2HNO_2 \xrightarrow{\text{慢}} N_2O_3 + H_2O \qquad (1\text{-}47)$$

$$ArNH_2 + N_2O_3 \longrightarrow Ar-\overset{H}{\underset{H}{N^+}}-N=O + NO_2^- \qquad (1\text{-}48)$$

$$Ar-\overset{H}{\underset{H}{N^+}}-N=O \longrightarrow Ar-\underset{H}{N}-N=O + H^+ \qquad (1\text{-}49)$$

$$Ar-\underset{H}{N}-N=O \longrightarrow Ar-N=N-O-H \qquad (1\text{-}50)$$

$$Ar-\overset{\frown}{N}=N-\overset{\frown}{O}-H + H^+ \longrightarrow Ar-\overset{+}{N}\equiv N + H_2O \quad (1\text{-}51)$$

进攻试剂除了 N_2O_3 外，其他可能是 NOCl、$H_2NO_2^+$，在高酸度中甚至可能是 NO^+ 离子。

(2) **氧化偶氮化合物** 通过亚硝基化合物和羟胺的缩合，可以生成氧化偶氮化合物：

$$RNO + R'NHOH \xrightarrow[-H_2O]{} R-\underset{\underset{O}{\downarrow}}{N}=N-R' \quad (1\text{-}52)$$

在最终产物里，氧的位置取决于 R 基团的性质，而不取决于 R 基团来自哪个起始化合物。R 和 R′可以是烷基或芳基，但当包括两个不同的芳基时，生成的是氧化偶氮化合物的混合物，即 ArNONAr，ArNONAr′和 Ar′NONAr′，而且不对称的产物 ArNONAr′可能生成得最少。这大概是因为在反应之前，可能在起始化合物之间先发生平衡转化：

$$ArNO + Ar'NHOH \rightleftharpoons Ar'NO + ArNHOH \quad (1\text{-}53)$$

然后在相同芳基的亚硝基和羟胺化合物之间发生缩合反应，生成相应的芳基相同的氧化偶氮化合物，这种反应历程还可由下列事实加以支持：当亚硝基苯和苯基羟胺偶合时，^{18}O 和 ^{15}N 的标记显示了两个氮和两个氧相等。

1.3 芳香族亲电取代反应

芳香族化合物是有机合成的重要组成部分。一般可包括苯衍生的芳香化合物、稠环芳香化合物、稠环非苯芳香化合物和杂环芳香化合物四大类。在芳香化合物的有机合成反应中，以取代反应最为重要，通过取代反应，可以从简单的芳香化合物合成各式各样较为复杂的芳香化合物。最简单的芳香化合物是苯，苯环上的氢可以通过取代成为其他原子或取代基；同时，苯环上除氢以外的其他原子或取代基也可以被置换，所以用不同的苯衍生物进行芳环上的取代反应，就能制备许多芳香衍生物。芳环上取代反应从历程上区分，包括：亲电、亲核及自由基取代，其中以亲电取代最为常见和重要。

1.3.1 苯的一元亲电取代反应

苯分子的 π 电子集中在分子平面的上下两边，和烯烃有些相似，不易受亲核试剂的进攻，而易受亲电试剂的进攻，这是苯类芳香化合物的重要特征，例如芳烃能和无机酸类 HCl、HBr 和 HF 等形成络合物，表明芳烃具有广义的碱性。

这是因为苯与亲电试剂接近时，苯的 π 电子首先和试剂能形成 π 络合物，但这种结合是可逆的；然后试剂与苯环上的一个碳原子相连接，此时碳原子便由原先的 sp^2 杂化重新杂化成 sp^3，并与试剂结合成 σ 键，成为带有正电荷的环状中间体，即惠兰特(Wheland)中间体，又称为正碳离子中间体或 σ 络合物。由于中间体正离子环中出现了一个 sp^3 杂化的碳离子，破坏了原先的环型共轭体系，因而丧失了芳香性，但只要再失去一个质子重新成为苯环时，又恢复了芳香性，而结果是苯环上的氢被亲电试剂所取代，成为一元取代苯，反应过程可表示如下：

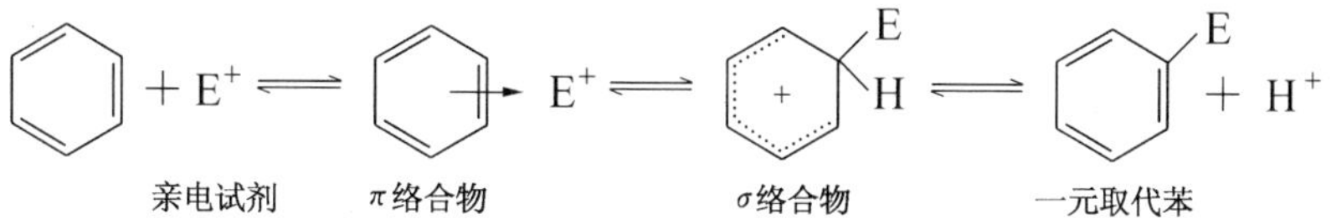

$$C_6H_6 + E^+ \rightleftharpoons [C_6H_6 \to E^+] \rightleftharpoons [C_6H_6E]^+ \rightleftharpoons C_6H_5E + H^+ \quad (1\text{-}54)$$

亲电试剂　π络合物　σ络合物　一元取代苯

式中 σ 络合物的共振结构式可用下式表示：

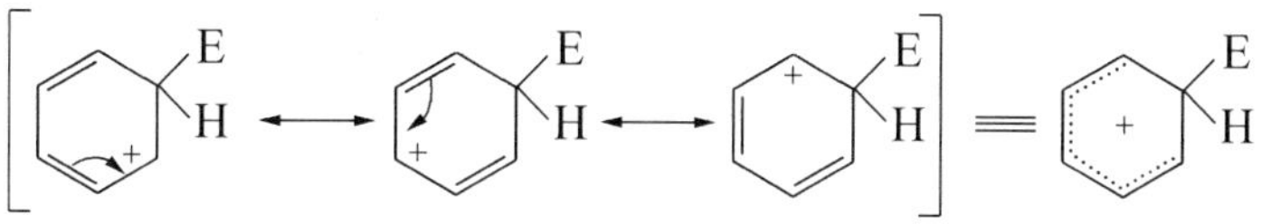

$$\left[\text{(+在邻位)} \longleftrightarrow \text{(+在对位)} \longleftrightarrow \text{(+在另一邻位)} \right] \equiv [C_6H_6E]^+ \quad (1\text{-}55)$$

上列式子都表示环中 6 个碳原子全在同一平面上，所以 5 个 sp^2 杂化的碳原子的 p 轨道仍能相互重叠，正电荷可以分散在这些碳原子上，但主要是分散在与 sp^3 杂化的碳原子相邻的两个碳原子和与之相对的一个碳原子上，而与 sp^3 杂化的碳原子成间位的碳原子上电子密度较大。质子化的苯经核磁共振测定，它的正电荷分布如下：

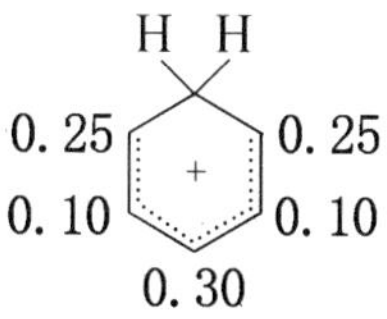

H H
0.25　0.25
+
0.10　0.10
0.30

(1) π 络合物　芳烃的离域 π 轨道能与亲电能力较弱的试剂 HCl、HBr、Ag^+ 等相互作用形成下列 π 络合物：

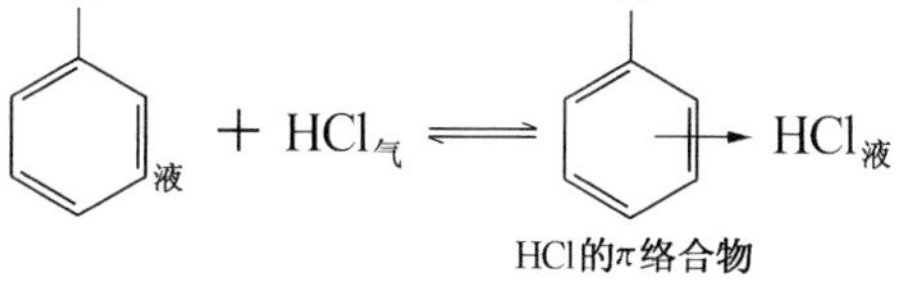

$$C_6H_5R_{液} + HCl_{气} \rightleftharpoons C_6H_5R \to HCl_{液} \quad (1\text{-}56)$$

HCl的π络合物

例如甲苯和氯化氢在－78 ℃就能生成 1∶1 的络合物，这一反应又是很易逆转的。当芳环上有给电子取代基时，平衡向右移动，给电子取代基数目愈多，平衡右移愈大；当芳环上有吸电子取代基时，平衡向左移动。上述 π 络合物的结构还可依靠下列特征性质加以推测：

(A) 反应在低温(－78 ℃)时就会迅速达成平衡，表明 π 络合物的生成和分解都只需很小的活化能，大大低于亲电取代反应的活化能，由此可以认为亲电试剂并未与芳环上的任何碳原子形成真正的化学键。

(B) 溶液的紫外吸收光谱表明与甲苯的光谱几乎没有差别，说明芳环上的 π 电子体系没有发生显著变化。

(C) 溶液不具有导电性，表示 HCl 分子中的氢原子并没有以 H^+ 的形式转移到芳环上去，也没有生成正离子和负离子。

(D) 如用 DCl 代替 HCl 进行试验，也没有发现 DCl 中的 D 和芳环上的 H 之间有交换作用。这表示在形成 π 络合物时，并未发生 D 从 DCl 中转移到芳环上并形成真正化学键的反应。

(2) *σ 络合物*　当存在一个具有缺电子轨道的化合物，例如路易斯(Lewis)酸 $AlCl_3$ 时，便生成另一种 σ 络合物：

$$HCl_{气} + AlCl_{3固} \rightleftharpoons \overset{\delta+}{H}—\overset{\delta-}{Cl}(AlCl_3)_{液} \tag{1-57}$$

$$\text{R-C}_6\text{H}_5 + \overset{\delta+}{H}—\overset{\delta-}{Cl}(AlCl_3)_{液} \rightleftharpoons \left[\text{R-C}_6\text{H}_5\text{H}^+\right] AlCl^-_{4\,液} \tag{1-58}$$

σ 络合物(或邻位、间位异构体)

无水 $AlCl_3$ 于－78 ℃时在甲苯中是几乎不溶解的，但如有 HCl 存在，则 $AlCl_3$ 就会溶于甲苯，形成一绿色透明溶液。如有足够量的 HCl，则溶解的 $AlCl_3$ 量同用于生成络合物的 HCl 量符合 ArH∶HCl∶$AlCl_3$ 比例。这种溶解过程也可逆向进行，当减压除去 HCl 后，已溶解的 $AlCl_3$ 又会重新沉淀出来。除了碱性很弱的苯以外，其他烷基苯(如乙苯、二甲苯、三甲苯等)均能形成这类 σ 络合物。σ 络合物的结构可依靠下列特征性质加以推测：

(A) σ 络合物的生成和分解速度均不像 π 络合物那么快，表明需要的活化能较大，可能涉及 σ 键的断裂和生成。

(B) 溶液的颜色很深，而且其紫外吸收光谱与原来甲苯的光谱不同，表明生成 σ 络合物时芳环上的 π 电子体系发生了显著变化。

(C) 溶液具有导电性,可能生成了正、负离子对。

(D) 如用 DCl 代替 HCl,可以发现 DCl 中的 D 能同芳环上的 H 发生交换作用,因此可以推测在生成 σ 络合物时,D 可能转移到芳环上:

$$\text{C}_6\text{H}_5\text{R} + \overset{\delta+}{\text{D}}-\overset{\delta-}{\text{Cl}}(\text{AlCl}_3) \rightleftharpoons [\text{R-C}_6\text{H}_5\text{D}]^+ \text{AlCl}_4^-$$

(或邻位、间位异构体)

$$\rightleftharpoons \text{R-C}_6\text{H}_4\text{-D} + \text{HCl}(\text{AlCl}_3) \quad (1\text{-}59)$$

(或邻位、间位异构体)

π 络合物和 σ 络合物确实存在,有些稳定的 σ 络合物可以制备,并能在低温条件下分离出来:

$$1,3,5\text{-}(\text{CH}_3)_3\text{C}_6\text{H}_3 \xrightarrow[\text{BF}_3,\ -80\ ℃]{\text{C}_2\text{H}_5\text{F}} [(\text{CH}_3)_3\text{C}_6\text{H}_3(\text{H})(\text{C}_2\text{H}_5)]^+ \cdot \text{BF}_4^-$$

σ络合物,橙色固体,熔点-15 ℃

$$\xrightarrow{-15\ ℃} (\text{CH}_3)_3\text{C}_6\text{H}_2\text{C}_2\text{H}_5 + \text{HF} + \text{BF}_3 \quad (1\text{-}60)$$

$$\text{C}_6\text{H}_5\text{CF}_3 \xrightarrow[\text{BF}_3,\ <-50\ ℃]{\text{NO}_2\text{F}} [\text{CF}_3\text{C}_6\text{H}_5(\text{H})\text{NO}_2]^+ \cdot \text{BF}_4^-$$

σ络合物,固体,无一定熔点

$$\xrightarrow[> -50\,^{\circ}\mathrm{C}]{} \text{(3-nitro-trifluoromethylbenzene: } C_6H_4(CF_3)(NO_2)) + HF + BF_3 \quad (1\text{-}61)$$

以上两式中的σ络合物经升温，都能定量地转化为相应的取代产物，由此可以证明两者确实是反应过程中的中间体。

(3) **亲电取代反应历程** 曾设想，苯的亲电取代反应有两种代表性历程：一种是一步的，即取代基与苯环上碳原子的结合和该碳原子上氢的离去是同时进行的，类似于卤代烷的S_N2反应；另一种是两步的，取代基先和苯环的碳原子结合，形成σ络合物，然后再失去氢质子。反应分两步进行时，σ络合物的生成是决定反应速度的一步，氢质子的离去对反应速度没有影响。两种历程的相同点是都发生碳氢键的断裂；不同点是在一步反应历程中的碳氢键的断裂决定反应速度，而在两步反应历程中的碳氢键的断裂不影响反应速度。已经有许多研究结果证明，大多数芳烃亲电取代反应是按照经过σ络合物的两步历程进行的，而按一步历程进行的反应一直没有发现过。至于在亲电试剂进攻芳环以前，质子就已经脱落下来的单分子历程，只有在极个别的情况下才会发生。芳香族亲电取代的两步反应历程可以简单表示如下：

第一步 $$ArH + E^+ \underset{k_{-1}}{\overset{k_1}{\rightleftharpoons}} Ar^+\langle^{H}_{E} \quad (1\text{-}62)$$

第二步 $$\overset{+}{Ar}\langle^{H}_{E} \xrightarrow{k_2} ArE + H^+ \quad (1\text{-}63)$$

为了证实取代反应进行的历程，分别用普通苯和重氢苯(C_6D_6)在同样条件下进行反应。如果按一步反应历程，C_6H_6和C_6D_6的反应速度应该不同。因为C—H键的断裂和C—D键的断裂速度之比k_H/k_D(即同位素效应)在常温时最大计算值约为7；而C—H键与C—T(氢同位素氚)键的断裂速度之比k_H/k_T的最大计算值约为20。如果按两步反应历程进行，则两种苯的反应速度应该是相同的。实验结果证明，除个别反应外，对于大多数亲电取代反应，两种苯的反应速度是相近的，参见表1-3。由表可见，硝化时通常没有同位素效应，属于两步反应历程，即第二步反应速度远比第一步为大，$k_2 \gg k_1$、k_{-1}，σ络合物的生成是反应的控制步骤。由表中还可见，空间阻碍较小的卤化和偶合反应也属于这种情况。表中虽有若干反应出现同位素效应，但根据其他研究证明，此时反应仍是按两步反应历程进行的，因此对于某些有同位素效应的亲电取代反应，单单依靠同位素效应是不足以判断其反应历程的。对于两步反应历程中出现的同位素效应可能有两种原因：

表 1-3　某些芳香族亲电取代反应的同位素效应

反应类型	被作用物	亲电试剂	k_H/k_D 或 k_H/k_T
硝化	苯-T，甲苯-T 硝基苯-D_5	HNO_3-H_2SO_4 HNO_3-H_2SO_4	<1.2 ~1.0
磺化	硝基苯-D_5	H_2SO_4-SO_3	1.6~1.7
卤化	1-溴-2,3,5,6-四甲苯-D 1-溴-2,3,5,6-四甲苯-D 1,3,5-三叔丁基苯-T	Cl_2 Br_2 Br_2	~1.0 1.4 10.0
偶合	1-萘酚-4-磺酸-2D 2-萘酚-8-磺酸-1D	$C_6H_5N_2^+$ $C_6H_5N_2^+$	1.0 6.2

(A) $k_2 \leqslant k_1$，此时 H^+ 的脱落成为速度控制步骤，因此会出现同位素效应，例如：

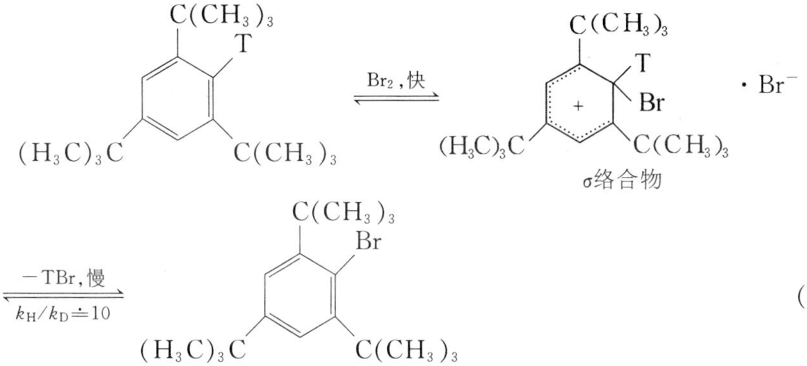

Br_2，快；σ络合物；$\cdot Br^-$

$\xrightarrow[k_H/k_D \doteq 10]{-TBr，慢}$　(1-64)

$+C_6H_5-N_2^+$，快；σ络合物

$\xrightarrow[k_H/k_D \doteq 6.2]{-D^+，慢}$　(1-65)

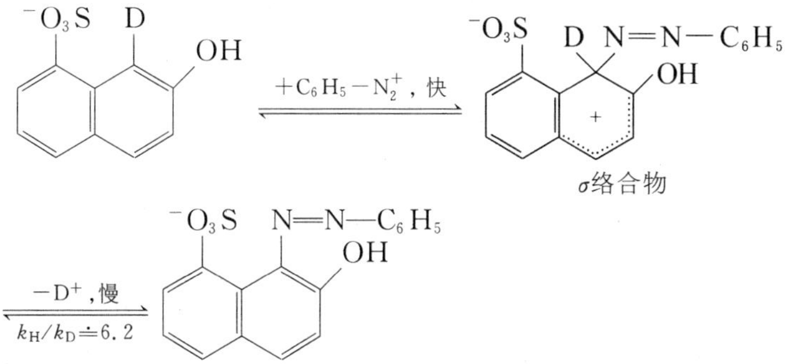

根据被作用物的结构，显而易见反应出现同位素效应是由于空间阻碍的缘故，使

第二步反应速度减慢的结果。在式(1-64)的 σ 络合物中,T 和 Br 不在苯环的同一平面上,没有空间阻碍;而在产物分子中,Br 同苯环在同一平面上,因此在 T^+ 脱落并生成产物时,相邻两个叔丁基的空间阻碍相当大,使第二步成为反应速度的控制步骤。当 $k_2 \approx k_1$ 时,将出现中等的同位素效应,例如 1-溴-2,3,5,6-四甲苯-D 的溴化反应。

(B) $k_2 \leqslant k_{-1}$,即回复为起始化合物的可逆反应影响较大。由于第二步的 $\overset{+}{\mathrm{Ar}}\genfrac{}{}{0pt}{}{\diagup D}{\diagdown E}$ $\left(或\ \overset{+}{\mathrm{Ar}}\genfrac{}{}{0pt}{}{\diagup T}{\diagdown E}\right)$ 的 k_2 小于 $\overset{+}{\mathrm{Ar}}\genfrac{}{}{0pt}{}{\diagup H}{\diagdown E}$ 的 k_2,而 k_{-1} 相同,于是 $\overset{+}{\mathrm{Ar}}\genfrac{}{}{0pt}{}{\diagup D}{\diagdown E}$ 回复成起始化合物的比例更大。因此 ArD 的反应显得比 ArH 的更慢,便出现了同位素效应。例如某些磺化反应就属于这种情况。

芳香族亲电取代在生成 π 络合物、σ 络合物以及最终产物的过程中,能量变化如图 1-3 所示:

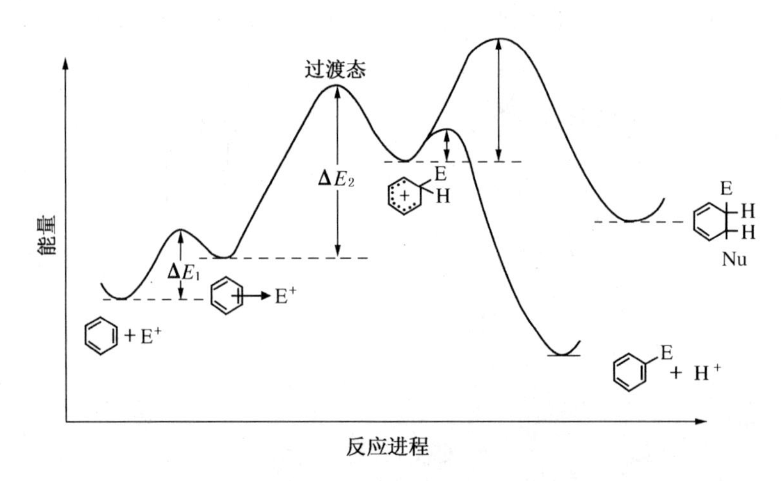

图 1-3　苯进行亲电取代和亲电加成反应的能量变化图

由图可见,形成 σ 络合物需要较高的活化能,而要得到最终产物,必须经过 σ 络合物。亲电取代反应分两步进行,决定反应速度的是生成 σ 络合物的一步。π 络合物的生成和解离都很快,所以对反应速度和产物都没有多大的影响。σ 络合物在碱(负离子 Nu^-)的作用下,很快失去质子,重新形成环状共轭体系,这只需要较少的能量。如果碱不去夺取质子,而去进攻环上的正电荷处,便会产生加成产物。但是实际上苯的亲电取代反应结果只生成取代苯,未见有加成物生成,这是因为生成取代物需要的活化能较少,而且产物的能量比原料的低。如果生成加成物,则需要较高的活化能,同时产物的能量比原料的高,反应是吸热的(见

图 1-3)。因此不论是从热力学和动力学的观点来考虑,进行加成反应都是不利的,所以苯容易进行亲电取代反应,而难发生亲电加成反应。

(4) *亲电取代反应的可逆性* 大多数亲电取代反应是不可逆的,而有些是可逆的。当芳环上引入吸电子基后,如硝基、卤素、酰基或偶氮基,芳环的电子云密度有所降低,特别是与上述取代基相连的碳原子上的电子云密度降低得更多,H^+不易进攻这个位置重新生成原来的中间体正离子,因而也不易进一步脱落亲电质点而回复为起始的反应物,所以硝化、卤化、C-酰化和偶合等亲电取代反应实际上是不可逆的。如果亲电质点进攻芳环后,引入了一个供电子基(如烷基),这使芳环的电子云密度增大,尤其是与烷基相连的碳原子增加得更多,H^+就较易进攻这个位置,重新生成原先的中间体正离子,并进一步脱落烷基回复为起始的反应物,所以 C-烷基化通常是可逆的。至于磺化反应的可逆性可以解释为:磺基虽是吸电子基,但在磺化液中是以—SO_3^- 形式存在的,当 H_3O^+ 浓度较高和温度较高时,与—SO_3^- 相近的 H_3O^+ 有可能转移到芳环中与磺基相连的碳原子上,导致生成原来的 σ 络合物,以及进一步脱落磺基而回复为起始的反应物:

$$C_6H_5SO_3^- + H_3O^+ \rightleftharpoons C_6H_5SO_3^- \cdots H^+ \cdots H_2O \rightleftharpoons \underset{\sigma\text{ 络合物}}{[C_6H_5(H)(SO_3^-)]^+} + H_2O$$

$$\rightleftharpoons C_6H_6 + H_2SO_4 \tag{1-66}$$

(5) *取代苯的偶极矩* 苯分子是对称的正六边形结构,电荷均匀分布,偶极矩为零。当苯分子中一个氢原子被其他原子或基团取代后,由于取代基对苯环的给电子或吸电子作用,使取代苯分子的电子云密度分布不再像苯分子那样均匀,因此取代苯一般都有一定的偶极矩。如氯苯的偶极矩为 5.8×10^{-30} C·m。实验测定的此偶极矩是向量和,即由碳氯键中碳、氯原子电负性不同而产生

C_6H_5—Cl
5.8×10^{-30} C·m

的电子云偏移(由苯环向氯原子)的偶极矩,加上氯原子的 p 电子和苯环的 π 键共轭产生的电子云离域(由氯原子向苯环)的偶极矩,这两种偶极矩的方向相反,但前者较后者大,所以其总和为5.8×10^{-30} C·m,方向由苯环向氯原子。一些一元取代苯的偶极矩见表 1-4。

表 1-4　一元取代苯的偶极矩(在 20～25 ℃,苯中测定)

取代苯	偶极矩$\times10^{30}$,C·m	偶极矩方向	取代基的电子效应
C_6H_5—OH	5.3	由取代基到苯环 ←	给电子
C_6H_5—$N(CH_3)_2$	5.3		
C_6H_5—NH_2	5.0		
C_6H_5—OCH_3	4.0		
C_6H_6	0	—	—
C_6H_5—COOH	3.3	由苯环到取代基 →	吸电子
C_6H_5—I	4.3		
C_6H_5—Br	5.0		
C_6H_5—Cl	5.8		
C_6H_5—$COOC_2H_5$	6.3		
C_6H_5—CHO	9.3		
C_6H_5—$COCH_3$	9.7		
C_6H_5—CN	13.0		
C_6H_5—NO_2	13.3		

(6) **苯环上取代基的电子效应** 苯环上绝大多数取代基都具有诱导效应和共轭效应,而烷基还要加上超共轭效应,取代苯中实际表现出的是这些效应的综合结果,统称为取代基的电子效应。

(A) 诱导效应 是由邻键的极化而引起某个键的极化。诱导效应对邻键的影响最大,随着键的远离影响逐渐减弱。凡取代苯的取代基使电子云向苯环偏移,从而增加苯环电子云密度,增加碱性,增大苯环亲电能力的,这类取代基具有给电子诱导效应。凡取代基使苯环电子云向取代基偏移,从而降低苯环电子云密度,降低碱性,削弱苯环亲电能力的,这类取代基具有吸电子诱导效应。诱导效应一般以氢为比较标准,诱导效应的强弱可以通过测量偶极矩得知,或通过其他参数的测量来估量。表 1-5 列有不同诱导效应的各种取代基。

表 1-5 各种取代基的诱导效应*

给 电 子	吸 电 子		
O^-	NR_3^+	COOH	OR
COO^-	SR_2^+	F	COR
CR_3	NH_3^+	Cl	SH
CHR_2	NO_2	Br	SR
CH_2R	SO_2R	I	OH
CH_3	CN	OAr	$C\equiv CR$
D	SO_2Ar	COOR	Ar
			$CH=CR_2$

* 表内取代基诱导效应强度的排列顺序大致是先由上而下,再由左而右。

由表可以看出,与氢比较,绝大多数取代基是吸电子的。只是某些带负电荷的取代基是给电子的。烷基一般被认为是给电子的,但近年来已发现有些例子要用烷基是吸电子的才能解释。

(B) 共轭效应 是由共轭体系内取代基引起的共轭体系的电子云密度的变化,因而对分子的偶极矩产生影响。取代苯中的取代基的 p 轨道与苯环上碳原子的 p 轨道相互重叠,电子发生较大范围的离域,使整个分子的电子云密度分布发生变化,即可产生共轭效应。重叠得越多,共轭效应越强。凡取代基通过共轭效应供给苯环电子的,称为给电子共轭效应,如 NH_2、Cl、OH、OR、OCOR 等;凡取代基移走苯环电子的,称为吸电子共轭效应,如 NO_2、CN、COOH、CHO、COR 等。表 1-6 列有不同共轭效应的各种取代基。Ar 出现在表的两边,是因为该取代基具有两种效应。

表 1-6 各种取代基的共轭效应

给电子		吸电子	
O^-	SR	NO_2	CHO
S^-	SH	CN	COR
NR_2	Br	COOH	SO_2R
NHR	I	COOR	SO_2OR
NH_2	Cl	$CONH_2$	NO
NHCOR	F	CONHR	Ar
OR	R	$CONR_2$	
OH	Ar		
OCOR			

(C) 超共轭效应 当取代苯中的取代基为烷基时，烷基内的碳原子与极小的氢原子结合，对于电子云屏蔽的作用很小，所以这些电子容易与相连接的苯环上碳原子的 π 电子共轭，发生电子向苯环离域的现象，使体系变得稳定，这种 σ 键与 π 键的共轭称为超共轭效应。超共轭效应一般是给电子的，其大小顺序如下：

$$CH_3 > CH_2R > CHR_2 > CR_3$$

可见，烷基内 C—H 键愈多，超共轭效应愈大。应该指出，超共轭效应的影响比共轭效应小得多。

1.3.2 苯的二元亲电取代反应

苯的二元亲电取代是指一元取代苯再进行第二次亲电取代的反应。在绝大多数情况下，反应的结果是苯环上的另一个氢被取代，成为二元取代苯。二元亲电取代发生在苯环上哪个位置，主要取决于已有取代基的性质、亲电试剂的性质、反应的可逆性和反应条件(温度、催化剂、溶剂)。但在上述诸因素中，最重要的是已有取代基的性质。此外，也有一些反应，二元亲电取代的不是氢，而是第一取代基被取代，这种取代称为自位(ipso)取代。

(1) 定位规律 一元取代苯中取代基所起的作用主要表现在是使苯环活化了还是钝化了。具有活化取代基的苯反应比苯快，而具有钝化取代基的苯反应比苯慢，也就是上述反应中所需的活化能比苯为低还是为高，这些反应的能量变化如图 1-4 所示。图中 A 和 D 分别代表活化基和钝化基，E^+ 为亲电试剂。此图仅反映出带有活化基和钝化基的苯与没有取代基的苯进行相同亲电取代反应的难易程度，并不能说明第二个取代基会进入苯环的哪个位置。实验证明，凡是活化基常使第二个取代基进入它的邻、对位；凡是钝化基却使第二个取代基进入它的间位。但是有些取代基如卤素，虽使苯环钝化，但使第二个取代基进入它的邻、对位。以上事实表明,苯的第一个取代基具有为第二个取代基指示位置的作用,习惯称这种作用为取代基的定位效应。通常把取代基划分为两大类:邻、对位定位基和间位定位基。各种不同性质的取代基列在表 1-7 中。由表可知,这两大类取代基却有三种不同的表现方式,即:活化苯环的邻、对位定位基,钝化苯环的间位定位基和钝化苯环的邻、对位定位基。

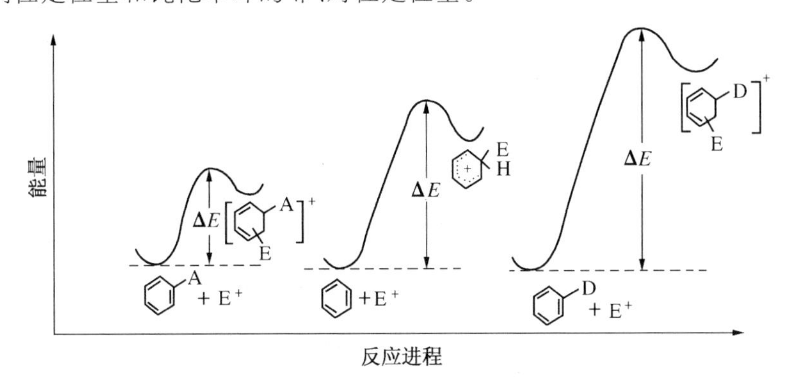

图 1-4　苯及带有活化基团或钝化基团的苯进行亲电取代反应的能量变化示意图

表 1-7　邻、对位定位基和间位定位基

定位效应	强度	取　代　基	电　子　效　应	综合性质
邻、对位定位	最强	O^-	给电子诱导效应,给电子共轭效应	活化基
	强	NR_2,NHR,NH_2,OH,OR	吸电子诱导效应小于给电子共轭效应	
	中	OCOR,NHCOR		
	弱	NHCHO,C_6H_5,CH_3^*,CR_3^*	*给电子诱导效应,给电子超共轭效应	
	弱	F,Cl,Br,I,CH_2Cl CH＝CHCOOH, CH＝$CHNO_2$	吸电子诱导效应大于给电子共轭效应	钝化基
间位定位	强	COR, CHO, COOR, $CONH_2$, COOH, SO_3H,CN,NO_2,CF_3^{**},CCl_3^{**}	吸电子诱导效应,吸电子共轭效应 **只有吸电子诱导效应	
	最强	NH_3^+,NR_3^+	吸电子诱导效应	

表中 CH_3 为弱活化基,若甲基上的氢逐渐被氯取代,成为 CH_2Cl、$CHCl_2$、CCl_3 基,原来的给电子效应转变为逐步增强的吸电子效应,原来的弱活化基团转变为强钝化基团。

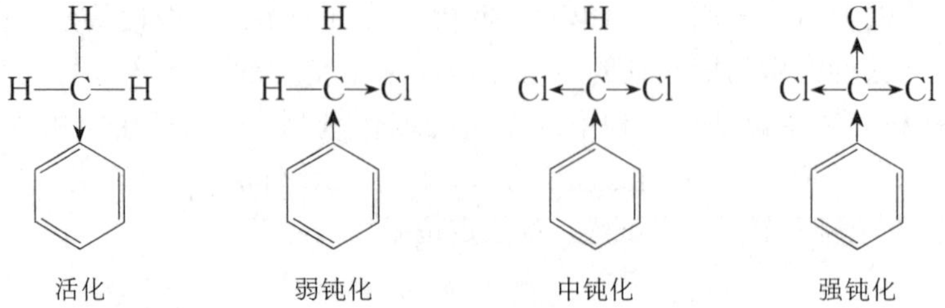

H — C(H)(H) → 苯环　　H — C(H) → Cl　　Cl ← C(H) → Cl　　Cl ← C(Cl) → Cl

活化　　弱钝化　　中钝化　　强钝化

取代基的定位规律实质上是个反应速度问题，如反应中邻、对位取代速度大，而间位取代速度小，结果就显现出邻、对位定位；反之，如间位取代速度大，就显现出间位定位。由于苯的亲电取代反应分两步进行，而形成中间体正离子是控制反应速度的一步，所以反应速度与中间体正离子的稳定性有关。由图 1-3 可以看到，中间体正离子是不稳定的结构，它的能量比反应物高，因此过渡态的结构接近于中间体正离子结构，并且可以利用中间体正离子的结构来预测亲电取代反应的过程。如果中间体正离子能量高，过渡态的能量也高，活化能也高，反应速度就小；而如果中间体正离子能量低，过渡态的能量也低，活化能也低，反应速度就大。因此亲电取代反应速度的不同实质上是正碳离子中间体稳定性相对大小的不同。稳定性愈大的正离子，由于过渡态能量低、活化能低，因而容易形成。关于中间体正离子的稳定性可以用共振理论加以分析。如苯酚的氯化可能生成的三种正碳离子中间体的共振式及相应的产物是：

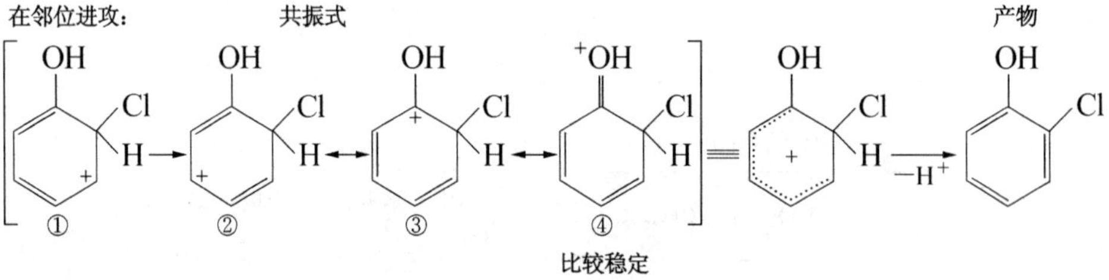

在邻位进攻：　　共振式　　产物

OH　Cl　H　　OH　Cl　H　　OH　Cl　H　　$^+$OH　Cl　H　　OH　Cl　H　　OH　Cl

①　②　③　④

比较稳定

$-H^+$

(1-67)

在对位进攻：

OH　H　Cl　　OH　H　Cl　　OH　H　Cl　　$^+$OH　H　Cl　　OH　H　Cl　　OH　Cl

⑤　⑥　⑦　⑧

比较稳定

$-H^+$

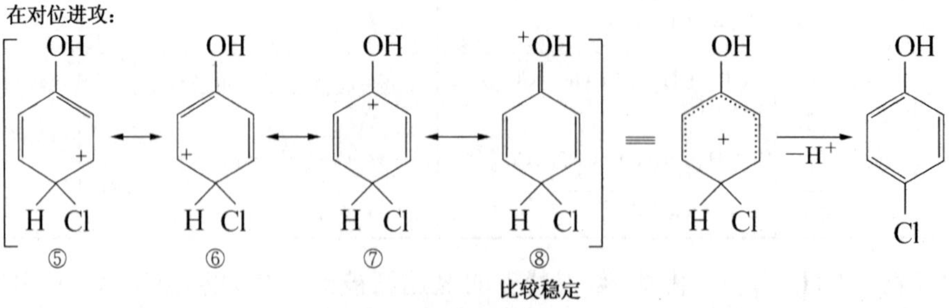

(1-68)

在间位进攻：

OH OH OH OH OH

Cl Cl Cl Cl $\xrightarrow{-H^+}$ Cl

H H H H

⑨ ⑩ ⑪

(1-69)

当亲电试剂 Cl^+ 进攻苯酚的邻、对位时，在生成的正碳离子中间体的共振式中，分别有③、⑦两个共振式，其中带正电荷的碳原子直接和羟基相连，由于羟基的氧与苯环发生给电子共轭效应使之稳定，同时还可以形成④、⑧，由于④、⑧中每个原子都有完整电子的八隅体，所以是比较稳定的。稳定的共振式对杂化体贡献较大，而杂化体比最稳定的共振式能量还低，因此由于④、⑧共振式参与杂化，反映了在苯酚的邻位与对位进行取代的中间体正离子的稳定。如果亲电试剂进攻间位，形成的正碳离子中间体就没有比较稳定的共振式，它的杂化体能量当然比邻、对位的高，需要较高的活化能才能形成。这就是苯环上的羟基是邻、对位定位基的原因。生成邻、对位和间位中间体正离子的能量变化如图 1-5 所示。此图表明，苯酚氯化时，形成邻、对位中间体正离子比生成间位的所需活化能要低，故首先形成的是邻、对位氯苯酚。实验结果证明：邻、对位氯苯酚产率各占50%，没有间位产物，与上述解释完全一致。

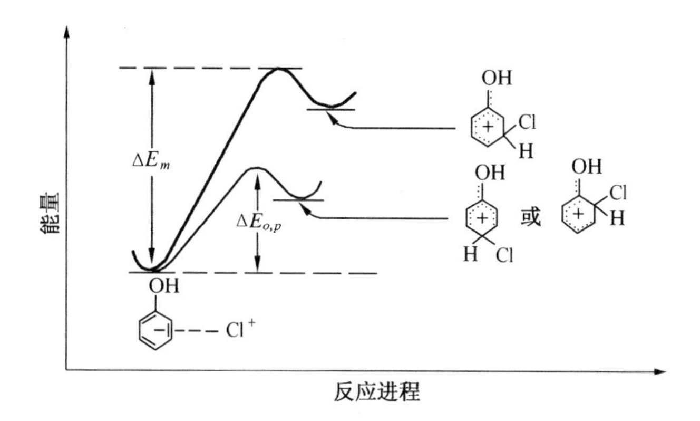

图 1-5 苯酚氯化形成邻、间、对中间体正离子的能量变化示意图

再以硝基苯的硝化为例，硝基是一个强的能发生吸电子诱导效应和吸电子共轭效应的取代基，因而能使苯环的电子密度有较大幅度的降低，所以硝基苯要比苯难硝化得多，需要用比较强的条件，例如提高反应温度、增加混合酸的浓度等。硝基苯的硝化可能生成的正碳离子中间体的共振式及相应的产物是：

在邻位进攻： 共振式

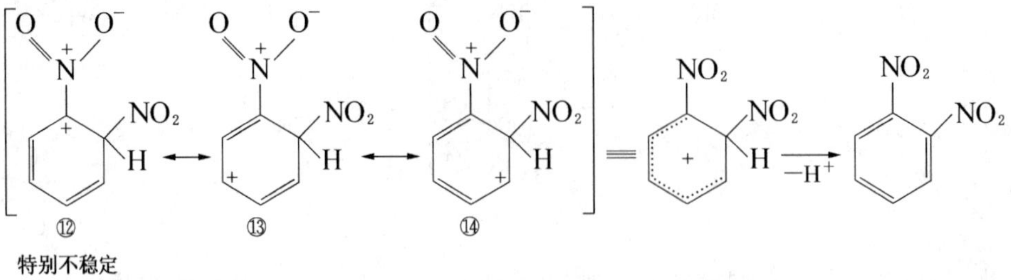

⑫ ⑬ ⑭

特别不稳定

(1-70)

在对位进攻：

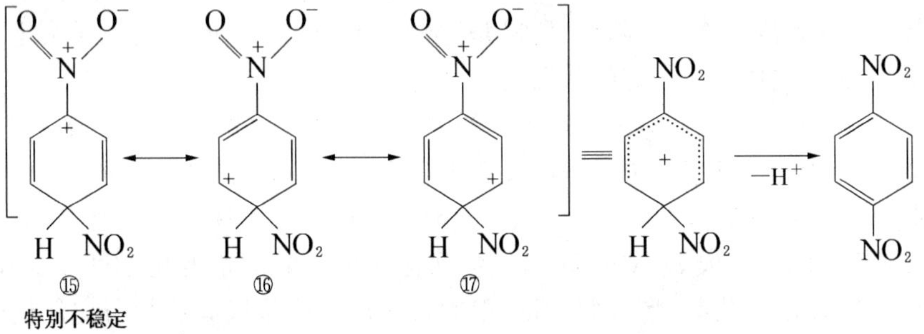

⑮ ⑯ ⑰

特别不稳定

(1-71)

在间位进攻：

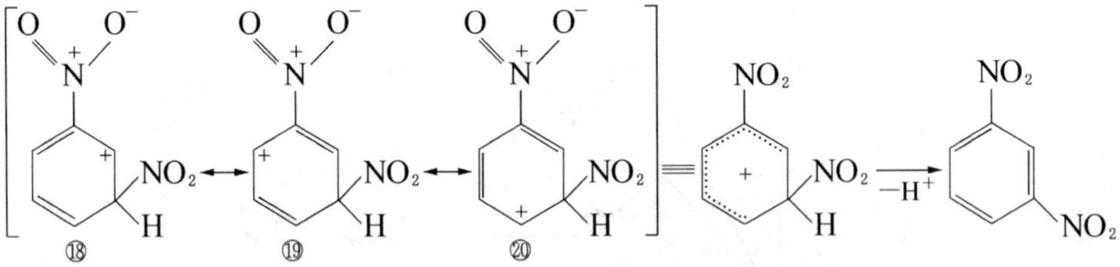

⑱ ⑲ ⑳

(1-72)

当亲电试剂 NO_2^+ 进攻硝基苯的邻、对位时，形成的正碳离子的共振式⑫、⑮中各有一个带正电荷的碳原子直接和吸电子的硝基相连，由于正电荷集中，其能量很高，特别不稳定，这种电荷分布需要很高的活化能。如果亲电试剂进攻间位，形成的正碳离子中间体的共振式中电荷分布就没有特别不稳定的，能量相对较低，形成时所需活化能也较低，所以优先生成间位取代物，这就是苯环上的硝基是间位定位基的原因。生成各中间体正离子的能量变化如图 1-6 所示。此图表明，硝基苯硝化时，优先生成的是间二硝基苯，而邻、对位二硝基苯难以形成。实验结果：间二硝基苯为 93%，邻、对位二硝基苯分别为 6%和 1%，与上述解释相

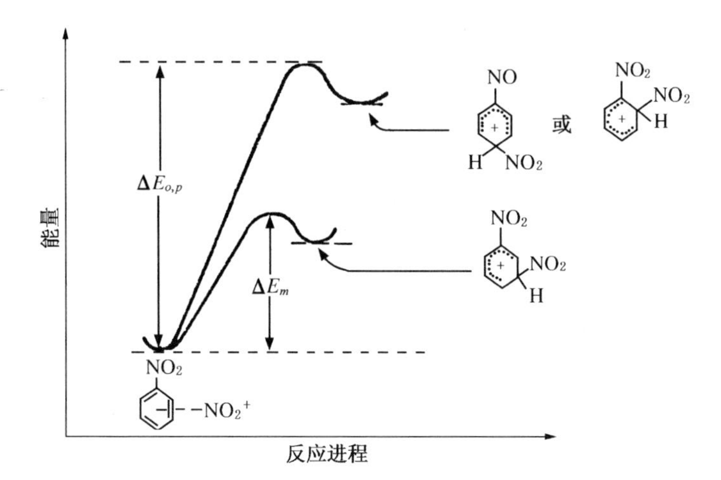

图 1-6　硝基苯硝化形成邻、间、对中间体正离子的相对能量变化示意图

符。这个实验结果说明钝化基有使第二个取代基进入间位的定位效应。

在表 1-7 中，弱钝化基却有使第二个取代基进入邻、对位的定位效应，因为这些取代基能产生给电子共轭效应，使邻、对位正碳离子中间体比较稳定，故能形成邻、对位产物。以氯苯的硝化为例，可能形成的正碳离子中间体的共振式和相应的产物是：

在邻位进攻：　　共振式

㉑　㉒　㉓　㉔ 比较稳定　$\xrightarrow{-H^+}$

(1-73)

在对位进攻：

㉕　㉖　㉗　㉘ 比较稳定　$\xrightarrow{-H^+}$

(1-74)

在间位进攻：

(1-75)

当亲电试剂 NO_2^+ 进攻氯苯的邻、对位，形成的正碳离子中间体的共振式㉓、㉗中各有一个带正电荷的碳原子直接与氯原子相连，这是不稳定的；但氯原子可通过共轭效应给电子，形成氯鎓离子㉔、㉘，氯鎓离子的每个原子均有完整电子的八隅体，比较稳定。同时，邻、对位正碳离子中间体各有四个共振式，而间位只有三个共振式，根据共振理论，参与杂化的共振式愈多，杂化体就愈稳定。因而，邻、对位异构体的正碳离子中间体能量较低，容易形成邻、对位硝基氯苯，实验产率分别为30%和70%，以及少量间位异构体。由于卤苯中卤原子的吸电子诱导效应比它的给电子共轭效应大，所以使苯环上的电子云密度降低，反应活性减弱，反应速度变小。但是卤素的给电子共轭效应却使形成邻、对位中间体正离子所需的活化能较低，因此卤原子虽为钝化基，但其定位效应却使第二个取代基进入它的邻、对位。

(2) *影响苯的二元产物异构体比例的因素*　苯的二元亲电取代反应可以根据第一个取代基的电子效应，依靠定位效应预测第二个取代基进入苯环上的位置。虽然取代基可以区分为邻、对位和间位定位基两大类，但这仅仅是大致的定性区分，目的是便于确定反应的主要产物；其实决不是含有邻、对位定位基的化合物进行取代反应时不会生成间位产物；或者含有间位取代基的在反应时绝对不会产生邻、对位产物。只有少数化合物仅仅生成定位效应指明的产物，而绝大多数化合物往往会同时生成三种异构体，而仅是比例上有较大差异。表1-8列出某些一元取代苯硝化产物中的异构体比例。影响产物异构体比例的因素除了第一个取代基的性质外，还有其他一些因素，如反应温度、空间效应、催化剂、亲电试剂、反应的可逆性等，对取代反应的速度和进入苯环的位置均有一定的影响。

表1-8　各种一元取代苯硝化产物中异构体比例

取代基	邻位(%)	对位(%)	邻/对	间位(%)
CH_3	58	38	1.53	4
$CH_2CH_2NO_2$	35	52	0.67	13
$NHCOCH_3$	5	95	0.05	0

续表

取 代 基	邻位(%)	对位(%)	邻/对	间位(%)
F	12	88	0.14	0
Cl	30	70	0.43	0
Br	37	62	0.60	1
I	38	60	0.63	2
COOH	19	1	19.0	80
$COOC_2H_5$	24	4	6.0	72
$CONH_2$	27	～3	9.0	70
$N^+(CH_3)_3$	0	11	0	89
$S^+(CH_3)_2$	4	6	0.67	90
CF_3	0	0		100

(A) 反应温度 升高温度可以促使磺化和C-烷基化成为可逆反应。温度对不可逆亲电取代产物异构体比例也有影响,以硝基苯在不同温度下的再硝化为例,升高温度,主要产物间二硝基苯的生成量将减少,见表1-9。

表1-9 硝基苯用混酸硝化产物异构体比例

硝化温度(℃)	邻位(%)	对位(%)	间位(%)
0	4.75	1.39	93.9
25	6.12	2.06	91.8
40	6.47	2.35	90.9
90	8～9	1～2	～90

又如甲苯磺化时,反应温度由0℃升至100℃,产物中对位异构体的比例会由43%上升至79%,可见当苯环上有给电子基时,低温反应有利于磺基进入邻位,高温有利于进入对位,甚至有利于进入更稳定的间位(见磺化章)。

(B) 空间效应 一元取代苯进行二元亲电取代反应时,即使已有的取代基是邻、对位定位基,反应产物中邻、对位异构体的比值也极少能达到它们统计学上的2∶1数值,这是因为电子效应能对邻位及对位进攻的过渡状态起不同的作用外,邻位进攻还要受到空间效应的影响,而对位进攻受此效应的影响较小或无关紧要。此外,第二个取代基,即亲电进攻质点对取代反应也会产生空间效应。总之,由于空间效应的存在,往往使二元取代产物中邻位异构体所占的比例随着已有取代基或进攻亲电质点的体积增加而下降。所以邻、对位比的数值通常较2为小。表1-10列出了在类似的硝化条件下,各种不同烷基苯的空间效应的影响。表1-11列出了氯苯与各种不同亲电质点反应时,亲电质点的空间效应的影响。

表 1-10 各种烷基苯硝化产物异构体比例

烷 基	邻位(%)	对位(%)	邻/对
CH_3	58	37	1.57
CH_2CH_3	45	49	0.92
$CH(CH_3)_2$	30	62	0.48
$C(CH_3)_3$	16	73	0.22

表 1-11 氯苯与不同亲电质点反应产物异构体比例

反 应	邻位(%)	对位(%)	邻/对
氯 化	39	55	0.71
硝 化	30	70	0.43
溴 化	11	87	0.14
磺 化	1	99	0.01

应该指出,这种空间效应的解释只适用于已有取代基的极性效应相差不大的情况,如果相差甚大,则极性效应对取代基的定位起决定作用。由表 1-12 各种卤代苯硝化产物异构体比例可见,四种卤代苯进行硝化时,随着卤素所占体积的增大,邻/对比不是变小反而增大了。这是因为卤素的吸电子诱导(极性)效应超过了空间效应。诱导效应随距离而降低,对较远的对位的影响要比靠近的邻位小得多。四种卤素的电负性 F≫C>Br>I,对于电负性非常高的 F 来说,诱导效应对邻位特别强,所以尽管它的体积很小,发生邻位的进攻仍较少。由于从 F→I 的吸电子诱导效应降低得很多(从 F→Cl 的降低最多),所以尽管已有取代基的体积增大,但邻/对比还是增大了。

表 1-12 各种卤代苯硝化产物异构体比例

	邻位(%)	对位(%)	邻/对	间位(%)
氟 苯	13	86	0.15	0.6
氯 苯	35	64	0.55	0.9
溴 苯	43	56	0.77	0.9
碘 苯	45	54	0.83	1.3

(C) 催化剂 催化剂不同也可以改变异构体比例。一种情况是催化剂可能改变亲电试剂的极性效应或空间效应,例如溴苯分别用 $FeCl_3$ 和 $AlCl_3$ 做催化剂进行溴化,所得异构体的百分比例分别为:

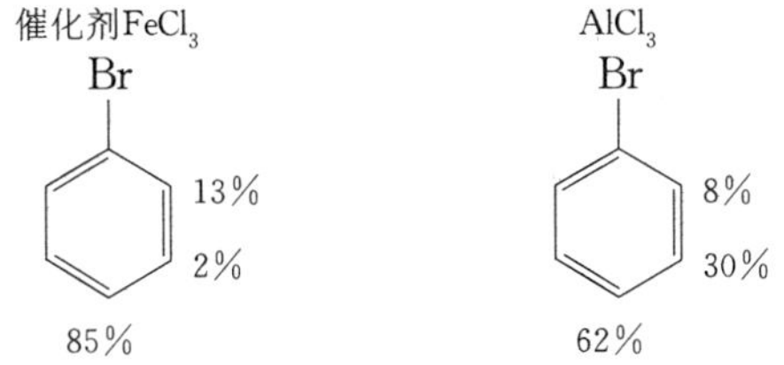

催化剂$FeCl_3$ Br 13% 2% 85%　　$AlCl_3$ Br 8% 30% 62%

另一种情况是催化剂改变了反应历程,如蒽醌用 $HgSO_4$ 作催化剂时,磺化生成 α-磺酸;而无催化剂时,磺化生成 β-磺酸。

(D) 亲电试剂　在有些情况下,可能发生占突出优势的邻位取代,而明显减少对位取代。这是由于苯环上的已有取代基与进攻的亲电质点生成络合物,因此使第二个取代基优先进入邻位。如用混酸硝化苯甲醚,生成的异构体中邻位为31%,对位为 67%;如用硝酸与乙酐的亲电试剂硝化,则就可得到邻位为 71%,对位为 28%。这种邻位异构体含量大大增加是由于亲电质点是乙酰基硝酸酯,按下述历程促使生成邻位异构体:

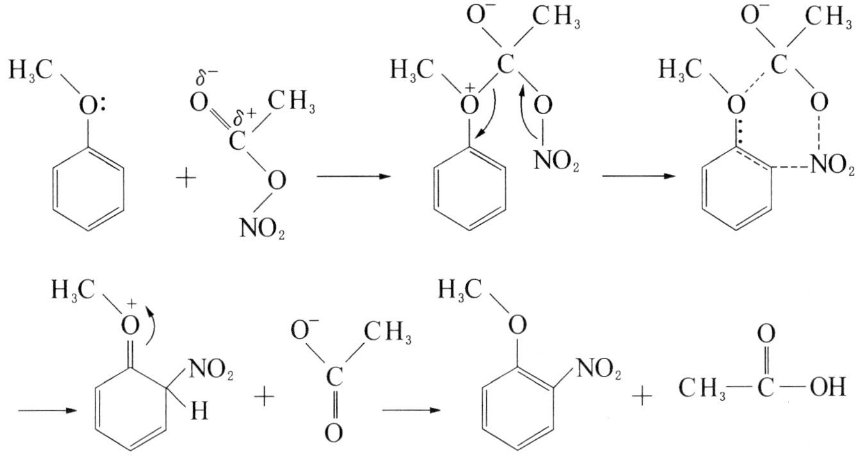

H_3C O: δ^- O δ^+ C CH_3 O NO_2 O^- CH_3 C H_3C O^+ O NO_2 O^- CH_3 C H_3C O O NO_2

H_3C O^+ NO_2 H + O^- CH_3 C O → H_3C O NO_2 + CH_3—C(=O)—OH

(1-76)

(E) 反应的可逆性　对于不可逆亲电取代反应,异构体比例主要受极性效应影响。对于可逆亲电取代反应,则空间效应起主要作用。以甲苯在 $AlCl_3$ 存在下用丙烯进行异丙基化为例,在 0 ℃时,这是个不可逆反应,异构产物的比例取决于各异构体的 σ 络合物的相对稳定性。由于 σ 络合物中异丙基和甲基不在同一平面上,它的空间障碍比较小,所以生成相当数量的邻位异构体。在 110 ℃时为可逆反应,各异构产物的比例主要决定于它们之间的平衡关系。在烷基化产物中,异丙基和甲基处于同一平面上,邻位异构体由于空间障碍,稳定性较低,它将通过质子化,即脱异丙基而转变为稳定性较高的间位体。间位体一经生成,不易再质子化和脱异丙基,所以在可逆烷基化反应条件下,间位异构体将是主要产物。又如间二甲苯在低温时磺化,主要生成 2,4-二甲基苯磺酸;在高温时磺化,主要生成 3,5-二甲基苯磺酸。

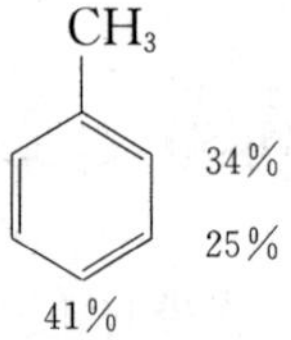

CH_3
34%
25%
41%
丙烯,$AlCl_3$,0 ℃反应

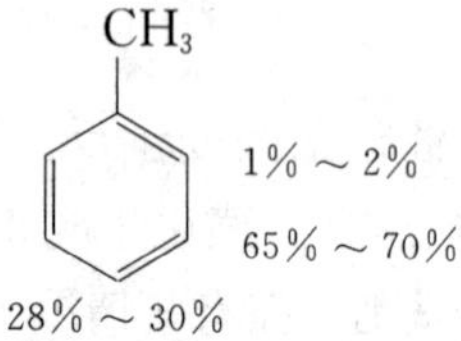

CH_3
1% ~ 2%
65% ~ 70%
28% ~ 30%
丙烯,$AlCl_3$,110 ℃反应

(3) **分速因素**　取代苯进行二元亲电取代反应时,在邻、对和间位上的取代反应速度往往差异较大,从而影响产物中异构体的比例。取代苯不同位置上的取代速度可用分速因素定量地表示。分速因素即取代苯中某一位置的二元取代速度与苯的一个位置的一元取代速度之比。这比值可以通过实验测定反应产物中各异构体的百分含量,并比较取代苯和苯的取代反应速度来确定。分速因数的计算公式为:

$$f_z = 6k_r x / y$$

其中　f_z —— z 位置的分速因素;

z——邻(o),对(p)或间(m)位;

y——z 位置的数目;

k_r——取代苯与苯的相对取代反应速度常数,$k_r = \frac{k_{取代苯}}{k_{苯}}$;

x——z 位置异构产物的分数。

例如在乙酸中维持温度为 25 ℃,进行甲苯的环上氯化,反应产物中异构体的含量分别为:邻位 59.78%,对位 39.74%及间位 0.48%。$k_r = 344$。甲苯氯化时,其邻、对、间位各个位置的分速因数分别为:

$$f_o = \frac{6}{2} \times 344 \times 59.78\% = 616.9$$

$$f_p = \frac{6}{1} \times 344 \times 39.74\% = 820.2$$

$$f_m = \frac{6}{2} \times 344 \times 0.48\% = 5.0$$

上述三个分速因数的值均超过 1,表示甲苯比苯为活泼得多,而且不仅是由于甲基是邻、对位定位基，使邻、对位比苯活泼，而且间位也比苯活泼。这就定量地说明了甲苯氯化取代反应的活性。应该强调指出，不同反应物的分速因素各不相同，甚至同一反应物，由于反应条件不同，分速因素也不一样，表 1-13 列出了甲苯的一些亲电取代反应的分速因数。

表 1-13　甲苯亲电取代反应的分速因数

反　应	反　应　条　件		f_o	f_p	f_m
溴　化	Br_2, CH_3COOH, H_2O	25 ℃	600	2 425	5.5
氯　化	Cl_2, CH_3COOH	25 ℃	617	820	5.0
硝　化	$HNO_3 + H_2SO_4$	0.5 ℃	42.3	60	2.6
磺　化	14.8 mol/L H_2SO_4	25 ℃	63.4	258	5.7
乙酰化	CH_3COCl, $AlCl_3$, $C_2H_4Cl_2$	25 ℃	4.5	749	4.8
苯甲酰化	C_6H_5COCl, $AlCl_3$, $C_6H_5NO_2$	25 ℃	32.6	831	5.0
叔丁基化	t-C_4H_9Br, $SnCl_4$, CH_3NO_2	25 ℃	0	93.2	3.2

1.3.3　苯的多元亲电取代反应

苯的多元亲电取代是指二元取代苯或含有更多取代基的苯衍生物进行的亲电取代反应。新取代基进入苯环的位置，和苯的二元亲电取代反应相似，也受已有取代基的影响，但现在还没有一个普遍的、预见性较强的定位规律。在合成设计中，可以参考采用下列经验规律，不过反应得到的大都是混合产物：

(1) 苯环上已有取代基的定位效应具有加和性。当苯环上已有的两个取代基对新取代基的定位效应一致时，可仍按前述的定位规律预测新取代基进入苯环的位置。

(2) 当苯环上已有两个取代基对新取代基的定位效应不一致时，新取代基进入苯环的位置取决于已有取代基定位效应的强弱。通常活化基的定位效应大于钝化基的定位效应；邻、对位的定位效应大于间位的定位效应。活化基的定位效应有下列强弱次序：

$$O^- > NH_2 > NR_2 > OH > OCH_3、NHCOCH_3 > CH_3 > X$$

(3) 当苯环上两个取代基都是钝化基时，很难再进入新取代基。钝化基的定位效应有下列强弱次序：

$$N(CH_3)_3^+ > NO_2 > CN > SO_3H > CHO > COCH_3 > COOH$$

(4) 新取代基一般不进入 1,3-取代苯的 2 位。

下列各化合物进行亲电取代时，新取代基进入箭头所指的位置，如注有两个箭头的，则表示进入该位置的数量较多：

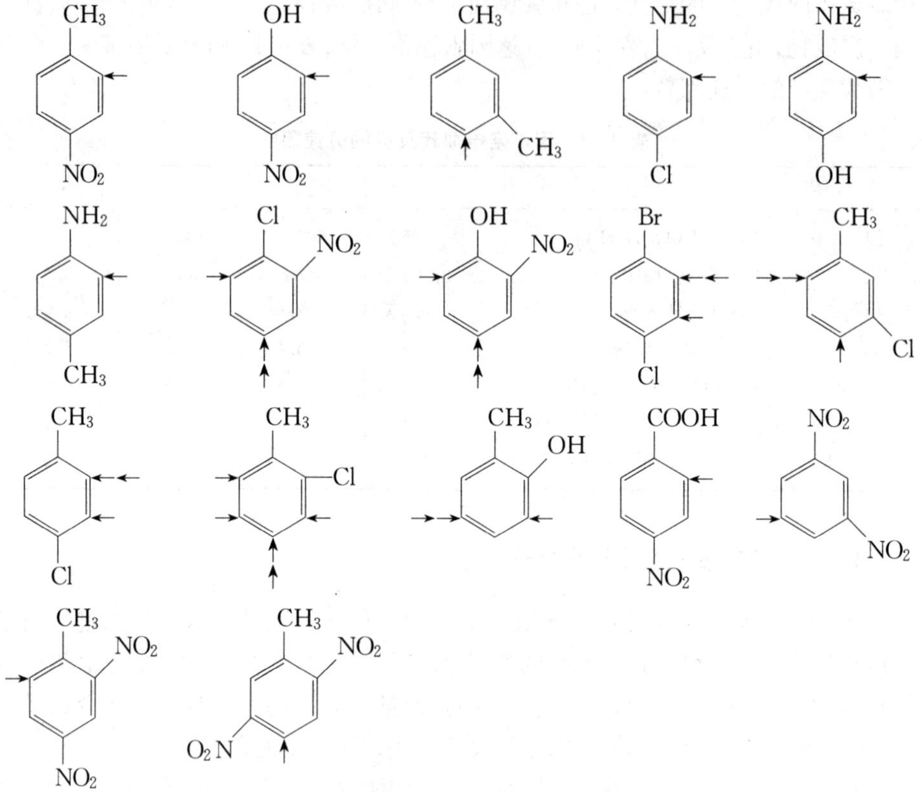

1.3.4　稠环化合物的亲电取代反应

稠环化合物也是一类重要的多环芳香化合物。这类化合物的结构特点是两个或两个以上的环共用两个邻位的碳原子稠合而成的环系，如两个环稠合，就有一个公共边，三个环稠合则可有两种方式：一种是线式稠合，另一种是角式稠合。

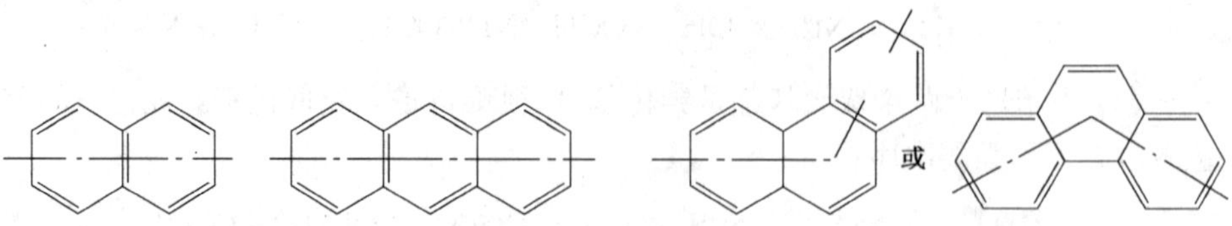

萘　蒽　菲

（线式稠合）　（角式稠合）

萘是稠环化合物中最重要的代表，它是许多中间体的工业原料，染料、农药和香料合成中有不少是萘系中间体。萘分子有 10 个碳：

其中碳原子 1,4,5,8 处于同等位置，又可称为 α 位；2,3,6,7 也处于同等位置，称为 β 位。1,8 或 4,5 称为迫位或绕位；2,6 或 3,7 称为侧位。和苯相类似，萘很不容易发生加成反应而容易发生取代反应。X 射线分析表明，萘与苯有一个重要的不同点，即萘中有一些碳—碳键是不相同的，特别是 $C_1—C_2$ 键长为 0.136 nm，它比 $C_2—C_3$ 键长 0.14 nm 要短许多。

萘的一元取代物有 α、β 两种产物，下面是 α 和 β 取代中间体正离子的、含有一个苯环的较稳定的共振结构式：

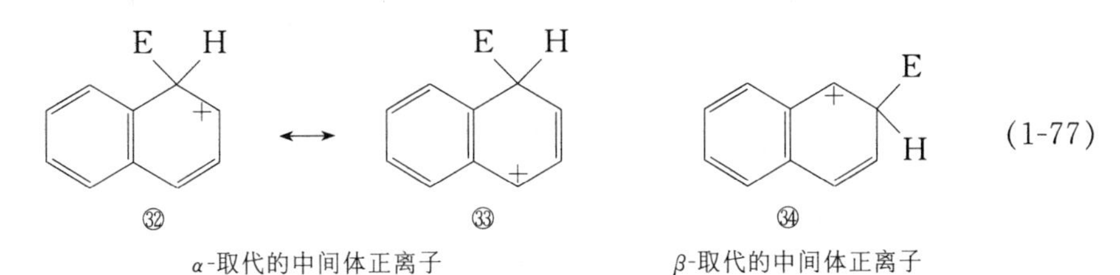

㉜　㉝　㉞

α-取代的中间体正离子　　β-取代的中间体正离子

α 取代时，含有一个苯环的较稳定的共振结构式共有两个㉜、㉝；而 β 取代时，只有一个㉞，所以 α 取代需要的能量较低。除此以外，α 取代的中间体正离子的共振结构式㉜中非苯环部分有一个烯丙基型正碳离子直接和苯环相连，使电子离域范围较大，因而取代需要的能量更低。上述两种原因都使萘的一元亲电取代在 α 位比 β 位更容易发生。萘的某些一元亲电取代反应异构体产物比例如表 1-14 所示。

表 1-14　萘一元亲电取代反应异构体比例

	硝　化	氯　化	磺　　化	
			低　温	高　温
α 位(%)	95	90	95	18
β 位(%)	5	10	5	82

但是对于可逆的亲电取代反应，取代基会转移到空间阻碍作用较小的 β 位上去，如：

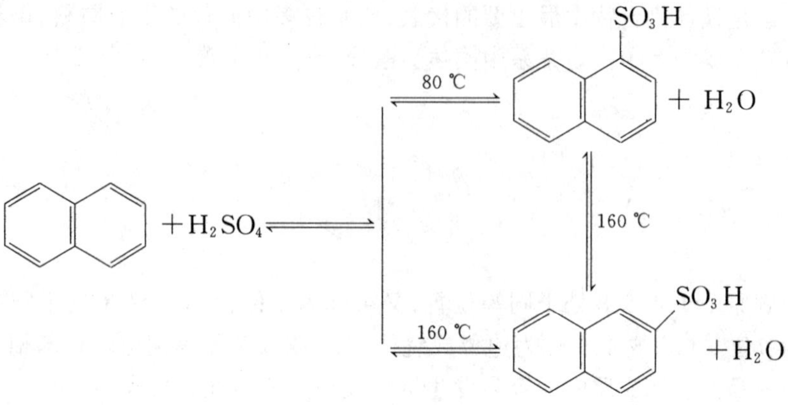

(1-78)

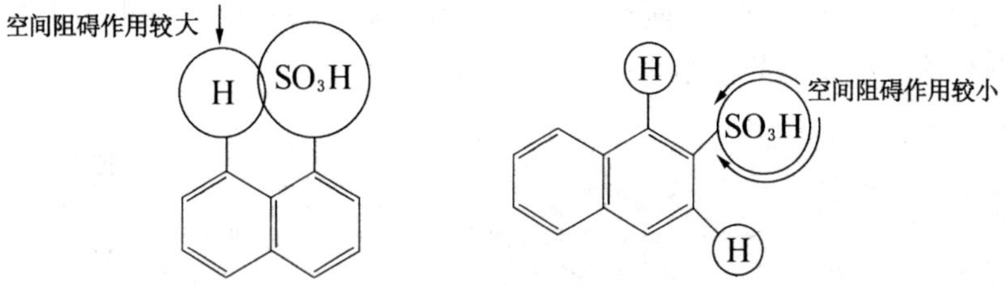

α-萘磺酸　　β-萘磺酸

萘的二元取代和多元取代都比较复杂。萘的二元取代衍生物,如果两个取代基是相同的,可能有 10 种异构体;如果是不同的,就可能有 14 种异构体。但是事实上当萘环上已有一个取代基,再引入第二个取代基时,主要只生成少数几种异构体。尽管如此,萘系列取代反应的定位规律要比苯系列复杂得多。萘环上的取代基对两个环都有影响,但是对同环影响更大。新取代基进入的位置不仅和已有取代基的性质和位置有关,而且还同反应类型和反应条件有关。若已有取代基为活化基,并在 α 位上,它可使第二个取代基进入它的邻、对位,即 2 位和 4 位,而进入 4 位的比 2 位多;如该活化基位于 β 位上,则可使第二个取代基进入 α 位。例如:

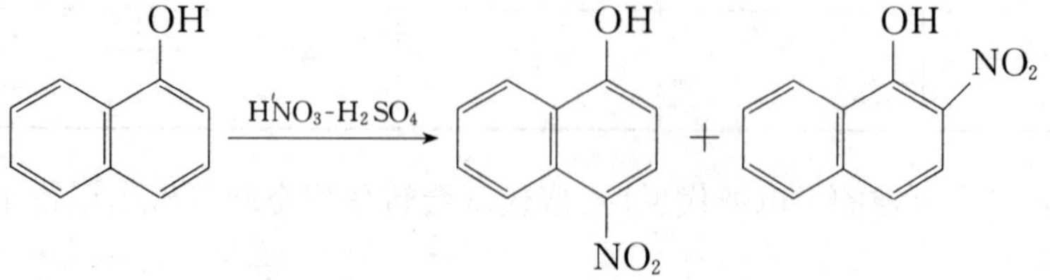

(1-79)

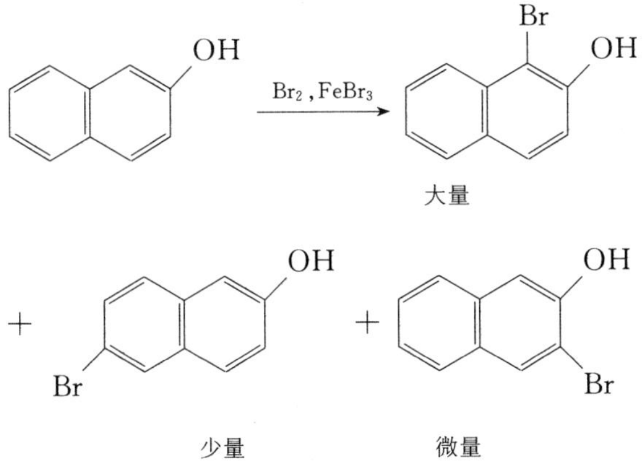

OH $\xrightarrow{Br_2,FeBr_3}$ Br OH

大量

\+ OH Br + OH Br (1-80)

少量 微量

若已有取代基为钝化基，并在 α 位上，则取代基进入 8 位和 5 位：

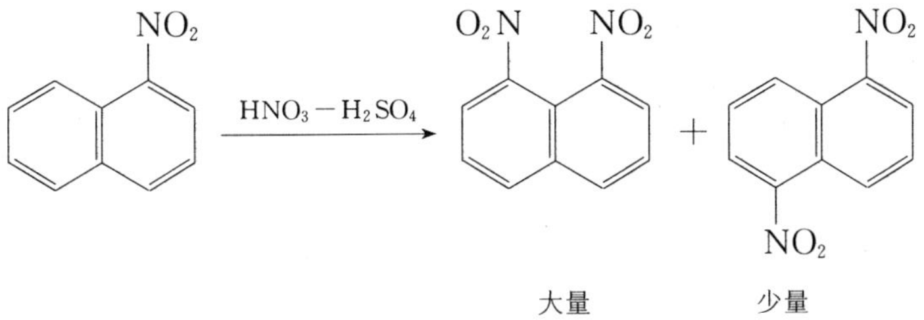

NO_2 $\xrightarrow{HNO_3-H_2SO_4}$ O_2N NO_2 + NO_2 NO_2 (1-81)

大量 少量

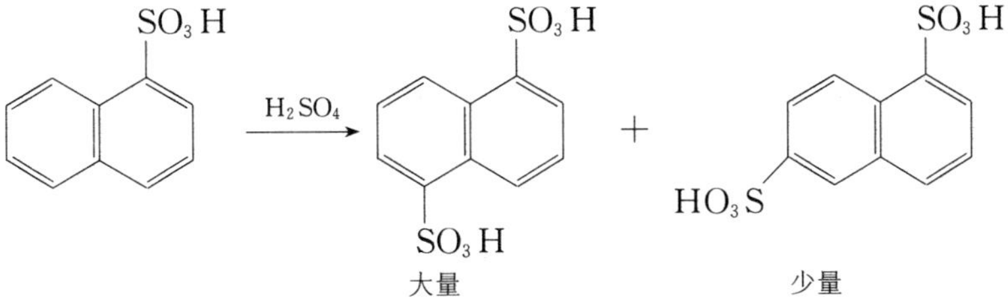

SO_3H $\xrightarrow{H_2SO_4}$ SO_3H SO_3H + SO_3H HO_3S (1-82)

大量 少量

如钝化基在 β 位上，第二个取代基进入 5 位和 8 位：

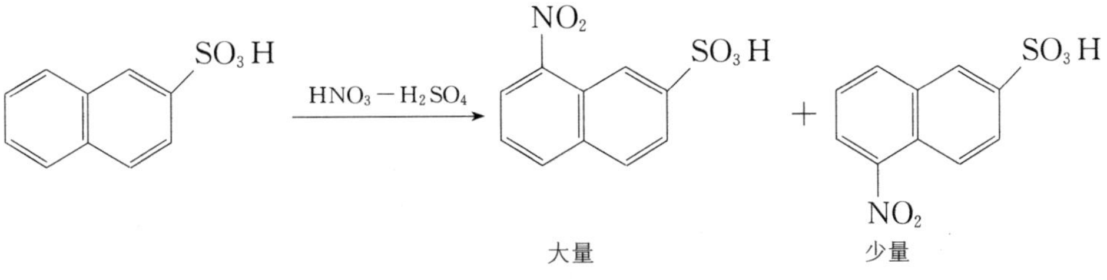

SO_3H $\xrightarrow{HNO_3-H_2SO_4}$ NO_2 SO_3H + SO_3H NO_2

大量 少量

(1-83)

除了上述一般定位规律外，在萘的磺化反应中，常出现一些例外情况：

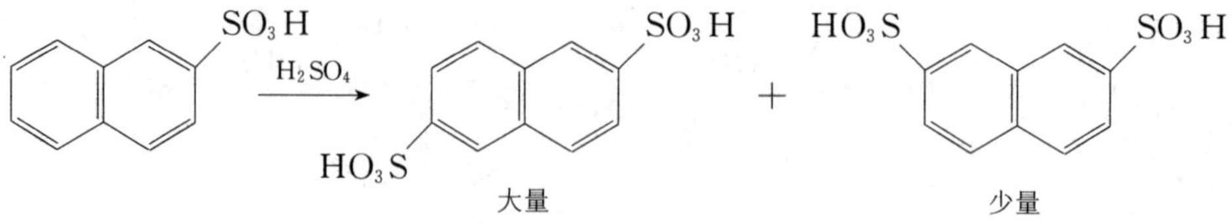

$$\text{2-萘磺酸} \xrightarrow{H_2SO_4} \underset{\text{大量}}{\text{2,6-萘二磺酸}} + \underset{\text{少量}}{\text{2,7-萘二磺酸}} \quad (1\text{-}84)$$

$$\text{2-甲基萘} \xrightarrow{H_2SO_4} \text{6-甲基-2-萘磺酸} \quad (1\text{-}85)$$

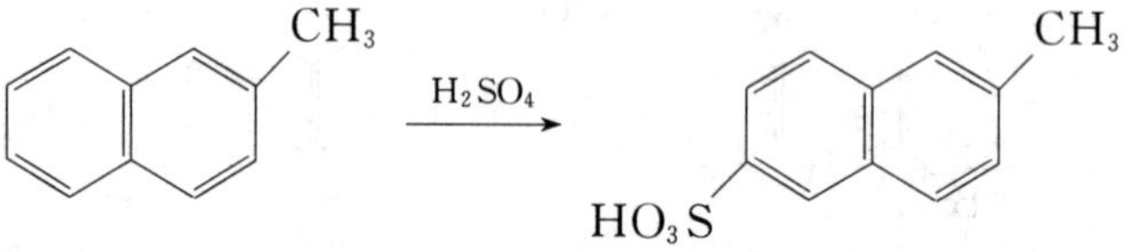

萘的多元取代基本上与苯的多元取代相类似,并遵循上述定位规律,例如:

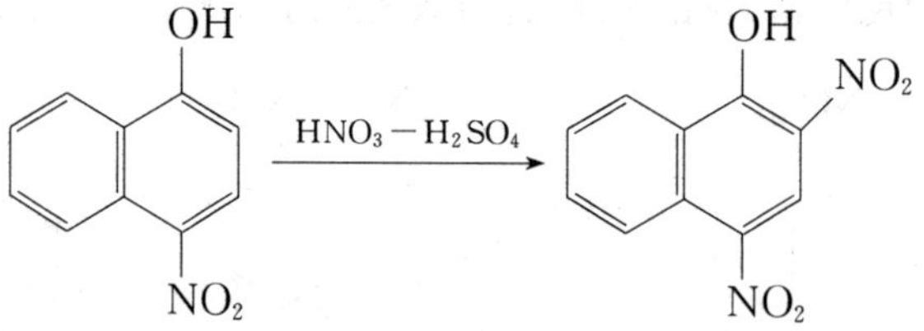

$$\text{4-硝基-1-萘酚} \xrightarrow{HNO_3-H_2SO_4} \text{2,4-二硝基-1-萘酚} \quad (1\text{-}86)$$

蒽和菲是由煤焦油提取的,它们的衍生物具有重要用途。其分子结构为:

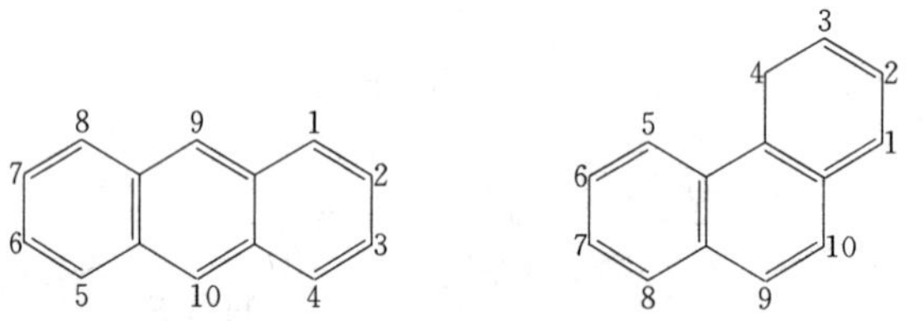

其中的碳原子不同,蒽的 1,4,5,8 位是相同的;有时称为 α 位;2,3,6,7 位也是相等的,亦称为 β 位;9,10 位是均等的,亦称为中位。因此蒽的一元取代物有三种异构体,二元取代物有 15 种异构体。菲的 1,2,3,4,10 和 5,6,7,8,9 是相对应的,但这 5 个位置均不相同,所以应有 5 种一元取代物,25 种二元取代物。

X 光衍射测定表明:在蒽和菲分子中,键是不等长的,例如蒽中 1—2,3—4,5—6,7—8 键是最短的,为 0.137 nm,因此双键的性质较强。中间的一个环显示出双烯的性质,可以生成 9,10 加成物。对于菲和蒽的芳香性,如果以取代反应作为芳香性的标准,并和苯、萘比较,则蒽的芳香性最弱,它们的芳香性强弱次序可排列为:

苯 > 萘 > 菲 > 蒽

由于蒽的中位比较活泼,容易发生反应,其中最重要的是将蒽氧化成蒽醌,并进一步制取各种取代衍生物。近代物理方法研究证明，蒽酯分子中两边的环是等同的，每个边环都可以看作是在邻位有两个第二类取代基（羰基）的苯环。因此蒽醌的亲电取代比苯和萘要困难得多。根据量子化学分子轨道法近似计算，蒽醌 α 位的定域能比 β 位略低一些，所以蒽醌进行一硝化和一氯化时主要生成 α-异构产物，但同时又生成相当多的 β-异构产物。

蒽醌用发烟硫酸磺化时，有无汞盐存在，对磺基进入的位置影响极大：

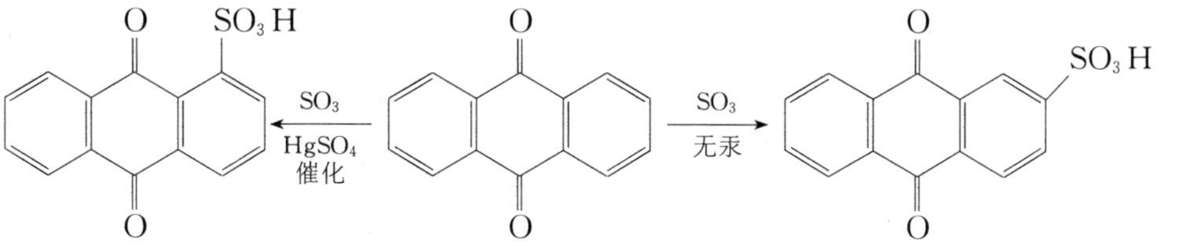

SO_3, $HgSO_4$ 催化 → 1-SO_3H 蒽醌；SO_3, 无汞 → 2-SO_3H 蒽醌

(1-87)

由于蒽醌的两个边环是隔离的，在一个边环引入磺基或硝基后，对另一个边环的钝化作用不大，所以蒽醌在一取代的同时，常常会生成相当数量的二取代物。

当蒽醌环上已有一个取代基，在引入第二个取代基时，其定位规律和萘环基本相同。例如

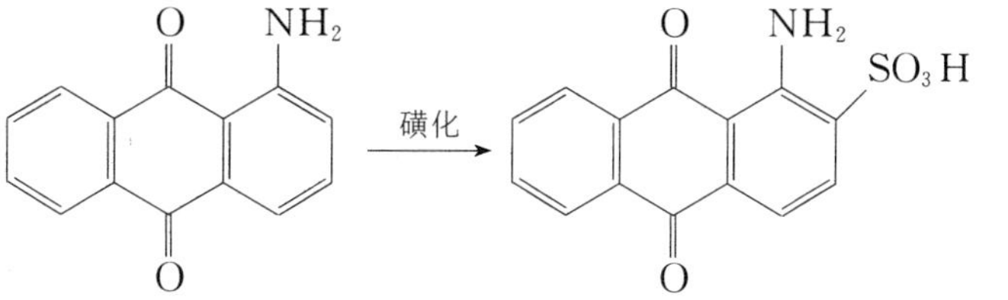

1-NH_2 蒽醌 —磺化→ 1-NH_2-2-SO_3H 蒽醌　(1-88)

2-CH_3 蒽醌 —硝化→ 1-NO_2-2-CH_3 蒽醌　(1-89)

1-NO_2 蒽醌 —硝化→ 1,8-二(NO_2)蒽醌（O_2N，NO_2） + 1,5-二(NO_2)蒽醌（NO_2，O_2N）

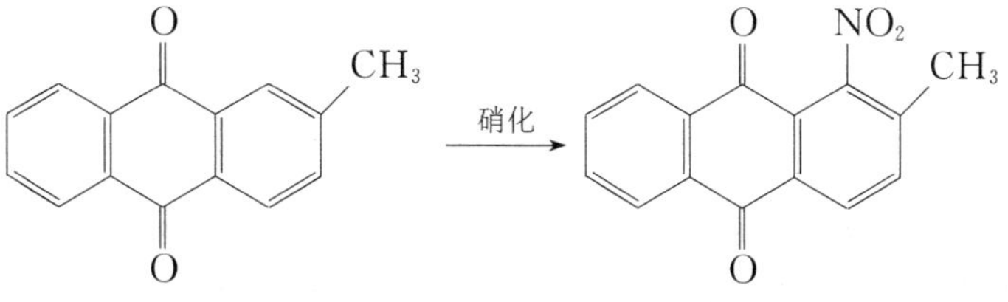

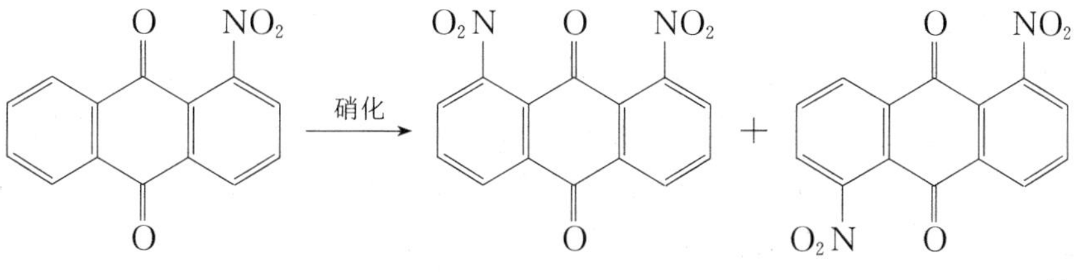

(1-90)

1.3.5 其他类型的亲电取代反应

(1) **已有取代基的亲电置换** 亲电质点 E^+ 进攻芳环上已与取代基 Z 相连的碳原子,如 Z 被 E^+ 置换:

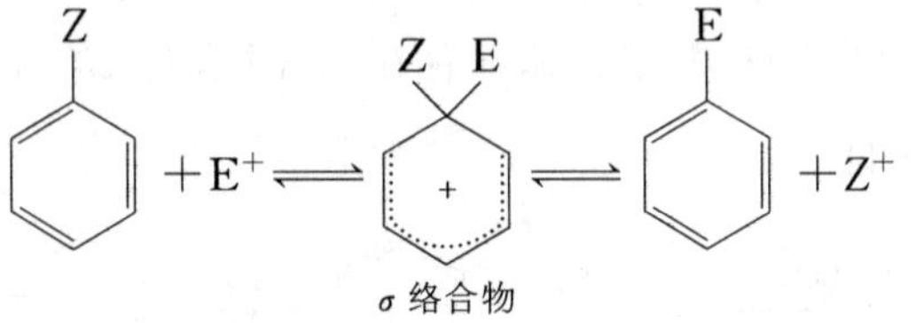

$$\text{C}_6\text{H}_5\text{Z} + E^+ \rightleftharpoons [\sigma\text{络合物}] \rightleftharpoons \text{C}_6\text{H}_5\text{E} + Z^+ \quad (1\text{-}91)$$

σ 络合物

而这类芳环上已有取代基的亲电置换反应的难易程度与下列因素有关:

(A) 芳环上的电子云密度分布。即 E^+ 进攻同 Z 相连接的碳原子和进攻其他碳原子的相对难易程度。

(B) E 和 Z 以亲电质点形式从芳环上脱落下来的相对难易程度。这类反应中除以前提及的脱烷基和磺基水解反应外,还有:

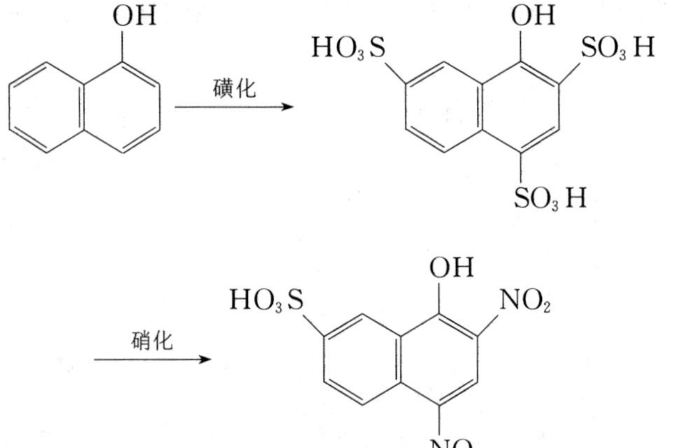

1-萘酚 —磺化→ 1-萘酚-2,4,7-三磺酸 (HO_3S, OH, SO_3H, SO_3H)

—硝化→ 2,4-二硝基-1-萘酚-7-磺酸 (HO_3S, OH, NO_2, NO_2) (1-92)

(2) **氨基和羟基中氢的亲电取代** 由于氨基的氮原子和羟基的氧原子上都具有未共享电子对,电子云密度较高,在适当条件下,某些亲电质点也可以进攻氨基或羟基,而不是进攻芳环。这类反应主要有:氨基的重氮化、氨基或羟基的烷基化和酰化。显而易见,对于这类反应虽然不存在定位问题,但芳环上的其他取代基对反应的难易影响很大。通常这种影响同环上亲电取代的影响相同,即当芳环上有其他给电子基时,使反应受到活化;而有吸电子基时,则受到钝化。当这些取代基处于氨基或羟基的邻、对位时,其影响更为显著。必须指出,如果改变反应条件,这类 N—取代或 O—取代反应会转变成芳环上的取代反应:

$$C_6H_5-NH_2 + C_4H_9OH \xrightarrow[210\ ℃, 0.8\ MPa]{ZnCl_2} C_6H_5-NHC_4H_9$$

$$\xrightarrow{240\ ℃, 2.2\ MPa} H_9C_4-C_6H_4-NH_2 \quad (1\text{-}93)$$

$$C_6H_5-OH + C_4H_9Br + NaOH \xrightarrow[75\ ℃]{乙醇,苯}$$

$$C_6H_5-OC_4H_9 + NaBr + H_2O \quad (1\text{-}94)$$

$$C_6H_5-OH + i\text{-}C_9H_{18} \xrightarrow[50\ ℃]{HF 或 BF_3}$$

$$HO-C_6H_4-i\text{-}C_9H_{19} \quad (1\text{-}95)$$

$$C_6H_5N_2^+Cl + C_6H_5NH_2 \xrightarrow{-HCl} \begin{cases} \xrightarrow{弱酸性} C_6H_5-N=N-NH-C_6H_5 \xrightarrow{强酸性} C_6H_5-N=N-C_6H_4-NH_2 \\ \xrightarrow{强酸性} C_6H_5-N=N-C_6H_4-NH_2 \end{cases}$$

(1-96)

1.4 芳香族亲核取代反应

芳香族亲核取代是亲核试剂对芳环进攻的反应,这类取代按反应类型可以分为:芳环上氢的亲核取代;芳环上已有取代基的亲核取代和通过苯炔中间体的亲核取代。按反应历程可以分为:双分子反应、单分子反应和苯炔中间体等历程。

亲核取代常用的亲核试剂有以下两类:

(A) 负离子:OH^-、RO^-、ArO^-、$NaSO_3^-$、NaS^-、CN^- 等。

(B) 极性分子中偶极的负端:$\ddot{N}H_3$、$R\ddot{N}H_2$、$RR'\ddot{N}H$、$Ar\ddot{N}H_2$ 和$\ddot{N}H_2OH$等,因为亲核试剂优先进攻芳环上电子云密度最低的位置,所以芳香族亲核取代反应的难易程度和定位规律恰好和亲电取代反应的相反。

1.4.1 反应动力学与历程

(1) *双分子反应* 大多数亲核取代反应是双分子反应,在动力学上属二级反应。最常见的芳香族亲核取代反应是从被吸电子基活化的卤代物中对卤素的置换,例如对硝基卤苯与亲核试剂(Nu^-)反应:

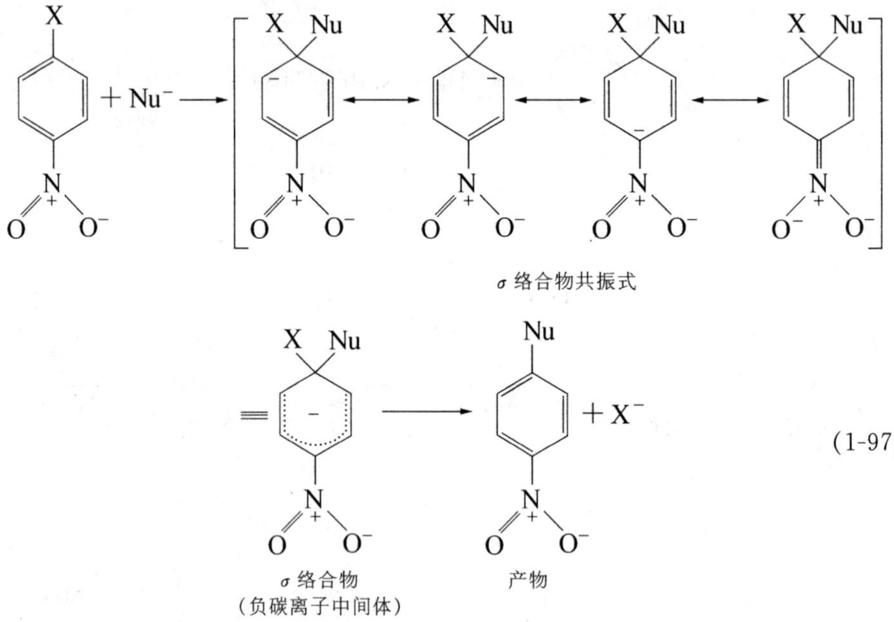

$+ Nu^-$

σ 络合物共振式

$+ X^-$ (1-97)

σ 络合物
(负碳离子中间体)

产物

反应先是生成 σ 络合物或称负碳离子中间体,由于硝基的吸电子效应可使该负电荷稳定,因此能生成能量较低的 σ 络合物,而后离去基团(X)带一对电子离去,并生成取代产物。反应能量变化如图 1-7 所示。

这种芳香族亲核取代是双分子反应,以 S_N2Ar 或 S_NAr 表示,动力学上是二级反应,反应速度决定于试剂的亲核性,也取决于芳香化合物的亲电性,因此是双分子反应。实际上,反应是分两步进行的,因为反应能否进行以及是否能顺利地进行,首先决定于能不能形成较稳定的 σ 络合物,由于所形成的络合物带有负电荷,所以能量较高。如果在被取代基的邻或对位上有吸电子取代基,则可通过它的吸电子共轭效应使负电荷分散而稳定,从而使亲核取代反应容易进行。若被取代基的邻位、对位处均有吸电子取代基时,则 σ 络合物更易形成,也愈稳定。早在 1902 年,迈森海默(Meisenheimer)从 2,4,6-三硝基苯乙醚㉟与甲醇钾反应以及 2,4,6-三硝基苯甲醚㊱与乙醇钾反应的过程中,曾分离出所形成的 σ 络合

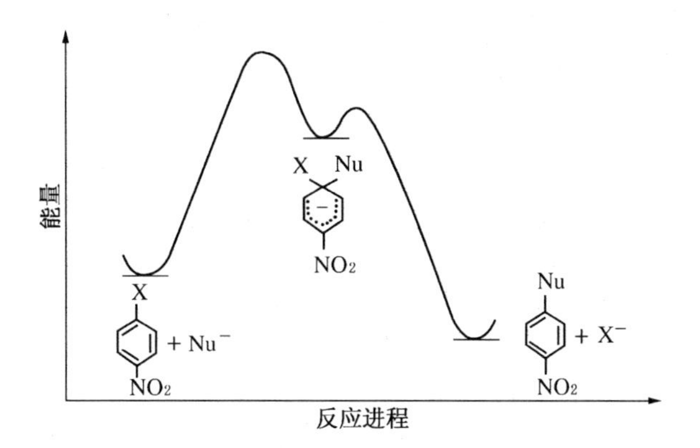

图 1-7　芳香族亲核取代反应的能量变化示意图

物㊲，证实了上述亲核取代反应历程是通过负碳离子中间体进行的。文献上常把芳香族亲核取代反应中的 σ 络合物叫做迈森海默络合物：

OC_2H_5 / O_2N / NO_2 / NO_2 ㉟ $\xrightleftharpoons{CH_3OK}$ H_3CO OC_2H_5 / O_2N / NO_2 / $N^+(O^-)_2$ K^+ ㊲ $\xleftrightharpoons{CH_3CH_2OK}$ OCH_3 / O_2N / NO_2 / NO_2 ㊱

红色结晶形固体

$\Big\Updownarrow$ HCl

OCH_3 / O_2N / NO_2 / NO_2 + OC_2H_5 / O_2N / NO_2 / NO_2　　(1-98)

上述 σ 络合物及类似的多种 σ 络合物的结构都由核磁共振谱及结晶学加以证明。

（2）**单分子反应**　非常普遍的例子是芳香重氮盐的亲核置换：

$$ArN_2^+ + Nu^- \longrightarrow ArNu + N_2 \qquad (1\text{-}99)$$

这一反应的速率只与[ArN_2^+]有关,而与[Nu^-]无关,所以是单分子的芳香族亲核取代反应,该反应分两步进行:

$$\text{第一步}\quad ArN_2^+ \xrightleftharpoons{\text{慢}} Ar^+ + N_2 \tag{1-100}$$

$$\text{第二步}\quad Ar^+ + Nu^- \xrightleftharpoons{\text{快}} ArNu \tag{1-101}$$

先是重氮盐分解成芳基正离子和氮气,这是限制反应速度的一步。一旦生成芳基正离子,则立即与亲核试剂进行快速反应。这类反应与 S_N1 相似,当加入 Cl^-、CH_3OH 等亲核试剂时,只会引起产物成分的变化,而并不影响反应的速度。芳基正离子具有高度的反应活性,因此对亲核试剂就无大的选择性:例如 Cl^- 和 H_2O 之间的选择性(k_{Cl^-}/k_{H_2O})对 $C_6H_6^+$ 而言是 3,而对 $C(CH_3)_3^+$ 则是 180。$C_6H_5^+$ 的高度反应活性还可由它能同 N_2 再化合而反映出来,即重氮盐分解成芳基正离子是个可逆反应。例如用 $\alpha^{15}N$ 标记的重氮盐正离子进行反应,当反应未完成时,测定反应混合物,发现有$\beta^{15}N$的重氮盐正离子。这表明曾发生重氮分解,后又重新结合起来,同时这也说明有苯正离子生成:

$$C_6H_5-\overset{+}{^{15}N_\alpha}\equiv N_\beta \rightleftharpoons C_6H_5^+ + {}^{15}N\equiv N \rightleftharpoons C_6H_5-\overset{+}{N_\alpha}\equiv {}^{15}N_\beta \tag{1-102}$$

重氮盐的分解与双分子的芳香族亲核取代相反,当重氮基的邻、对位上有吸电子取代基时,分解速度降低,因这种取代基使苯环的电子密度变小,因而使从重氮基转来的正电荷就不够稳定。但在间位上有吸电子取代基时,苯正离子就较稳定,从而使重氮盐分解速度加快。邻、对位上有给电子取代基时,分解速度变慢,因为这种取代基可以通过给电子共轭效应与重氮基共轭,使碳氢键的双键性质增加,碳氢键断裂较难,即形成苯正离子的速度减慢。

(3) **通过苯炔中间体的取代** 可以使不活泼的溴苯或氯苯在液氨中于 -33 ℃ 与 NH_2^-(如 $NaNH_2$)反应,发生亲核置换生成苯胺,例如:

$$C_6H_5-Cl + NH_2^- \xrightarrow[-33\,℃]{\text{液 }NH_3} C_6H_5-NH_2 + Cl^- \tag{1-103}$$

而氯苯与氨的反应,则要在很高的温度和压力下才能完成,生成苯胺。这两者的显著差异表明,必须是强碱才能使氯苯、溴苯发生亲核取代。此外,新的基团并不一定进入离去基团原先所在的位置,例如同上类似的反应:

$$\text{p-}CH_3C_6H_4Cl + NH_2^- \xrightarrow[-33\ ^\circ C]{液\ NH_3} \left[\text{p-}CH_3C_6H_4NH_2 + \text{m-}CH_3C_6H_4NH_2 \right] + Cl^-$$

38%(预期的) 62%(非预期的) (1-104)

会生成非预期的间甲苯胺,而且所占的比例更大。结果表明,这种亲核取代反应并不按照前述的 S_N2Ar 历程进行,而要用消除-加成或苯炔的历程才能加以解释。上述反应实际上是分两步进行的,即第一步是负的 NH_2^- 先从氯苯的氯原子邻位上夺取一个质子,然后再失去 Cl^-,形成苯炔中间体,相当于从氯苯分子中消除一分子 HCl;第二步是氨与苯炔发生加成反应,生成苯胺:

$$C_6H_5Cl + NH_2^- \xrightarrow{-NH_3} C_6H_4Cl^- \xrightarrow{-Cl^-} C_6H_4 \quad (1\text{-}105)$$

$$C_6H_4 + NH_3 \xrightarrow{-H^+} C_6H_4NH_2^- \xrightarrow{NH_3} C_6H_5NH_2 + NH_2^- \quad (1\text{-}106)$$

由于苯炔是对称的,所以氮原子可与两个炔键碳原子中的任何一个连接,而且连接的机率相等,这点已由使用 1-^{14}C 标记的氯苯与 KNH_2 在液氨中反应的结果加以证实:

$$C_6H_5Cl\ (1\text{-}^{14}C) + KNH_2 \xrightarrow{液\ NH_3} C_6H_5NH_2\ (1\text{-}^{14}C) + C_6H_5NH_2\ (2\text{-}^{14}C) \quad (1\text{-}107)$$

48% 52%

此外,还经实验证明:如果卤苯中卤原子的两个邻位上都有取代基时,则不能发生上述的氨解反应,因而也证实苯炔的反应历程与事实相符。

1.4.2 对氢的亲核取代反应

可以预计到亲核试剂对无取代基苯的进攻要比亲电试剂的进攻困难得多,这是由于:

(A) 苯环的π电子云有排斥亲核质点接近的倾向；

(B) π轨道系统使带负电荷的σ络合物㊳中的两个多余电子离域化的能力要比带正电荷的惠兰中间体㊴小得多，也即稳定性小得多：

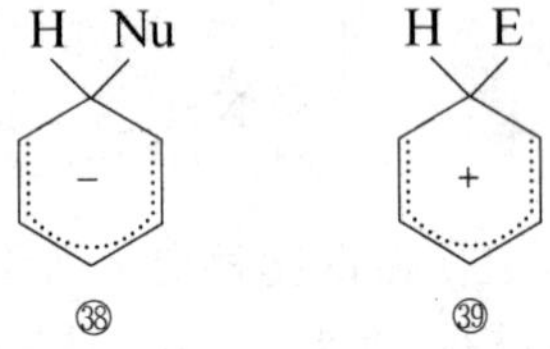

H Nu H E

㊳ ㊴

如果芳环上有一个强的吸电子取代基，则上述的影响都能有所克服，因而亲核取代反应便成为可能。例如硝基苯与KOH可以在空气存在下高温熔融，反应生成邻硝基苯酚，以及少量对位异构体：

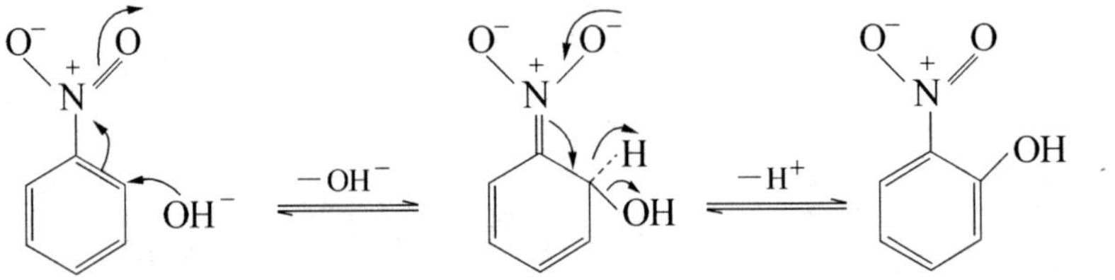

$-OH^-$ $-H^+$

(1-108)

当式(1-108)中OH^-作为离去基团，则回复为硝基苯原料；如果H^-作为离去基团，则生成产物。因为H^-是一个不良离去基团，因此平衡倾向于向左移动。由于OH^-与H^-相比，它是较好离去基团，所以只有当存在某种氧化剂如空气、KNO_3时，才能使刚一生成的H^-转变为稳定的氢分子或水分子，这样平衡才有向右移动的可能。

在亲电取代反应中，NO_2基是间位定位基，但可以预料，在亲核取代反应中，NO_2基具有邻、对位定位效应。

1.4.3 对非氢的亲核置换反应

当芳环上被置换的不是氢而是一些别的原子或基团，只要是比H^-为更好的离去基团，就能进行亲核置换反应。芳环上还有其他吸电子基团时，亲核置换反应更为容易发生。常见的连在芳环上的离去基团按其活泼性可排列如下：

$$F > NO_2 > Cl、Br、I > N_2 > OSO_2R > \overset{+}{N}R_3 > OAr$$

$$> OR > SR、SAr > SO_2R > NR_2、NH_2$$

亲核试剂的亲核性还受到反应条件的影响,不能建立不变的顺序,但总的近似顺序是:

$$NH_2^- > Ph_3C^{-①} > PhNH^- > ArS^- > RO^- > R_2NH > ArO^-$$
$$> OH^- > ArNH_2 > NH_3 > I^- > Br^- > Cl^- > H_2O > ROH$$

如同脂肪族亲核取代一样,亲核性一般决定于碱强度,亲核性随进攻原子沿周期表中的列下移而增大,但也有例外,如 OH^- 是比 ArO^- 更强的碱,却是较差的亲核试剂。芳环上非氢的亲核置换较重要的应用列于表 1-15。

表 1-15　芳环上已有取代基的亲核置换反应

反 应 物	亲核试剂	反应产物	单元反应
ArCl 或 ArBr	NaOH、H_2O	ArOH	羟基化
	RONa	ArOR	烷氧基化
	Ar′ONa、Ar′OK	ArOAr′	芳氧基化
	NH_3、NH_4OH	$ArNH_2$	氨解
	RNH_2	ArNHR	氨解
	Na_2SO_3	$ArSO_3Na$	磺化
	Na_2S	ArSH	
	NaCN	ArCN	
$ArSO_3H$	NaOH,KOH	ArOH	羟基化
	NH_4OH	$ArNH_2$	氨解
	$Ar'NH_2$	ArNHAr′	芳胺基化
	NaCN	ArCN	
$ArNO_2$	ROK	ArOR	烷氧基化
	Ar′OK	ArOAr′	芳氧基化
	NH_4OH	$ArNH_2$	氨解
	Na_2SO_3	$ArSO_3Na$	磺化
ArN_2 · Cl 或 ArN_2 · HSO_4	H_2O	ArOH	羟基化
	HCl(CuCl)	ArCl	卤素置换
	$Na[Cu(CN)_2]$	ArCN	
$ArNH_2$	$H_2O(NaHSO_3)$	ArOH	羟基化
	$Ar'NH_2$	ArNHAr	芳胺基化
ArOH	NH_3,NH_4OH	$ArNH_2$	氨解
	$Ar'NH_2$	ArNHAr′	芳胺基化

① 式中的 Ph 系苯基的简写

1.5 自由基反应

自由基反应又称游离基反应，是有机合成反应中除亲电、亲核反应外的另一类重要反应。任何有机化合物的燃烧过程，几乎全是自由基反应；烃类在气相中和氯反应，以及和四氧化二氮反应分别生成氯代烷烃和硝基烷烃也属自由基反应。除此之外，在溶液中，尤其是在非极性溶剂中，也能发生自由基反应，此时往往要靠光或其他能产生自由基的物质来引发反应。自由基在溶液中生成后，与正碳离子或负碳离子相比，自由基对其他型体的进攻，或者对同一型体进攻其不同位置的选择性都较低。绝大部分自由基反应一经引发，通常都能很快进行下去，具有低能障的快速连锁反应特征。自由基反应的另一特征是很易受到某些物质的抑制，这些物质能非常快地与自由基反应，如酚类、醌类、二苯胺、碘等，使自由基反应终止。

1.5.1 反应历程

(1) **自由基的形成** 由中性分子生成自由基的最重要的方法有三种：光解、热解和氧化还原反应。

(A) 光解 此法生成自由基只适用于有关分子必须对紫外光波段或可见光波段的照射具有吸收能力的场合。有机化合物中大多数键的键能为 210～400 kJ · mol^{-1}。如用光照使这种键发生断裂就需要相应的光能。由表 1-16 可见，采用可见光或紫外光照射就能使有机化合物生成自由基，例如丙酮蒸气能被波长为 320 nm 的紫外光所分解：

表 1-16 光的能量换算表

nm	kJ · mol^{-1}	nm	kJ · mol^{-1}
200	598.7	400	299.4
250	479.0	450	265.9
300	399.0	500	239.5
350	342.1		

$$CH_3COCH_3 \xrightarrow{h\nu} CH_3\cdot + \cdot COCH_3 \qquad (1\text{-}109)$$

$$\cdot COCH_3 \longrightarrow CO + \cdot CH_3$$

其他容易光解的中性分子如次氯酸酯和亚硝酸酯，都可用来产生烷氧自由基：

$$RO{-}Cl \xrightarrow{h\nu} RO\cdot + \cdot Cl \qquad (1\text{-}110)$$

$$RO{-}NO \xrightarrow{h\nu} RO\cdot + \cdot NO \qquad (1\text{-}111)$$

另一比较常用的光解是从卤素分子生成它们的原子：

$$Cl—Cl \xrightarrow{h\nu} Cl\cdot + \cdot Cl \tag{1-112}$$

$$Br—Br \xrightarrow{h\nu} Br\cdot + \cdot Br \tag{1-113}$$

光解生成自由基比起热解来有两个主要优点：首先是它能在任何温度下进行，特别适用于在较低温度下不易裂解或根本不能裂解的强键，如偶氮烷类在光照射下可以产生自由基：

$$R—N=N—R \xrightarrow{h\nu} R\cdot + N\equiv N + \cdot R \tag{1-114}$$

其次是它能通过调节光的照射强度和吸收物种的浓度来控制生成自由基的速度。

(B) 热解　此法产生自由基的最适宜的温度为 50 ℃～150 ℃。热解法用的化合物主要有两类：1)含有较弱键能的化合物，特别是如二烷基过氧化物（离解能 $D_{O—O}=155\ kJ\cdot mol^{-1}$），氯（$D_{Cl—Cl}=238\ kJ\cdot mol^{-1}$）溴（$D_{Br—Br}=188\ kJ\cdot mol^{-1}$）。2)易于分解的偶氮化合物或过氧羧酸酯，分解时生成非常稳定的产物（如 N_2 或 CO_2），如偶氮二异丁腈是常用的优异的偶氮型引发剂，热解时发生如下反应，生成 N_2：

$$(CH_3)_2\underset{\displaystyle CN}{\underset{|}{C}}—N=N—\underset{\displaystyle CN}{\underset{|}{C}}—(CH_3)_2 \longrightarrow 2(CH_3)_2\underset{\displaystyle CN}{\underset{|}{C}}\cdot + N_2 \tag{1-115}$$

其分解温度较低(65 ℃～85 ℃)，适用于大多数反应条件；其一级分解速度随不同溶剂的影响较小；不易受自由基进攻，因此可忽略诱导分解和转移反应。又如，过氧草酸酯按下式分解，生成 CO_2：

$$(CH_3)_3C—O—O—\underset{\displaystyle O}{\underset{\|}{C}}—\underset{\displaystyle O}{\underset{\|}{C}}—O—O—C(CH_3)_3 \longrightarrow$$

$$2(CH_3)_3C—O\cdot + CO_2 \tag{1-116}$$

凡能热解生成自由基的这些反应物分子中，如果含有能对生成的自由基进行稳定的基团，则热解速度就会加快。例如，偶氮二异丁腈在 100 ℃以下就能热解，其半衰期为 5 分钟，因为存在有下列离域基团：

$$(CH_3)_2\dot{C}—C\equiv N \longleftrightarrow (CH_3)_2C=C=\dot{N} \tag{1-117}$$

同样，如$[(CH_3)_3CCOO]_2$ 在 100 ℃时的半衰期为 200 小时，而$(C_6H_5COO)_2$ 在

同一温度时的半衰期则仅为 0.5 小时，这是由于 $C_6H_5COO\cdot$ 自由基的离域作用促进了稳定性的结果：

$$C_6H_5CO—O—O—COC_6H_5 \rightarrow 2\left[C_6H_5—C\begin{matrix}\nearrow O\\ \searrow O\cdot\end{matrix} \longleftrightarrow C_6H_5\begin{matrix}O\cdot\\ O\end{matrix}\right] \quad (1\text{-}118)$$

离域基团进一步脱羧并生成自由基：

$$C_6H_5—COO\cdot \longrightarrow C_6H_5\cdot + CO_2 \quad (1\text{-}119)$$

(C) 氧化还原反应　按此法产生自由基都涉及一个电子的转移(如 Cu^+/Cu^{2+}、Fe^{2+}/Fe^{3+} 等金属离子)。例如用 Cu^+ 可以明显加速酰基过氧化物的分解：

$$(C_6H_5COO)_2 + Cu^+ \longrightarrow C_6H_5C\begin{matrix}\nearrow O\\ \searrow O\cdot\end{matrix} + C_6H_5COO^- + Cu^{2+} \quad (1\text{-}120)$$

这样便得到了生成 $C_6H_5COO\cdot$ 自由基的有效方法，否则 $(C_6H_5COO)_2$ 按热解方式将有进一步分解成 $C_6H_5\cdot + CO_2$ 的危险。

用 Fe^{2+} 可催化过氧化氢水溶液的氧化反应：

$$H_2O_2 + Fe^{2+} \longrightarrow HO\cdot + OH^- + Fe^{3+} \quad (1\text{-}121)$$

此混合物即芬顿(Fenton)试剂，其中的有效氧化剂是 $HO\cdot$ 自由基。在水溶液体系中，常用氧化还原反应来产生自由基。$HO\cdot$ 与有机化合物中的氢反应能力较强，能通过下列反应生成新的自由基以及二聚产物。

$$HO\cdot + H—CH_2C(CH_3)_2OH \longrightarrow H_2O + \cdot CH_2C(CH_3)_2OH \quad (1\text{-}122)$$

$$2\ \cdot CH_2C(CH_3)_2OH \longrightarrow HOC(CH_3)_2CH_2CH_2C(CH_3)_2OH \quad (1\text{-}123)$$

处于高价状态的过渡金属离子也能引发生成自由基，如苯甲醛的自动氧化反应可以由能转移一个电子的 Fe^{3+} 所催化：

$$C_6H_5C(=O)H + Fe^{3+} \longrightarrow C_6H_5\dot{C}=O + H^+ + Fe^{2+} \tag{1-124}$$

(2) **自由基反应的分类** 根据自由基本身的观点主要可以分为三类：自由基与饱和键反应，同时夺取一个原子；自由基加成到不饱和键上；自由基与其他自由基反应，产生偶联或歧化。

(A) 夺取反应 自由基与饱和有机化合物反应时，通常要从碳原子上夺取一个原子，一般是氢：

$$R\cdot + H-C\lessdot \longrightarrow R-H + -\dot{C}\lessdot \tag{1-125}$$

反应中自由基对不同的 C—H 键进攻的选择性主要取决于键的离解能和极性效应。反应时夺取原子的速度随键的离解能降低而增大。四种简单烃的 C—H 键的离解能为：

键	$H-CH_3$	$H-CH_2CH_3$	$H-CH(CH_3)_2$	$H-C(CH_3)_3$
离解能($kJ\cdot mol^{-1}$)	426	401	385	372

因此，自由基反应的活泼性次序由大到小为：异丁烷＞丙烷＞乙烷＞甲烷，通常的规律为：叔 C—H＞仲 C—H＞伯 C—H。而烯丙基和苄基类型中的 C—H 键的离解能(约为 322 $kJ\cdot mol^{-1}$)要比饱和化合物的小得多，这是由于它们所生成自由基中的未成对电子会离域于 π 轨道：

$$[RCH \cdots CH \cdots CH_2]\cdot \qquad [C_6H_5 \cdots CHR]\cdot$$

因此，含有这类结构的化合物不仅容易和自由基发生反应，而且反应的选择性也较好，例如乙苯与溴原子的反应几乎全是在亚甲基上进行的：

$$C_6H_5CH_2CH_3 \xrightarrow[-HBr]{Br\cdot} C_6H_5\dot{C}HCH_3 \quad (\times\ C_6H_5CH_2\dot{C}H_2) \tag{1-126}$$

其次，极性效应在不少自由基反应中也起着作用，例如在 1-氯丁烷中，由氯原子进攻各种 C—H 键，发生夺取反应的相对活泼性为：

$$\underset{\substack{\uparrow \\ 1.5}}{CH_3}-\underset{\substack{\uparrow \\ 6}}{CH_2}-\underset{\substack{\uparrow \\ 3}}{CH_2}-\underset{\substack{\uparrow \\ 1}}{CH_2}Cl$$

由于氯的诱导效应,所以分子中与氯相连的碳原子的电子云密度比较低,而诱导效应随链的增长而显著降低,因此第二个碳原子的电子云密度比第一个的为高,而第三个又比第二个的为高。氯原子是强电负性的,它优先进攻电子云密度较高的C—H键。甲基比相邻的亚甲基的反应活泼性为小,是由于上述的键的离解能的原因。

(B) 加成反应　自由基可加成到各种不饱和基团上去。最重要的是加成到C═C键上,这种加成反应的选择性良好。例如当自由基加成到烯烃CH_2═CHX上时,不论X的性质,反应几乎全部发生在亚甲基上:

$$\dot{R}+CH_2{=}CHX \longrightarrow \begin{cases} \longrightarrow RCH_2-\dot{C}HX \\ \xrightarrow{\times} \dot{C}H_2-CHXR \end{cases} \quad (1\text{-}127)$$

这是由于自由基与X间的空间障碍,降低了在有取代基的碳原子上的反应速度,其次X能使$RCH_2-\dot{C}HX$自由基更加稳定。

炔烃与自由基的反应和烯烃相似,自由基对单取代乙炔的反应优先发生在无取代基的碳原子上。自由基也能加成到羰基上,一般是加成到醛类的—CHO基上,同时夺取一个氢原子。自由基加成到C═O的反应活泼性要比加成到C═C为低,主要是因为C═O转化为C—O所需能量约为350 kJ·mol^{-1},而C═C转化为C—C的能量约为260 kJ·mol^{-1},前者要比后者高出许多。

(C) 偶联及歧化　偶联反应是两个自由基的化合导致生成新键,成为二聚物,如R—R′。这类偶联反应不仅可以发生在相同的自由基之间,也可以发生在不同的自由基之间。偶联反应仅需少量活化能,或者不需活化能,但是由于溶液中的自由基浓度非常低,自由基之间的反应速度取决于它们浓度的平方。这种偶联反应通常并不那么重要,除非在比较稳定的自由基的情况下,偶联反应才会有较大影响,例如苄基自由基对溶液中其他分子的进攻不够活泼,因而会留存在溶液里,直至它和相似的自由基发生偶联反应,生成二聚物为止。

歧化反应是发生在β-氢原子由一个自由基转移到另一个自由基的过程,例如:

$$CH_3-CH_2\cdot + \cdot CH_2-CH_3 \longrightarrow CH_3-CH_3+CH_2{=}CH_2 \quad (1\text{-}128)$$

生成的是非自由基产物。这个过程生成两个键和断裂一个键,在能量上是有利的,所需的活化能几乎可以忽略。

由上面讨论的情况不难看出两个自由基之间的偶联反应或者歧化反应,结果是导致生成非自由基产物;而夺取反应或者加成反应的结果是生成一个新的自由基,这个新自由基又可进一步与周围的分子发生反应,如此周而复始便形成连锁反应。任何连锁反应均包括链引发、链增长(或链传递)和链终止三个步骤,可用甲烷的氯化反应为例:

链引发 $$Cl_2 \xrightarrow{h\nu\ 或热} 2Cl\cdot \tag{1-129}$$

链增长 $$Cl\cdot + CH_4 \longrightarrow CH_3\cdot + HCl \tag{1-130}$$

$$CH_3\cdot + Cl_2 \longrightarrow CH_3Cl + Cl\cdot \tag{1-131}$$

链终止 $$Cl\cdot + \cdot Cl \longrightarrow Cl_2 \tag{1-132}$$

$$CH_3\cdot + \cdot Cl \longrightarrow CH_3Cl \tag{1-133}$$

$$CH_3\cdot + \cdot CH_3 \longrightarrow CH_3CH_3 \tag{1-134}$$

连锁反应的特点是在反应过程中,增长的自由基物种的浓度是极低的,所以链终止反应并不重要,通过链增长生成反应产物。另一方面,少量抑制剂就足以减缓自由基反应的速度。酚类化合物抑制自由基反应是通过使自由基稳定化而实现的,例如对苯二酚可与自由基反应,生成比较稳定的(离域的)半醌自由基:

OH / OH $\xrightarrow[-RH]{R\cdot}$ O· / OH $\longleftrightarrow$ O / OH $\longleftrightarrow$ O⁻ / ⁺·OH (1-135)

如果反应体系中有抑制剂存在,只有在抑制剂全部消耗后,才可能开始链增长反应。此外,由于自由基的活性较高,所以它和其他分子的反应一般是较快的,并且所需的活化能较低,因而难免会同时发生几种反应,结果生成复杂的反应产物,很少能达到接近理论的产率。

1.5.2 生成C—X键的反应

大多数的卤化有机化合物可以采用卤化剂通过自由基取代反应或加成反应制得,常用的卤化剂主要有卤素和卤化氢,其次还有硫酰氯、N-溴化丁二酰亚胺、次卤酸叔丁酯及多卤化甲烷等。

(1) **饱和有机卤化合物** 饱和有机化合物与卤素反应时,只有氯和溴具有合适的活泼性,氟太活泼,而碘几乎不起反应。卤素的不同活泼性可用甲烷卤化反应的热效应(表 1-17)来说明。数据表明,氟化反应是强烈放热的,所以只有用惰性气体稀释氟元素后,才能对这类反应进行研究。碘通常不能与烷烃反应,除非在极高的温度时,才会反应生成脱氢产物。氯恰好是易于进行反应的,对于引发和保持自由基链,在能量方面正好合适。用高温或光照射引发自由基,进行各种烷烃的氯化反应是广泛应用的,有的在气相中进行,有的在液相中进行。溴化反应时由于溴原子从烷烃夺取氢原子的反应是吸热的,由此可以预计反应的活化能较高,至少要大到 63 $kJ\cdot mol^{-1}$,所以溴化反应的速度远比氯化反应的为慢。结果是链终止步骤在竞争中超过链增长步骤,所以溴化反应链是短的。

表 1-17　甲烷卤化反应的热效应(计算值)

反　　应	$\Delta H(kJ\cdot mol^{-1})$			
	F	Cl	Br	I
$X\cdot + CH_4 \longrightarrow HX + CH_3\cdot$ $CH_3\cdot + X_2 \longrightarrow CH_3X + X\cdot$	−134 −293	−4 −96	+63 −88	+138 −75
$X_2 + CH_4 \longrightarrow CH_3X + HX$	−427	−100	−25	+63

最简单的烷烃如甲烷用氯化反应生成的往往不是单一组分的氯化衍生物,而是各种氯化程度的复杂混合物,甚至可以由一氯甲烷直至四氯甲烷。对于碳链更长的烷烃,卤化反应还可以发生在不同位置的碳原子上,即按照前述 C—H 键离解能的降低,卤化反应的活泼性随着增大。

甲苯的连锁卤化反应只能在侧链上发生,因为苄基自由基的另一种可能的异构体是非芳香性的,需要克服更高的能量障碍,所以不会在环上发生自由基卤化反应:

$$C_6H_5-CH_3 \xrightarrow[-HX]{X\cdot} \left[C_6H_5-CH_2\cdot \longleftrightarrow \cdot C_6H_5{=}CH_2 \right]$$

$$\xrightarrow[-X\cdot]{X_2} \begin{cases} \longrightarrow C_6H_5-CH_2X \\ \not\longrightarrow (X)(H)C_6H_5{=}CH_2 \end{cases} \qquad (1\text{-}136)$$

甲苯侧链卤化反应生成的苄卤分子中，卤原子通过它的自由基稳定能力，使侧链C—H键进一步卤化的反应得到活化；但是它的极性效应和空间效应却使这一反应得到钝化。因此，这几种效应之间存在着一定的平衡。由于后面两种效应明显占有优势，所以还能观察到甲苯侧链的卤化反应是分步进行的，可以控制卤化反应的程度，生成以某一种取代程度为主的反应产物，而可能生成的有三种卤化甲苯。

(2) **不饱和有机卤化合物**　烯烃或炔烃与卤化氢(主要是HBr)的自由基加成反应是按反马尔科夫尼科夫(Markovnikov)规则进行的。典型例子是丙烯与氢溴酸反应：

$$CH_3CH{=}CH_2 + HBr \xrightarrow[\text{过氧化物}]{\text{光或}} CH_3CH_2CH_2Br \qquad (1\text{-}137)$$

生成的是正溴丙烷。这种反应历程是自由基加成，首先要引发生成溴原子自由基，再进行自由基加成反应：

$$CH_3CH{=}CH_2 + Br\cdot \longrightarrow CH_3\dot{C}HCH_2Br \qquad (1\text{-}138)$$

$$CH_3\dot{C}HCH_2Br + HBr \longrightarrow CH_3CH_2CH_2Br + Br\cdot \qquad (1\text{-}139)$$

自由基加成反应如此周而复始，生成正溴丙烷。这种历程表明，溴原子首先和π键反应，生成最稳定的自由基，而按照不同碳原子上C—H键的离解能，可知只有溴原子加到丙烯的双键末端碳原子上，才能生成最稳定的自由基。HBr是四种卤化氢中能很容易通过自由基历程对烯烃进行加成的唯一的卤化氢。这可由各种HX对$CH_2=CH_2$加成的两步链式反应的热效应加以说明，见表1-18。数据表明，只有HBr在两步反应中都是放热的，能量比较合适，容易发生自由基加成；而对于HF，第二步是强烈的吸热反应，可见H—F的离解能最高并难于

表 1-18　烯烃与HX加成反应的热效应(计算值)

H—X	$\Delta H(\text{kJ}\cdot\text{mol}^{-1})$	
	$X\cdot + CH_2=CH_2 \longrightarrow XCH_2-\dot{C}H_2$	$XCH_2-\dot{C}H_2 + HX \longrightarrow XCH_2-CH_3 + X\cdot$
H—F	−222	+155
H—Cl	−75	+21
H—Br	−21	−42
H—I	+46	−113

均裂;对 HCl 而言,第二步虽然也是吸热的,不过并不像 H—F 那么高,只是需要较高的活化能才能均裂成自由基,这会阻碍链的增长,因此 HCl 也不能顺利进行自由基加成;对于 HI,则第一步是吸热的,而且生成弱键 C—I 所释放的能量小于 C ═ C 双键断裂所需要的能量,所以 HI 也不能进行自由基加成。

(3) **重氮基被氯或溴置换** 当重氮盐与氯化亚铜或溴化亚铜反应时,可分别制取芳基氯或芳基溴:

$$ArN_2X \xrightarrow{CuX} ArX + N_2 \qquad (X = Cl、Br) \tag{1-140}$$

这种反应称为桑德迈尔(Sandmeyer)反应。此反应不能用来制备芳基氟和芳基碘。因为碘化亚铜不溶于氢碘酸中,因而无法反应生成芳基碘。氟离子的亲核活性甚差,而且氟化亚铜的性质也很不稳定,在室温下就会自身氧化还原成铜和氟化铜。因此桑德迈尔反应仅适用于制备芳基氯和芳基溴。这种反应的历程一般认为是按下面形式的自由基反应进行的:

$$ArN_2^+X^- + CuX \longrightarrow Ar\cdot + N_2 + CuX_2 \tag{1-141}$$

$$Ar\cdot + CuX_2 \longrightarrow ArX + CuX \tag{1-142}$$

这种制备芳香族卤化物的方法,对于一些不能直接采用卤素亲电取代,或者取代后所得的异构体难以分离提纯的芳香族化合物,具有重要的意义。

1.5.3 生成 C—N 键的反应

烷烃硝化生成硝基烷烃的反应可以在气相或者液相中进行:

$$R—H + HNO_3 \longrightarrow R—NO_2 + H_2O \tag{1-143}$$

这个反应除了制备硝基甲烷以外,对制备其他烷烃的纯硝基化合物是不合适的。因为对于其他烷烃,硝化反应不仅可以同时发生在各个碳原子上,并能得到一、二甚至多硝基烷烃的混合物;此外硝化时还会发生碳链的断裂,生成较低级的硝基烷烃。例如丙烷在高温下气相硝化常得到多种硝基混合物:

$$CH_3—CH_2—CH_3 \xrightarrow[420\ ℃]{HNO_3} \begin{cases} CH_3—CH_2—CH_2—NO_2 & 25\% \\ CH_3—\underset{\displaystyle NO_2}{\underset{|}{CH}}—CH_3 & 40\% \\ CH_3—CH_2—NO_2 & 10\% \\ CH_3—NO_2 & 25\% \end{cases} \tag{1-144}$$

这种气相硝化反应的历程与卤化反应大体相同,也属于自由基反应。首先烷烃

在气相发生热裂解,引发自由基,再和硝酸进行连锁反应:

$$R—H \xrightarrow{热} R\cdot + H\cdot \tag{1-145}$$

$$R'—R'' \xrightarrow{热} R'\cdot + R''\cdot \tag{1-146}$$

$$R\cdot + HO—NO_2 \longrightarrow R—NO_2 + HO\cdot \tag{1-147}$$

$$R—H + \cdot OH \longrightarrow R\cdot + H_2O \tag{1-148}$$

$$R'\cdot + HO—NO_2 \longrightarrow R'—NO_2 + HO\cdot \tag{1-149}$$

$$R''\cdot + HO—NO_2 \longrightarrow R''—NO_2 + HO\cdot \tag{1-150}$$

与卤化反应不同的是:烷烃硝化时还伴随有碳链的断裂,因而会生成小分子的硝基化合物。

1.5.4　生成 C—O 键的反应

在有机化合物生成 C—O 键的反应中,有许多是属于自由基氧化的过程,不少有机化合物在空气中,即使在室温也会慢慢氧化生成氢过氧化物,这种氧化又称为自动氧化。自动氧化反应往往会受到光的照射或引发剂的存在而加速,所以是自由基反应的历程:

$$\rangle C—H + R\cdot \longrightarrow \rangle C\cdot + RH \tag{1-151}$$

$$\rangle C\cdot + O_2 \longrightarrow \rangle C—O—O\cdot \tag{1-152}$$

$$\rangle C—O—O\cdot + \rangle C—H \longrightarrow \rangle C—O—O—H + \rangle C\cdot \tag{1-153}$$

在一定条件下,氢过氧化物本身也会降解生成自由基 $\rangle C—O\cdot + \cdot OH$,又可作为引发剂,因此这种自动氧化就变成自动催化氧化反应。自动氧化反应既会受引发剂加速氧化,但也会受抑制剂延迟氧化。凡是容易自动氧化的化合物,在贮存时应添加适量的抑制剂。

对于烷烃化合物的自动氧化,反应活性的次序由大到小为:叔 C—H、仲 C—H、伯 C—H。例如异丁烷在引发剂作用下,氧化成叔丁基过氧化氢的产率就很高:

$$(CH_3)_3CH + O_2 \xrightarrow{引发剂} (CH_3)_3C—O—O—H \tag{1-154}$$

烯丙基化合物因生成的自由基可通过离域而稳定,所以它的氧化反应活性比烷烃的为高。不对称的烯丙基化合物氧化生成的是混合产物：

$$RCH=CH-CH_2R'+O_2 \xrightarrow{\text{引发剂}} RCH=CH-\underset{\displaystyle O_2H}{\underset{|}{C}}HR' + R\underset{\displaystyle O_2H}{\underset{|}{C}}H-CH=CHR' \quad (1\text{-}155)$$

自动氧化生成的氢过氧化物往往是作为中间体用来合成其他有机化合物，例如由异丙苯氧化成异丙苯过氧化氢，可再分解成苯酚和丙酮：

$$C_6H_5-CH(CH_3)_2 + O_2 \xrightarrow{\text{引发剂}} C_6H_5-C(CH_3)_2-O-O-H \xrightarrow{H^+} C_6H_5-OH + CH_3COCH_3 \quad (1\text{-}156)$$

另一个例子是四氢萘在 70 ℃进行自动氧化，所得的过氧化物可分别与碱作用生成四氢萘酮，也可与氢气反应，还原成四氢萘醇：

$$\text{四氢萘} + O_2 \longrightarrow \text{1-四氢萘基过氧化氢}(H,\ O_2H) \begin{cases} \xrightarrow{OH^-} \text{四氢萘酮}(=O) \\ \xrightarrow{H_2/Ni} \text{四氢萘醇}(H,\ OH) \end{cases} \quad (1\text{-}157)$$

醛类尤其是芳香醛类，很易自动氧化，如苯甲醛在室温就能与空气中的氧反应生成苯甲酸。苯甲醛在自由基作用下首先生成苯甲酰自由基，再氧化成为过苯甲酸自由基，然后再与苯甲醛反应生成过苯甲酸和另一个苯甲酰自由基，这两步构成了连锁反应。但是，过苯甲酸并不是真正的最终产物，因为在苯甲醛存在的情况下，它们之间会发生一个快速的、酸催化的非自由基反应，生成苯甲酸产物。这一非自由基反应还能受到苯甲酸产物的生成而加速，所以它是自动催化的：

$$C_6H_5CHO \xrightarrow[-H\cdot]{\text{自由基}} C_6H_5\dot{C}O \xrightarrow{+O_2} C_6H_5C(O)OO\cdot$$
$$C_6H_5C(O)OO\cdot + C_6H_5CHO \longrightarrow C_6H_5\dot{C}O + C_6H_5C(O)OOH \tag{1-158}$$

$$C_6H_5C(O)OOH + C_6H_5CHO \xrightarrow{H^+} 2C_6H_5COOH \tag{1-159}$$

在上述自动氧化过程中存在有苯甲酰自由基,可由下列现象加以证实:使反应在较高温度(~100 ℃)和低氧浓度中进行,则有 CO 生成,表明发生了如下反应:

$$C_6H_5\dot{C}O \longrightarrow C_6H_5\cdot + CO \tag{1-160}$$

1.5.5 生成 C—S 键的反应

有机化合物通过自由基反应生成 C—S 键的代表性例子是高级烷烃的磺氯化反应。烷烃与氯和二氧化硫(或硫酰氯 SO_2Cl_2)在光照射或其他引发剂作用下,生成烷基磺酰氯:

$$RH + SO_2 + Cl_2 \xrightarrow{\text{光、引发剂}} RSO_2Cl + HCl \tag{1-161}$$

这种磺氯化反应通常称为里德(Reed)反应,其历程与烷烃的氯化很相似,也是自由基反应:

$$Cl_2 \xrightarrow{h\nu} 2Cl\cdot \tag{1-162}$$

$$R—H + Cl\cdot \longrightarrow R\cdot + HCl \tag{1-163}$$

$$R\cdot + SO_2 + Cl_2 \longrightarrow RSO_2Cl + Cl\cdot \tag{1-164}$$

反应生成的高级烷基磺酰氯经水解和碱中和便成为长链烷基磺酸盐,是合成洗涤剂常用的活性组分。

2 磺化、硫酸化反应

磺化是有机化合物分子中引入磺基($—SO_3H$)、或它相应的盐或磺酰卤基($—SO_2Cl$)的任何化学过程。这些基团可以和碳原子相连接,生成 C—S 键,也可以和氮原子相连接,生成 N—S 键。另一类型的磺酸盐(即 $RNHSO_3Na$)叫做 N-磺酸盐或氨基磺酸盐。

硫酸化是有机化合物分子中引入$—OSO_3H$ 基的化学过程,生成 C—O—S 键。

磺酸盐和硫酸盐的产量极大,除可作为洗涤剂、乳化剂、渗透剂、润湿剂、分散剂、离子交换树脂外,也是染料及医药工业的重要中间体,磺基还可以转为羟基、卤素、氨基、氰基等,从而制得像苯酚、萘酚等一系列中间体。

工业上的磺化和硫酸化方法主要有:

(A) 过量硫酸的磺化法及硫酸化法;

(B) 共沸去水磺化法;

(C) 三氧化硫的磺化法及硫酸化法;

(D) 氯磺酸的磺化法及硫酸化法;

(E) 烘焙磺化法;

(F) 磺氧化和磺氯化法;

(G) 亚硫酸钠亲核取代磺化法。

2.1 磺化剂、硫酸化剂

2.1.1 三氧化硫

三氧化硫在气态时,它是单体,它的结构是以硫为中心的等边三角形,S—O 键的长度为 0.14 nm,表明有相当的 π 键。可用一组路易斯的结构图如图 2-1 所示来描述,分子中有两个单键和一个双键,硫原子倾向于 π 键键合,说明它具有亲电性。

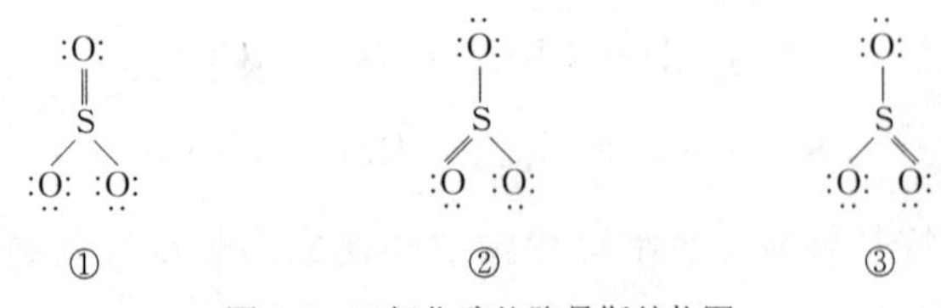

图 2-1 三氧化硫的路易斯结构图

三氧化硫以α、β和γ三种形态存在。其中α态在室温下呈固体,较为稳定。当不存在抑制剂时,则液体的β态和γ态也将转化成α态。用少量的抑制剂,如硼酸衍生物(约0.5%),并严格地排除水分,则可以制得液相形态的三氧化硫。常用的工业产品是β态和γ态的液体混合物。

2.1.2 硫酸和发烟硫酸

硫酸由于制造和使用上的考虑,有两种规格,即92%～93%的绿矾油和98%～100%的水合物,也可看作是三氧化硫与水以1∶1摩尔比组成的络合物。如果有过量的三氧化硫存在于硫酸中就成为发烟硫酸。发烟硫酸也有两种规格,即含游离SO_3 20%～25%和60%～65%。这两种发烟硫酸都具有最低共熔点,如图2-2所示,它们在常温下为液体,便于使用。

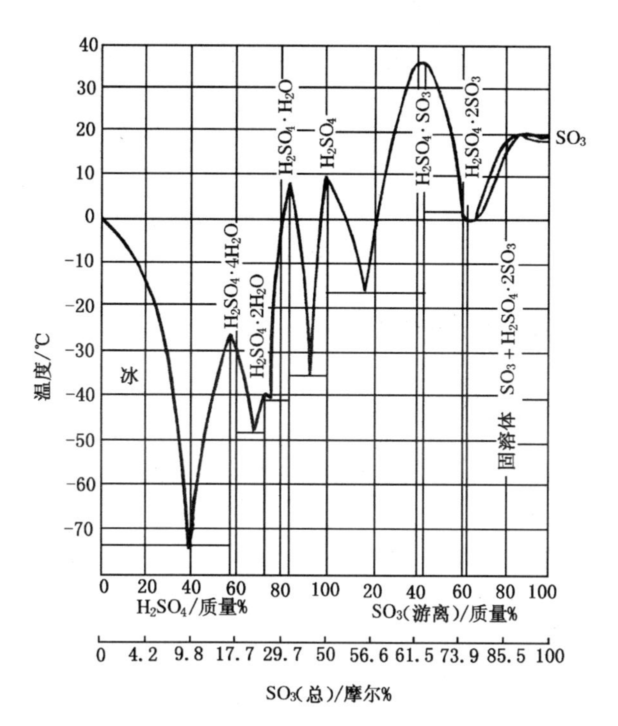

图2-2 H_2O-SO_3系结晶图

2.1.3 氯磺酸

氯磺酸可以看作是$SO_3 \cdot HCl$的络合物,在−80 ℃时凝固,152 ℃沸腾,达到沸点时则离解成SO_3和HCl。

2.1.4 其他

有关磺化和硫酸化的其他反应剂还有硫酰氯(SO_2Cl_2),氨基磺酸(H_2NSO_3H),二氧化硫和亚硫酸根离子。

硫酰氯是由二氧化硫和氯化合而成的;氨基磺酸是由三氧化硫和硫酸与尿素反应而成:

$$H_2NCONH_2 + H_2SO_4 + SO_3 \longrightarrow 2H_2NSO_3H + CO_2 \tag{2-1}$$

它是稳定的不吸湿的固体,在磺化或硫酸化反应中,它类似于三氧化硫叔胺络合物,不同之处是氨基磺酸在高温无水介质中应用,主要用于醇的硫酸化。

二氧化硫可以直接用于磺氧化和磺氯化反应,同三氧化硫一样,二氧化硫也是亲电子的,不过它的反应大多数是通过自由基反应。亚硫酸根离子的亲核性也是很强的,并且通过亲核取代过程或自由基过程进行反应,亚硫酸根离子的高度亲核性可用结构式 $\left[O \overset{..}{\underset{}{S}}(O)O \right]^{2-}$ 来说明,在此结构中,硫与氧之间有相当的 $pd\text{-}\pi$ 键,硫处在 sp^3 杂化状态,这就为键的形成提供了有效的和高度极化的轨道。

2.2 磺化和硫酸化反应历程

2.2.1 磺化反应历程

作为磺化剂的硫酸是一种能按几种方式离解的液体,在100%硫酸中,硫酸分子通过氢键生成缔合物,缔合度随温度的升高而降低。100%硫酸略能导电,综合散射光谱的测定证明有 HSO_4^- 离子存在,这是因为100%硫酸中约有0.2%~0.3%按下列反应式离解:

$$2H_2SO_4 \rightleftharpoons H_3SO_4^+ + HSO_4^- \tag{2-2}$$

$$2H_2SO_4 \rightleftharpoons SO_3 + H_3^+O + HSO_4^- \tag{2-3}$$

$$3H_2SO_4 \rightleftharpoons H_2S_2O_7 + H_3^+O + HSO_4^- \tag{2-4}$$

发烟硫酸也略能导电,这是因为发生了以下反应的结果:

$$SO_3 + H_2SO_4 \rightleftharpoons H_2S_2O_7 \tag{2-5}$$

$$H_2S_2O_7 + H_2SO_4 \rightleftharpoons H_3SO_4^+ + HS_2O_7^- \tag{2-6}$$

因此,在浓硫酸和发烟硫酸中可能存在 SO_3、$H_2S_2O_7$ 和 $H_3SO_4^+$ 等亲电质点,它们都可能参加磺化反应,实质上它们都是不同溶剂化的三氧化硫分子。磺化动力学的研究必须考虑那些能产生亲电体的试剂之间平衡,也要考虑那些能够导致 σ 络合物产生和消去产物之间的平衡。

(1) **芳烃的取代反应** 对二氯苯同三氧化硫在三氯氟甲烷溶剂中进行磺化时,反应速度同芳烃与三氧化硫浓度成正比,动力学方程式为:

$$v = k[ArH][SO_3] \tag{2-7}$$

且没有同位素效应,因此反应中的速度控制步骤为:

$$ArH + SO_3 \rightleftharpoons \left[Ar\langle {}^{SO_3^-}_{H} \right]^+ \tag{2-8}$$

在硝基苯或硝基甲烷溶剂中进行磺化时,反应速度同芳烃浓度的一次方,三氧化硫浓度的二次方成正比,动力学方程式为:

$$v = k[ArH][SO_3]^2 \tag{2-9}$$

沃兹沃斯(Wadsworth)和欣谢尔伍德(Hinshelwood)曾提出在化学反应中进攻试剂可能是 S_2O_6:

$$2SO_3 \rightleftharpoons S_2O_6 \tag{2-10}$$

$$ArH + S_2O_6 \rightleftharpoons ArS_2O_6H \tag{2-11}$$

$$ArS_2O_6H \rightleftharpoons ArSO_3H + SO_3 \tag{2-12}$$

然而即使在液态的三氧化硫中,也没有证据表明有 S_2O_6 二聚体存在。塞丰太恩(Cerfontain)认为是起始络合物形成以后,式(2-8)同另一个三氧化硫分子反应形成的络合物是速度控制步骤,即式(2-13),随后再分解出另一摩尔的三氧化硫:

$$\left[Ar\langle {}^{SO_3^-}_{H} \right]^+ + SO_3 \rightleftharpoons \left[Ar\langle {}^{S_2O_6^-}_{H} \right]^+ \tag{2-13}$$

$$\left[Ar\langle {}^{S_2O_6^-}_{H} \right]^+ \longrightarrow Ar{-}S_2O_6H \tag{2-14}$$

$$ArS_2O_6H \rightleftharpoons ArSO_3H + SO_3 \tag{2-15}$$

发烟硫酸的磺化更为复杂,因其中存在着如 $H_2S_2O_7$ 和 $H_2S_4O_{13}$ 等化合物,进攻试剂主要是 SO_3 与 H_2SO_4 的溶剂化分子和三氧化硫聚合物与 H_2SO_4 的溶剂化分子。

对于低活泼性的芳烃,如苯基三甲基铵盐正离子,反应速度近似于:

$$v = k[ArH][SO_3][H^+] \tag{2-16}$$

在整个反应中,反应速度控制步骤中有一个质子化的物质参加,在浓度较低的发烟硫酸中(20%左右),进行反应的历程可用下式表示:

$$ArH + H_3S_2O_7^+ \rightleftharpoons \left[Ar\langle^{SO_3H}_{H} \right]^+ + H_2SO_4 \tag{2-17}$$

$$\left[Ar\langle^{SO_3H}_{H} \right]^+ + H_2SO_4 \longrightarrow ArSO_3H + H_3SO_4^+ \tag{2-18}$$

其中硫酸具有去除质子的作用。在较高浓度的发烟硫酸中进行反应其历程可能如下:

$$ArH + H_2S_4O_{13} \rightleftharpoons \left[Ar\langle^{S_2O_6H}_{H} \right]^+ + HS_2O_7^- \tag{2-19}$$

$$\left[Ar\langle^{S_2O_6H}_{H} \right]^+ + HS_2O_7^- \longrightarrow ArS_2O_6H + H_2S_2O_7 \tag{2-20}$$

$$ArS_2O_6H \rightleftharpoons ArSO_3H + SO_3 \tag{2-21}$$

在含水硫酸(浓度为95%)中,反应速度为:

$$v = k[ArH][H_2S_2O_7] \tag{2-22}$$

芳烃和 $H_2S_2O_7$ 生成 σ 络合物,这一步骤成为反应速度的控制步骤:

$$ArH + H_2S_2O_7 \rightleftharpoons \left[Ar\langle^{SO_3H}_{H} \right]^+ + HSO_4^- \tag{2-23}$$

在较稀硫酸(浓度大约为80%~85%)中的反应速度为:

$$v = k[ArH][H_3SO_4^+] \tag{2-24}$$

则速度控制步骤为:

$$ArH + H_3SO_4^+ \rightleftharpoons \left[Ar\begin{smallmatrix} SO_3H \\ H \end{smallmatrix} \right]^+ + H_2O \qquad (2\text{-}25)$$

有长碳链烷基的芳烃进行磺化作为表面活性剂应用时，具有长碳链烷基的芳烃在强酸中，由于傅列德尔-克拉夫茨(Friedel Crafts)烷基化反应的逆反应，会发生脱烷基反应，这个问题在以硫酸为磺化剂时表现得最为严重，用发烟硫酸时就不那么严重，以三氧化硫为磺化剂时，则反应进行十分顺利。

(2) **链烯烃的加成反应** 烯烃的磺化加成反应首先生成离子中间体或自由基中间体，最后得到的是双键全部被加成的产物或者明显的取代产物。

(A) 离子型的历程 像芳烃亲电取代的那样，亲电试剂进攻烯烃时，首先是亲电试剂和链烯烃的 π-电子系统之间形成一个键。但是，与芳烃 σ 络合物不同的是烯烃加成可以有几种途径，生成几种产物。因为磺化产物的 C—S 键极为稳定，所以因最初产物的磺基迁移而发生的异构化作用就会出现。普谢尔(Püschel)提出一个 α-烯烃磺化反应历程：

H H
—CH₂—C=C—H (α-烯烃) —SO₃→ —CH₂—C⁺—C(H)(H)—SO₂—O⁻ ④

A—闭环作用
B—消除质子

A → —CH₂—C(H)—C(H)—H 与 O—SO₂ 成环 ⑦
B → —CH₂—CH=CH—SO₃H ⑤
B → —CH=CH—CH₂SO₃H ⑥

(2-26)

这与马尔科夫尼科夫规则所预期的一致，α-烯烃的磺化产物通常都是端位磺酸盐，在气相或惰性溶剂中，开始生成的正碳离子④经消除质子进一步反应而生成 2-链烯-1-磺酸⑥。用液体二氧化硫为溶剂时，则生成可达 10%的 1-链烯-1-磺酸⑤。正碳离子④除了消除质子而生成烯烃磺酸外，还可以与磺基中负电荷的氧一起经闭环作用生成磺内酯⑦。

(B) 自由基历程 在氧或过氧化物存在下，烯烃与亚硫酸氢钠可发生加成，生成磺酸钠盐，反应按自由基历程，加成方向是反马尔科夫尼科夫规则的。

氧作为引发剂，引发亚硫酸氢根离子为自由基：

$$HSO_3^- + O_2 \longrightarrow SO_3^-\cdot + HO_2\cdot \qquad (2\text{-}27)$$

以后自由基加成到烯烃上：

$$SO_3^- \cdot + CH_2 = CHR \longrightarrow {}^-O_3S—CH_2—\dot{C}H—R \quad (2\text{-}28)$$

$$^-O_3S—CH_2—\dot{C}H—R + HSO_3^- \longrightarrow$$

$$^-O_3S—CH_2—CH_2—R + SO_3^- \cdot \quad (2\text{-}29)$$

(3) **饱和长碳链脂肪酸或酯的磺化** 饱和长碳链脂肪酸同三氧化硫等反应是在 α-位进行的单磺化反应。反应历程可分为两步：首先形成混合酸酐；其次混合酸酐在高温下重排而形成 α-磺化脂肪酸：

$$R—CH_2—\overset{\overset{O}{\|}}{C}—OH + SO_3 \xrightarrow[\text{快}]{\text{加成}} R—CH_2—\underset{\text{混合酸酐}}{\overset{\overset{O}{\|}}{C}—OSO_3H} \quad (2\text{-}30)$$

$$R—CH_2—\overset{\overset{O}{\|}}{C}—OSO_3H \xrightarrow[\text{慢}]{\text{重排}} R—\underset{\underset{SO_3H}{|}}{CH}—\overset{\overset{O}{\|}}{C}—OH \quad (2\text{-}31)$$

如果以脂肪酸的酯与三氧化硫反应为例，磺化历程可用下式表示：

$$\underset{⑧}{R—CH_2—COOR'} \overset{SO_3}{\rightleftharpoons} \underset{⑨}{R—CH_2—C{\genfrac{}{}{0pt}{}{\overset{+}{=}OR'}{=OSO_3^-}}}$$

$$\xrightarrow{SO_3} \underset{⑩}{R—\underset{\underset{SO_3H}{|}}{CH}—\overset{+}{C}{\genfrac{}{}{0pt}{}{=OR'}{=OSO_3^-}}} \xrightarrow{\text{加热}} \underset{⑪}{R—\underset{\underset{SO_3H}{|}}{CH}—C{\genfrac{}{}{0pt}{}{—OR'}{=O}}}$$

$$\xrightarrow{NaOH} \underset{⑫}{R—\underset{\underset{SO_3Na}{|}}{CH}—C{\genfrac{}{}{0pt}{}{—OR'}{=O}}} \quad (2\text{-}32)$$

首先三氧化硫中带正电荷的硫原子加成到酯⑧的负电荷的羰基氧原子上，生成三氧化硫加成物⑨；而另一个三氧化硫进攻活化加成物⑨的 α-氢原子，生成中间体⑩，最后⑩受热使羰基上氧原子的三氧化硫消除，生成磺化脂肪酸酯⑪，最后以氢氧化钠中和而得 α-磺化脂肪酸酯钠盐⑫。

2.2.2 硫酸化反应历程

(1) **链烯烃的加成反应** 加成反应是按照马尔科夫尼科夫规则进行的，链烯烃质子化后生成的正碳离子是速度控制步骤：

$$R—CH═CH_2 + H^+ \longrightarrow R—\overset{+}{C}H—CH_3 \tag{2-33}$$

以后正碳离子与 HSO_4^- 加成而生成烷基硫酸酯：

$$R—\overset{+}{C}H—CH_3 + HSO_4^- \longrightarrow R—\underset{\displaystyle OSO_3H}{\underset{|}{C}H}—CH_3 \tag{2-34}$$

(2) **醇的硫酸化反应** 醇的硫酸化从形式上可以看成是硫酸的酯化，是按照双分子置换反应历程进行的，反应速度为：

$$v = k[ROH][H_2SO_4] \tag{2-35}$$

此反应是可逆的，等摩尔比的醇和酸的硫酸化反应在最有利的条件下，只能完成65%：

$$ROH + H_2SO_4 \rightleftharpoons ROSO_3H + H_2O \tag{2-36}$$

醇同三氧化硫的反应可以看作是酸酐的溶剂分解作用：

$$ROH + SO_3 \longrightarrow ROSO_3H \tag{2-37}$$

若乙醇和2摩尔三氧化硫作用，会发生硫酸化及磺化反应。在0 ℃时与三氧化硫反应生成硫酸乙酯；在50 ℃时则进一步反应生成 $HO_3S—CH_2—CH_2—OSO_3H$，这种磺化反应是由于三氧化硫进攻于带有硫酸酯基的环状中间体如图2-3所示，再通过氢的亲电位移而发生的。

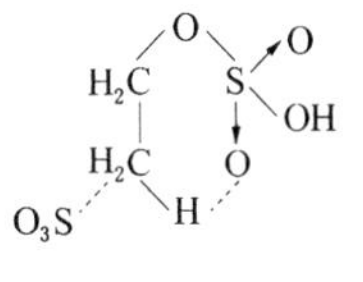

图 2-3 环状中间体

总的反应式为：

$$CH_3—CH_2—OH \xrightarrow[0\ ℃]{SO_3} CH_3—CH_2—OSO_3H$$

$$\xrightarrow[50\ ℃]{SO_3} HO_3S—CH_2—CH_2—OSO_3H \tag{2-38}$$

醇类用氯磺酸进行硫酸化以制取硫酸酯，是通用的实验室方法，收率较高，总的反应式为：

$$ROH + ClSO_3H \longrightarrow ROSO_3H + HCl \tag{2-39}$$

而十二烷基醇用氯磺酸的硫酸酯化，实际上是分两步进行的：

$$2ROH + ClSO_3H \longrightarrow (RO)_2SO_2 + HCl + H_2O \tag{2-40}$$

$$(RO)_2SO_2 + ClSO_3H + H_2O \longrightarrow 2ROSO_3H + HCl \tag{2-41}$$

除脂肪醇外，单甘油酯以及存在于蓖麻油中的羟基硬脂酸酯，都可以进行硫酸化而制成表面活性剂。

2.2.3 磺氧化和磺氯化反应历程

尽管烷烃不能直接进行磺化反应，但可用间接法——磺氧化(或磺氯化)，把一个磺基(或磺酰氯基)引入烷烃链，即烷烃和二氧化硫在氧化剂氧(或氯)的存在下，进行的磺氧化(或磺氯化)反应，此反应为自由基的连锁反应。

(1) **磺氧化** 二氧化硫用氧同烷烃的反应是在20世纪40年代发现的，在50年代开始工业应用。该反应的产物是一种仲链烷磺酸盐：

$$R—CH_2—CH_3 + SO_2 + \frac{1}{2}O_2 \xrightarrow{h\nu} R—\underset{\underset{SO_2OH}{|}}{CH}—CH_3 \tag{2-42}$$

$$R—\underset{\underset{SO_2OH}{|}}{CH}—CH_3 + NaOH \rightarrow R—\underset{\underset{SO_3Na}{|}}{CH}—CH_3 + H_2O \tag{2-43}$$

该反应除用紫外线外，γ-射线、臭氧、过氧化物或其他自由基引发剂亦可引发。反应历程包括下列过程：

$$R—H \longrightarrow R\cdot + \cdot H \tag{2-44}$$

$$R\cdot + SO_2 \longrightarrow RSO_2\cdot \tag{2-45}$$

$$RSO_2\cdot + O_2 \longrightarrow RSO_2O_2\cdot \tag{2-46}$$

$$RSO_2O_2\cdot + RH \longrightarrow RSO_2O_2H + R\cdot \tag{2-47}$$

$$RSO_2O_2H + H_2O + SO_2 \longrightarrow RSO_3H + H_2SO_4 \tag{2-48}$$

$$RSO_2O_2H \longrightarrow RSO_2O\cdot + \cdot OH \tag{2-49}$$

$$\cdot OH + RH \longrightarrow H_2O + R\cdot \tag{2-50}$$

$$RSO_2O\cdot + RH \longrightarrow RSO_3H + R\cdot \tag{2-51}$$

控制整个反应过程的关键是式(2-47)过磺酸 RSO_2O_2H。

(2) **磺氯化** 直链烷烃通过磺氯化可得仲烷基磺酸盐：

$$R—H + SO_2 + Cl_2 \xrightarrow{h\nu} RSO_2Cl + HCl \quad (2\text{-}52)$$

$$RSO_2Cl + 2NaOH \longrightarrow RSO_3Na + H_2O + NaCl \quad (2\text{-}53)$$

饱和烃和环烷烃与二氧化硫及氯的混合物用紫外光照射,则发生磺氯化作用,这个反应称为里德光化学磺氯化作用。

烷烃分子由于引入了活泼的磺酰氯基而改变了它的惰性,磺酰氯可水解为磺酸或砜,碱熔为烯,醇解为磺酸酯,氨解转变为磺酰胺或硫酰亚胺,还原则转变为亚磺酸或硫醇。

光化学磺氯化作用为自由基历程:

链引发 $Cl_2 \xrightarrow{h\nu} Cl\cdot + \cdot Cl$ (2-54)

链增长 $RH + Cl\cdot \longrightarrow R\cdot + HCl$ (2-55)

$R\cdot + SO_2 \longrightarrow RSO_2\cdot$ (2-56)

$RSO_2\cdot + Cl_2 \longrightarrow RS_2ClO + Cl\cdot$ (2-57)

链终止 $Cl\cdot + Cl\cdot \longrightarrow Cl_2$ (2-58)

$R\cdot + Cl\cdot \longrightarrow RCl$ (2-59)

$RSO_2\cdot + Cl\cdot \longrightarrow RSO_2Cl$ (2-60)

这个反应亦可用化学引发剂(过氧化物)来引发,化学引发剂容易生成自由基。

2.3 影响因素

2.3.1 被磺化物的结构

磺化反应中芳环上如有给电子基,使芳环的邻、对位富有电子,有利于 σ 络合物的形成,对反应有利。但芳环上有吸电子基时,则不利于 σ 络合物的形成,对反应不利。

芳烃及其衍生物用硫酸和三氧化硫磺化时的速度常数和活化能见表 2-1 和表 2-2。

空间阻碍对 σ 络合物的质子转移有显著影响。在磺基邻位有取代基时,由于 σ 络合物内的磺基位于平面之外,取代基对磺基几乎不存在空间阻碍。但 σ 络合物在质子转移后,磺基与取代基在同一平面上,便有空间阻碍存在;取代基愈大,位阻愈大。使邻位分速因数随烷基的增大而减小。见表 2-3。

表 2-1 芳烃及其衍生物用硫酸磺化的速度常数和活化能

被磺化物	速度常数(40 ℃) $k\times10^{6}(L\cdot mol^{-1}\cdot s^{-1})$	活化能 $E(kJ\cdot mol^{-1})$
萘	111.3	25.5
间-二甲苯	116.7	26.7
甲苯	78.7	28.0
1-硝基萘	26.1	35.1
对-氯甲苯	17.1	30.9
苯	15.5	31.3
氯苯	10.6	37.4
溴苯	9.5	37.0
间-二氯苯	6.7	39.5
对-硝基甲苯	3.3	40.8
对-二氯苯	0.98	40.0
对-二溴苯	1.01	40.4
1,2,4-三氯苯	0.73	41.5
硝基苯	0.24	46.2

表 2-2 芳烃及其衍生物用 SO_3 磺化的速度常数和活化能

被磺化物	速度常数(40 ℃) $k(L\cdot mol^{-1}\cdot s^{-1})$	活化能 $E(kJ\cdot mol^{-1})$
苯	48.8	20.1
氯苯	2.4	32.3
溴苯	2.1	32.8
间-二氯苯	4.36×10^{-2}	38.5
硝基苯	7.85×10^{-6}	47.6
对-硝苯甲苯	9.53×10^{-4}	46.1
对-硝基苯甲醚	6.29	18.1

表 2-3 烷基苯——磺化的分速因素(89.1% H_2SO_4,25 ℃)

烷基苯	相对反应速度常数 k_r/k_b^*	分速因数		
		f_p	f_m	f_o
甲 苯	28	84 ± 6	3.0 ± 0.5	37 ± 2
乙 苯	20**	82 ± 10		16 ± 3
异丙苯	5.5	28 ± 4		0.8 ± 0.3
特丁苯	3.3	18 ± 2	1.5 ± 0.3	0.0

* k_r、k_b 分别为烷基苯的反应速度常数与苯的反应速度常数。

** 86.3% H_2SO_4,25 ℃

萘磺化时，在 80 ℃以下主要生成 α-萘磺酸；在高温时，主要生成 β-萘磺酸。随着温度升高 α 位的磺基会通过可逆而转移到 β 位。根据反应温度、硫酸的浓度和用量以及反应时间的不同，可以制得萘的各种单磺酸和多磺酸。见表 2-4。

表 2-4　萘在不同条件下磺化时主要产物(虚线表示副反应)

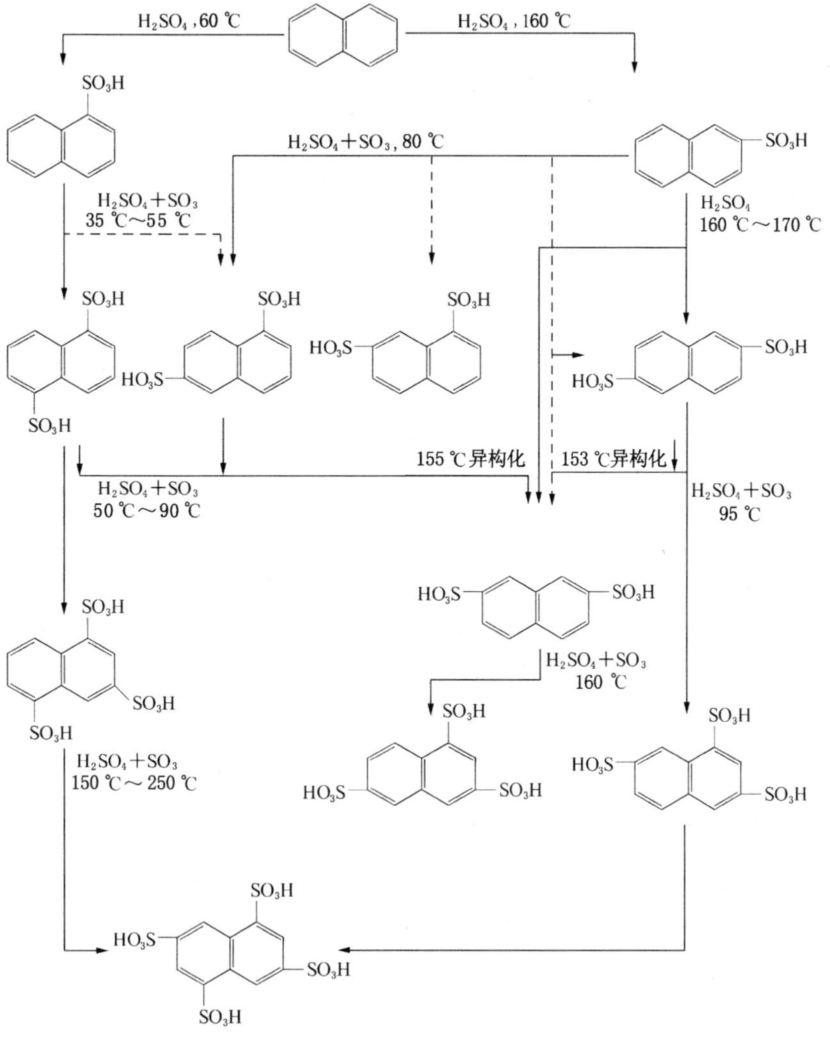

H_2SO_4, 60 ℃
H_2SO_4, 160 ℃
SO_3H
$H_2SO_4+SO_3$, 80 ℃
SO_3H
$H_2SO_4+SO_3$
35 ℃～55 ℃
H_2SO_4
160 ℃～170 ℃
SO_3H
SO_3H
SO_3H
HO_3S
HO_3S
SO_3H
HO_3S
SO_3H
155 ℃异构化
153 ℃异构化
$H_2SO_4+SO_3$
50 ℃～90 ℃
$H_2SO_4+SO_3$
95 ℃
HO_3S
SO_3H
SO_3H
$H_2SO_4+SO_3$
160 ℃
SO_3H
SO_3H
SO_3H
SO_3H
HO_3S
$H_2SO_4+SO_3$
150 ℃～250 ℃
HO_3S
SO_3H
HO_3S
SO_3H
SO_3H
HO_3S
SO_3H
SO_3H

烯烃与三氧化硫的加成遵循马尔科夫尼科夫规则。α-烯烃的磺化产物通常都是端位磺酸盐。

烯烃与亚硫酸氢钠加成反应的产率一般只有 12%～62%，若碳—碳双键的碳原子上连有吸电子取代基时,反应就容易进行;炔烃与亚硫酸氢钠亦可发生类似反应,生成二元磺酸。

2.3.2 磺基的水解

芳磺酸在含水的酸性介质中,会发生水解使磺基脱落:

$$ArSO_3H + H_2O \rightleftharpoons ArH + H_2SO_4 \tag{2-61}$$

水解时参加反应的是磺酸阴离子,在一定条件下,靠近磺酸负离子的 H_3^+O 有可能转移到芳环中,并与磺基相连的碳原子连接,最后使磺基脱落:

$$C_6H_5SO_3^- + H_3O^+ \rightleftharpoons C_6H_5SO_3^- \cdots H^+ \cdots H_2O \rightleftharpoons [C_6H_5(H)(SO_3^-)]^+ + H_2O$$

σ络合物

$$\rightleftharpoons C_6H_6 + H_2SO_4 \tag{2-62}$$

这个历程恰恰是硫酸磺化历程的逆反应。

对于有吸电子基的芳磺酸,芳环上的电子云密度降低,磺基难水解。对于有给电子基的芳磺酸,芳环上的电子云密度较高,磺基容易水解。另外,介质中 H_3O^+ 的浓度越高,水解速度越快,因此磺酸的水解都采用中等浓度的硫酸。磺化和水解的反应速度都与温度有关,温度升高时,水解速度增加值比磺化速度快,因此一般水解的温度比磺化的温度高。

2.3.3 磺酸的异构化

磺化时发现,在一定条件下,磺基会从原来的位置转移到其他位置,这种现象称为“磺酸的异构化”。一般认为,在含有水的硫酸中,磺酸的异构化是一个水解-再磺化的反应,而在无水硫酸中则是内分子重排反应。

温度的变化对磺酸的异构化也有一定的影响。例如萘用浓硫酸磺化时,在 60 ℃以下主要生成 α-萘磺酸,而在 160 ℃主要生成 β-萘磺酸(见式(2-63))。

将低温磺化物加热到 160 ℃,α-萘磺酸的大部分会转变成 β-萘磺酸。萘磺化的反应温度对生成的磺酸异构体影响很大,见表 2-5。

$$\text{萘} + H_2SO_4 \underset{160\ ℃}{\overset{35\ ℃\sim 60\ ℃}{\rightleftharpoons}} \text{1-萘磺酸}(SO_3H) + H_2O \;/\; \text{2-萘磺酸}(SO_3H) + H_2O \quad (\text{1-萘磺酸} \underset{160\ ℃}{\rightleftharpoons} \text{2-萘磺酸}) \tag{2-63}$$

表 2-5 萘一磺化温度对生成磺酸异构体的影响

温度(℃)	80	90	100	110.5	124	129	138.5	150	161
α-(%)	96.5	90.0	83.0	72.6	52.4	44.4	28.4	18.3	13.4
β-(%)	3.5	10.0	17.0	27.4	47.6	55.6	71.6	81.7	81.6

对于苯系磺酸也有类似现象，例如甲苯在 0 ℃用 98%硫酸磺化时，得到相当数量的邻甲苯磺酸；在 150 ℃主要得到对甲苯磺酸，而在 200 ℃，则主要得到间甲苯磺酸，见表 2-6。

表 2-6 甲苯磺化温度对磺酸产物组成的影响

磺化产物	磺酸产物组成(%)								
	0	35 ℃	75 ℃	100 ℃	150 ℃	160 ℃	175 ℃	190 ℃	200 ℃
苯磺酸	—	—	—	—	2.0	2.0	2.5	3.0	5.5
邻-甲苯磺酸	42.7	31.9	20.0	13.3	7.8	8.9	6.7	6.8	4.3
间-甲苯磺酸	3.8	6.1	7.9	8.0	8.9	11.4	19.9	33.7	54.1
对-甲苯磺酸	53.5	62.0	72.1	78.7	83.2	77.5	70.7	56.2	35.2
二甲基苯磺酸	—	—	—	—	0.2	0.2	0.2	0.3	0.9

又如间-二甲苯在 185 ℃磺化时，主要得到 3，5-二甲基苯磺酸：

$$\text{间二甲苯}(CH_3, CH_3) + H_2SO_4 \rightleftharpoons \text{3,5-二甲基苯磺酸}(CH_3, CH_3, HO_3S) + H_2O \tag{2-64}$$

一般而言，对于较易磺化的过程，低温磺化是不可逆的，属动力学控制。磺基主要进入电子云密度较高、活化能较低的位置，尽管这个位置空间障碍较大，使磺基容易水解。而高温磺化是热力学控制，磺基可以通过水解-再磺化或异构化而转移到空间障碍较小或不易水解的位置，尽管这个位置的活化能较高。甲苯磺酸异构化的历程简单表示如下：

CH_3　H　SO_3^-　$\rightleftharpoons$　CH_3　SO_3^-　$+H^+$

σ 络合物

$\rightleftharpoons$

CH_3　$+SO_3 \rightleftharpoons$　CH_3　SO_3^-　$\rightleftharpoons$　CH_3　H　SO_3^-　$\rightleftharpoons$　CH_3　SO_3^-　$+H^+$

π络合物　　σ 络合物

$\rightleftharpoons$

CH_3　H　SO_3^-　$\rightleftharpoons$　CH_3　SO_3^-　$+H^+$　　(2-65)

σ 络合物

萘磺化时的能量变化见图 2-4。

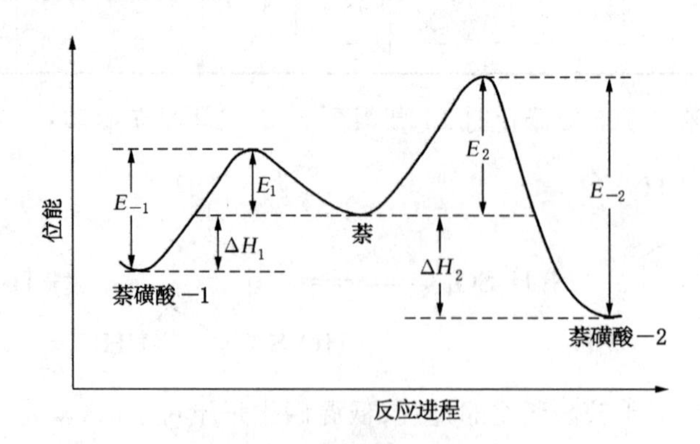

图 2-4　萘磺化的能量变化

2.3.4 磺化剂的浓度和用量

芳环磺化反应速度明显地依赖于硫酸浓度。动力学研究指出:在浓硫酸(92%～99%)中,磺化速度与硫酸中所含水分浓度的平方成反比。采用硫酸作磺化剂时,生成的水将使进一步磺化的反应速度大为减慢。当硫酸浓度降低至某一程度时,反应即自行停止。此时剩余的硫酸叫做废酸,习惯把这种废酸以三氧化硫的重量百分数表示,称之为"π 值"。显然对于容易磺化的过程,π 值要求较低,而对于难磺化的过程,π 值却要求较高。有时废酸浓度高于 100%硫酸,即 π 值大于 81.6。各种芳烃的 π 值见表 2-7。

表 2-7 各种芳烃化合物的 π 值

化合物	π 值	H_2SO_4(%)
苯单磺化	64	78.4
蒽单磺化	43	53
萘单磺化(60 ℃)	56	68.5
萘二磺化(160 ℃)	52	63.7
萘三磺化(160 ℃)	79.8	97.3
硝基苯单磺化	82	100.1

利用 π 值的概念可以定性地说明磺化剂的开始浓度对磺化剂用量的影响。假设在酸相中被磺化物和磺酸的浓度极小,可以忽略不计,则就可以推导出每摩尔有机化合物在一磺化时,所需要的硫酸或发烟硫酸的用量 x 的计算公式:

$$x = \frac{80(100 - \pi)}{\alpha - \pi}$$

式中 α 表示磺化剂中 SO_3 的重量百分数。由上式可以看出:当用 SO_3 作磺化剂 ($\alpha = 100$) 时,它的用量是 80,即相当于理论量。当磺化剂的开始浓度 α 降低时,磺化剂的用量将增加。当 α 降低到废酸的浓度 π 时(即 $\alpha \approx \pi$),磺化剂的用量将增加到无限大。由于废酸一般都不能回收,如果只从磺化剂的用量来考虑,应采用三氧化硫或 65%发烟硫酸,但是浓度太高的磺化剂会引起许多副反应等问题。另外,生成的磺酸一般都溶解于酸相中,而酸相中磺酸的浓度也会影响反应速度,所以上述简化公式并不适用于计算磺化剂的实际用量。

2.3.5 辅助剂

磺化过程中加入少量辅助剂,对反应的影响有以下两个方面。

(1) *抑制副反应* 磺化的主要副反应是多磺化、氧化和砜的生成。生成砜的有利条件是磺化剂的浓度较高,而且温度也高,这时生成的芳磺酸能与硫酸作用生成芳砜正离子,它再和被磺化物作用而生成砜:

$$Ar—SO_3H + 2H_2SO_4 \rightleftharpoons ArSO_2^+ + H_3O^+ + 2HSO_4^-$$

$$(或\ ArSO_3H + SO_3 \rightleftharpoons ArSO_2^+ + HSO_4^-) \tag{2-66}$$

$$ArSO_2^+ + ArH \longrightarrow ArSO_2Ar + H^+ \tag{2-67}$$

$ArSO_2^+$ 的浓度与 HSO_4^- 浓度的平方成反比,因此在磺化液中加入无水硫酸钠,以增加 HSO_4^- 的浓度,可以抑制砜的生成。

在萘酚进行磺化时,加入硫酸钠可以抑制硫酸的氧化作用。羟基蒽醌磺化时加入硼酸,使羟基转变为硼酸酯基,也可抑制氧化的副反应。

(2) *改变定位* 例如蒽醌的磺化,有汞盐时主要生成 α-蒽醌磺酸,没有汞盐时主要生成 β-蒽醌磺酸。应该指出,只有在使用发烟硫酸时汞盐才有定位作用,用浓硫酸则无定位作用。除汞外,钯、铊和铑等在蒽醌的磺化中对 α-位具有更好的定位作用。

又如萘在高温磺化时加入 10%左右的硫酸钠或 S-苄基硫脲,可使 β-萘磺酸的含量提高到 95%以上。

2.4 磺化及硫酸化方法

2.4.1 磺化方法

(1) *过量硫酸磺化法* 是指被磺化物在过量的硫酸或发烟硫酸中进行磺化的方法。这种方法的优点是适用范围广,缺点是硫酸过量较多,副产的酸性废液多,生产能力也较低。

在分批过量硫酸磺化中,加料次序决定于原料的性质、反应温度以及引入磺基的位置与数目。若反应物在磺化温度下是液态的,一般在磺化锅中先加入被磺化物,然后再慢慢加入磺化剂,以免生成较多的二磺化物。若被磺化物在反应温度下是固态的,则在磺化锅中先加入磺化剂,然后在低温下加入被磺化物,再升温至反应温度。

在制备多磺酸时,常采用分段加酸法,目的是使每一个磺化阶段都能选择最适宜的磺化剂浓度和反应温度，使磺基进入所需要的位置。例如由萘制备 1，3，6-萘三磺酸时采用下列磺化次序：

100% H_2SO_4 / 145 ℃；SO_3H（主）；SO_3H

65% 发烟 H_2SO_4 / 60 ℃～85 ℃

SO_3H，HO_3S（主）；SO_3H，HO_3S；SO_3H，SO_3H；SO_3H，HO_3S；HO_3S，SO_3H

异构化 / 155 ℃；HO_3S，SO_3H；65% 发烟 H_2SO_4 / 155 ℃

SO_3H，HO_3S，SO_3H　　(2-68)

磺化终点可根据磺化产物的性质来判断，例如试样能完全溶解于碳酸钠溶液、清水或食盐水中等。

以萘为原料，在不同的硫酸浓度及温度下，用过量硫酸磺化可得到不同的磺化产物，见表 2-4。

以萘酚为原料，在不同硫酸浓度及温度下，磺化可得 2-萘酚-1-磺酸（羟基吐氏酸）、2-萘酚-8-磺酸（克氏酸）、2-萘酚-6-磺酸（雪佛酸）、2-萘酚-6，8-二磺酸（G 酸）、2-萘酚-3，6-二磺酸（R 酸）等。见表 2-8。

蒽醌在发烟硫酸中于 140 ℃～145 ℃下，用汞作催化剂，得到 α-蒽醌磺酸，在无催化剂下则得到 β-蒽醌磺酸：

表 2-8　2-萘酚磺化时的主要产物(虚线表示副反应)

(2-69)

(2) **共沸去水磺化法** 苯的一磺化如果采用过量硫酸法,需要使用 10%发烟硫酸,而且用量较多。为了克服这一缺点,在工业上主要采用共沸去水磺化法。此法的要点是用过量的过热苯蒸气通入 120 ℃～180 ℃浓硫酸中,利用共沸原理由未反应的苯蒸气带出反应生成的水,保持磺化剂的浓度不致于下降太多,这样硫酸的利用率可达 91%。从磺化锅逸出的苯蒸气和水蒸气经冷凝分离后可回收苯,回收苯经干燥又可循环使用。因为此法利用苯蒸气进行磺化,工业上简称为"气相磺化"。

共沸去水磺化法只适用于沸点较低易挥发的芳烃,例如苯和甲苯的磺化。

苯的共沸去水磺化也可以采用塔式或锅式串联的连续法,但国内各厂生产能力不大,故都采用分批磺化法。

(3) **三氧化硫磺化法** 用三氧化硫磺化时,不生成水。三氧化硫的用量可接近于理论量,反应迅速,三废少,经济合理。如果用三氧化硫代替发烟硫酸磺化,磺化剂的利用率可以高达 90%以上。近年来随着工业和技术的发展,采用三氧化硫为磺化剂的工艺日益增多,它不仅可用于脂肪醇、烯烃的磺化,而且可直接用于烷基苯的磺化。虽然使用三氧化硫磺化有明显的优点,但它也存在着一些缺点,例如三氧化硫的熔点为 16.8 ℃,沸点为 44.8 ℃,两者相差仅 28 ℃,液相区较狭窄,因此给使用带来困难。此外,用三氧化硫磺化时,因活泼性高,反应激烈,瞬时放热量大,易引起物料的局部过热而焦化。所以必须及时而迅速地移去反应热。用三氧化硫磺化时,有机物的转化率可高达 100%,因所得磺酸粘度高,这样散热就更困难,以致在反应过程中易产生过磺化,生成砜等副产物。同时三氧化硫本身也易发生聚合。

三氧化硫磺化可有以下几种方式:

(A) 气体三氧化硫的磺化 由十二烷基苯制备十二烷基苯磺酸钠采用此法磺化:

$$C_{12}H_{25}C_6H_5 \xrightarrow[\text{磺化}]{SO_3} C_{12}H_{25}C_6H_4SO_3H \xrightarrow[\text{中和}]{NaOH} C_{12}H_{25}C_6H_4SO_3Na \qquad (2\text{-}70)$$

三氧化硫与烷基苯的反应速度较发烟硫酸快得多,几乎属于瞬间反应,反应热也大,达到 710 kJ/kg 烷基苯。表 2-9 为使用各种磺化剂时,烷基苯磺化反应热的相对值,由此可见,用气态三氧化硫作为磺化剂的反应热最大,所以易产生局部过热,并造成多磺化、氧化生成砜和酸酐等副反应,为了抑制副反应,改善产品质量,在工艺上和设备上均需采取相应措施。该反应属于快速气液相反应,决定反应的快慢主要是 SO_3 在气相中的扩散速率。

表 2-9 烷基苯磺化反应热的相对值

磺化剂	反应热的相对值	磺化剂	反应热的相对值
100%硫酸	100	液态 SO_3	206
20%发烟硫酸	150	气态 SO_3+空气	306
65%发烟硫酸	190		

三氧化硫的浓度对反应也有较大的影响。工业上磺化是将三氧化硫用干燥空气稀释到三氧化硫浓度为4%~7%的混合气体。为了改善传热、传质,磺化器结构很重要。在罐式磺化器中采取三氧化硫多段通入和强烈的搅拌器;在膜式磺化器中可采用增加扩散距离或通入保护风的技术。

图 2-5 所示的双膜反应器是由一套直立式备有冷却夹套的不锈钢同心圆筒组成。可以分成三个部分,即物料分配部分,反应部分和分离部分。双膜器的外膜、内膜均用冷水进行冷却,能有效地除去反应生成热。烷基苯呈膜状自上而下流动,喷入的三氧化硫与干燥空气的混合气体和烷基苯在膜上相遇而发生反应,至下端出口处反应基本上完成,所以在膜式磺化器中烷基苯的磺化率自上而下越来越高,物料粘度越来越大,三氧化硫浓度则越来越低。膜式磺化时液体物料在反应器中停留时间很短,仅仅几秒钟。三氧化硫气体通过磺化器的线速度在 $10\ m\cdot s^{-1}$~$40\ m\cdot s^{-1}$ 之间,反应物停留时间短,迅速离开反应区,几乎没有返混现象,使多磺化的几率很小。由于三氧化硫磺化反应属于极速反应,总的反应速度取决于三氧化硫分子至烷基苯表面的扩散速度。所以,扩散距离、气流速度、气液分配的均匀程度、传热速率等是反应中的重要影响因素。

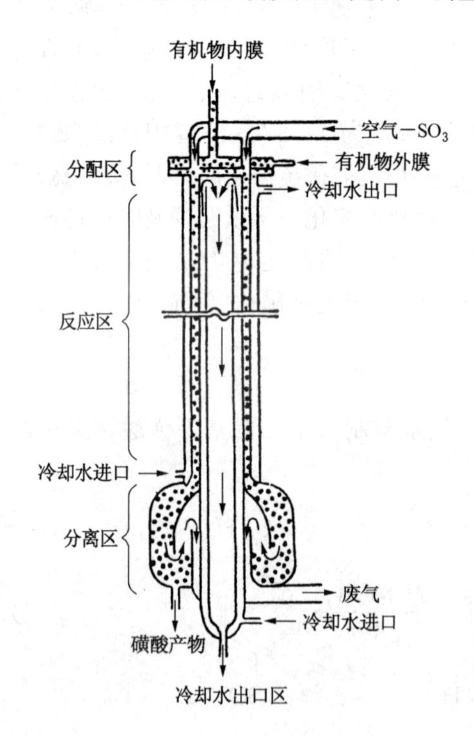

图 2-5 双膜反应器

在上述磺化反应中,烷基苯与三氧化硫的比例控制比发烟硫酸更严格。因为三氧化硫稍过量即会造成多磺化;反之,则未磺化的烷基苯会存在于产品中,造成产品不合格。

(B) 液体三氧化硫磺化　不活泼液态芳烃采用此法磺化,生成的磺酸在反应温度下必须是液态,而且粘度不大。例如硝基苯在液态三氧化硫中磺化可生成间-硝基苯磺酸:

$$C_6H_5NO_2 + SO_3\text{(液态)} \xrightarrow{95\ ℃ \sim 120\ ℃} m\text{-}NO_2C_6H_4SO_3H \xrightarrow{NaOH} m\text{-}NO_2C_6H_4SO_3Na \quad (2\text{-}71)$$

对硝基甲苯也可用此法磺化生成 2-甲基-5-硝基-苯磺酸:

$$p\text{-}CH_3C_6H_4NO_2 + SO_3 \longrightarrow 2\text{-}CH_3\text{-}5\text{-}NO_2C_6H_3SO_3H \quad (2\text{-}72)$$

(C) 三氧化硫溶剂法磺化　适用于被磺化物或者磺化产物为固态的过程,反应温和、容易控制。所用溶剂可分为无机的和有机的两大类。无机溶剂有硫酸和二氧化硫。硫酸与三氧化硫可混溶,而且还能破坏有机磺酸的氢键缔合,降低磺化反应物的粘度。故向有机物中先加入 10%(质量)的硫酸,再通入气体或加入液体的三氧化硫,逐步进行磺化,此过程能代替一般的发烟硫酸磺化,故通用性大,技术简单。

$$C_{10}H_8 + SO_3 \xrightarrow{H_2SO_4} 1,5\text{-}C_{10}H_6(SO_3H)_2 \quad (2\text{-}73)$$

有机溶剂常用的有二氯甲烷、1, 2-二氯乙烷、1, 1, 2, 2-四氯乙烷、石油醚、硝基甲烷等。这些溶剂对有机物是混溶的,三氧化硫的溶解度也在 25%以上。有机物溶解在有机溶剂中后,被有机溶剂所稀释,这有利于抑制副反应的产生,故能完成高转化率的磺化。对有机溶剂的选择常常根据被磺化有机物的化学活泼性和磺化工艺条件来决定。例如:

$$\text{萘} + SO_3 \xrightarrow{\text{二氯甲烷}} \text{1,5-萘二磺酸}(SO_3H)_2 \quad (2\text{-}74)$$

(D) 有机络合物磺化法　三氧化硫能与许多有机物生成络合物,其稳定性按下列次序递减。$(CH_3)_3N \cdot SO_3 >$ 吡啶$\cdot SO_3 >$ 二噁烷$\cdot SO_3 > R_2O \cdot SO_3 > H_2SO_4 \cdot SO_3 > HCl \cdot SO_3 > SO_3$。

从上述次序可以看出有机络合物的稳定性都比发烟硫酸大,即有机络合物的反应活泼性比发烟硫酸要小,适用于磺化活性大的有机物,有利于抑制副反应的发生。例如吡啶与三氧化硫的络合物曾用于羟基的酯化以制备可溶性还原染料(溶蒽素),但吡啶络合物有恶臭而且毒性大,现已改用二甲基甲酰胺与三氧化硫的络合物。

(4) **氯磺酸磺化法**　氯磺酸的结构式为:

$$^{\delta-}O{=}S^{\delta+}({=}O^{\delta-})(OH)Cl^{\delta-}$$

由于氯原子的电负性较大,硫原子上带有较大的部分正电荷,它的磺化能力很强,仅次于三氧化硫,氯磺酸遇水立即水解为硫酸和氯化氢:

$$ClSO_3H + H_2O \longrightarrow H_2SO_4 + HCl\uparrow \quad (2\text{-}75)$$

用等摩尔比或稍过量的氯磺酸,得到的产物是芳磺酸:

$$ArH + ClSO_3H \longrightarrow ArSO_3H + HCl\uparrow \quad (2\text{-}76)$$

为了使反应均匀,一般要用硝基苯、邻硝基乙苯、邻二氯苯或二氯乙烷、四氯乙烷、四氯乙烯等作稀释剂。例如:

$$\text{1-氨基蒽醌}(NH_2) + ClSO_3H \xrightarrow[130\ ^\circ C]{\text{二氯苯}} \text{1-氨基蒽醌-2-磺酸}(NH_2, SO_3H) + HCl\uparrow \quad (2\text{-}77)$$

$$\text{(2-萘酚)} + ClSO_3H \xrightarrow[\text{邻硝基乙苯}]{53\ kPa,\ -5\ ℃} \text{(1-磺酸基-2-羟基产物,}SO_3H\text{、}OH\text{)} + HCl\uparrow \quad (2\text{-}78)$$

若用过量很多的氯磺酸反应,产物将是芳磺酰氯,反应式为:

$$ArH + ClSO_3H \longrightarrow ArSO_3H + HCl\uparrow \quad (2\text{-}79)$$

$$ArSO_2OH + ClSO_3H \rightleftharpoons ArSO_2Cl + H_2SO_4 \quad (2\text{-}80)$$

后一反应是可逆的,所以氯磺酸要过量较多。若单用氯磺酸不能使磺基全部转变为磺酰氯基时,可加入少量氯化亚砜:

$$ArSO_3H + SOCl_2 \longrightarrow ArSO_2Cl + SO_2\uparrow + HCl\uparrow \quad (2\text{-}81)$$

磺酰氯基是一个活泼的基团,由芳磺酰氯可以制得一系列有价值的芳磺酸的衍生物,见表 2-10。

表 2-10　由芳磺酰氯制得的各种中间体

制得中间体	结构式	主要反应剂
芳磺酰胺	$ArSO_2NH_2$	NH_3(氨水)
N-烷基芳磺酰胺	$ArSO_2NHR$	RNH_2(水介质+NaOH)
N, N-二烷基芳磺酰胺	$ArSO_2NRR'$	$RR'NH$(水介质+NaOH)
芳磺酰芳胺	$ArSO_2NHAr'$	$Ar'NH_2$(水介质+NaOH 或 Na_2CO_3)
芳磺酸烷基酯	$ArSO_2OR$	ROH(加 NaOH 或吡啶)
芳磺酸酚酯	$ArSO_2OAr'$	$Ar'OH$(水介质,NaOH)
芳磺酰氟	$ArSO_2F$	KF(水介质)
二芳基砜	$ArSO_2Ar'$	$Ar'H$(+$AlCl_3$ 催化)
芳亚磺酸	$ArSO_2H$	用 $NaHSO_3$
烷基芳基砜	$ArSO_2R$	$ArSO_2Na$+RCl
硫酚	ArSH	用 Zn+H_2SO_4 还原

(5)**"烘焙"磺化法**　芳族伯胺的磺化大多可以采用"烘焙"磺化法。此法可使硫酸的用量降低到接近理论量,其反应历程为:

$$C_6H_5NH_2 + H_2SO_4 \longrightarrow C_6H_5\overset{+}{N}H_3\cdot HSO_4^- \xrightarrow{-H_2O} C_6H_5NH\text{—}\underset{\underset{O}{\|}}{\overset{\overset{O}{\|}}{S}}\text{—}OH \xrightarrow{H^+}$$

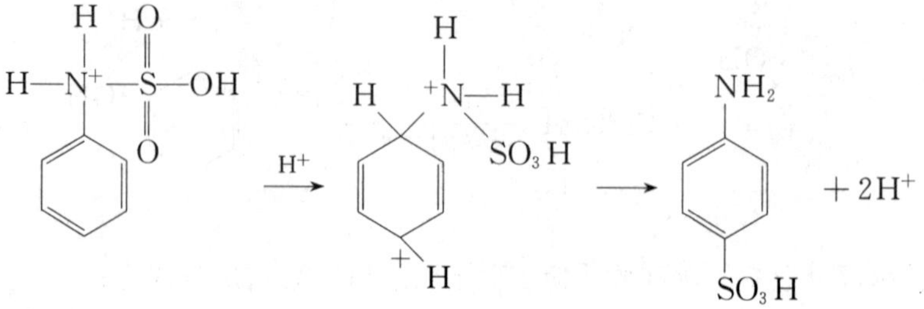

$$\text{C}_6\text{H}_5\text{-N}^+\text{H}_2\text{-SO}_2\text{-OH} \xrightarrow{H^+} [\text{C}_6\text{H}_5(\text{H})(\text{N}^+\text{H}_2\text{SO}_3\text{H})^+\text{H}] \longrightarrow p\text{-H}_2\text{N-C}_6\text{H}_4\text{-SO}_3\text{H} + 2H^+ \tag{2-82}$$

"烘焙"磺化法在工业上有三种方式：

(A) 芳胺和等摩尔的硫酸先制成固态的硫酸盐，然后放在烘盘上，在烘焙炉内于 180 ℃～230 ℃下进行"烘焙"。"烘焙"磺化这一名称即来源于此。

(B) 芳胺和等摩尔的硫酸直接在转鼓式球磨机中进行成盐"烘焙"。

(C) 芳胺和等摩尔的硫酸在三氯苯介质中，于 180 ℃下磺化并蒸出反应生成的水。

苯系和萘系的芳伯胺在"烘焙"磺化时，磺基主要进入氨基的对位，当对位被占据时才进入邻位。用"烘焙"磺化法制得的氨基芳磺酸有：

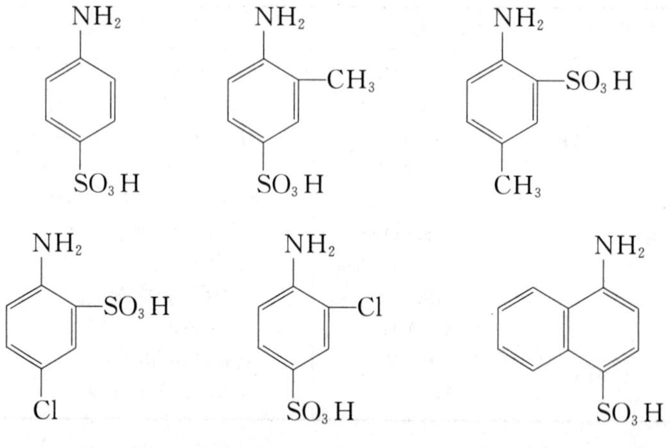

$$p\text{-}NH_2C_6H_4SO_3H \qquad 4\text{-}NH_2\text{-}3\text{-}CH_3C_6H_3SO_3H \qquad 2\text{-}NH_2\text{-}5\text{-}CH_3C_6H_3SO_3H$$

$$2\text{-}NH_2\text{-}5\text{-}ClC_6H_3SO_3H \qquad 4\text{-}NH_2\text{-}3\text{-}ClC_6H_3SO_3H \qquad 4\text{-}NH_2C_{10}H_6SO_3H$$

某些在高温下容易焦化的苯系芳胺，如邻氨基苯甲醚、5-氨基水杨酸和 2，5-二氯苯胺等，则不宜采用"烘焙"磺化法，而要用过量硫酸或发烟硫酸磺化法。在这里硫酸不仅是磺化剂，而且是反应介质。值得注意的是，在低温磺化时磺基将进入甲氧基的邻、对位而不是氨基的邻、对位。

(6) **用亚硫酸盐磺化法**　用亚硫酸盐的磺化是一种亲核置换的磺化法，用于将芳环上的卤素或硝基置换成磺基。例如 2，4-二硝基氯苯与亚硫酸氢钠作用，可制得 2，4-二硝基苯磺酸钠：

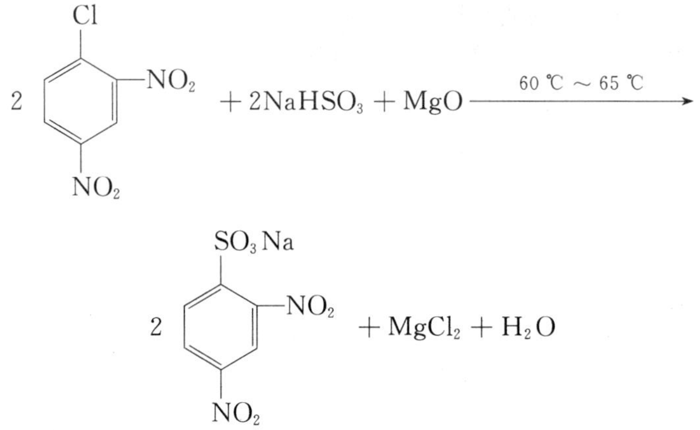

$$2\ \text{1-Cl-2,4-}(NO_2)_2C_6H_3 + 2NaHSO_3 + MgO \xrightarrow{60\ ℃ \sim 65\ ℃} 2\ \text{1-}SO_3Na\text{-2,4-}(NO_2)_2C_6H_3 + MgCl_2 + H_2O \quad (2\text{-}83)$$

又如蒽醌-1-磺酸,可由 α-硝基蒽醌与 12%亚硫酸钠溶液(摩尔比为 1∶4),在 100 ℃～120 ℃回流,反应时间需要 20 h～22 h:

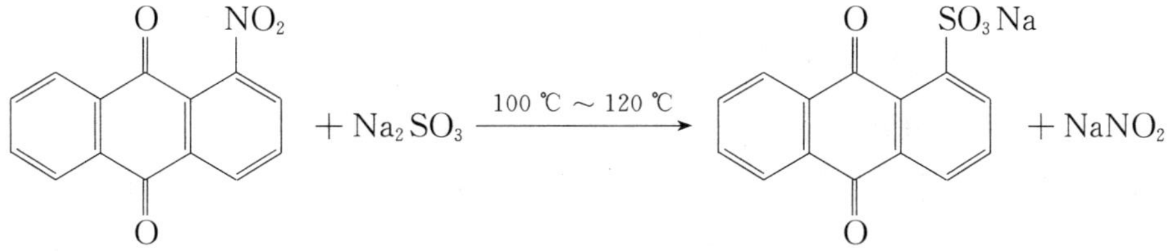

$$\text{1-}NO_2\text{-anthraquinone} + Na_2SO_3 \xrightarrow{100\ ℃ \sim 120\ ℃} \text{1-}SO_3Na\text{-anthraquinone} + NaNO_2 \quad (2\text{-}84)$$

亚硫酸钠磺化法也可用于苯系多硝基物的精制。例如由硝基苯再硝化得到的邻、对、间共存的二硝基苯,其电子云密度及超离域因子 $S_r^{(N)}$ [①]如下:

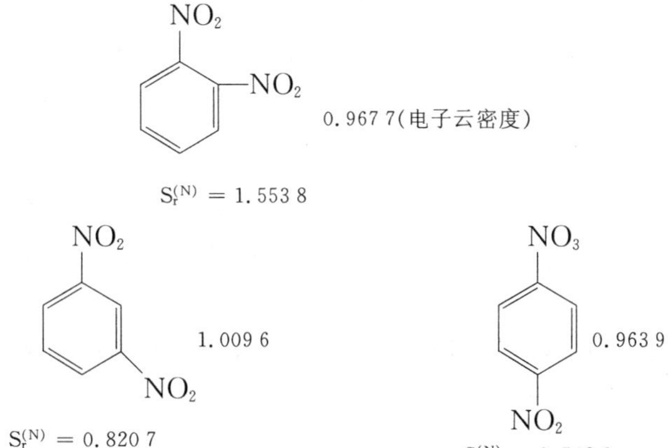

邻二硝基苯(NO_2、NO_2):0.967 7(电子云密度)　$S_r^{(N)} = 1.553\,8$

间二硝基苯(NO_2、NO_2):1.009 6　$S_r^{(N)} = 0.820\,7$

对二硝基苯(NO_3、NO_2):0.963 9　$S_r^{(N)} = 1.548\,6$

① 超离域因子是衡量亲核取代能力的指标,数值越大,表示被取代的能力越强。

所以邻、对二硝基苯中的硝基较易与亚硫酸钠发生亲核置换反应，而生成水溶性的邻或对硝基磺酸钠，间二硝基苯由此得到精制提纯：

$$\text{(邻二硝基苯: }NO_2, NO_2\text{)}\left[\text{或 (对二硝基苯: }NO_2, NO_2\text{)}\right] + Na_2SO_3 \longrightarrow$$

$$\text{(邻硝基苯磺酸钠: }NO_2, SO_3Na\text{)}\left[\text{或 (对硝基苯磺酸钠: }NO_2, SO_3Na\text{)}\right] + NaNO_2 \qquad (2\text{-}85)$$

2.4.2 硫酸化方法

(1) 高级醇的硫酸化　具有较长碳链的高级醇经硫酸化可制备阴离子型表面活性剂，其碳原子数以 C_{12}～C_{18} 为最适宜。高级醇与硫酸的反应是可逆的：

$$ROH + H_2SO_4 \rightleftharpoons ROSO_3H + H_2O \qquad (2\text{-}86)$$

为了防止逆反应，可以把硫酸化剂改为发烟硫酸、氯磺酸、三氧化硫与吡啶等的络合物：

$$ROH + SO_3 \longrightarrow ROSO_3H \qquad (2\text{-}87)$$

$$ROH + ClSO_3H \longrightarrow ROSO_3H + HCl \qquad (2\text{-}88)$$

通常用月桂醇、十六醇、十八醇和油醇(十八烯醇)为原料，经硫酸化得到相应的硫酸酯盐。

高级醇硫酸酯盐的水溶性及去污能力均比肥皂好，因它是中性，而不会损伤羊毛，又耐硬水。因此广泛地用于家用洗涤剂，其缺点是水溶液如呈酸性，容易发生水解，高温时也易分解。

硫酸酯盐的结合硫酸量的表示方法，通常多以原料醇的质量为基准，视其与 SO_3 结合的数量来表示：

$$\text{结合硫酸量} = \frac{\text{结合 } SO_3 \text{ 的质量}}{\text{醇的质量}} \times 100\%$$

(2) 天然不饱和油脂和脂肪酸的硫酸化

(A) 硫酸化油 所谓硫酸化油就是天然不饱和油脂或不饱和蜡经硫酸化，再中和所得产物的总称。蓖麻油的硫酸化产物称为红油：

$$
\begin{array}{l}
CH_3-(CH_2)_5-\underset{\displaystyle OH}{\underset{|}{CH}}-CH_2-CH=CH-(CH_2)_7-COOCH_2 \\
CH_3-(CH_2)_5-\underset{\displaystyle OH}{\underset{|}{CH}}-CH_2-CH=CH-(CH_2)_7-COOCH \\
CH_3-(CH_2)_5-\underset{\displaystyle OSO_3Na}{\underset{|}{CH}}-CH_2-CH=CH-(CH_2)_7-COOCH_2
\end{array}
$$

硫酸化油(红油)

通常使用蓖麻籽油、橄榄油等不饱和油脂作为原料，亦可使用棉子油、花生油、菜籽油、牛脚油。用鲸油、鱼油等海产动物油脂作为原料的品质较差，更不宜使用高度不饱和油脂。硫酸化除使用硫酸以外，发烟硫酸、氯磺酸等均可使用。由于硫酸化过程中易起分解、聚合、氧化等副反应，因此需要控制在低温下进行硫酸化。一般反应生成物中残存有原料油脂与副产物，其组成较为复杂。

以蓖麻籽油的硫酸化反应为例，除硫酸化主反应外，还伴随产生水解、羟基酯化、缩合、聚合、氧化等副反应，硫酸化蓖麻油实际上尚含有未反应的蓖麻籽油、蓖麻籽油脂肪酸、蓖麻籽油脂肪酸硫酸酯、硫酸化蓖麻籽脂肪酸硫酸酯、二羟基硬脂酸、二羟基硬脂酸硫酸酯、二蓖麻醇酸、多蓖麻醇酸等。

将上列硫酸化蓖麻油中和以后，即成为市上出售的土耳其红油，外型为浅褐色透明油状液体，一般浓度在40%左右，结合硫酸量为5%～10%左右，在水中溶解度很大，对油类有优良乳化力，耐硬水性较肥皂为强，润湿、浸透力优良。

除红油外，在工业上生产的还有硫酸化牛脂、硫酸化花生油或硫酸化抹香鲸油。

(B) 硫酸化脂肪酸酯 除天然油脂类外，还有不饱和脂肪酸的低碳醇脂，例如油酸丁酯、蓖麻油酸丁酯经硫酸化也能制得阴离子表面活性剂。磺化油AH就是油酸与丁醇反应制得的丁酯再经硫酸酯化而得的产品：

$$CH_3-(CH_2)_7-CH=CH-(CH_2)_7-COOH + C_4H_9OH$$

$$\xrightarrow[\text{回流}]{H_2SO_4} CH_3-(CH_2)_7-CH=CH-(CH_2)_7-COOC_4H_9 + H_2O$$

$$\xrightarrow[0℃\sim5℃]{H_2SO_4} CH_3—(CH_2)_7—\underset{\displaystyle OSO_3H}{\underset{|}{CH}}(CH_2)_8—COOC_4H_9 \qquad (2\text{-}89)$$

再经氢氧化钠中和为产品。

磺化油 DAH 是蓖麻油经丁醇酯交换，再经浓硫酸酯化，而后用三乙醇胺中和而得。

(C) 硫酸化烯烃　以石油为原料，选择链长为 $C_{12}\sim C_{18}$ 的不饱和烯烃，经硫酸化后，可制得性能良好的硫酸酯型表面活性剂。此产品的代表为梯波尔(Teepol)。它是由石蜡高温裂解所得 $C_{12}\sim C_{18}$ 的 α-烯烃(不饱和双键在一侧的烯烃)经硫酸化后所制成的洗涤剂：

$$R—CH=CH_2+H_2SO_4 \rightleftharpoons R—\underset{\displaystyle OSO_3H}{\underset{|}{CH}}—CH_3 \qquad (2\text{-}90)$$

$$R—\underset{\displaystyle OSO_3H}{\underset{|}{CH}}—CH_3+NaOH \longrightarrow R—\underset{\displaystyle OSO_3Na}{\underset{|}{CH}}—CH_3+H_2O \qquad (2\text{-}91)$$

硫酸酯基不是在顶端，而在相邻的一个碳原子上。梯波尔极易溶于水，可制成浓溶液，是制造液体洗涤剂的重要原料。

2.5　磺化产物的分离方法

磺化产物的后处理有两种情况。一种是磺化后不分离出磺酸，接着进行硝化和氯化等反应。另一种是需要分离出磺酸或磺酸盐，再加以利用。磺化物的分离可以利用磺酸或磺酸盐溶解度的不同来完成，分离方法主要有以下几种。

2.5.1　稀释酸析法

某些芳磺酸在 50%～80%硫酸中的溶解度很小，磺化结束后，将磺化液加入水中适当稀释，磺酸即可析出。例如对硝基氯苯邻磺酸、对硝基甲苯邻磺酸，1,5-蒽醌二磺酸等可用此法分离。

2.5.2　直接盐析法

利用磺酸盐的不同溶解度向稀释后的磺化物中直接加入食盐、氯化钾或硫酸钠，可以使某些磺酸盐析出，可以分离不同异构磺酸，其反应式如下：

$$Ar—SO_3H+KCl \rightleftharpoons ArSO_3K\downarrow+HCl\uparrow \qquad (2\text{-}92)$$

例如,2-萘酚的磺化制 2-萘酚-6, 8-二磺酸(G 酸)时,向稀释的磺化物中加入氯化钾溶液,G 酸即以钾盐的形式析出,称为 G 盐。过滤后的母液中再加入食盐,副产的 2-萘酚 3, 6-二磺酸(R 酸)即以钠盐的形式析出,称为 R 盐。有时也有加入氨水,使其以铵盐形式析出。

2.5.3 中和盐析法

为了减少母液对设备的腐蚀性,常常采用中和盐析法。稀释后的磺化物用氢氧化钠、碳酸钠、亚硫酸钠、氨水或氧化镁进行中和,利用中和时生成的硫酸钠、硫酸铵或硫酸镁可使磺酸以钠盐、铵盐或镁盐的形式盐析出来。例如在用磺化-碱熔法制 2-萘酚时,可以利用碱熔过程中生成的亚硫酸钠来中和磺化物,中和时产生的二氧化硫气体又可用于碱熔物的酸化:

$$2ArSO_3H + Na_2SO_3 \xrightarrow{\text{中和}} 2ArSO_3Na + H_2O + SO_2\uparrow \tag{2-93}$$

$$2ArSO_3Na + 4NaOH \xrightarrow{\text{碱熔}} 2ArONa + 2Na_2SO_3 + 2H_2O \tag{2-94}$$

$$2ArONa + SO_2 + H_2O \xrightarrow{\text{酸化}} 2ArOH + Na_2SO_3 \tag{2-95}$$

从总的物料平衡看,此法可节省大量的酸碱。

2.5.4 脱硫酸钙法

为了减少磺酸盐中的无机盐,某些磺酸,特别是多磺酸,不能用盐析法将它们很好地分离出来,这时需要采用脱硫酸钙法。磺化物在稀释后用氢氧化钙的悬浮液进行中和,生成的磺酸钙能溶于水,用过滤法除去硫酸钙沉淀后,得到不含无机盐的磺酸钙溶液。将此溶液再用碳酸钠溶液处理,使磺酸钙转变为钠盐:

$$(ArSO_3)_2Ca + Na_2CO_3 \longrightarrow 2ArSO_3Na + CaCO_3\downarrow \tag{2-96}$$

再过滤除去碳酸钙沉淀,就得到不含无机盐的磺酸钠盐溶液。它可以直接用于下一步反应,或是蒸发浓缩成磺酸钠盐固体。例如二-(1-萘基)甲烷-2, 2-二磺酸钠(扩散剂 NNO)的制备。

脱硫酸钙法操作复杂,还有大量硫酸钙滤饼需要处理,因此在生产上尽量避免采用。

2.5.5 萃取分离法

除了上述四种方法以外,近年来为了减少三废,提出了萃取分离法。例如将萘高温一磺化、稀释水解除去 1-萘磺酸后的溶液,用叔胺(例如 N, N-二苄基十二胺)的甲苯溶液萃取,叔胺与2-萘磺酸形成络合物被萃取到甲苯层中,分出有机层,用碱液中和,磺酸即转入水层,蒸发至干即得到2-萘磺酸钠,纯度可达86.8%,其中含1-萘磺酸钠0.5%,硫酸钠0.8%,2-萘磺酸钠以水解物计,收率可达97.5%~99%。叔胺可回收再用。这种分离法为芳磺酸的分离和废酸的回收开辟了新途径。

硫酸化的产物一般加入氢氧化钠中和为硫酸酯钠盐。

3 硝化反应

硝化反应是最普遍和最早的有机反应之一。早在1834年,就有人用硝化的方法将苯硝化为硝基苯。自1842年发现可以将硝基苯还原为苯胺以后,硝化反应在有机化学工业上的应用和研究就开始发展起来了。

在硝化剂的作用下,有机化合物分子中的氢原子被硝基取代的反应叫做硝化反应,生成的产物为硝基化合物:

$$ArH + HNO_3 \longrightarrow ArNO_2 + H_2O \tag{3-1}$$

除氢原子之外,有机化合物分子中的卤素、磺基、酰基和羧基等也可以被硝基所取代。随着与氢或其他被取代基团相连接的原子不同,硝化后的产物可有C-硝基、N-硝基和O-硝基化合物。硝化反应是包括范围极广的有机反应。芳烃、烷烃、烯烃以及它们的胺、酰胺、醇等衍生物都可以在适当的条件下进行硝化。芳香族化合物的亲电性硝化是人们研究得最多,而且也是人们了解最清楚的反应。本章主要讨论芳香族化合物的硝化反应。

引入硝基的目的大体可以归纳为:

(A) 作为制备氨基化合物的一条重要途径;

(B) 利用硝基的极性,使芳环上的其他取代基活化,促进亲核置换反应进行;

(C) 在染料合成中,利用硝基的极性,加深染料的颜色。有些硝基化合物可作为烈性炸药。

3.1 硝化剂类型和硝化方法

3.1.1 硝化剂类型

硝化剂主要是硝酸,从无水硝酸到稀硝酸都可以作为硝化剂。

由于被硝化物性质和活泼性的不同,硝化剂常常不是单独的硝酸,而是硝酸和各种质子酸(如硫酸)、有机酸、酸酐及各种路易斯酸的混合物。此外还可使用氮的氧化物、有机硝酸酯等作为硝化剂。

(1) *硝酸* 硝酸分子的氮、氧原子都处于同一平面,根据电子衍射研究表明,硝酸分子具有如下结构:

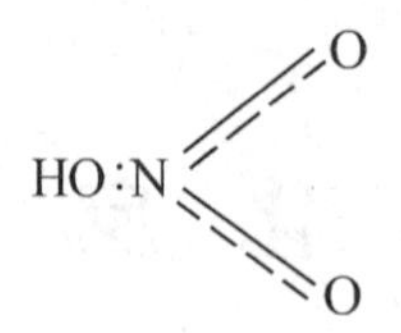

各个键的键长及键角是：N—O 为 0.122 nm，N—OH 为 0.141 nm，O—N—O角度为135°，O—N—OH 角度为115°，硝酸分子间还存在着氢键。

根据拉曼光谱的测定，发现在无水硝酸的谱线中除了硝酸分子的谱线外，还有两个微弱的谱线，即 1 050 cm^{-1}和 1 400 cm^{-1}。前者是 NO_3^- 的谱线，后者是 NO_2^+ 的谱线，往硝酸中加入水会影响生成 NO_2^+ 及 NO_3^- 离子的平衡。从拉曼光谱中可发现，随着水的加入，NO_2^+ 峰的强度降低。例如往无水硝酸中加水，使硝酸浓度达 94%～95%时，1 400 cm^{-1}的谱线即消失。

纯硝酸中有 96%以上呈 HNO_3 分子状态，仅约 3.5%的硝酸经分子间质子转移离解成硝基正离子：

$$HNO_3 + HNO_3 \rightleftharpoons H_2^+NO_3 + NO_3^- \tag{3-2}$$

生成的 $H_2^+NO_3$ 进一步离解成硝基正离子：

$$H_2^+NO_3 \rightleftharpoons H_2O + NO_2^+ \tag{3-3}$$

英果尔(Ingold)根据实验测出 1 000 克纯硝酸中含有硝基正离子、硝酸根离子和水分子的摩尔数如下：

$$[NO_2^+]=0.27\text{ 摩尔}\approx 1.24\%\text{(质量)}$$

$$[NO_3^-]=0.27\text{ 摩尔}\approx 1.67\%\text{(质量)}$$

$$[H_2O]=0.27\text{ 摩尔}\approx 0.49\%\text{(质量)}$$

上述数据证实了纯硝酸按式(3-2)和式(3-3)方式离解。

硝酸具有两性的特征，它既是酸，又是碱。硝酸对强质子酸和硫酸等起碱的作用，对水、乙酸则起酸的作用。当硝酸起碱的作用时，硝化能力就增强；反之，如果起酸的作用时，硝化能力就减弱。

(2) **混酸** 它是硝酸与硫酸的混合物。早在 1846 年首先使用混酸作为硝化剂的是穆斯普拉特(Muspratts)。硫酸和硝酸相混合时，硫酸起酸的作用，硝酸起碱的作用，其平衡反应式为：

$$H_2SO_4 + HNO_3 \rightleftharpoons HSO_4^- + H_2^+NO_3 \tag{3-4}$$

$$H_2^+NO_3 \rightleftharpoons H_2O + NO_2^+ \tag{3-5}$$

$$H_2O + H_2SO_4 \rightleftharpoons H_3O^+ + HSO_4^- \qquad (3\text{-}6)$$

总的式子为:

$$2H_2SO_4 + HNO_3 \rightleftharpoons NO_2^+ + H_3O^+ + 2HSO_4^- \qquad (3\text{-}7)$$

因此在硝酸中加入强质子酸(例如硫酸)可以大大提高其硝化能力,混酸是应用最广泛的硝化剂。

在硫酸中加水,对生成 NO_2^+ 离子不利。因加入水后增加了 HSO_4^- 及 H_3O^+ 离子,这两种离子都会抑制 NO_2^+ 离子的生成。根据拉曼光谱测定,当硫酸的含水量达到 10%时,并不影响 NO_2^+ 离子的浓度,如果再稀释至硫酸浓度为 85%时,NO_2^+ 离子的浓度就开始下降。硫酸浓度在 75%~85%之间,NO_2^+ 离子的浓度是很低的,但仍有硝化能力。在 15%~70%硫酸中,NO_3^- 与分子态硝酸是共存的,随着硫酸浓度的增高,分子态硝酸占的比例也随着增大。在72%~82%的硫酸中,分子态的硝酸是占主要的。硫酸浓度增高至 89%或更高时,硝酸全部离解为 NO_2^+ 离子。在硝酸与硫酸的无水混合物中,如果增加硝酸在混酸中的百分含量,则硝酸转变为 NO_2^+ 离子的量将减少。表 3-1 为无水硫酸中,硝酸所占百分含量与硝酸转变为 NO_2^+ 离子的转化率。

表 3-1 由硝酸和硫酸配成的混酸中 HNO_3 的转化率

混酸中的硝酸含量(%)	5	10	15	20	40	60	80	90	100
硝酸转变为 NO_2^+ 的转化率(%)	100	100	80	62.5	28.8	16.7	9.8	5.9	1

硝化反应介质中 NO_2^+ 离子浓度的大小是硝化能力强弱的一个重要标志。从实验来看,硫酸浓度从 90%到 85%,硝化反应速度的下降和硝化介质中 NO_2^+ 离子浓度的下降相平衡。在硫酸浓度下降的情况下,在硝化介质中尚未离解为 NO_2^+ 离子的硝酸或多或少就要起氧化作用,因此硫酸含量高,而硝酸和水的含量较低时,硝化混酸中的硝酸转变为 NO_2^+ 离子就完全。这样既增加了硝化能力,又减少了氧化作用。

吉来斯皮(Gillespie)提出了硝酸-硫酸-水三元系统中 NO_2^+ 离子浓度分布情况的三元三角图(图 3-1)。

从图 3-1 可以看出,往硝酸中加入硫酸,NO_2^+ 离子的浓度即往右偏移。当硝酸与硫酸在一定的摩尔比之下时,增加水分,NO_2^+ 离子的浓度即降低。

(3) *硝酸与乙酸酐的混合硝化剂* 奥顿(Orton)于 1902 年首先使用硝酸和乙酸酐的混合物作为硝化剂。这是仅次于硝酸和混酸常用的重要硝化剂,其特

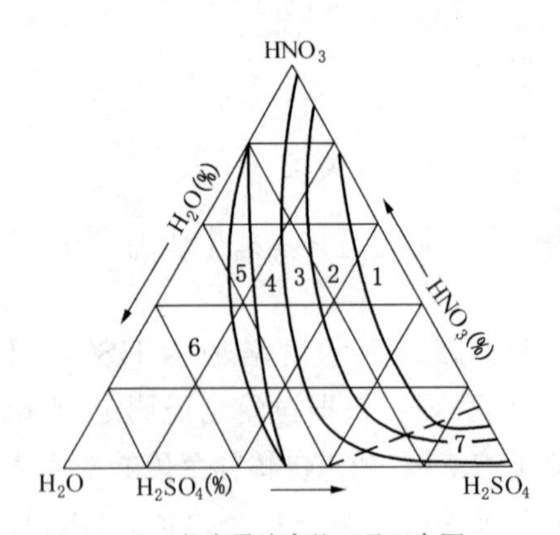

图 3-1 NO_2^+ 离子浓度的三元三角图

1—NO_2^+ 离子浓度 1.5 摩尔/1 000 克溶液；
2—NO_2^+ 离子浓度 1.0 摩尔/1 000 克溶液；
3—NO_2^+ 离子浓度 0.5 摩尔/1 000 克溶液；
4—光谱发现 NO_2^+ 离子的极限区域；
5—硝基苯硝化的极限区域；
6—腐蚀钢的酸区域；
7—光谱中不能发现 HNO_3 的区域

点是反应较缓和，适用于易被氧化和易为混酸所分解的硝化反应。它广泛地用于芳烃、杂环化合物、不饱和烃化合物、胺、醇以及肟等的硝化。

硝酸和乙酸酐混合硝化剂的硝化质点，有以下四种为人们所研究和讨论：

$$N_2O_5, CH_3COONO_2,$$

$$CH_3COONO_2H^+, NO_2^+$$

其中，研究比较多的是 N_2O_5，NO_2^+ 和 $CH_3COONO_2H^+$。但普遍认为 NO_2^+ 及 $CH_3COONO_2H^+$ 为硝化质点的可能性最大，近期的研究似乎倾向于 NO_2^+ 离子历程。

(4) **有机硝酸酯** 用有机硝酸酯硝化时，可以使反应在完全无水的介质中进行。这种硝化反应可分别在碱性介质中或酸性介质中进行。近期以来，在碱性介质中用硝酸酯对活性亚甲基化合物进行硝化的研究工作还是引人注意的，因为它可以用来硝化那些通常不能在酸性条件下进行硝化的化合物，如一些酮、腈、酰胺、甲酸酯、磺酰酯以及杂环化合物等。在碱性介质或酸性介质中通常用硝酸乙酯作硝化剂进行硝化。

(5) **氮的氧化物** 氮的氧化物除了 N_2O 以外，都可以作为硝化剂，如三氧化二氮(N_2O_3)，四氧化二氮(N_2O_4)及五氧化二氮(N_2O_5)。这些氮的氧化物在一定条件下都可以和烯烃进行加成反应。

(A) 三氧化二氮 它由一氧化氮和氧反应制得，或由一氧化氮与四氧化二氮反应制得。在浓硫酸中，三氧化二氮的蓝色很快消失，其反应按下式进行：

$$N_2O_3 \longrightarrow NO^+ + NO_2^-$$

$$NO_2^- + 2H_2SO_4 \longrightarrow NO^+ + 2HSO_4^- + H_2O \qquad (3\text{-}8)$$

三氧化二氮在硫酸中对芳烃无硝化能力，对苯也不能直接进行亚硝化，但三氧化二氮在路易斯酸的催化下，不仅是良好的亚硝化剂，而且在一定的条件下也具有硝化能力，能将硝基引入芳核。

(B) 四氧化二氮 四氧化二氮是二氧化氮的聚合体，其存在形式完全依赖于温度。

$$2NO_2 \rightleftharpoons N_2O_4 \quad (3\text{-}9)$$

棕色(顺磁性)　　无色(反磁性)

固态时,是以四氧化二氮的形式存在,液态时即部分解聚。根据拉曼光谱,N_2O_4 在硫酸中离解生成 NO_2^+ 离子:

$$N_2O_4 + 3H_2SO_4 \rightleftharpoons NO_2^+ + NO^+ + H_3O^+ + 3HSO_4^- \quad (3\text{-}10)$$

在 N_2O_4 的硫酸溶液中也可同时生成亚硝鎓硫酸($NO^+ HSO_4^-$)。向 N_2O_4 的硫酸溶液加入水,当 H_2O/H_2SO_4(摩尔比)达 0.53 时,NO_2^+ 的谱线即消失。

许多有机化合物可以用亚硝酸的水溶液进行硝化,这是由于存在 N_2O_4、N_2O_3 和 NO_2 等。虽然无水 N_2O_4 与苯难起反应,但有过量硫酸存在时,在低温下 N_2O_4 亦能使芳烃硝化。用此法在常温(20 ℃～24 ℃)可以硝化苯、甲苯、氯苯等。硝化反应相似于混酸,属 NO_2^+ 离子硝化。在 45%的发烟硫酸中,N_2O_4 能将苯硝化为二硝基苯,将 2, 4-二硝基甲苯硝化为 2, 4, 6-三硝基甲苯。

(C) 五氧化二氮　五氧化二氮在常温时,一般为无色晶体,离子型结构为 $NO_2^+ NO_3^-$。在高介电常数的溶剂(例如硫酸)中会离子化,其溶液是很有效的硝化剂:

$$N_2O_5 + 2H_2SO_4 \rightleftharpoons 2NO_2^+ + 2HSO_4^- + H_2O \quad (3\text{-}11)$$

对 N_2O_5 的硝酸溶液综合散射光谱研究表明:谱线中除了硝酸分子的谱线外,还有两条 1 050 cm^{-1} 及 1 400 cm^{-1} 分别为 NO_3^- 和 NO_2^+ 的谱线,未发现 860 cm^{-1}、1 244 cm^{-1}、1 355 cm^{-1}的 N_2O_5 的谱线。因而可以推断 N_2O_5 在硝酸中是按下式离解:

$$N_2O_5 \rightleftharpoons NO_2^+ + NO_3^-$$

除此以外,硝酸和氟化氢的混合物是相当强的硝化剂。也可用于烯烃的硝化。三氟化硼等路易斯酸是硝化反应的促进剂,它与硝酸作用生成硝鎓盐。

(6) *硝酸盐与硫酸*　硝酸盐和硫酸作用产生硝酸与硫酸盐。实际上它是无水硝酸与硫酸的混酸:

$$MNO_3 + H_2SO_4 \rightleftharpoons HNO_3 + MHSO_4 \quad (3\text{-}12)$$

M 为金属。常用的硝酸盐是硝酸钠、硝酸钾,硝酸盐与硫酸的配比通常是(0.1 ～ 0.4) ∶ 1 (质量比)左右。按这种配比,硝酸盐几乎全部生成 NO_2^+ 离子,所以最适用于如苯甲酸、对氯苯甲酸等难硝化芳烃的硝化。

3.1.2 硝化方法

工业上硝化方法主要有以下几种:

(1) *稀硝酸硝化法*　由于稀硝酸是较弱的硝化剂,且又受到硝化过程中生成水的稀释,使其硝化能力更加降低,所以一般只用于活泼芳香族化合物的硝化,如某些酰化的芳胺、酚、对苯二酚的醚类、茜素和芘等。这时硝酸的用量应为计算量的110%~165%。烷烃较难硝化,在加热加压条件下亦可由稀硝酸进行硝化。

(2) *浓硝酸硝化法*　主要应用于芳烃化合物的硝化。由于反应中生成的水使硝酸浓度降低,故往往要用过量很多倍的硝酸,且硝酸浓度降低,不仅减缓硝化反应速度,而且使氧化反应显著增加。目前仅用于少数硝基化合物的制备。

(3) *浓硫酸介质中的均相硝化法*　当被硝化物或硝化产物在反应温度下是固态时,常常将被硝化物溶解于大量的浓硫酸中,然后加入硫酸和硝酸的混合物进行硝化,这种方法只需要使用过量很少的硝酸,一般产率较高,所以应用范围较广。

(4) *非均相混酸硝化法*　当被硝化物和硝化产物在反应温度下都是液态时,常常采用非均相混酸硝化的方法。通过剧烈的搅拌,有机相被分散到酸相中而完成硝化反应。这种硝化方法有很多优点,是目前工业上最常用、最重要的硝化方法,也是本章讨论的重点。

(5) *有机溶剂中的硝化法*　为了防止被硝化物和硝化产物与硝化混合物发生反应或水解,硝化反应可以采用在有机溶剂中进行,硝化用的有机溶剂有冰醋酸、氯仿、四氯甲烷、二氯甲烷、硝基甲烷、苯等,其中常用的是二氯甲烷。二氯甲烷作为混酸硝化时的溶剂具有以下优点:二氯甲烷在常压下的沸点是41 ℃,对于在低温下的硝化便于控制温度;一般只需要使用理论量的硝酸;利用二氯甲烷萃取硝化产物,可起到提纯产品的作用。例如,苯甲酸在二氯甲烷中用混酸一硝化时,只需要加入理论量硝酸,其收率可高达99.2%;又如苯或甲苯在二氯甲烷中用混酸进行二硝化,硝酸的用量只比理论量过量1%,二硝化物的收率亦在99%以上。

(6) *气相硝化法*　苯与NO_2于80 ℃~190 ℃通过分子筛处理便转化为硝基苯。用二氯化钯作催化剂,由氯苯可得到硝基氯苯的异构体。经磷酸和亚磷酸处理过的五氧化二钒催化剂于200 ℃硝化氯苯,转化率为35.6%,其中邻位硝基氯苯收率为10.1%,对位硝基氯苯为25.0%。

3.2　硝化理论

3.2.1　硝化剂的活泼质点

硝化反应通常是用能够生成硝基正离子(NO_2^+)的试剂为硝化剂。

1903年尤勒(Euler)最早提出NO_2^+离子为硝化反应的进攻试剂，这个观点一直到20世纪40年代中期，通过各种光谱数据、物理测定以及动力学的研究，才确证了它的存在，并证明了它是亲电硝化反应的真正进攻质点。

上面已叙述过，具有X—NO_2通式的化合物，都可以产生NO_2^+离子：

$$X—NO_2 \rightleftharpoons X^- + NO_2^+ \tag{3-13}$$

离解的难易程度，决定于X—NO_2分子中X的吸电子能力，X的吸电子能力愈大，形成NO_2^+离子的倾向亦愈大，硝化能力也愈强。X的吸电子能力的大小，可由X^-的共轭酸的酸度来表示，结果见表3-2。

表3-2 按硝化强度次序排列的硝化剂

硝化剂（硝化能力增大↓）	硝化反应时存在形式	X^-	HX
硝酸乙酯	$C_2H_5ONO_2$	$C_2H_5O^-$	C_2H_5OH
硝酸	$HONO_2$	HO^-	H_2O
硝酸-醋酐	CH_3COONO_2	CH_3COO^-	CH_3COOH
五氧化二氮	$NO_2 \cdot NO_3$	NO_3^-	HNO_3
氯化硝酰	NO_2Cl	Cl^-	HCl
硝酸-硫酸	$NO_2\overset{+}{O}H_2$	H_2O	H_3O^+
硝酰硼氟酸	$NO_2 \cdot BF_4$	BF_4^-	HBF_4

由表可见，硝酸乙酯的硝化能力最弱，硝酰硼氟酸的硝化能力最强。

3.2.2 硝化反应动力学

(1) 均相硝化动力学

(A) 在有机溶剂中硝化　将甲苯、间-二甲苯、乙苯和均三甲苯在有机溶剂和大大过量的硝酸中在低温下进行硝化时，可近似地认为在反应过程中硝酸的浓度不变，英果尔及其同事确认了目前公认的芳香族化合物的硝化历程，该历程认为硝基正离子(NO_2^+)是活泼进攻试剂，此试剂再与芳香族化合物ArH反应：

$$HNO_3 + H^+ \rightleftharpoons H_2^+NO_3 \quad (快) \tag{3-14}$$

$$H_2^+NO_3 \rightleftharpoons NO_2^+ + H_2O \quad (慢) \tag{3-15}$$

$$NO_2^+ + ArH \rightleftharpoons Ar^+\langle^{H}_{NO_2} \quad (慢) \tag{3-16}$$

$$Ar^{+}\langle^{H}_{NO_2} \longrightarrow ArNO_2 + H^+ \quad (\text{快}) \tag{3-17}$$

动力学研究了水对均相反应系统反应速度及反应级数的影响，对活泼的芳香族化合物，当反应系统中不含水时，对芳香族化合物浓度来说，硝化反应是零级反应，这是因为反应式(3-16)比反应式(3-15)的逆反应快得多，故 NO_2^+ 离子一生成，立即与被硝化的芳香族化合物反应而被消耗，NO_2^+ 离子生成的反应式(3-15)是反应速度的控制步骤。该反应与被硝化物的浓度无关。往反应系统中加水能降低反应速度，并最后引起反应级数由零级变为一级(对芳香族化合物浓度)，这是因为水使反应式(3-15)的逆反应速度增大所致。系统中水含量增加时，NO_2^+ 离子与水反应的速度能达到或者超过 NO_2^+ 离子与芳香族化合物的反应速度，以致被硝化物的反应能力成了一个重要的因素，于是生成硝基化合物的速度与被硝化物及 NO_2^+ 离子两者的浓度均有关。当水与纯硝酸的摩尔比接近0.22时，硝化反应速度与芳烃浓度的关系转变为一级反应。这时反应式(3-16)是反应速度的控制步骤。

为了排除有机溶剂的影响，近年来又进一步研究了这些活泼芳烃在稀硝酸溶液中的均相硝化，相对于芳香族化合物而言，硝酸都是大大过量的，其硝化反应都遵循假一级反应动力学规律，说明了它与在有机溶剂中进行的硝化反应是相似的。

(B) 在浓硝酸中硝化　当硝基苯、对硝基氯苯、硝基蒽醌在大大过量的浓硝酸中硝化时，硝化速度服从一级动力学方程：

$$v = k[ArH]$$

在浓硝酸中常常存在少量亚硝酸杂质，它经常以 N_2O_4 的形式存在，当其浓度增大或加入水分时，将生成少部分 N_2O_3。

$$2N_2O_4 + H_2O \rightleftharpoons N_2O_3 + 2HNO_3 \tag{3-18}$$

而其 N_2O_4 及 N_2O_3 均可发生离子化。

$$N_2O_4 \rightleftharpoons NO^+ + NO_3^- \tag{3-19}$$

$$N_2O_3 \rightleftharpoons NO^+ + NO_2^- \tag{3-20}$$

所生成的 NO_3^- 及 NO_2^- 都能使 $H_2^+NO_3$ 发生脱质子化，从而阻碍硝化反应进行，其中 NO_3^- 所造成的脱质子化按 $[HNO_2]^{1/2}$ 起阻碍作用，而 NO_2^- 则按 $[HNO_2]^{3/2}$ 起阻碍作用。在浓硝酸中硝化时，加入尿素有两种不同的作用，最初

加入的尿素可起破坏亚硝酸的作用,使硝化速度加快:

$$CO(NH_2)_2 + 2HNO_2 \longrightarrow CO_2 \uparrow + 3H_2O + 2N_2 \uparrow \quad (3\text{-}21)$$

上述反应是定量的,当尿素的加入量超过亚硝酸化学计算量的 1/2 时,硝化速度开始下降。

(C) 在硫酸存在下硝化　硝基苯在浓硫酸介质中的硝化是一个二级反应,其动力学方程式如下:

$$v = k[ArH][HNO_3]$$

式中的 k 值是表观速度常数,其大小与硫酸的浓度密切相关。采用各种不同结构的芳香族化合物进行硝化时,发现都是当硫酸的浓度在 90%左右时,反应速度为最大值,图 3-2 是苯基三甲基铵盐、硝基苯和蒽醌等在不同浓度硫酸中的硝化速度变化曲线。

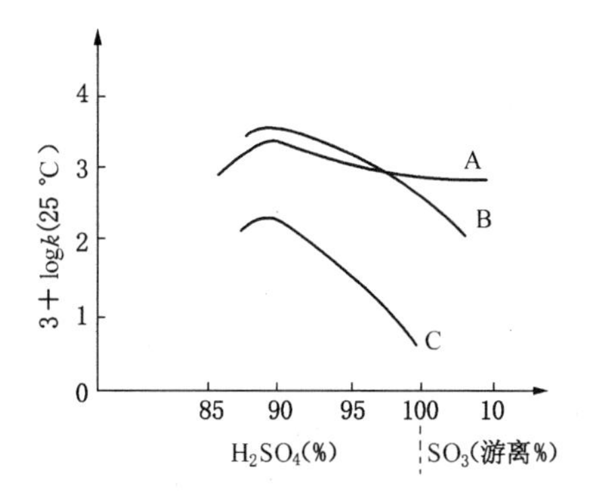

图 3-2　在硫酸介质中硝化速度的变化图

A—苯基三甲基铵盐;B—硝基苯;C—蒽醌

不难理解,当硫酸浓度低于 90%时,随着提高硫酸浓度,有利于增高 NO_2^+ 离子的浓度,因而使反应速度加快,当硫酸浓度由 90%提高到 100%时,硝化速度之所以减慢,有不同解释。以往认为是由于介质的酸度函数变化所引起,即提高酸度后,虽然对生成的 NO_2^+ 离子有利,但也增强了硫酸将其质子转移给被硝化物的能力。对这种质子化的被硝化物(ArH_2^+)进行硝化要比游离的被硝化物慢得多。如图 3-3 所示。由于这两种相反的作用,就出现硝化反应速度下降。然而有的芳香族化合物(如苯基三甲基铵盐),在浓硫酸中是不会质子化的,但是在 90%左右硫酸中仍出现反应速度的最大值。如硝基苯在硫酸中酸函 H_0 为−4时(≈57.44%),其溶解度已明显增加,但硝基苯的质子化,在 H_0 等于−10 附近(95%)才开始出现,在 100%硫酸中,其质子化为 28%,但其反应速度下降得比较大,仅为硫酸浓度在 90%时速度

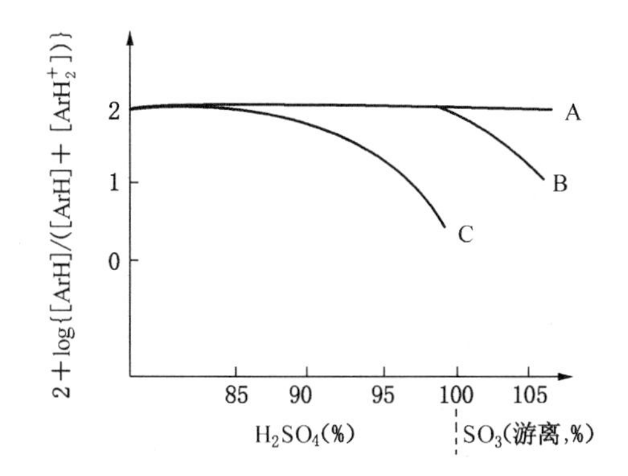

图 3-3　在硫酸介质中质子化的变化图

A—苯基三甲基铵盐;B—硝基苯;C—蒽醌

的 12%左右。某些芳香族化合物在 90%～100%硫酸中 25 ℃时的二级反应速度常数 k 见表 3-3。

表 3-3　25 ℃时某些芳香族化合物在 90%～100%硫酸中的速度常数

k(L · mol^{-1} · min^{-1})

化　合　物	90%硫酸中 k	100%硫酸中 k	$\frac{k(90\%)}{k(100\%)}$	100 硫酸中质子化(%)
苯基三甲基铵盐	2.08	0.55	3.8	—
对氯苯基三甲基铵盐	0.333	0.084	4.0	—
对硝基氯苯	0.432	0.057	7.6	—
硝基苯	3.22	0.37	8.7	28
蒽醌	0.148	0.005 3	47	99.65

有些化合物在发烟硫酸中没有明显的质子化,但也出现反应速度的最高值。现在有人提出是由于反应物改变了反应介质,其活度系数也发生了变化,反应速度以下式表示:

$$v = k[NO_2^+][ArH](f_{NO_2^+} \cdot f_{ArH}/f_{\neq})$$

式中 f——活度系数;

$f_{\neq}$——过渡态的活度系数。

活度系数的变化是和硝基化合物与介质生成氢键的程度相关联,芳香族化合物在硫酸中的活度系数可以测出,图 3-4 为三种芳香族化合物在各种不同浓度硫酸中的活度系数。

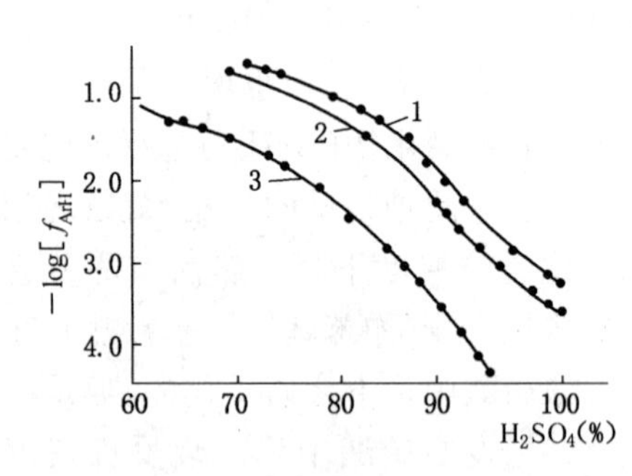

图 3-4　不同浓度硫酸中三种芳香硝基化合物的活度系数

1—邻硝基氯苯;2—对硝基氯苯;3—对硝基甲苯

由图 3-4 可知,这三种化合物当硫酸浓度越大时,其活度系数越小。近期的研究工作支持了上述观点。

(D) 在其他介质中硝化　关于均相硝化反应动力学的报导很多,涉及的范围也很广,例如芳烃在过氯酸存在下的硝化,在 72% $HClO_4$ 中测得的反应速度常数大约要比在 84% H_2SO_4 中测得的速度常数小 100 倍。苯用苯甲酰硝酸酯于四氯化碳中在－20 ℃硝化时的活泼硝化质点是 N_2O_5。硝酸在乙酐中的硝化的活泼质点是 $CH_3COONO_2 \cdot H^+$ 等。

(2) 非均相硝化动力学　由于传质效果与化学反应都能影响硝化反应速

度,因此研究非均相硝化反应动力学,要比研究均相硝化反应动力学困难得多。近年来对非均相硝化反应动力学的研究已取得不少进展。

研究表明,在非均相介质中硝化反应主要是在酸相和两相界面处进行的,有机相中的反应速度要比酸相中的速度小若干数量级。由于在有机相中反应极少(＜0.001％),因而可以忽略。根据这一结论,贾尔斯(Giles)等人以甲苯的一硝化为例,提出了在非均相硝化时的数学模型。认为甲苯的硝化反应具有下列各步骤:

(A) 甲苯通过有机相向相界面扩散;

(B) 甲苯从相界面扩散进入酸相;

(C) 在扩散进入酸相的同时,甲苯反应生成一硝基甲苯;

(D) 形成的一硝基甲苯通过酸相,扩散返回至相界面;

(E) 一硝基甲苯从相界面扩散进入有机相;

(F) 硝酸从酸相向相界面扩散,在扩散途中与甲苯进行反应;

(G) 生成的水扩散返回至酸相;

(H) 某些硝酸从相界面扩散进入有机相;

根据上面讨论的原因,(B)和(C)大概是速度控制步骤。

前已指出,硫酸的浓度变化对于均相硝化的反应速度有明显的影响;同样,在非均相硝化反应中也是影响反应速度的重要因素。如已知甲苯在63％～78％ H_2SO_4 浓度范围内进行非均相硝化时其速度常数的变化幅度高达 10^5。图3-5是根据实验数据按甲苯一硝化的初始反应速度对 $\log k$ 作图得到的曲线(k 为反应速度常数),图中还同时表示出相应的硫酸浓度范围。

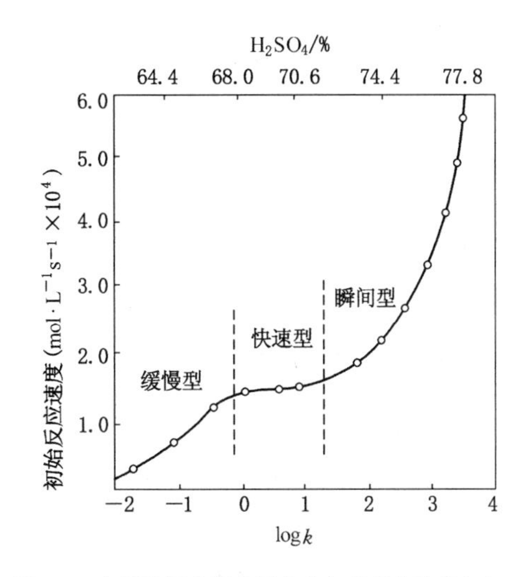

图3-5 在无挡板容器中甲苯的初始反应速度与 $\log k$ 的变化图(25 ℃, 2 500 r·min^{-1})

通过近年来对苯、甲苯、氯苯在不同条件下进行非均相硝化反应动力学的研究,根据传质和化学反应的相对速度,可将反应系统分为三类,即慢速、快速与瞬间三系统。

(A) 慢速系统 亦称动力学型。它的特征是在相界面上反应的数量远远少于芳烃扩散到酸相中发生反应的数量，换句话说，化学反应的速度是整个反应的控制阶段。甲苯在 62.4%～66.6% H_2SO_4 中的硝化，属于这种类型。反应速度与酸相中硝酸的浓度和甲苯的浓度成正比。

(B) 快速系统　亦称慢速传质型。随着硫酸浓度的提高，使得酸相中的硝化速度加快，当芳烃从有机相传递到酸相中的速度与它参加硝化反应而被移除的速度快速达到稳定态时，则反应从动力学型过渡到传质型。因此快速型反应的特征是反应主要在酸膜中或者在两相的边缘上进行，这时芳烃进入酸膜中的扩散阻力成为反应速度的控制阶段，即反应速度受传质控制。甲苯在 66.6%～71.6%硫酸中的硝化属于这种类型。反应速度与酸相容积的交界面积、扩散系数和酸相中甲苯的浓度成正比。

一般说来，芳烃在酸相中的溶解度越大，硝化速度受动力学控制的可能性越大。

(C) 瞬间系统　亦称快速传质型。它的特征是反应速度快速到使处于液相中的反应物不能在同一区域共存，即反应在两相界面的平面上发生的。甲苯在 71.6%～77.4%硫酸中的硝化属于这种类型。

应当指出，由于硫酸的浓度在反应过程中不断为反应生成的水所稀释，硝酸将不断参加反应而消耗掉，因而对于每一个硝化生产过程来说，在不同的阶段可以属于不同的动力学类型。例如在采用锅式串联法由甲苯生产一硝基甲苯时，在第一台反应锅中酸相的硝酸浓度是可观的，硫酸的浓度也较高，反应速度受传质控制；而在第二台反应锅中则由于酸度降低和硝酸含量减少，反应速度将转变为受动力学控制，即受化学反应速度控制。

综上所述，可见非均相硝化反应要比均相硝化反应复杂得多，然而由于工业生产上大量遇到的硝化过程常常是非均相反应，因此对非均相硝化反应动力学的研究正在日益引起人们的重视。

3.2.3 硝化反应历程

(1) 混酸硝化　根据动力学研究结果，认为芳烃用混酸硝化时，首先是 NO_2^+ 向芳烃发生亲电攻击生成 π 络合物，然后转变成 σ 络合物，最后脱去质子得到硝化产物。其中形成的 σ 络合物是反应速度的控制阶段。以苯的硝化为例，其反应历程可以用下式表示：

$$C_6H_6 + NO_2^+ \rightleftharpoons [C_6H_6 \cdot NO_2^+]_{\pi} \overset{慢}{\rightleftharpoons} [C_6H_6(H)(NO_2)]^+_{\sigma}$$

$$\xrightarrow{快} C_6H_5NO_2 + H^+ \tag{3-22}$$

需要指出，芳烃硝化时虽然一般都不存在同位素效应，然而当被硝化物在形成 σ 络合物以后的脱质子阶段存在着空间障碍时，则表现出明显的同位素效应。

(2) *活泼芳烃用硝基盐硝化* 采用硝基硼氟酸盐 $NO_2^+BF_4^-$ 研究硝化反应历程的特点是它的硝化能力要比混酸强得多，可以不必考虑 NO_2^+ 的生成速度对整个反应的影响：

$$C_6H_6 + NO_2^+ \rightleftharpoons C_6H_6 \rightarrow NO_2^+ \overset{慢}{\rightleftharpoons} [\pi络合物]\cdot NO_2$$

π络合物

$$\overset{快}{\rightleftharpoons} [C_6H_6NO_2]^+ \longrightarrow C_6H_5NO_2 + H^+ \tag{3-23}$$

(3) *稀硝酸硝化* 酚、酚醚以及某些 N-酰基芳胺常常采用稀硝酸作硝化剂。从动力学研究中发现，在稀硝酸中进行的硝化反应速度与芳烃及亚硝酸的浓度成正比：

$$v = k[ArH][HNO_2]$$

因此提出了经由亚硝化阶段的反应历程。芳烃首先与亚硝酸作用生成亚硝基化合物，而后硝酸再将亚硝基化合物氧化成硝基化合物，硝酸本身则被还原，又生成新的亚硝酸：

$$ArH + HNO_2 \longrightarrow ArNO + H_2O \tag{3-24}$$

$$ArNO + HNO_3 \longrightarrow ArNO_2 + HNO_2 \tag{3-25}$$

其中式(3-24)可能是反应速度的控制步骤。

(4) *其他硝化*

(A) 在醋酐中硝化 经光谱分析，硝酸的醋酸溶液包括下列组分：HNO_3、$H_2^+NO_3$、CH_3COONO_2、$CH_3COONO_2H^+$、NO^+、N_2O_5。它们是由下述反应产生的：

$$HNO_3 + HNO_3 \rightleftharpoons H_2^+NO_3 + NO_3^- \tag{3-26}$$

$$H_2^+NO_3 \rightleftharpoons NO_2^+ + H_2O \tag{3-27}$$

$$(CH_3CO)_2O + HNO_3 \rightleftharpoons CH_3COONO_2 + CH_3COOH \tag{3-28}$$

$$H_2^+NO_3 + CH_3COONO_2 \rightleftharpoons CH_3COONO_2H^+ + HNO_3 \tag{3-29}$$

$$CH_3COONO_2H^+ + NO_3^- \rightleftharpoons CH_3COOH + N_2O_5 \tag{3-30}$$

因此除 NO_2^+ 可对芳环进行亲电进攻外，尚有质子化的硝酰乙酸亦可对芳环作亲电取代反应，其历程如下：

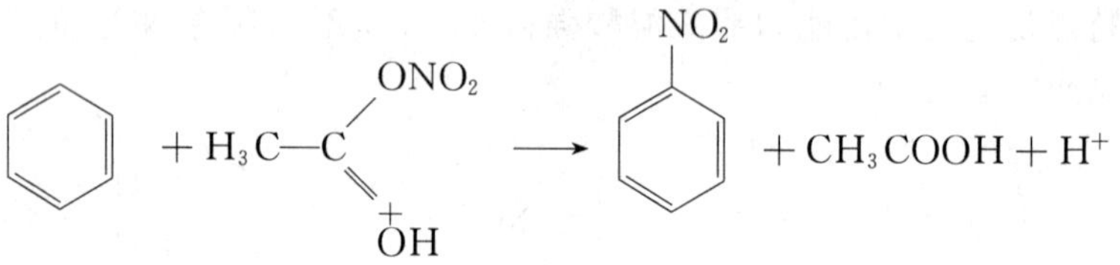

$$C_6H_6 + H_3C{-}C(ONO_2){=}\overset{+}{O}H \longrightarrow C_6H_5NO_2 + CH_3COOH + H^+ \tag{3-31}$$

此反应无水生成，可在较低温度下进行反应。

(B) 芳烃的自位硝化　自位硝化是指在已有取代基位置上，除氢以外对其他基团的取代硝化反应：

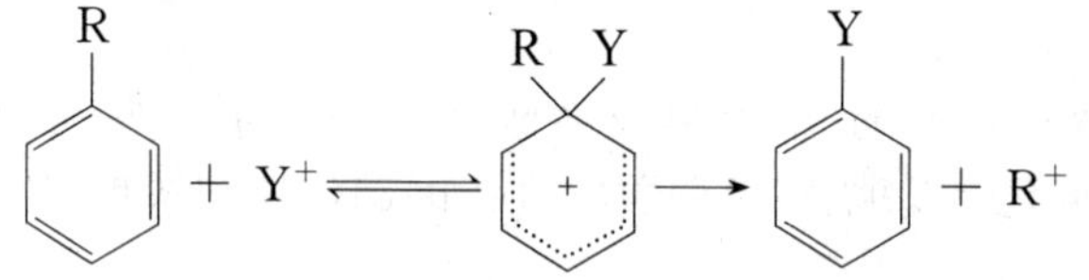

$$C_6H_5R + Y^+ \rightleftharpoons [C_6H_5(R)(Y)]^+ \longrightarrow C_6H_5Y + R^+ \tag{3-32}$$

根据所选芳烃的结构及所用的反应条件不同，在总的反应产物中，通过自位亲电攻击途径所占的比例可高到25%～85%。图 3-6 是甲苯硝化时在各相应位置上的分速因数。

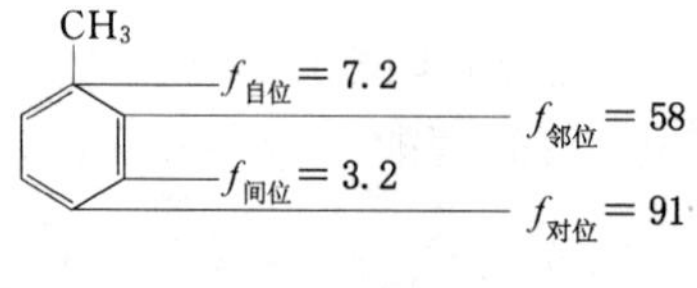

CH_3

$f_{自位} = 7.2$　$f_{邻位} = 58$

$f_{间位} = 3.2$　$f_{对位} = 91$

图 3-6　甲苯硝化时各相应位置的分速因数

硝化反应一般都是不可逆的，然而最近发现在 HF：TaF_5 等特殊催化剂的存在下，某些硝化反应是可逆的，例如 9-硝基蒽和五-甲基硝基苯。

(C) 有汞存在时的氧化硝化　苯在汞的存在下，以较稀的硝酸进行硝化，同时可得硝基苯酚、二硝基苯酚、苦味酸等。反应历程为苯先转化为汞化合物，再转化为亚硝基苯酚，重氮正离子化合物，最后生成硝基苯酚：

$$C_6H_6 + Hg(NO_3)_2 \rightleftharpoons C_6H_5 \cdot HgNO_3 + HNO_3 \tag{3-33}$$

$$C_6H_5 \cdot HgNO_3 + N_2O_4 \longrightarrow C_6H_5NO + Hg(NO_3)_2 \tag{3-34}$$

$$C_6H_5NO + 2NO \longrightarrow [C_6H_5N_2]^+ + NO_3^- \tag{3-35}$$

$$[C_6H_5N_2]^+ + H_2O \longrightarrow C_6H_5OH + N_2 + H^+ \tag{3-36}$$

$$C_6H_5OH + HNO_3 \longrightarrow O_2NC_6H_4OH + H_2O \quad (3\text{-}37)$$

3.3 影响因素

芳烃的硝化反应不仅与作用物的化学结构、反应介质的性质有关,而且还与反应的温度、催化剂有关。对于非均相硝化,还要考虑搅拌因素的影响。硝化反应中还常常伴有副反应,于是还需注意控制反应条件以抑制副反应的发生。掌握上述种种因素对硝化反应的影响,将有助于控制反应顺利进行,以得到理想的结果。

3.3.1 被硝化物的结构

硝化反应是芳环上的亲电取代反应,苯的衍生物硝化难易程度,视苯核上取代基性质而定,实验已测定了苯的各种取代衍生物在混酸中进行一硝化的反应速度,见表 3-4。

表 3-4 苯的各种取代衍生物在混酸中一硝化的相对速度

取代基	相对速度	取代基	相对速度
$—N(CH_3)_2$	2×10^{11}	—I	0.18
$—OCH_3$	2×10^{5}	—F	0.15
$—CH_3$	24.5	—Cl	0.033
$—C(CH_3)_3$	15.5	—Br	0.030
$—CH_2CO_2C_2H_5$	3.8	$—NO_2$	6×10^{-8}
—H	1.0	$—\overset{+}{N}(CH_3)_3$	1.2×10^{-8}

当苯环上存在给电子基团时,硝化速度较快,在硝化产品中常常以邻、对位产物为主。反之,当苯环上连接的是吸电子基团,则硝化速度降低,产品中常常以间位异构体为主。其中卤苯是例外的,引入卤素虽然使苯环钝化,但得到的产品几乎都是邻、对位异构体。

当苯环上连接的是 $—\overset{+}{N}(CH_3)_3$ 或 $—NO_2$ 等强吸电子基团时,硝化反应速度常数将降低到只有苯的硝化速度常数的 $10^{-5}\sim10^{-7}$。因此只要硝化条件控制适宜,不难做到使苯全部一硝化,而只生成极微量的二硝基苯。这同氯化和磺化反应有所不同。

一般说来,带有吸电子基,如 $—NO_2$、—CHO、$—SO_3H$、—COOH 等取代基的芳烃在进行硝化时,硝基易同邻位取代基中带负电荷的原子形成 σ 络合物,所以硝化产品中邻位异构体的生成量往往远比对位异构体多。

CHO（19 / 72 / 9）　COOH（18.5 / 80.5 / 1.3）　CN（17.1 / 80.7 / 2.2）

NO_2（9 / 90 / 1）　NO_2、OCH_3（40.8 / 51 / 8.2）

（上列芳环旁的数字表示异构体的百分组成）

萘环中的 α 位比 β 位活泼，因此在进行萘的一硝化时，主要得 α-硝基萘。蒽醌环的性质要复杂得多，它中间的两个羰基使两侧的苯环钝化，因此它的硝化比苯要难。蒽醌硝化时，硝基主要进入 α 位，少部分进入 β 位，同时有部分二硝化物，因此要制备高纯度、高收率的1-硝基蒽醌十分困难。

3.3.2 硝化剂

不同的硝化对象，往往需要采用不同的硝化方法。相同的硝化对象，如果采用不同的硝化方法，则常常得到不同的产物组成。因此硝化剂的选择是硝化反应必须考虑的。例如乙酰苯胺在采用不同的硝化剂硝化时，所得到的产物组成出入很大，见表3-5。

表3-5　不同硝化剂对于乙酰苯胺一硝化产物的影响

硝化剂	温度(℃)	邻位(%)	间位(%)	对位(%)	邻位/对位
$HNO_3+H_2SO_4$	20	19.4	2.1	78.5	0.25
90% HNO_3	−20	23.5	—	76.5	0.31
80% HNO_3	−20	40.7	—	59.3	0.69
HNO_3 在醋酐中	20	67.8	2.5	29.7	2.28

在混酸中硝化时，混酸的组成是重要的影响因素，而硫酸越多，硝化能力越强。例如甲苯一硝化时，硫酸的浓度每增加1%，反应活化能约下降2.8 kJ·mol^{-1}。氟苯一硝化时，则硫酸的浓度每增加1%，活化能下降3.1±0.63 kJ·mol^{-1}。对于极难硝化的物质，还可采用三氧化硫与硝酸的混合物作硝化剂，以提高硝化反应速度，同时可使硝化废酸的量大幅度下降。有些反应中，用三氧化硫代替硫酸时，能改变异构体组成的比例。如氯苯一硝化时，一般得到66%左右的对位体。若用二氧化硫作介质在三氧化硫存在下时硝化，得到90%的对位

体。三氧化硫-硝酸体系作为硝化剂使用很有前途,其应用越来越受到重视。近来对 SO_3-HNO_3 体系进行研究,认为当 SO_3 的浓度达 10%时,三氧化硫和硝酸按下式反应进行:

$$HNO_3 + SO_3 \longrightarrow NO_2^+ + HSO_4^- \tag{3-38}$$

当硝酸中的三氧化硫浓度更高时,则按下式进行:

$$HNO_3 + 2SO_3 \longrightarrow NO_2^+ + HS_2O_7^- \tag{3-39}$$

三氧化硫在硝酸中的浓度在 10%~30%范围内,NO_2^+ 含量变化不大,在此范围内的硝化活性大致是相同的。

向混酸中加入适量磷酸或在磺酸离子交换树脂参与下进行硝化,可增加对位体的含量。磷酸的作用可能使硝化活泼质点有所改变。

硝基阳离子的结晶盐(如 NO_2PF_6,NO_2BF_4)是最活泼的硝化剂。采用 NO_2BF_4 作硝化剂进行芳腈的硝化,可得到高收率的一硝基芳腈和二硝基芳腈,如果改用其他硝化剂,则腈基容易水解。

采用不同的硝化介质,常常能够改变异构体组成的比例。例如 1, 5-萘二磺酸在浓硫酸中硝化时主产品是 1-硝基萘-4, 8-二磺酸。在发烟硫酸中硝化则主产品将是 2-硝基萘-4, 8-二磺酸。带有强供电基的芳香族化合物(如苯甲醚、乙酰苯胺)在非质子化溶剂中硝化时,常常得到较多的邻位异构体;然而在可质子化溶剂中硝化则得到较多的对位异构体。这是由于在可质子化溶剂中硝化,电子富有的原子可能容易被氢键溶剂化,从而增大了取代基的体积,使邻位攻击受到空间障碍。表 3-6、表 3-7 分别是苯甲醚和乙酰苯胺在不同介质中硝化时的异构体组成。

表 3-6　苯甲醚在不同介质中硝化时的异构体组成

硝 化 条 件	邻位(%)	对位(%)	邻位/对位
HNO_3-H_2SO_4	31	67	0.46
HNO_3	40	58	0.69
HNO_3 在醋酸中	44	55	0.80
NO_2BF_4 在环丁砜中	69	31	2.23
HNO_3 在醋酐中	71	28	2.54
$C_6H_5COONO_2$ 在乙腈中	75	25	3.00

表 3-7　乙酰苯胺在不同介质中硝化时的异构体组成

硝 化 条 件	邻位(%)	对位(%)	邻位/对位
HNO_3-H_2SO_4	19	79	0.24
90% HNO_3	23.5	76.5	0.31
HNO_3 在醋酐中	68	30	2.27

3.3.3 温度

温度对于硝化反应是十分重要的。在非均相系统中硝化温度对乳化液的粘度、界面张力、芳烃在酸相中的溶解度以及反应速度常数等都有影响。正因为如此，硝化速度随温度的变化是不规则的。例如甲苯一硝化的反应速度常数大致为每升高 10 ℃增加 1.5～2.2 倍。

有机物硝化时一般均有最佳的温度条件，改变反应温度不仅会影响生成异构体的相对比例与速度，而且还关系到安全生产问题。对于易硝化和易被氧化的活泼芳烃(如酚、酚醚、乙酰芳胺)可在低温硝化；而对于含有硝基或磺基的芳族化合物，因比较稳定，较难硝化，所以应当在较高温下硝化。

硝化反应是强烈的放热反应。同时混酸中的硫酸被反应生成的水所稀释时，还将产生稀释热，这部分热量约相当于反应热的 7.5%～10%。以苯为例，在一硝化时总的热效应可达 134 kJ · mol^{-1}。这样大的热量，若不及时移除，势必会使反应温度迅速上升，引起多硝化及氧化等副反应；同时还将造成硝酸的大量分解，产生大量红棕色的二氧化氮气体，甚至发生严重事故：

$$4HNO_2 \longrightarrow 2H_2O + 4NO_2 \uparrow + O_2 \qquad (3\text{-}40)$$

还应当指出，硝化温度的选择，对异构体的生成比例也会有一定的影响。

3.3.4 搅拌

大多数硝化过程是非均相的，为了保证反应能顺利进行，以及提高传热效率，必须具有良好的搅拌装置。当甲苯在小型设备中进行非均相硝化时，转速从 600 r · min^{-1}提高到 1 100 r · min^{-1}时，转化率迅速增加。但是，当转速超过 1 100 r · min^{-1}，转化率不再明显变化。

在硝化过程中尤其是在间歇硝化反应的加料阶段，停止搅拌或由于搅拌器桨叶脱落，而导致搅拌失效，将是非常危险的，因为这时两相很快分层，大量活泼的硝化剂在酸相积累，一旦搅拌再次开动，就会突然发生激烈反应，在瞬间放出大量的热，使温度失去控制，而导致发生事故，因此必须十分注意并采取必要的安全措施。

3.3.5 相比与硝酸比

相比有时也称酸油比，是指混酸与被硝化物的质量比。在固定相比的条件下，剧烈的搅拌最多只能使被硝化物在酸相中达到饱和溶解，因此增加相比就能增大被硝化物在酸相中的溶解量，这对于加快反应速度常常是有利的；但是相比过大,将使设备生产能力下降。生产上常用的方法之一是向硝化锅中加入一定量的上批硝化的废酸(也称为循环酸),其优点不仅是可以增加相比,也有利于反应热的分散和传递。

硝酸比是指硝酸和被硝化物的摩尔比。理论上这两者应当是符合化学计算量的,但实际生产中硝酸的用量常常高于理论量。通常当采用混酸为硝化剂时,对于易硝化的物质硝酸需过量 1%～5%,对于难硝化的物质,则需要过量 10%～20%。

有必要指出,进入 20 世纪 70 年代以来,由于对环境保护的限制越来越严格,有些大吨位品种如硝基苯,国内外已趋向采用过量芳烃的绝热硝化来代替原来的过量硝酸硝化工艺。

3.3.6 硝化的副反应

在芳香族硝化过程中,除了向芳环上引入硝基的正常反应外,还常常会发生许多副反应,研究副反应的目的在于提高经济效益,因为生成副产物说明反应物或硝化产物有损失,也意味着要增加主要产物的分离和精制费用。其次是减少环境污染和增加安全性。

在所有副反应中,影响最大的是氧化副反应,它常常表现为生成一定量的硝基酚,例如在甲苯硝化中可检出副产物有硝基甲酚等。

烷基苯在硝化时,硝化液颜色常常会发黑变暗,特别是在接近硝化终点时,更容易出现这种现象,实验证明,这是由于烷基苯与亚硝基硫酸及硫酸形成络合物的缘故。以甲苯为例,所生成的络合物结构如下:

$$C_6H_5CH_3 \cdot 2ONSO_3H \cdot 3H_2SO_4$$

出现这种有色络合物,往往是由于硝化过程中硝酸的用量不足,一旦形成,在 45 ℃～55 ℃ 下,及时补加一些硝酸就很易将其破坏;但是当温度大于 65 ℃时,络合物会自动产生沸腾,使温度上升到 85 ℃～90 ℃,此时即使再补加硝酸,也难于挽救,生成深褐色的树脂状物。

络合物的形成与已有取代基的结构、个数和位置等因素有关。一般不带任何取代基的苯,最不易形成络合物,带有吸电子基的苯衍生物次之,而带有烷基的苯系芳烃最易发生这一反应,并且取代基的链越长就越容易形成此种络合物。

许多副反应的发生常常与反应体系中存在氮的氧化物有关,因此设法减少硝化剂内氮的氧化物含量,并且严格控制反应条件以防止硝酸的分解,常常是减少副反应的重要措施之一。

3.4　用混酸的硝化过程

硝酸和硫酸的混合物是最常用的有效硝化剂，因为用混酸硝化能克服单用浓硝酸硝化的部分缺点，所以在工业上广为应用。其优点是：

(A) 混酸比硝酸会产生更多的硝基正离子，所以混酸的硝化能力强、反应速度快、副反应少、产率高。

(B) 混酸中的硝酸用量接近理论量，硝酸几乎可全部被利用。

(C) 硫酸由于比热大，能吸收硝化反应中放出的热量，可以避免硝化的局部过热现象，使反应温度容易控制。

(D) 浓硫酸能溶解多数有机物，因此增加了有机物与硝酸的相互接触，使硝化易于进行。

(E) 混酸对铁不起腐蚀作用，因而可使用碳钢或铸铁设备作反应器。

一般的混酸硝化工艺流程示意图如图 3-7 所示。

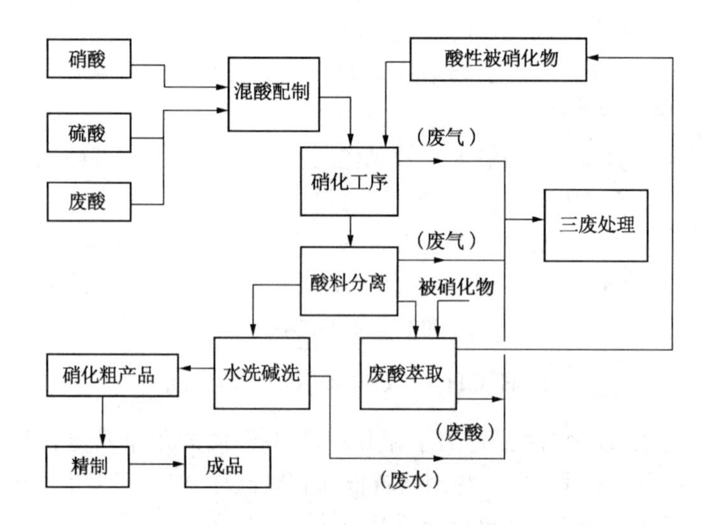

图 3-7　混酸硝化的流程示意图

3.4.1　混酸的硝化能力

对于每一个具体的硝化过程，都要求所用的混酸具有适当的硝化能力，因为硝化能力太弱，会使反应太慢，甚至反应不完全；而硝化能力太强，虽然反应快，但是容易发生多硝化副反应，并且消耗太多的硫酸。

目前常用的表示混酸技术特性的指标有两种：即硫酸的脱水值(简称脱水值)和废酸计算浓度，它们可作为配制混酸的依据，现分述如下：

(1) **硫酸的脱水值** 指混酸硝化终了时,废酸中硫酸和水的计算质量之比,通常用符号 D. V. S.① 表示:

$$\text{D. V. S.} = \frac{\text{废酸中硫酸的质量}}{\text{废酸中水的质量}}$$

当已知混酸组成和硝酸比时,脱水值计算公式可推导如下:设 S 和 N 分别表示混酸中硫酸和硝酸的质量百分数,φ 表示硝酸比。如以 100 份混酸为计算基准,则

$$\text{混酸中的水} = 100 - S - N$$

$$\text{反应生成的水} = \frac{N}{\varphi} \times \frac{18}{63} = \frac{2}{7} \times \frac{N}{\varphi}$$

$$\text{D. V. S.} = \frac{S}{(100 - S - N) + \frac{2}{7} \times \frac{N}{\varphi}} \tag{3-41}$$

当硝酸的用量接近理论量,即 $\varphi \approx 1$,可以将上式简化成下式:

$$\text{D. V. S.} = \frac{S}{100 - S - \frac{5}{7}N} \tag{3-42}$$

如果 D. V. S. 值大,表示硝化能力强,适用于难硝化的物质;相反 D. V. S. 值小,表示硝化能力弱,适用于易硝化物质。

(2) **废酸计算浓度(亦称硝化活性因数)** 指混酸硝化终了时,废酸中硫酸的计算浓度,常用符号 F. N. A.② 表示。如以 100 份混酸为计算基准,则当 $\varphi \approx 1$ 时。

$$\text{反应生成的水} = \frac{18}{63} \times N = \frac{2}{7}N$$

$$\text{废酸质量} = 100 - N + \frac{2}{7}N = 100 - \frac{5}{7}N$$

$$\text{F. N. A.} = \frac{S}{100 - \frac{5}{7}N} \times 100 = \frac{140S}{140 - N} \tag{3-43}$$

或

$$S = \frac{140 - N}{140} \times \text{F. N. A.} \tag{3-44}$$

---

① 系英文 Dehydrating Value of Sulfuric Acid 的缩写。

② 系英文 Factor of Nitration Activity 的缩写。

当 $\varphi \approx 1$ 时,可导出 D. V. S. 与 F. N. A. 的互换关系式如下:

$$\text{D. V. S.} = \frac{\text{F. N. A}}{100 - \text{F. N. A}} \tag{3-45}$$

或

$$\text{F. N. A.} = \frac{\text{D. V. S}}{1 + \text{D. V. S}} \times 100 \tag{3-46}$$

由式(3-44)可知,当 S、N 为变数,F. N. A 为常数时,为一个直线方程,说明能满足相同废酸浓度的混酸组成可以是多种多样的,但是真正具有实际意义的混酸组成,仅是这条直线中的一小段而已。例如表 3-8 列出的三种混酸组成,仅是这条直线中的一小段而已。例如表 3-8 列出的三种混酸组成,其 F. N. A. 值和 D. V. S. 值均相同。选择混酸Ⅰ时虽然硫酸的用量最省,但是相比太小,而且在开始阶段反应过于激烈,容易发生多硝化和其他副反应;选择混酸Ⅲ则生产能力低,废酸量大;因此具有实用价值的是混酸Ⅱ。

表 3-8 氯苯一硝化时采用三种不同混酸的计算数据

硝酸比,$\varphi = 1.05$		混酸Ⅰ	混酸Ⅱ	混酸Ⅲ
混酸组成	H_2SO_4(%)	44.5	49.0	59.0
	HNO_3(%)	55.5	46.9	27.9
	H_2O(%)	0.0	4.1	13.1
F. N. A.		73.7	73.7	73.7
D. V. S.		2.80	2.80	2.80
1 kmol 氯苯硝化	需混酸(kg)	119	141	237
	需 100% H_2SO_4(kg)	53.0	69.1	139.8
	生成废酸量(kg)	74.1	96.0	192.0

表 3-9 某些重要硝化过程的部分技术数据

被硝化物	主要硝化产物	硝酸比	脱水值	废酸计算浓度(%)	混酸组成		备注
					H_2SO_4(%)	HNO_3(%)	
萘	1-硝基苯	1.07~1.08	1.27	56	27.84	52.28	加 58%废循环酸
苯	硝基苯	1.01~1.05	2.33~2.58	70~72	46~49.5	44~47	连续法
甲苯	邻和对硝基甲苯	1.01~1.05	2.18~2.28	68.5~69.5	56~57.5	26~28	连续法
氯苯	邻和对硝基氯苯	1.02~1.05	2.45~2.80	71~72.5	47~49	44~47	连续法
氯苯	邻和对硝基氯苯	1.02~1.05	2.50	71.4	56	30	间歇法
硝基苯	间-二硝基苯	1.08	7.55	~88	70.04	28.12	间歇法
氯苯	2,4-二硝基氯苯	1.07	4.9	~83	62.88	33.13	连续法

总之,为了保证硝化过程顺利进行,对于每个具体产品都应通过科学实验,寻找适宜的 D. V. S. 值(或 F. N. A. 值)和适宜的酸油比,表 3-9 是某些重要硝化过程所采用的技术数据。

3.4.2 配酸工艺

在配制混酸时应满足以下三个要求:即装有导出热量的冷却装置,一般要求控制温度在 40 ℃以下,以减少硝酸的挥发和分解;安装有效的机械混合装置以及设备的防腐措施。

配制混酸有连续法和间歇法两种。连续法的生产能力大,间歇法的生产能力较低。前者适用于大吨位的生产,后者适用于小批量、多品种的生产。配好的混酸应经分析合格才可使用,否则必须重新补加相应的原料酸以调整组成。

3.4.3 硝化方法

硝化过程有间歇与连续两种方式。连续法有带搅拌器的罐式反应器、管式反应器、泵式循环反应器进行连续硝化。具有小设备、大生产、效率高以及便于实现自动控制等优点。间歇法具有较大的灵活性和适应性,适用于小批量、多品种的生产。

由于生产方式和被硝化物的性质不同,一般有三种加料顺序,正加法、反加法和并加法。

(1) *正加法* 正加法是将混酸逐渐加入到被硝化物中,其优点是反应比较缓和,可避免多硝化,缺点是反应速度较慢,这种加料方式常用于被硝化物是容易硝化的过程。

(2) *反加法* 反加法是将被硝化物逐渐加入到混酸中,其优点是在反应过程中始终保持有过量的混酸与不足量的被硝化物,反应速度快。这种加料方式适用于制备多硝基化合物,或硝化产物是难于进一步硝化的过程。

(3) *并加法* 并加法是指将被硝化物和混酸按一定比例同时加入反应锅中,这种加料方式常用在连续硝化中。

然而,实际上,正加法和反加法的选择并非仅取决于硝化反应的难易。同时还决定于芳烃原料的物理性质和硝化产物的结构等。

生产上常常采用多锅串联的办法来实现连续化,大部分硝化反应是在第一台反应锅中完成的,通常称为“主锅”,小部分尚没有转化的被硝化物,则在其余的锅内继续反应,通常称为“副锅”或“成熟锅”。

多锅串联的优点是可以提高反应速度,减少物料短路,以及在不同锅内分别控制不同的反应温度，从而提高生产能力和产品质量。表 3-10 为氯苯采用三锅串联连续一硝化时的技术数据。

表 3-10　氯苯连续一硝化时各硝化锅的技术数据

名　　称	第一硝化锅	第二硝化锅	第三硝化锅
酸相中 HNO_3(%,质量)	13.4	4.0	2.1
有机相中氯苯(%,质量)	14.4	2.8	0.7
氯苯转化率(%)	80	16	3
反应速度比	26.7	5.3	1

3.4.4　硝化锅

间歇过程的硝化锅通常是用铸铁或钢板制成的，连续硝化设备则常常采用不锈钢材质。浓度低于 68%的硫酸，对铁具有强烈的腐蚀作用，因此要求硝化后废酸的浓度应不低于 68%～70%。硝化时的热量由锅的夹套及安装在锅内的蛇管传出。蛇管的冷却效率比夹套大得多。其传热系数分别为：

夹套　$400 \sim 800\ kJ \cdot m^{-2} \cdot h^{-1} \cdot ℃^{-1}$

蛇管　$2\,100 \sim 2\,560\ kJ \cdot m^{-2} \cdot h^{-1} \cdot ℃^{-1}$

常用的搅拌器有桨式、推进式及涡轮式三种，一般转速都较高，通常为 $100 \sim 400\ r \cdot min^{-1}$。有时也在反应锅中安装导流筒，或利用内层蛇管兼起导流的作用，以增强物料的混合效果。

硝化锅的结构形式很多，图 3-8 是一种间歇硝化锅；图 3-9 是一种连续硝化锅。文献中还报道了 U 形管连续硝化设备和泵式循环连续硝化设备。

3.4.5　硝化产物分离方法

由硝化锅流出的物料沿切线方向进入连续分离器中，利用硝化产物与废酸有较大相对密度差而实现连续分层分离。需要指出，大多数硝基化合物在浓硫酸中有一定的溶解度，而且硫酸浓度越高，溶解度越大。为了降低溶解度，有时在静置分层前可先加入少量水稀释，加水量应考虑设备的耐腐蚀程度、废酸循环或浓缩所需的浓度。例如间-二硝基苯生产中，硝化终点废酸浓度从 88%降至 65%～70%，温度从 90 ℃降至 70 ℃时，间-二硝基苯溶解度从 16%降至 2%～4%左右。在废酸中的硝基物有时也可用有机溶剂萃取回收。例如，用二氯丙烷或 N-503 萃取含有机物的废酸，萃取效率较高。

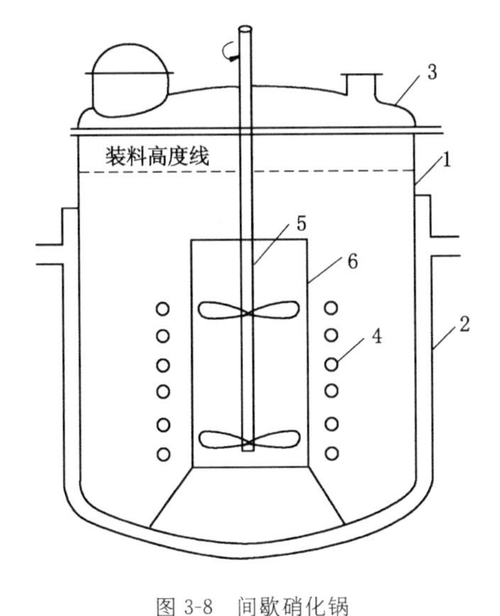

图 3-8 间歇硝化锅

1—锅体； 2—夹套； 3—盖； 4—蛇管
5—轴和搅拌器； 6—导流筒

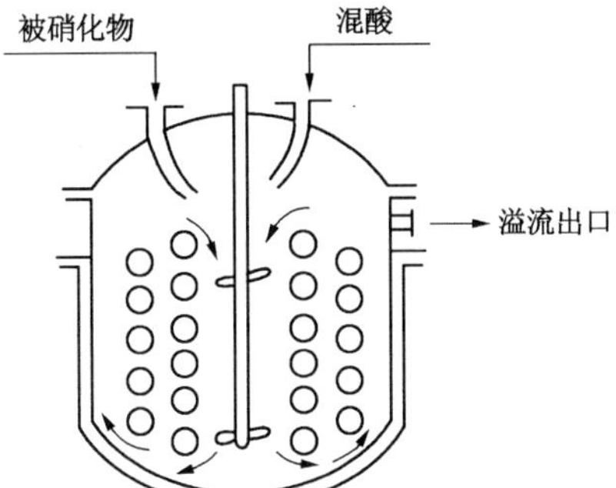

被硝化物
混酸
溢流出口

图 3-9 连续硝化锅

在连续分离器中加入叔辛胺，可以加速硝化物与废酸的分层，叔辛胺的用量为硝化产量(质量)的 0.001 5%～0.002 5%。

分出废酸以后的硝基化合物中，除了仍有少量无机酸外，还常含有一些氧化副产物，主要是酚类。以往常采用水洗、碱洗法除去这些杂质，这些方法的缺点是消耗大量化工原料，并且需对废水进行净化处理。近年来新提出一种“解离萃取法”，它的要点是利用混合磷酸盐的水溶液处理粗硝基物，发生下列反应：

$$ArOH + PO_4^{3-} \rightleftharpoons ArO^- + HPO_4^{2-} \tag{3-47}$$

$$ArOH + HPO_4^{2-} \rightleftharpoons ArO^- + H_2PO_4^- \tag{3-48}$$

使几乎所有的酚离解成盐，也就是使式(3-47)或式(3-48)的平衡反应移向右端，这时酚类即被萃取到水相中。萃取后的水相再用一种对未解离酚具有高亲和力的有机溶剂反萃取(苯或甲基异丁基酮)，使水相中的平衡反应移向左端，重新得到原来的磷酸盐并循环使用。有机溶剂也可以循环使用。本法的优点是不需要消耗化学试剂，缺点是投资费用较高，但总的衡量可能比原来的处理方法较为经济合理。混合磷酸盐的适宜比例是 $Na_2HPO_4 \cdot 2H_2O$ 64.2 g·L^{-1}，$Na_3PO_4 \cdot 12H_2O$ 21.9 g·L^{-1}。

3.4.6 废酸处理

硝化后的废酸其组成是73%～75%硫酸，0.2%硝酸，0.3%亚硝酰硫酸($HNOSO_4$)，硝基物0.2%以下。

所以用蒸浓方法回收废酸前先要进行脱硝，当硫酸浓度低于75%时，只要达到一定温度，硝酸及亚硝酰硫酸很易分解，逸出的氧化氮需用氢氧化钠水溶液进行吸收处理。

$$2NOSO_4H + H_2O \rightleftharpoons 2H_2SO_4 + NO_2\uparrow + NO\uparrow \tag{3-49}$$

$$NOSO_4H + H_2O \rightleftharpoons 2H_2SO_4 + HNO_2$$

$$2HNO_2 \longrightarrow NO\uparrow + NO_2\uparrow + H_2O \tag{3-50}$$

根据不同的硝化产品和所用的硝化方法，处理废酸的方法有下列几种。

将硝化后的废酸用于下一批的硝化生产中，即实行闭路循环利用；

在用芳烃对废酸进行萃取以后，再加以脱硝，然后用锅式或塔式设备蒸发浓缩，使硫酸浓度达到92.5%～95%，此酸再可用于配制混酸；

若废酸浓度只有30%～50%，则通过浸没燃烧，先提浓至60%～70%，再进行浓缩；

通过萃取、吸附或过热蒸汽吹扫等手段，除去废酸中所含的有机杂质，然后再用氨水制成化肥等。

3.4.7 硝化异构产物分离方法

硝化产物常常是异构混合物，其分离提纯方法有化学法和物理法两种。

(1) **化学法** 利用不同异构体在某一反应中的不同化学性质而达到分离的目的。例如，包含在间-二硝基苯中的少量邻位、对位异构体，可通过与亚硫酸钠反应除去，或在相转移催化剂存在下与稀的氢氧化钠水溶液反应去除之(见反应式3-51，3-52)。

邻二硝基苯（或对二硝基苯） $\xrightarrow[NaOH]{Na_2SO_3}$ 邻硝基苯磺酸钠（或对硝基苯磺酸钠） $+ NaNO_2$ (3-51)

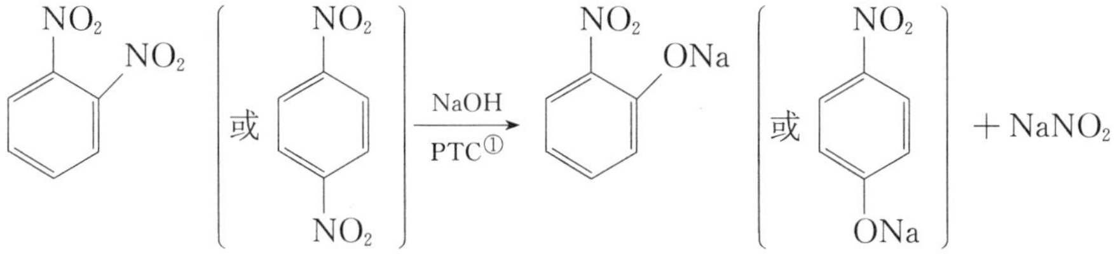

$$\text{NO}_2,\ \text{NO}_2\ \left(\text{或}\ \text{NO}_2,\ \text{NO}_2\right) \xrightarrow[\text{PTC}①]{\text{NaOH}} \text{NO}_2,\ \text{ONa}\ \left(\text{或}\ \text{NO}_2,\ \text{ONa}\right) + \text{NaNO}_2 \tag{3-52}$$

(2) **物理法** 若异构体的熔点、沸点有明显的差别,则常用的分离手段是采用精馏和结晶相配合的方法。例如,氯苯一硝化的产物可采用此法,产物组成和物理性质如表 3-11 所示。

表 3-11 氯苯一硝化产物的组成及物理性质

异构体	组成(%)	凝固点(℃)	沸 点(℃)	
			0.1 MPa	1 kPa
邻 位	33～34	32～33	245.7	119
对 位	65～66	83～84	242.0	113
间 位	1	44	235.6	

近年来随着精馏设备的不断更新,混合硝基氯苯和混合硝基甲苯的分离已可采用精馏法直接完成。

除了上述精馏法外,也可利用异构体在有机溶剂或酸度不同其溶解度不同的性质来实现分离。例如,利用二氯乙烷为溶剂可分离 1, 5-二硝基萘与 1, 8-二硝基萘;利用环丁砜、1-氯萘或二甲苯等溶剂可分离 1, 5-二硝基蒽醌与 1, 8-二硝基蒽醌。

3.4.8 实例

(1) **硝基苯** 硝基苯的主要用途是制取苯胺和聚氨酯泡沫塑料。早期采用的是混酸间歇硝化法,随着对苯胺需求量的迅速增长,20 世纪 60 年代以后,逐渐发展了锅式串联、管式、环式或泵式循环等连续硝化工艺。目前我国广泛采用的是锅式串联工艺,其简要流程如图 3-10 所示。

按图 3-10 所示的苯连续一硝化的配料比例,向 1 号硝化锅中连续加料,1 号硝化锅温度控制在 68 ℃～70 ℃,2 号硝化锅控制在 65 ℃～68 ℃。由 2 号锅流出的物料在连续分离器中自动连续分离成废酸和酸性硝基苯。废酸进入萃取锅

---

① 系英文 Phase Transfer Catalyst 的缩写,即相转移催化剂。

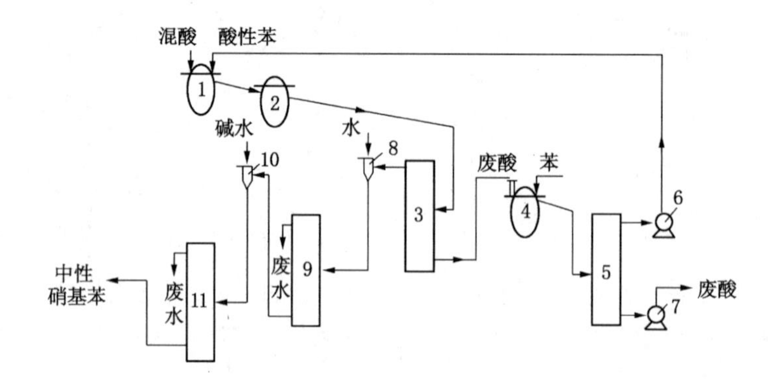

图 3-10　苯连续一硝化流程示意图

1,2—硝化锅;3,5,9,11—分离器;4—萃取锅;6,7—泵;8,10—文丘里管混合器

用新鲜苯连续萃取,萃取后的酸性苯中约含 2%～4%硝基苯,用泵连续送往硝化锅;萃取后的酸性苯中约含 2%～4%硝基苯,用泵连续送往硝化锅;萃取后的废酸被送去浓缩成硫酸再循环使用。酸性硝基苯则经过连续水洗、碱洗和分离等操作,得到中性的硝基苯。

上述工艺过程的主要缺点是产生大量待浓缩的废硫酸和含硝基物的废水,以及对于硝化设备要求具有足够的冷却面积。在大量研究工作的基础上,近年来在国外又发展了绝热硝化法。绝热硝化法的要点是将超过理论量 10%的苯和预热到 90 ℃的混酸(含 HNO_3 5.0%～8.5%、H_2SO_4 60%～70%、$H_2O \geq$ 25%),加到四个串联的硝化锅中,物料的进口温度在 132 ℃～136 ℃。分离出的废酸浓缩成 68% H_2SO_4 循环再用。有机相经洗涤除去夹带的硫酸和微量酚类,蒸出未反应的过量苯,即得到硝基苯。

据报道,绝热硝化法具有如下优点:反应在较高温度下进行,反应速度快;由于采用过量苯,硝酸几乎全部转化,而且副产物少(二硝基苯 $< 5\times10^{-4}$ mg/L);与原来在 65 ℃左右进行硝化所采用的混酸组成相比,本法混酸中的含水量高,酸的浓度低,因此较为安全,不需要冷却系统;可利用反应热浓缩废酸。总之,由于操作费用低、能耗低、设备密闭、废水少、污染少等优点,所以本法被认为是目前最先进的硝基苯生产工艺路线。

此外,制造硝基苯还有以下方法。采用 40%～68% HNO_3 进行苯的硝化,反应后的废硝酸用蒸馏法回收。苯、二氧化氮及氧在 20 ℃～25 ℃用紫外线照射 2 小时,可得到硝基苯。收率为 98%。

(2) **邻、对硝基氯苯**　邻、对硝基氯苯是由氯苯一硝化同时制得的。目前大多采用锅式串联的连续硝化方法,它的工艺过程与苯的连续硝化大体相同,其配料比例见表 3-9。由于对硝基氯苯的用途较邻硝基氯苯大，文献中报道了许多增加对位异构体生成量的硝化方法。例如，使氯苯在离子交换树脂存在下用硝酸硝化；在二氧化硫介质中用三氧化硫硝化等。最近又报道了氯苯、二氧化氮和为水汽所饱和的氮，在 200 ℃通过分子筛催化剂进行硝化的方法。

(3) **二硝基甲苯** 二硝基甲苯是制备甲苯二异氰酸酯的重要中间体。甲苯在两个串联的硝化锅中用混酸连续硝化时，2，4-二硝基甲苯，2，6-二硝基甲苯异构体之比为 4∶1。如果利用邻硝基甲苯为原料进行硝化，则 2，4-二硝基甲苯、2，6-二硝基甲苯异构体之比是 2∶1。在硝化过程中加入一些氨基磺酸或尿素，以除去硝化剂中氮的氧化物，对于减少焦油副产品是有利的。向反应物中加入一定量的磷酸可提高二硝基甲苯的质量。

据报道，向设备中分别连续加入甲苯、二氧化氮和氧，使在 70 ℃～80 ℃和压力下作用 15 分钟，可同时得到二硝基甲苯与高浓度的硝酸。

3.5 用硝酸的硝化过程

在用硝酸进行的硝化反应中，硝酸的浓度起着重要的作用。硝酸中含水量愈少，硝化反应进行得就愈好，伴随着的氧化副反应也就愈少。因此芳香族化合物一般用浓硝酸硝化。芳香族化合物用浓硝酸硝化时，反应生成的水能使硝酸稀释，这会促进氧化副反应的进行。因此必须使用过量的硝酸。例如用 90%左右的硝酸进行对氯甲苯的一硝化时，要用 4 倍量的硝酸；邻二甲苯的二硝化(20 ℃～25 ℃)，则要用 10 倍量的发烟硝酸。而脂肪族化合物的硝化一般采用稀硝酸，因为这种硝化是利用稀硝酸的氧化产生的氧化氮作为硝化剂来进行的。

芳香族化合物在汞或汞盐存在下，用硝酸硝化时，情况有些不同，会产生氧化-硝化反应，此时除硝化反应外，还有氧化成羟基的反应，生成硝基酚或多硝基酚的衍生物。例如由苯可生成 2，4-二硝基苯酚和苦味酸。

3.5.1 用浓硝酸的硝化——1-硝基蒽醌的制备

1-氨基蒽醌是合成蒽醌系各类染料的重要中间体。过去均采用汞盐作催化剂磺化先制得蒽醌-1-磺酸，然后再氨解的合成路线。由于这条路线容易造成汞害，近年来大多已改为硝化路线。埃文斯(Evans)等研究了蒽醌用纯硝酸硝化的反应动力学，指出当蒽醌在大大过量的浓硝酸中进行硝化时是均相反应，得到的反应物组成随时间变化的曲线如图 3-11 所示。

当硝酸中含有水或氧化氮，或者降低硝酸用量时，都会使硝化速度显著下降，但蒽醌 α-位硝化和 β-位硝化的速度常数比 k_1/k_2，以及 α-位硝化和蒽醌二硝化的速度常数比 k_1/k_3 都不变。升高温度可以加快反应速度，但 k_1/k_2 和 k_1/k_2

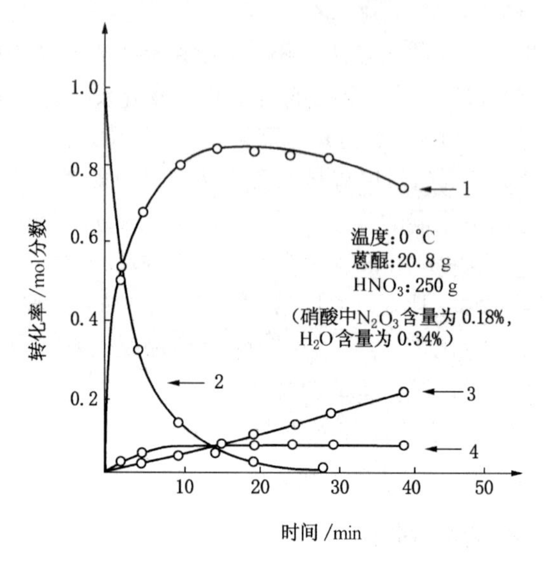

图 3-11　蒽醌用浓硝化时的组成变化图

1—1-硝基蒽醌；2—蒽醌；3—二硝基蒽醌；4—2-硝基蒽醌

都下降。因此低温硝化有利于生成 1-硝基蒽醌。在动力学研究中还发现采用多锅串联或管式反应器，由于减少了返混现象，可以减少二硝化物的生成。

浓硝酸硝化蒽醌制取 1-硝基蒽醌的具体工艺条件是：蒽醌与硝酸(98%)的摩尔比为 1∶15，在 25 ℃以下反应，控制残留的 2%未反应蒽醌作为硝化终点。除了浓硝酸硝化法以外，还可以采用非均相硝化法和溶剂硝化法。

在制备 1-硝基蒽醌时，将同时会生成一定量的 2-硝基蒽醌和二硝基蒽醌(其中主要是 1，5-二硝基蒽醌，1，8-二硝基蒽醌，1，6-二硝基蒽醌，1，7-二硝基蒽醌四种异构体)。一般要用亚硫酸钠溶液处理，使 2-位上的硝基置换成磺基，成为水溶性衍生物。在进行亚硫酸钠处理时，采取同时砂磨或加入部分与水不互溶的有机溶剂是有利的。副产物二硝基蒽醌要在硝基还原成氨基以后，再经精制而除去，详见第 5 章。

3.5.2　用稀硝酸的硝化

稀硝酸硝化只适用于容易被硝化的芳香族化合物。例如某些酰化的芳胺、对苯二酚的醚类、茜素和芘等。用稀硝酸硝化时的溶剂为水，芳烃与稀硝酸的摩尔比为 1∶1.4～1.7，硝酸浓度约为 30%左右。由于稀硝酸对铁有严重的腐蚀作用，必须使用不锈钢或搪瓷锅作硝化反应器。

例如 2，5-二乙氧基-4-氨基-N-苯甲酰苯胺是一种重要的冰染色基(蓝色基

BB)。它的制备包括两步硝化,都是用稀硝酸作硝化剂:

$$p\text{-}C_6H_4(OC_2H_5)_2 + HNO_3 \longrightarrow 2\text{-}NO_2\text{-}1,4\text{-}(OC_2H_5)_2C_6H_3 + H_2O \quad (3\text{-}53)$$

$$2,5\text{-}(OC_2H_5)_2C_6H_3NHCOC_6H_5 + HNO_3 \longrightarrow 4\text{-}O_2N\text{-}2,5\text{-}(OC_2H_5)_2C_6H_2NHCOC_6H_5 + H_2O \quad (3\text{-}54)$$

对二乙氧基苯的硝化是采用 34% HNO_3 在 70 ℃下反应,硝酸与对二乙氧基苯的摩尔比为 1.5∶1。

2, 5-二乙氧基-N-苯甲酰苯胺的硝化是采用 17% HNO_3 在沸腾状况下反应,硝酸与酰化物的摩尔比为 1.9∶1。

3.6 其他引入硝基的方法

3.6.1 磺基的取代硝化

芳香族化合物或杂环化合物上的磺基,用硝酸处理,可被取代成硝基:

$$\text{1-萘酚} \xrightarrow[\triangle]{H_2SO_4} \text{1-羟基-2,4-}(SO_3H)_2\text{萘} \xrightarrow[\triangle]{\text{稀 }HNO_3} \text{1-羟基-2,4-}(NO_2)_2\text{萘} \quad (3\text{-}55)$$

$$\text{吡啶} \xrightarrow{\text{发烟 }H_2SO_4} \text{3-}SO_3H\text{-吡啶} \xrightarrow{HNO_3} \text{3-}NO_2\text{-吡啶} \quad (3\text{-}56)$$

酚或酚醚类是易于氧化的物质,当引入磺基后,由于苯环上的电子云密度下降,硝化时的副反应可以减少,因此这种方法对合成酚类硝基化合物有一定的实

用价值,如由苯酚合成苦味酸:

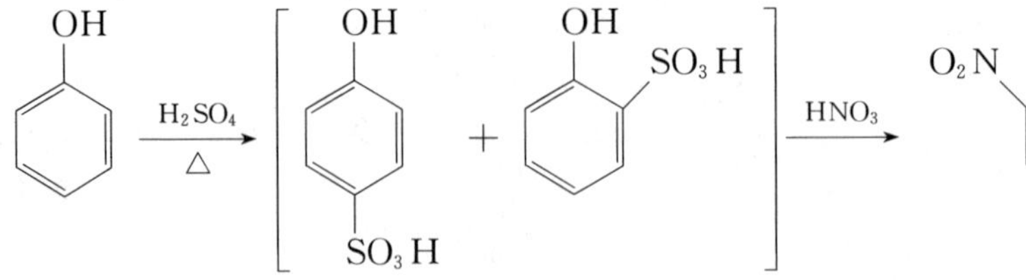

(3-57)

当苯环上同时存在羟基(或烷氧基)和醛基时,若采用先磺化后硝化的方法,则醛基不受影响:

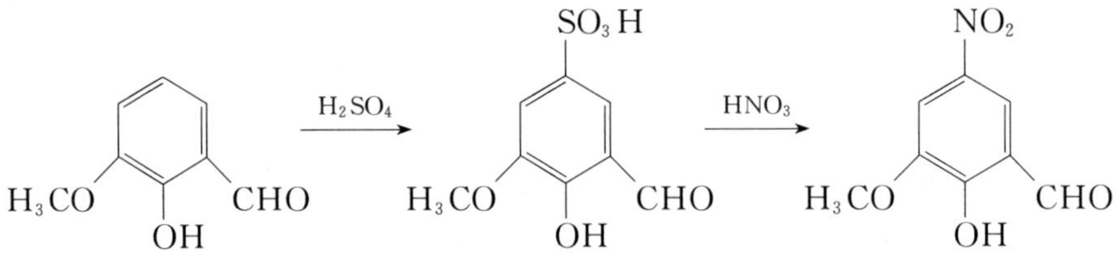

(3-58)

3.6.2 重氮基的取代硝化

芳香族重氮盐用亚硝酸钠处理,即可分解并生成芳香族硝基化合物:

$$Ar\overset{+}{N}_2Cl^- + NaNO_2 \longrightarrow ArNO_2 + N_2\uparrow + NaCl \tag{3-59}$$

本法适用于合成特殊取代位置的硝基化合物。例如邻二硝基苯和对二硝基苯均不能由直接硝化法制得,但它们都可由邻硝基苯胺和对硝基苯胺所形成的重氮盐与亚硝酸钠反应制得。若改用氟硼酸形成的重氮盐在铜粉催化下与亚硝酸钠反应,则可提高硝基化合物的产率。氧化铜或硫酸铜均可作为反应的催化剂。将对硝基苯胺溶于氟硼酸中,在水浴中冷却,慢慢加入亚硝酸钠,即得固体重氮盐。将悬浮于水中的固体重氮盐加到亚硝酸钠水溶液与铜粉的混合物中进行反应,即得对二硝基苯:

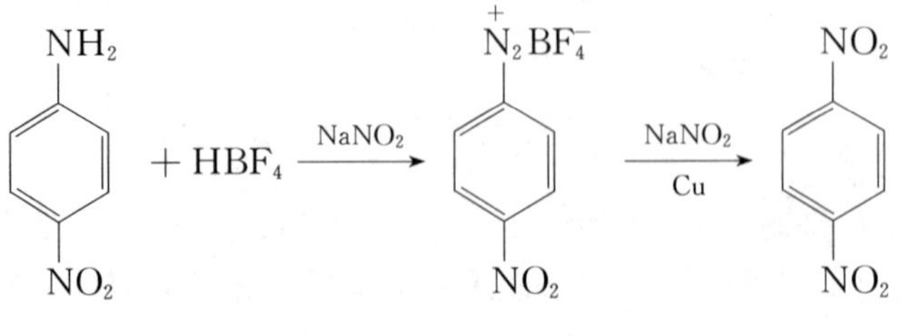

(3-60)

1-氨基-4-硝基萘先用亚硝酸钠及硫酸重氮化，再在硫酸铜及亚硫酸钠催化下与亚硝酸钠反应，即生成 1，4-二硝基萘。

3.7 亚硝化反应

通过生成 C—N 键将亚硝基引入有机化合物中的反应称为亚硝化反应。亚硝基化合物与硝基化合物相比则显示不饱和键的性质，可以再进行缩合、加成、氧化和还原等反应，用以制备各类中间体。

亚硝化反应也是双分子亲电取代反应，亚硝酸在反应中能离解产生亚硝酰离子，向芳环或其他具有电子云密度较大的碳原子进攻，反应过程如下：

$$HNO_2 \rightleftharpoons NO^+ + OH^- \tag{3-61}$$

$$C_6H_5R + NO^+ \rightleftharpoons [R\text{-}C_6H_5(H)(NO)]^+ \longrightarrow p\text{-}R\text{-}C_6H_4\text{-}NO + H^+ \tag{3-62}$$

由于 NO^+ 的亲电能力不如 NO_2^+，所以它主要与苯酚、芳香叔胺、某些 π 电子多余的杂环以及具有活泼氢的脂肪族化合物进行反应。

亚硝化一般均采用亚硝酸盐为试剂，在不同的酸中反应。由于亚硝酸很不稳定，受热或在空气中易分解，所以反应时经常将亚硝酸盐与反应物先混合，或是溶于碱性水溶液中，再在酸中使生成的亚硝酸立即与反应物发生反应。用亚硝酸盐与强酸的亚硝化只能在水溶液中进行，反应物料常为非均相状态。若希望在均相状态进行反应，可采用亚硝酸盐与冰醋酸或亚硝酸酯与有机溶剂作为试剂。

亚硝化的应用范围比硝化要窄得多。通常亚硝酸仅能与活泼的芳香族化合物（如胺类与酚类）发生反应。亚硝酸与芳伯胺反应得到的是重氮盐。亚硝酸与仲胺反应时，生成 N-亚硝基衍生物常比生成 C—亚硝基衍生物更容易。因此向芳环的碳原子上引入亚硝基的反应，常常局限于酚类和芳香叔胺类，而且主要得到它们的对位取代产物：

$$C_6H_5OH + HONO \longrightarrow p\text{-}HO\text{-}C_6H_4\text{-}NO + H_2O \tag{3-63}$$

$$\text{C}_6\text{H}_5\text{NR}_2 + \text{HONO} \longrightarrow p\text{-ON-C}_6\text{H}_4\text{-NR}_2 + H_2O \quad (3\text{-}64)$$

芳香族仲胺进行亚硝化时,通常首先制得的是 N-亚硝基衍生物,而后在酸性介质中发生异构化。这是一个内分子重排反应,它的主要依据是这一转化反应可以在尿素大大过量的情况下进行,称为费歇尔-赫普(Fischer-Hepp)重排:

$$\text{C}_6\text{H}_5\text{-N(R)-NO} \xrightarrow{HCl} p\text{-ON-C}_6\text{H}_4\text{-NH-R} \quad (3\text{-}65)$$

3.7.1　酚类的亚硝化

这类反应通常要在低温下进行,温度如超过规定的限度,不仅使产率下降,并且影响产品质量。比较重要的化合物有对-亚硝基-苯酚和 1-亚硝基-2-萘酚。

使苯酚水溶液于 0 ℃左右在稀硫酸介质中与亚硝酸钠搅拌一段时间,即可得到对亚硝基苯酚的沉淀。它是制备硫化蓝的重要中间体,它是一种互变异构体,既可以以亚硝基化合物的形式存在,也可以以醌肟的形式存在:

$$\text{C}_6\text{H}_5\text{OH} \xrightarrow[-H_2O]{HNO_2} p\text{-HO-C}_6\text{H}_4\text{-N=O} \rightleftharpoons \text{O=C}_6\text{H}_4\text{=N-OH} \xleftarrow[-H_2O]{NH_2OH} \text{O=C}_6\text{H}_4\text{=O} \quad (3\text{-}66)$$

将稀硫酸在低温下慢慢加入到 2-萘酚和含等摩尔亚硝酸钠的水溶液中,并搅拌数小时,即得到 1-亚硝基-2-萘酚。它是制备 1-氨基-2-萘酚-4-磺酸的中间产物,后者是制备含金属偶氮染料的重要中间体:

$$\text{2-萘酚(OH)} + \text{HONO} \longrightarrow \text{1-亚硝基-2-萘酚(NO, OH)} + H_2O \quad (3\text{-}67)$$

3.7.2 仲胺及叔胺的亚硝化

游离的芳胺亚硝基衍生物是呈双极性离子存在的，因此可以与酸或碱作用生成盐：

$$\text{H(R)}\overset{+}{N}{=}C_6H_4{=}NO^- \begin{cases} \xrightarrow{H^+} \text{H(R)}\overset{+}{N}{=}C_6H_4{=}N{-}OH \\ \xrightarrow{OH^-} RN{=}C_6H_4{=}NO^- + H_2O \end{cases} \tag{3-68}$$

对亚硝基二苯胺是制备安安蓝类染料的中间体，它是通过二苯胺的 N-亚硝基化合物重排而制得的：

$$C_6H_5{-}NH{-}C_6H_5 \xrightarrow[-H_2O]{HNO_2} C_6H_5{-}N(NO){-}C_6H_5$$

$$\xrightarrow{HCl} C_6H_5{-}NH{-}C_6H_4{-}NO \tag{3-69}$$

将亚硝酸钠与硫酸水溶液作用于已溶在三氯甲烷中的二苯胺，而后向三氯甲烷层中加入甲醇盐酸，使其发生重排反应，即可得到对亚硝基二苯胺。

对-亚硝基-N, N-二甲基苯胺是制备甲基蓝的中间体：

$$C_6H_5N(CH_3)_2 + NaNO_2 + 2HCl \longrightarrow ON{-}C_6H_4{-}N(CH_3)_2 \cdot HCl + H_2O + NaCl \tag{3-70}$$

N, N-二甲基苯胺盐酸盐溶液在 0 ℃与微过量的亚硝酸钠溶液搅拌数小时，即可得到对-亚硝基-N, N-二甲基苯胺盐酸盐。

4 卤化反应

向有机物分子中引入卤素的反应称为卤化反应。因氯衍生物的制备最经济，所以氯化在工业上大量应用；溴化、碘化的应用较少；由于氟具有太高的活泼性，一般要用间接的方法来获得氟衍生物。

卤化的目的为：制备卤素衍生物，它们是染料、农药、香料、药物的重要中间体（如氯苯、四氯苯酞等）；某些精细化工产品中引入卤素，可改进性能，例如含氟氯嘧啶活性基的活性染料，具有优异的染色性能；铜酞菁分子中引入不同氯、溴原子，可制备不同黄光绿色调的颜料；有机物分子中引入卤素，由于分子极性增加，可通过卤素的转换制备含有其他取代基的衍生物，如卤素置换成羟基、氨基、烷氧基等。

最广泛使用的卤化剂是卤素（氯、溴、碘）、盐酸和氧化剂（空气中的氧、次氯酸钠、氯酸钠等）、金属和非金属的卤化物（如三氯化铁、五氯化磷等）。其中二氯硫酰（SO_2Cl_2）是在芳香族化合物中引入氯的高活性反应剂，二氯硫酰、氯化硫、三氯化铝相混合为高氯化剂，也有用光气、卤胺（如 RNHCl）、卤酰胺（如 RSO_2NHCl）等。

芳烃与卤素的反应，按反应条件不同，有取代卤化（核上取代、侧链取代），加成卤化和卤素置换已有取代基（羟基、磺基、硝基、重氮基）等三种途径。

4.1 芳环上的取代氯化

芳环上的取代氯化是在催化剂存在下，芳环上的氢原子被氯原子取代的过程。早在 19 世纪 30 年代，它已属于实验室常用的一类反应了；芳环上的取代氯化反应常常是在生成单氯化物时，也生成一些多氯取代产物，具有连串反应的特点，它是合成芳烃氯衍生物的重要过程。

4.1.1 反应理论

(1) 催化剂存在下氯气的氯化　黑暗中纯苯与氯在略高的温度下不反应，但在路易斯酸（如金属卤化物三氯化铁、三氯化铝、二氯化锰、二氯化锌、四氯化锡、四氯化钛等）存在下，可实现环上取代氯化。

根据苯和卤素能形成 π 络合物、苯和苯-D_6 的氯化反应具有相同速度的事实，提出氯化反应历程可能是催化剂如三氯化铁使氯分子极化，氯分子离解成亲电试剂氯正离子：

$$Cl_2 + FeCl_3 \rightleftharpoons [Cl^+ \ FeCl_4^-] \tag{4-1}$$

生成的氯正离子再对芳环发生亲电进攻，生成 σ 络合物，然后脱去质子，得到环上取代氯化产物：

$$C_6H_6 + [Cl^+ FeCl_4^-] \underset{}{\overset{慢 \ k_1}{\rightleftharpoons}} [C_6H_6Cl]^+ + FeCl_4^-$$

$$\xrightarrow{快 \ k_2} C_6H_5Cl + HCl + FeCl_3 \tag{4-2}$$

芳环的取代氯化的催化剂还可用硫酸或碘，这些催化剂也能使氯分子转化为氯正离子：

$$H_2SO_4 \rightleftharpoons H^+ + HSO_4^- \tag{4-3}$$

$$H^+ + Cl_2 \rightleftharpoons HCl + Cl^+ \tag{4-4}$$

$$I_2 + Cl_2 \rightleftharpoons 2ICl \tag{4-5}$$

$$ICl \rightleftharpoons I^+ + Cl^- \tag{4-6}$$

$$I^+ + Cl_2 \rightleftharpoons ICl + Cl^+ \tag{4-7}$$

二氯硫酰也能提供氯正离子而具有催化作用：

$$SO_2Cl_2 \rightleftharpoons ClSO_2^- + Cl^+$$
$$ClSO_2^- \rightleftharpoons Cl^- + SO_2 \uparrow \tag{4-8}$$

苯环上的取代氯化为一连串反应，其反应式为：

$$C_6H_6 + Cl_2 \underset{v_1}{\xrightarrow{k_1}} C_6H_5Cl + HCl \tag{4-9}$$

$$C_6H_5Cl + Cl_2 \underset{v_2}{\xrightarrow{k_2}} C_6H_4Cl_2 + HCl \tag{4-10}$$

$$C_6H_4Cl_2 + Cl_2 \underset{v_3}{\xrightarrow{k_3}} C_6H_3Cl_3 + HCl \tag{4-11}$$

根据研究得知，一氯化及二氯化反应速度常数 k_1 和 k_2 随温度而变化，在室温下，k_1 比 k_2 约大 10 倍；由于 k_3 远小于 k_1 和 k_2，所以在氯化反应前期，连串反应中三氯苯生成极少，可忽略式(4-11)。

苯氯化的动力学方程式可用下式表示：

$$v = k[C_6H_6][Cl_2]^n \quad n = 1 \sim 2 \tag{4-12}$$

麦克默林(McMullin)曾对苯的氯化过程进行了数学分析，如考虑连串反应仅生成一氯苯及二氯苯，并以 A 代表苯，B 是氯气，C 是一氯苯，D 是二氯苯，E 是 HCl，可把反应式改写如下：

$$A + B \longrightarrow C + E \tag{4-13}$$

$$C + B \longrightarrow D + E \tag{4-14}$$

则间歇式或柱塞流式氯化反应的动力学速度方程式为：

$$\frac{dc_A}{dt} = -k_1 c_A c_B \tag{4-15}$$

$$\frac{dc_C}{dt} = k_1 c_A c_B - k_2 c_C c_B \tag{4-16}$$

$$\frac{dc_D}{dt} = k_2 c_C c_B \tag{4-17}$$

由上述式子中消去时间变量并进行数学积分处理；当 $c_A = c_{A_0}$ 时，应用 $c_C = 0$、$c_D = 0$ 的条件；并定义 $K = k_2/k_1 \neq 1$，则可得：

$$\frac{c_C}{c_{A_0}} = \frac{1}{K-1}\left[\frac{c_A}{c_{A_0}} - \left(\frac{c_A}{c_{A_0}}\right)^K\right] \tag{4-18}$$

$$\frac{c_D}{c_{A_0}} = \frac{K}{1-K}\left[\frac{c_A}{c_{A_0}} - \frac{1}{K}\left(\frac{c_A}{c_{A_0}}\right)^K + \frac{1-K}{K}\right] \tag{4-19}$$

假设反应时氯气连续地通入反应器，其浓度可视为恒定，反应液的密度和体积也保持不变。如当苯氯化的转化率为 50%，则计算可得：

一氯苯生成量 $\quad \frac{c_C}{c_{A_0}} = \frac{1}{0.1-1}(0.5 - 0.5^{0.1}) = 0.4811\ \text{mol}$

二氯苯生成量 $\quad \frac{c_D}{c_{A_0}} = \frac{0.1}{1-0.1}\left(0.5 - \frac{1}{0.1}0.5^{0.1} + \frac{1-0.1}{0.1}\right)$

$\quad = 0.0189\ \text{mol}$

假设氯气全部参加反应，没有损失，则可由一氯苯及二氯苯的生成量再计算氯气

消耗量,如转化率为 50%时,

$$氯气消耗量 = 0.4811 + 2 \times 0.0189 = 0.5189 \text{ mol}$$

间歇式或柱塞流式苯氯化反应在不同转化率时,反应物中一氯苯、二氯苯的生成量和氯气消耗量的计算值汇总于表 4-1 中,并可绘制相应的产物组成变化曲线,该理论曲线与实验测定密切相符,如图 4-1,计算均以每摩尔苯原料为基准。从图 4-1 可以看到:在反应最初阶段,氯苯的浓度逐渐增加,在苯的转化率达 20%左右时,氯苯开始与氯气作用生成二氯苯,二氯化的速度随着苯中氯苯浓度的增加而明显加快;如氯苯是目的产物,可以控制氯化反应深度停留在较浅的阶段,二氯苯的生成量很少,氯苯的选择性较好;而且在氯化深度为 1.07 左右时,氯苯生成量达到极大值。

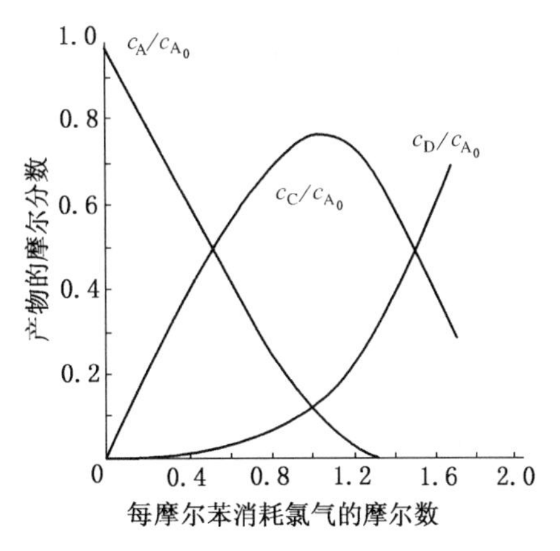

图 4-1 苯氯化时产物的分配图

表 4-1 氯化反应转化率与产物组成

转化率(%)	一氯苯生成量(mol)	二氯苯生成量(mol)	氯气消耗量(mol)
1	0.0099	0	0.0099
5	0.0499	0.0001	0.0501
10	0.0995	0.0005	0.1005
20	0.1977	0.0023	0.2023
50	0.4811	0.0189	0.5189
80	0.7237	0.0763	0.8763
90	0.7715	0.1285	1.0285
99.9256*	0.7743	0.1483	1.0709
99.99	0.6900	0.3000	1.2900
99.999	0.5558	0.4432	1.4422
99.9999	0.4422	0.5577	1.5576

* 一氯苯生成量(极大值)

(2) **酸催化的次氯酸的氯化** 次卤酸不易离解成卤素正离子 X^+,而是一种比分子态卤素更不活泼的卤化剂;但在强酸存在下,可使芳烃卤化;采用该卤化剂,可使反应在水介质中进行,对合成有实际意义。

酸催化下用次氯酸氯化反应的历程可表示如下：

$$\mathrm{HOCl} \underset{\text{快}}{\overset{H^+}{\rightleftharpoons}} \mathrm{H_2O^+\,Cl} \overset{-H_2O}{\rightleftharpoons} \mathrm{Cl^+} \overset{ArH}{\rightleftharpoons} \left(\mathrm{Ar}\langle^{H}_{Cl} \right)^+ \underset{\text{快}}{\overset{-H^+}{\longrightarrow}} \mathrm{ArCl} \tag{4-20}$$

因此，在酸催化下，HOCl 成为非常强的卤化剂是由于生成高度极化的络合物 H_2O^+Cl，Cl^+ 是氯化反应的反应剂。带正电荷的中间络合物的存在，可以从反应不显示氢同位素效应而得到证明。

用次氯酸氯化的动力学形式可表示为：

$$\frac{-\mathrm{d}[\mathrm{HOCl}]}{\mathrm{d}t} = k[\mathrm{ArH}][\mathrm{HOCl}]f[\mathrm{H^+}] \tag{4-21}$$

在酸度超过 1 mol · L^{-1}时，反应速度随酸度的增大而迅速加快，许多烃在二噁烷作溶剂时的反应动力学证明了这点，并发现氯化银能进一步催化这类反应。但对于高活泼的化合物如苯酞，反应速度与芳烃无关：

$$v = k[\mathrm{HOCl}][\mathrm{H^+}] \tag{4-22}$$

用酸催化的次氯酸氯化的最大特点是具有较小的空间阻碍，这可用下面结构的分速因数得到说明，采用酸催化的次氯酸产生的“正性氯”（“Positive chlorine”）氯化时，邻位与对位分速因数之比大于 1（为 1.63）；在乙酸中用分子氯氯化时，邻位与对位分速因数之比小于 1（为 0.75）。

CH3 134 4 82

在水中用“正性氯”氯化

CH3 617 5 820

在乙酸中用分子氯氯化

（3）*芳香氯化物的异构化*　苯的直接氯化法不能获得间-二氯苯或 1,3,5-三氯苯，萘氯化仅得 10% 的 β-氯萘，然而，它们都可以由异构化方法获得。在催化剂三氯化铝和氯化氢存在下，邻、对二氯苯混合物经 160 ℃ 加热，能生成含有 54% 间二氯苯、16% 邻二氯苯和 30% 对二氯苯的平衡混合物，该组成与从热力学数据理论计算的结果相近；三氯化铝的活性以加入铬、锌、钛、镁的氧化物或硫酸镁而提高，氯化铝、氧化铝、硫酸镁比例为 4∶1∶1 的混合物证明是最好的活性催化剂之一。

卤素衍生物的异构化历程已研究确立，在氯苯-1-^{14}C 存在下或用 $Al^{36}Cl_3$ 作催化剂进行邻二氯苯的异构化时，得到了实际上没有同位素标记的异构化产物，因此异构化反应是分子内氯原子的位移反应。在氢质子存在下,首先进行了质子化,生成的苯正离子内部连续地进行 1,2-位移,芳环上氯原子转移的键未失去,邻二氯苯异构化为间-二氯苯由下式表示:

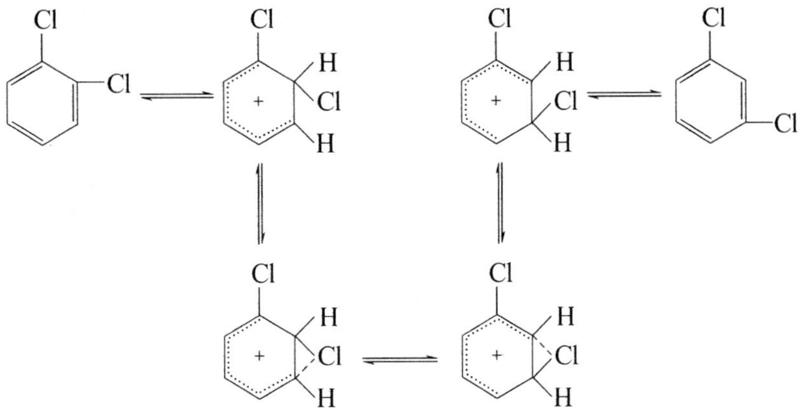

(4-23)

4.1.2 影响因素

(1) 氯化深度 由动力学研究可知,环上取代氯化为一连串反应,由于氯苯的用途比二氯苯大,因此反应深度的控制具有实际意义。氯化深度可用参加氯化反应的原料的百分数来表示,为了减少多氯产物的产率,可以依靠降低氯化反应的深度,也就是说,让更多的苯不参加反应。但剩余的苯愈多,则从反应混合物中回收的苯量将愈多,操作费用及损耗将增大,设备生产能力亦将下降,因此要慎重选择反应深度,并按实际需要进行调节。

不同的氯化液组成有各自的相对密度,可由测定出口处氯化液相对密度来控制氯化深度。表 4-2 是采用沸腾氯化法的生产数据。

表 4-2 氯化液比重与产物组成的关系

氯化液相对密度(15 ℃)	氯化液组成(%,质量)			$\frac{氯苯}{二氯苯}$(质量比)
	苯	氯苯	二氯苯	
0.941 7	69.36	30.51	0.13	235
0.952 9	63.16	36.49	0.35	104

(2) 操作方式 苯的氯化有间歇法和连续法,间歇法是往反应器中加入苯,然后通入氯气,直到反应物中苯、氯苯和多氯苯的比率达到规定数值为止;连续法生产时,氯气和苯连续地进入反应器,并自反应器连续地流出达到规定成分的

反应产物,连续法又有单级塔式、多级槽式之分。多级槽式连续是在每一级氯化器中都通入新鲜的氯气。在同样条件下,三种操作方式所得氯化液组成见表 4-3。

表 4-3 不同氯化方式对产物组成的影响

氯化方式	未反应苯(%,质量)	氯苯(%)	二氯苯(%)	$\frac{氯苯}{二氯苯}$(质量比)
间歇	63.2	35.2～35.4	1.4～1.6	22～25
多级槽式连续	63.2	34.4	2.4	14.3
单级塔式连续(沸腾)	63～66	32.9～35.6	1.1～1.4	25～30

由表看出:当三者氯化深度大致相同时,多级槽式连续氯化生成的氯苯/二氯苯值最小。连续过程与间歇过程的主要不同点是反应产物可能返回到反应区。在间歇氯化时,反应开始时氯和纯苯接触;在槽式连续氯化时,已生成的氯苯会返回到反应区,此时进入反应器的氯将不单是和纯苯接触,而是和苯-氯苯混合物接触,这是造成多氯苯含量增高的原因。这种已反应好的产物由于相对密度差又返回到反应区中的现象称返混。在连续化生产中,减少返混现象常是所有连串反应,特别是当连串反应的两个反应速度常数 k_1 与 k_2 相差不大,而又希望得到较多的一取代衍生物时带有普遍性的问题。为了减轻或消除反应物的返混,可以采用塔式连续氯化,苯和氯气都以足够的流速由塔的底部进入,物料便可保持柱塞流通过反应塔,氯化生成的氯苯,即使相对密度较大也不会下降到反应区下部,从而有效地克服返混现象,可以保证在塔的下部氯气与纯苯接触。

(3) 介质　氯化反应常常是在有机物处于液相状态进行的,若有机原料在反应温度下已是液体(如苯、甲苯、硝基苯等),一般不需使用溶剂;若有机原料为固体,则需根据物料的性质、反应的难易,选择合适的介质。

(A) 水　如果被氯化物和氯化产物都是固体,而且氯化反应比较容易进行,常常是把被氯化物以很细的颗粒悬浮分散在水介质中,在盐酸或硫酸存在下氯化,例如对硝基苯胺的氯化。

(B) 无机溶剂　常用的无机溶剂是硫酸,例如蒽醌在浓硫酸介质中可直接氯化制 1,4,5,8-四氯蒽醌。

(C) 有机溶剂　某些有机物的氯化是在有机溶剂中进行的,所选用的有机溶剂应是更难氯化的物质,例如萘的氯化可采用氯苯作溶剂,水杨酸的氯化可采用乙酸作溶剂。溶剂的极性变化对芳香化合物氯化速度有一定的影响,如苯胺在水-醋酸系统中氯化时,随着水含量的增加,氯化速度增加。

(4) **原料纯度** 苯的纯度对氯化过程有重大意义,最有害的是苯中所含的硫化物,噻吩能与三氯化铁生成不溶于苯的黑色沉淀,这种物质会包住铁催化剂表面,阻碍氯化过程的进行;此外,噻吩在反应中生成的氯化物能在氯化液的精馏过程中分解出氯化氢,造成对设备的腐蚀。

在三氯化铁或其他金属卤化物存在下的氯化反应为一均相催化反应,因催化剂能溶解于芳烃中。氯化时,苯中的水分会与反应生成的氯化氢形成盐酸,而三氯化铁在盐酸中的溶解度比在苯中的大得多,因而会使催化剂离开反应区,导致氯化反应速度变慢;当苯中含有0.2%水分时,苯中所含三氯化铁被提取入盐酸层,氯化反应就不再进行,苯中三氯化铁的最低浓度是0.01%;此外,溶于水中的氯化氢还能使设备剧烈腐蚀。苯中的水分可采用恒沸蒸馏或干燥剂(氯化钙、固碱、粗盐)除去。

4.1.3 苯系环上取代氯化

(1) **苯的氯化** 苯氯化可制得氯苯和二氯苯等。氯苯为合成染料、农药、药物的重要中间体,又常作溶剂使用。

苯氯化时,二氯化反应速度常数 k_2 与一氯化反应速度常数 k_1 之比为 K 值,在25 ℃时为0.118;随着温度的增加,K 值增大,所以较低的反应温度可减少二氯化物的生成,因此早期的氯苯生产采用低温(35 ℃~40 ℃)氯化法。氯化反应是放热反应:

$$C_6H_6 + Cl_2 \longrightarrow C_6H_5Cl + HCl$$

$$\Delta H = -131.5\ \mathrm{kJ \cdot mol^{-1}} \quad (4\text{-}24)$$

$$C_6H_5Cl + Cl_2 \longrightarrow C_6H_4Cl_2 + HCl$$

$$\Delta H = -124.4\ \mathrm{kJ \cdot mol^{-1}} \quad (4\text{-}25)$$

$$C_6H_6Cl_2 + Cl_2 \longrightarrow C_6H_3Cl_3 + HCl$$

$$\Delta H = -122.7\ \mathrm{kJ \cdot mol^{-1}} \quad (4\text{-}26)$$

因此,氯化过程的强化受到冷却效率的限制,后来,将氯化温度提高至约80 ℃,即在苯的沸腾情况下进行氯化,利用苯的汽化来移除反应热,此法称为沸腾氯化法,这是现代合成氯苯工业方法的主要特征,其设备生产能力为间歇式的100倍,由于减少了返混现象,二氯苯的生成量并未显著增多。

沸腾氯化器如图4-2所示,设备内衬耐酸砖以加强防腐,为保证反应物料一定的停留时间及线速度,要选用径高比小的塔式反应器,塔底装有炉条,供放置

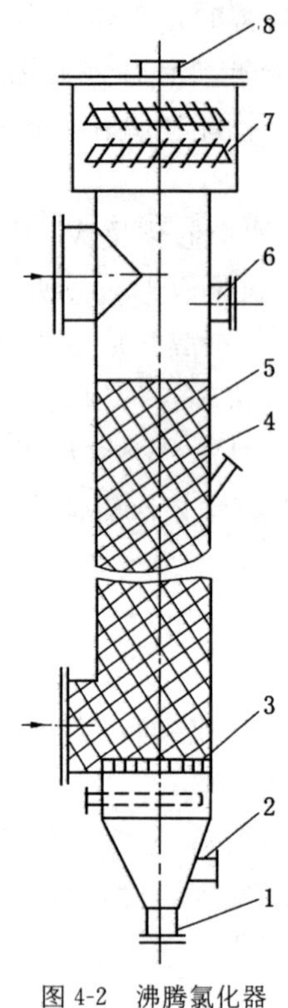

图 4-2 沸腾氯化器

1—酸水排放口；2—苯及氯气入口；3—炉条；4—填料铁圈；5—钢壳衬耐酸砖；6—氯化液出口；7—挡板；8—气体出口

铁环催化剂，塔顶的两层导流挡板能促进气液分离。

苯连续氯化流程见图 4-3。将经过干燥的苯及氯气按规定的流量由氯化器底部进料，部分氯气与铁环反应生成三氯化铁并溶于苯中。氯化过程中温度控制在 75 ℃～80 ℃，控制出口氯化液 15 ℃ 的相对密度为 0.935～0.950。氯化产物的质量组成大致为氯苯 25%～30%，苯 66%～74%，多氯苯<1%。经水洗、中和、精馏，蒸出的苯可循环使用，除产品氯苯外，得到的混合二氯苯还可进一步分离。反应器顶部逸出的苯蒸汽和氯化氢气体，经冷凝回收苯，再以水吸收得到副产品盐酸。

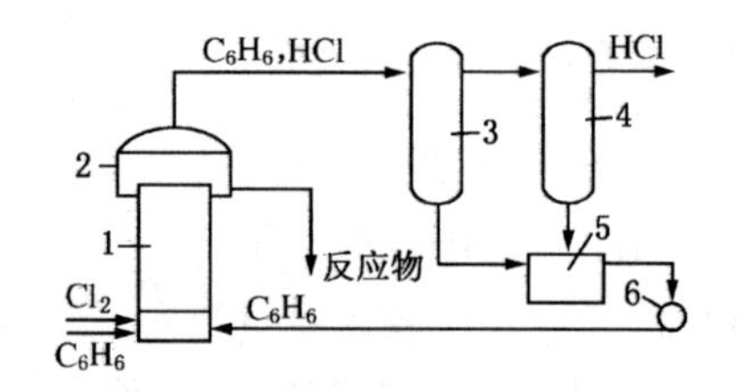

图 4-3 苯连续氯化流程示意图

1—氯化器；2—离析扩大区；3,4—冷却器；5—苯贮槽；6—泵

在苯的氯化中，随着氯化深度的变化，可获得不同组成的产物，而反应条件和催化剂性质的不同，也引起氯化产物组成的变化。实验证明：提高温度有利于第二个氯原子进入邻位、间位；低温和助催化剂的存在有利于第二个氯原子进入对位。表 4-4 表示了催化剂性质对二氯苯中邻、对位异构体比例的影响。

表 4-4 催化剂对邻、对二氯苯比例的影响

催化剂	$MnCl_2+H_2O$	$SbCl_5$	$AlCl_3$-$SnCl_4$
对位/邻位	1.03	1.5	2.21
催化剂	$AlCl_3$-$TiCl_4$	$FeCl_3$-二乙基醚	$TiCl_4$（氯化剂为 $FeCl_3$）
对位/邻位	2.25	2.38	20～30

（2）**甲苯的氯化** 在常压、中等温度及催化剂存在下，甲苯与氯气反应生成邻氯甲苯和对氯甲苯，改变催化剂性质能改变邻、对位异构体比例，见表 4-5。

表 4-5 催化剂对甲苯氯化产物组成的影响

催化剂	邻位/对位	二氯甲苯含量(%)	甲苯转化率(%)
$TiCl_4$, $SnCl_4$, WCl_6, $ZrCl_4$	3.3	1.5	~99
$FeCl_3$	1.9	4.5	~75
$SbCl_3$	1.6		
$AlCl_3$-KCl	1.5	<1	~16
$FeCl_3$-S_2Cl_2	1.1	1.0	~99
PtO_2	0.89	2	~96

由于邻氯甲苯和对氯甲苯的沸点相近,不易用精馏法制得纯净的邻氯甲苯或对氯甲苯,因此过去常用甲苯胺为原料经重氮化再与氯化亚铜进行氯化而得;近年来已成功地采用分子筛分离来得到纯的邻氯甲苯或对氯甲苯。

邻氯甲苯用于生产邻氯苯甲醛或邻氯苯甲酸;对氯甲苯用于获得对氯苯甲醛、对氯三氯甲基苯或对氯苯甲酸等,由于对氯甲苯的用途比邻位大,近年来的研究重点是如何提高对位体含量。

(3) *苯酚类的氯化* 苯酚在无催化剂存在下,能以很高的速度进行氯化,这是因为酚负离子引起分子中某些碳原子具有较高的负电荷:

$$^{-}\ddot{O}-C_6H_5 \xrightarrow{+Cl_2} O=C_6H_4^{-}\cdots H^{+}\cdots Cl^{\delta-}-Cl^{\delta+}$$

$$\xrightarrow{-Cl^{-}} \left[O=C_6H_4 \lt^{Cl}_{H} \right] \longrightarrow HO-C_6H_4-Cl \tag{4-27}$$

苯酚用次氯酸钠氯化可得相当纯的邻氯酚;酚水溶液与氯作用可得 2,4-二氯酚;用氯化硫酰氯化(40 ℃),得到以对氯酚为主的邻氯酚及对氯酚混合物;在碱性水溶液中氯化,得 2,4,6-三氯酚。2,4,6-三氯酚溶于硫酸和氯磺酸中,经深度氯化可得 2,3,5,6-四氯-1,4-苯醌:

$$\text{2,4,6-三氯酚} \longrightarrow \text{2,3,4,4,5,6-六氯环己-2,5-二烯酮} \longrightarrow \text{2,3,5,6-四氯-1,4-苯醌} \tag{4-28}$$

芳烃氯化可在盐酸存在下，以铜盐作催化剂，通入氧化剂(空气或氯)的条件下完成，反应经生成正离子自由基的过程：

$$ArH + 2CuCl_2 \longrightarrow ArCl + HCl + 2CuCl \tag{4-29}$$

$$ArH \xrightarrow[-Cl^-,\ -CuCl]{+CuCl_2} Ar\dot{H}^+ \xrightarrow[-CuCl,\ -H^+]{CuCl_2} ArCl \tag{4-30}$$

含有供电子基的化合物如酚类，采用上法制备单氯衍生物具有工业意义，它们与二氯化铜在盐酸水溶液中作用，可达到很好的收率。

(4) *硝基苯胺的氯化* 胺类的硝基化合物通常可在酸性水溶液中顺利地进行氯化，而不需要预先保护氨基。例如对硝基苯胺可在酸性介质中通氯或用次氯酸钠进行氯化，制得邻氯对硝基苯胺；又如在对硝基苯胺的盐酸悬浮液中，加入氯酸钠可制得 2,6-二氯-4-硝基苯胺。

4.1.4 萘系和蒽醌系环上取代氯化

萘的氯化既有平行反应又有连串反应，一氯化时可生成 1-氯萘和 2-氯萘两种异构体，二氯化时最多可得到十种异构体，如在三氯化铁作催化剂时，可得 75％的单氯萘和 13％的多氯萘，单氯萘中含 90％～94％1-氯萘，6％～10％2-氯萘。萘的氯化反应动力学与苯十分相似，也出现 1-氯萘的最大值。

萘的氯化比苯容易，可在溶剂中或萘熔融下进行氯化，萘在 160 ℃通氯进行氯化，分子中可引入 3～4 个氯原子，200 ℃时可生成八氯萘。深度氯化所获得的多氯萘混合物，因具有高介电常数，可用作电子工业中的绝缘材料，也可用于纺织物的表面涂层，使其具有防火性能。

蒽醌的氯化也是一个平行-连串反应，得到多种异构体的混合物。据文献报导，蒽醌在浓硫酸中于 100 ℃氯化，使用不同的催化剂，可改变 α 位和 β 位氯化异构体比例。当用碘作催化剂时，环上 α 位的活泼性大约比 β 位高 5 倍；改用醋酸钯作催化剂，反应速度虽较慢，但 α 位的活泼性将比 β 位约高 10 倍；如不用催化剂时，不仅氯化速度慢，而且 α 位的活泼性比 β 位只高 4 倍。此外还发现，随着蒽醌环上氯取代数目的增多，反应活泼性出现不同程度的增大。1-氯蒽醌的氯化速度为蒽醌氯化速度的 2.1 倍，显然这一结论与苯系的氯化速度是相矛盾的，但与蒽醌、1-氯蒽醌各位的定域能数据相一致，见表 4-6。

以蒽醌肟在醋酸钯存在下进行氯化，氯化反应趋向于停止在一氯化阶段，产物再经水解可得 1-氯蒽醌；无催化剂存在时则得 β-氯蒽醌：

表 4-6 蒽醌及 1-氯蒽醌各位的定域能(单位 β)

名称	定域位置						
	2	3	4	5	6	7	8
蒽醌	2.613 8		2.585 6				
1-氯蒽醌	2.541 0	2.620 2	2.535 6	2.584 0	2.769 8	2.613 8	2.580 0

$$\text{蒽醌} \xrightarrow{NH_2OH} \text{蒽醌单肟(HON=)} \xrightarrow[Pd(CH_3COO)_2]{Cl_2} \text{1-氯蒽醌肟(HON, Cl)} \xrightarrow{HCl} \text{1-氯蒽醌} \quad (4\text{-}31)$$

1,4,5,8-四氯蒽醌为还原染料的重要中间体,过去采用蒽醌磺化、氯化的路线。采用蒽醌直接氯化法可制得 1,4,5,8-四氯蒽醌,其过程为:蒽醌先溶于浓硫酸中,再加入 0.5%～4%的碘催化剂,在 100 ℃通氯直到含氯量为 36.5%～37.5%为止。粗品还要用浓硫酸或溶剂精制,收率仅达 40%。

4.2 芳烃的侧链氯化

甲苯在光的照射下,又没有能使环上取代反应的催化剂存在时,与氯的反应只发生在侧链上,随着氯化反应深度的增加,可以得到各种不同的侧链氯化产物:

$$C_6H_5CH_3 \xrightarrow[\text{光}]{Cl_2} C_6H_5CH_2Cl \xrightarrow[\text{光}]{Cl_2} C_6H_5CHCl_2 \xrightarrow[\text{光}]{Cl_2} C_6H_5CCl_3 \quad (4\text{-}32)$$

甲苯侧链氯化产物是合成染料、药物、香料的重要中间体。例如苯氯甲烷可作为引入苄基($C_6H_5CH_2$—)的反应剂,也可转化成苯甲醇;苯二氯甲烷可制备苯甲醛;苯三氯甲烷可制备苯甲酰氯,通过氯被氟取代,可使三氯甲基转化为三氟甲基,三氟甲基苯是除莠剂的中间体。

4.2.1 反应理论

(1) *反应历程* 侧链氯化为典型的自由基反应,其历程包括了链引发、链增长、链终止三个阶段。

(A) 链引发　在光照、高温或引发剂作用下，氯分子均裂为自由基的过程称为链引发。

$$Cl_2 \xrightleftharpoons{\text{光、高温、引发剂}} 2Cl \cdot \tag{4-33}$$

氯分子的光化离解能是 250 kJ · mol^{-1}。鲍恩(Bowen)从理论上阐明了使氯分子产生光化离解的最大波长不能超过 478.5 nm。光引发时较为合适的波长为 330～425 nm。氯化时的光量子收率随着温度升高而增大。例如当甲苯在光的照射下于－80 ℃氯化，每吸收一个光量子有 25 个氯分子参加反应，然而在 25 ℃时则光量子收率达到 8×10^4。生产上一般采用的光源为日光灯(波长为 400～700 nm)。

常用的引发剂为过氧化苯甲酰或偶氮二异丁腈，其引发作用可用下式表示：

$$C_6H_5CO—O—O—OCC_6H_5 \xrightarrow{60\ ℃ \sim 90\ ℃} 2C_6H_5\cdot + 2CO_2 \tag{4-34}$$

$$C_6H_5\cdot + Cl_2 \longrightarrow C_6H_5Cl + Cl\cdot \tag{4-35}$$

$$H_3C—\underset{CN}{\overset{CH_3}{\overset{|}{\underset{|}{C}}}}—N{=}N—\underset{CN}{\overset{CH_3}{\overset{|}{\underset{|}{C}}}}—CH_3 \xrightarrow{60\ ℃\sim70\ ℃}$$

$$H_3C—\underset{CN}{\overset{CH_3}{\overset{|}{\underset{|}{C}}}}\cdot + \cdot N{=}N—\underset{CN}{\overset{CH_3}{\overset{|}{\underset{|}{C}}}}—CH_3 \tag{4-36}$$

$$H_3C—\underset{CN}{\overset{CH_3}{\overset{|}{\underset{|}{C}}}}\cdot + Cl_2 \longrightarrow H_3C—\underset{CN}{\overset{CH_3}{\overset{|}{\underset{|}{C}}}}—Cl + Cl\cdot \tag{4-37}$$

近年来又报导了一种用于甲苯侧链氯化的新引发剂，它的结构是三氯乙醛的 α,α-二羟基过氧化物的二乙酰基衍生物[$Cl_3C—CH(O—OCOCH_3)_2$]。

(B) 链增长　由链引发生成的氯自由基可按下式进行链增长过程：

$$C_6H_5CH_3 + Cl\cdot \longrightarrow C_6H_5CH_2\cdot + HCl \tag{4-38}$$

$$C_6H_5CH_2\cdot + Cl_2 \longrightarrow C_6H_5CH_2Cl + Cl\cdot \tag{4-39}$$

或 $$C_6H_5CH_3 + Cl\cdot \longrightarrow C_6H_5CH_2Cl + H\cdot \quad (4\text{-}40)$$

$$H\cdot + Cl_2 \longrightarrow HCl + Cl\cdot \quad (4\text{-}41)$$

(C) 链终止　从链增长过程可见，每一个自由基参加反应，又生成一个新的自由基。但实际上总是会有一部分自由基或是由于器壁效应，使自由基将能量传递给器壁，相互碰撞而自相结合，或是与杂质结合，从而造成链反应的终止：

$$Cl\cdot + O_2 \longrightarrow ClO_2\cdot \quad (4\text{-}42)$$

$ClO_2\cdot$ 为不活泼的自由基质点。

(2) **反应动力学**　反应动力学的研究指出，甲苯的光引发氯化由两个同时发生的反应体系组成：

(A) 作为主反应体系的侧链氯化，由三个假一级的连串反应组成：

$$C_6H_5CH_3 \xrightarrow{k_1} C_6H_5CH_2Cl \xrightarrow{k_2} C_6H_5CHCl_2 \xrightarrow{k_3} C_6H_5CCl_3 \quad (4\text{-}43)$$

混合物组成变化见图 4-4。

在间歇或连续氯化的各种条件下，实验所测定的反应产物分布表明：尽管采用引发剂如阳光、三氯化磷或过氧化物能够明显地加快氯化速度，但反应速度常数的比值 k_1/k_2 和 k_1/k_3 却不受引发剂类型的影响；引发剂只是加速了氯自由基的生成速度，因此只是加速了达到平衡的速度。不同光源对甲苯侧链氯化的反应速度常数的影响见表 4-7：

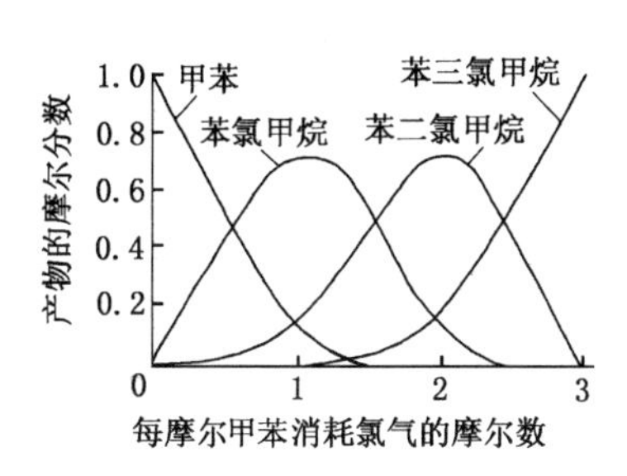

图 4-4　甲苯氯化时产物的分配图

表 4-7　在两个温度下甲苯用不同光源侧链氯化的反应速度常数

光源	波长 (nm)	40 ℃			100 ℃		
		k_1	k_2	k_3	k_1	k_2	k_3
黑暗	—	—	—	—	0.21	0.035	0.006
黄	590	0.9	0.11	0.013	0.73	0.12	0.02
绿	520	2.4	0.29	0.034	—	—	—
蓝	425	10.7	1.3	0.15	5.2	0.85	0.15
紫外	270	6.0	0.71	0.083	3.2	0.53	0.093
	253.7	3.9	0.47	0.055	—	—	—

从表中可以看出,在 100 ℃时,蓝光的反应速度常数是黑暗时的 25 倍,紫外光是 15 倍,黄光是 3 倍。蓝光比紫外光具有更高的氯化速度可解释为:蓝光比紫外光向含氯溶液中渗进的深度要大。

侧链氯化反应为一连串反应,氯化产物组成是与动力学的平衡条件相一致,它是由氯与甲苯的摩尔比——氯化深度决定。随着氯化深度的增加,侧链多氯取代物的生成量也增加,通常以控制氯化液相对密度来控制氯化深度。如果主要是要制得苯氯甲烷,可控制氯化液相对密度在 1.06,则反应产物中含 55%苯氯甲烷;若主要制备苯二氯甲烷,则相对密度可控制在 1.28～1.29;若制备苯三氯甲烷,则相对密度控制可高达 1.38～1.39。

(B) 伴随着侧链氯化反应的进行,环上取代及加成氯化是同时进行的副反应体系,因此要注意反应途径的控制。

侧链取代过程是要在完全没有能产生环上取代的催化剂的条件下进行,只要有极微量的铁、铝或同类的其他催化剂参与反应,就会生成不少的环上取代产物。因此,通入反应器的氯气需经过过滤器,以除去可能携带的铁锈,氯化过程是在玻璃制成的或衬玻璃、衬搪瓷、衬铅的反应器中进行。

水的存在有利于环上取代氯化过程,所以生产中常加入一些 PCl_3,使与原料中带入的少量水分结合,以利于侧链取代氯化过程。

除催化剂影响反应途径外,温度对反应途径也有很大的影响。从表 4-7 部分数据可以看出:例如引发光源为蓝光时,降低反应温度,侧链氯化速度增加,40 ℃时一氯化速度常数 k_1 为 100 ℃时的 2 倍,二氯化速度常数 k_2 是 1.5 倍,三氯化速度常数 k_3 几乎相等。降低温度使反应速度增加,是因为温度降低时反应液中氯气浓度增加。在进行侧链氯化时,还能产生环上加成氯化反应,例如当 0 ℃ 时,不存在能促进环上取代的催化剂时,与甲苯反应的氯有将近一半是生成环上加成产物;当温度升高时,侧链取代的反应速度大于环上加成的反应速度,因此,侧链氯化均要求在高温下进行。在 130 ℃进行甲苯侧链氯化的实际收率大于在 40 ℃的收率。另外,由于氯分子的热离解能是 243 $kJ \cdot mol^{-1}$,因此要在 100 ℃以上,氯分子的热离解才具有可观察的速度。

4.2.2 甲苯的侧链氯化

甲苯的侧链氯化是在光或过氧化苯甲酰引发下,采用沸腾氯化法进行的。反应在塔式氯化器中进行,生产流程与氯苯的生产相近,反应中应避免金属存在,以防止环上取代氯化反应发生。氯化反应完毕后可通入少量空气吹走 HCl 气体,而后进行分馏操作。分馏前进行洗涤或碱液中和是不适宜的,因为甲苯侧链氯化衍生物非常容易水解。精馏设备应是搪瓷或搪玻璃,因设备中存在铁质会引起产品缩合而生成树脂状物。

近年来也有用活性炭作催化剂使甲苯在 300 ℃下进行气相侧链氯化，甲苯转化率可达 70%，主要产物为苯氯甲烷；也有使甲苯在甲酰胺和偶氮二异丁腈存在下于 75 ℃～85 ℃进行反应，以提高甲苯侧链氯化的转化率和选择性。

乙苯、异丙苯和更高级的烷基苯类，在高温下也可发生侧链氯化，取代反应优先发生在 α 碳原子上。

4.2.3 氯甲基化

苯和甲醛的混合液在无水氯化锌存在下，通入氯化氢气体，则按下式生成苯氯甲烷：

$$C_6H_6 + CH_2O + HCl \xrightarrow{\text{无水 } ZnCl_2} C_6H_5CH_2Cl + H_2O \qquad (4\text{-}44)$$

此反应称为氯甲基化反应。因此，除芳烃的侧链氯化法外，芳烃的氯甲基化是广有用途的增加一个碳原子的 α-卤代烷基芳烃的合成法。

氯甲基化反应为一亲电取代反应，反应时，由甲醛与氯化氢作用所形成的中间体具有如下的共振式：

$$[H_2C{=}\overset{+}{O}H]Cl^- \longleftrightarrow [H_2\overset{+}{C}{-}OH]Cl^-$$

中间体与苯发生亲电取代，先生成苯甲醇，再与氯化氢作用很快形成氯化苄。当芳环上有给电子取代基时，有利于氯甲基化反应；环上有吸电子取代基时，则不利于氯甲基化反应。例如硝基苯很难进行氯甲基化反应。常用的氯甲基化剂有甲醛或多聚甲醛及氯化氢。质子酸（如盐酸、硫酸、磷酸等）及路易斯酸（如氯化锌）均是有效的催化剂。反应中可采用过量芳烃，避免多氯甲基化反应的发生，当催化剂用量过大，反应温度过高，将有利于副产物二芳基甲烷的生成。

将萘与聚甲醛、浓盐酸在醋酸和 85%磷酸存在下，加热至 85 ℃，可按下式反应：

$$C_{10}H_8 + CH_2O + HCl \longrightarrow 1\text{-}C_{10}H_7CH_2Cl + H_2O \qquad (4\text{-}45)$$

该反应还可用来制备结构比较复杂的化合物：

$$\text{间二甲苯} + 2CH_2O + 2HCl \xrightarrow[75\ ℃\sim 95\ ℃]{\text{乳化剂}} \text{1,5-二氯甲基-2,4-二甲苯} + 2H_2O \tag{4-46}$$

4.3　氟化、溴化、碘化

4.3.1　氟化

因氟化物具有优异的性能，近年来得到日益重视。氟化物的制备可通过下列方法：

(1) *直接氟化*　氟与所有的有机物能猛烈地发生作用，以致往往使芳环破坏，并生成环状或直链脂肪族化合物。由表 4-8 可见，氟与有机分子的反应热比其他卤素都大，而且氟化反应的反应热又比 C—C 键的离解能($347\ kJ \cdot mol^{-1}$)和 C—H 键的离解能($414\ kJ \cdot mol^{-1}$)都高，因此直接氟化反应必然会伴随有机分子的破裂。

表 4-8　不同键的卤化反应的反应热

反应类型	反应热($kJ \cdot mol^{-1}$)			
	氟	氯	溴	碘
取代苯的一个氢	437.9	104.3	35.6	−25.5
卤素分子对脂肪族双键的加成	419.9	146.9	91.3	61.9

由于氟在所有元素中的电负性最大，氟分子产生异裂时所需能量极高，而均裂所需能量很小，见表 4-9。因此氟常以自由基形式发生反应，因而在有机物的直接氟化中常发生迅速的连锁反应。

表 4-9　卤素均裂和异裂所需的能量

	键能($kJ \cdot mol^{-1}$)			
	氟	氯	溴	碘
均　裂	153.2	242.8	193.0	151.1
异　裂	1 404.3	1 134.7	999.4	848.3

但是，如采用惰性气体稀释氟，或使反应在惰性溶剂中进行，就能缓和直接

氟化，但所得产物的组成仍很复杂，限制了它的实际应用和发展。例如，用氮和氦稀释的气体氟与苯的6%乙腈溶液在－35 ℃反应，得到氟苯和间位、邻位和对位二氟苯的混合物，其组成大致为60∶1∶4∶5。

(2) **卤素的亲核置换(卤素交换反应)** 有机卤化物与无机卤化物之间进行卤素交换的反应称芬克尔斯坦(Finkelstein)卤素交换反应。卤素交换反应属S_N2反应，被交换的卤素活性愈大，则反应愈容易。芳环上卤素的邻或对位的硝基或其他间位定位基(如羧基、三氟甲基、磺酰基等)都能活化芳环上的卤素。金属氟化物如氟化钾或氟化铯在适当的溶剂中如二甲基甲酰胺、二甲基亚砜等，广泛应用于亲核氟化反应：

Cl, NO_2, NO_2 —KF, 200 ℃→ F, NO_2, NO_2 (4-47)

Cl, Cl, Cl, NO_2 —KF/DMF, 100 ℃,14 小时→ Cl, F, Cl, NO_2 (4-48)

采用三氟化锑或氟化氢为氟化剂，并以五氯化锑为催化剂，能使三氯甲基转变成三氟甲基从而获得ω-三氟衍生物：

CCl_3 —SbF_3, 190 ℃→ CF_3 (4-49)

或 CCl_3 —HF, 75 ℃→ CF_3 (4-50)

CCl_3, Cl —HF, 100 ℃～110 ℃, 2.5 MPa→ CF_3, Cl (4-51)

用类似方法还可制得：

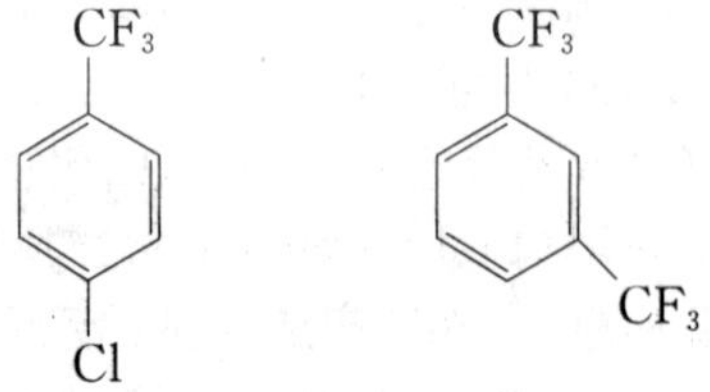

CF_3 CF_3

Cl CF_3

这些含氟化合物经硝化，还原等反应可制得偶氮染料的重要中间体：

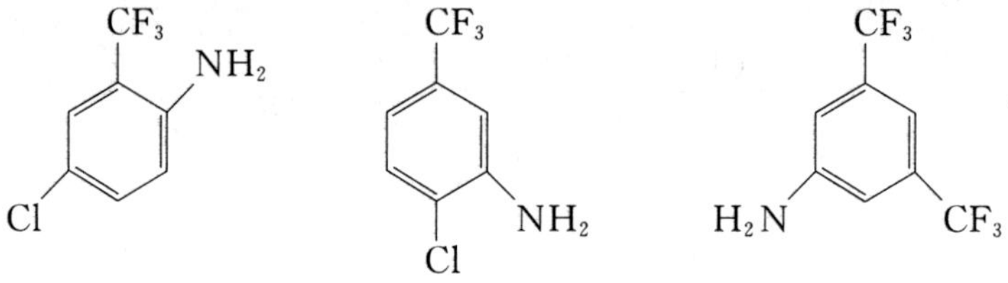

CF_3 NH_2 Cl　　CF_3 NH_2 Cl　　CF_3 H_2N CF_3

当与卤原子相接的碳原子上连有两个芳环时，该卤原子就非常活泼，如二苯二氯甲烷可在温和条件下以氟置换氯：

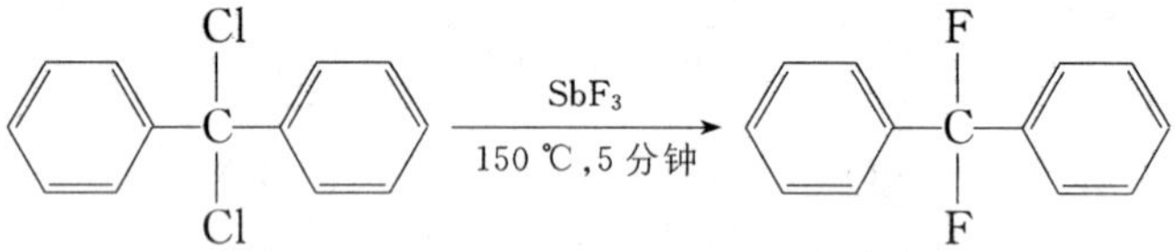

$$Ph_2CCl_2 \xrightarrow[150\ ℃,5\ 分钟]{SbF_3} Ph_2CF_2 \qquad (4\text{-}52)$$

杂环化合物也能进行卤素交换反应，如 2,4,5,6-四氯嘧啶与氟化钠在环丁砜中回流制得 2,4,6-三氟-5-氯嘧啶，为活性染料的重要中间体：

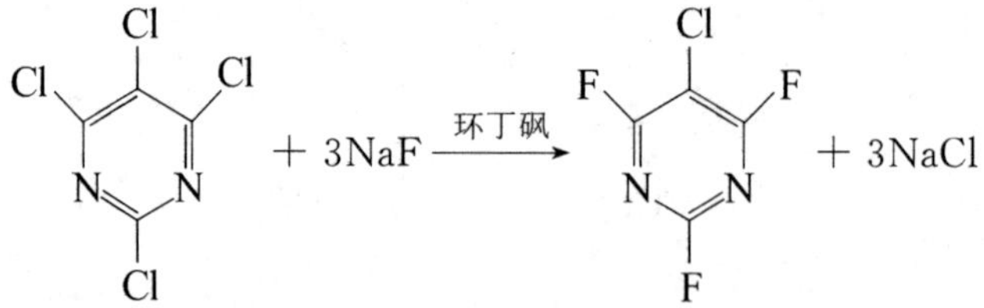

$$C_4N_2Cl_4 + 3NaF \xrightarrow{环丁砜} C_4N_2F_3Cl + 3NaCl \qquad (4\text{-}53)$$

(3) **伯胺基的置换** 由芳伯胺重氮化制成的重氮氟硼酸盐经加热可制得相应的芳香氟化物。此反应属于重氮基的转化，称席曼(Schiemann)反应：

$$ArN_2^+X^- \xrightarrow{BF_4^-} ArN_2^+BF_4^- \xrightarrow{\triangle} ArF + N_2 + BF_3 \qquad (4\text{-}54)$$

席曼反应属 S_N1 反应。例如：

$$\text{4-}CH_3O\text{-}C_6H_4\text{-}NH_2 \xrightarrow[10\ ℃]{NaNO_2/HBF_4} \text{4-}CH_3O\text{-}C_6H_4\text{-}N_2^+BF_4^- \xrightarrow{\triangle} \text{4-}CH_3O\text{-}C_6H_4\text{-}F \quad (4\text{-}55)$$

近年报道,某些具有吸电子基的芳香胺的置换反应,如制成重氮基的六氟化锑络盐或六氟化磷络盐,也可再分解成相应的氟化物,且收率有明显提高,见表 4-10。

表 4-10 芳香胺置换成取代氟苯收率的比较

反应物	取代氟苯收率(%)		
	氟硼酸盐法	锑络盐法	磷络盐法
邻硝基苯胺	7～17	40	10～20
间硝基苯胺	31～54	60	58
对硝基苯胺	35～58	60	63

4.3.2 溴化

(1) 概况 在有机物分子中引入溴,常可制备性能优良的染料和药物。溴化可用与制备氯化物相类似的方法进行。常用溴、溴化物、溴酸盐和次溴酸的碱金属盐等作溴化剂,也可将溴加入碱液中通氯进行溴化,反应按下式进行:

$$6\ NaOH + 3\ Br_2 \longrightarrow 5\ NaBr + NaBrO_3 + 3\ H_2O \quad (4\text{-}56)$$

$$6\ ArH + NaBrO_3 + 5\ NaBr + 3\ Cl_2 \longrightarrow 6\ ArBr + 6\ NaCl + 3\ H_2O \quad (4\text{-}57)$$

溴化剂按照其活性的递减可排列成下面的次序:

$$Br^+ > BrCl > Br_2 > BrOH$$

环上溴化可用金属溴化物作催化剂,如溴化镁、溴化锌,也可用碘,碘的催化作用在于它能与溴反应生成溴正离子:

$$I_2 + Br_2 \rightleftharpoons 2IBr \quad (4\text{-}58)$$

$$IBr \rightleftharpoons I^+ + Br^- \quad (4\text{-}59)$$

$$I^+ + Br_2 \rightleftharpoons IBr + Br^+ \quad (4\text{-}60)$$

实验发现,催化剂对溴化产物中异构体比例有很大影响,如苯甲醚用溴素在0 ℃~5 ℃下进行溴化,可得75%的对位体,加入醋酸铊作催化剂,对位体含量可提高到90%。

溴化与氯化虽相似,但也应注意其间的不同。溴原子比氯原子大,因而形成的空间效应更明显;从表4-11还可看出,C—Br键的平均键能较小,因此在形成C—Br键的溴化反应的同时,往往会发生C—Br键断裂的可逆反应,尤其是可能生成几种溴化异构体产物时,产物的组成有时取决于热力学控制。例如,萘在室温无催化剂时,溴化可得α-溴萘,而在少量铁催化剂存在下,于150 ℃~160 ℃反应,则得β-溴萘,这是由于较高温度有利于α-体向β-体异构化的结果。

表4-11 25 ℃下C—X键的平均键能

	键能($kJ \cdot mol^{-1}$)			
	F	Cl	Br	I
C—X	434.6	287.9	221.9	162.0

由于溴的价格较高,为了充分利用,可在反应锅中直接加入氧化剂,如氯、次氯酸钠、氯酸钠等,使溴化氢直接得到利用:

$$3ArH + 3HBr + NaClO_3 \longrightarrow 3ArBr + NaCl + 3H_2O \quad (4\text{-}61)$$

在生产规模较大时,如在生产溴氨酸时,则将逸出的溴化氢回收溴作为独立工序更为有利。

(2) 实例 4-溴-1-氨基蒽醌-2-磺酸(溴氨酸)是制备深色蒽醌系染料的重要中间体,常以1-氨基蒽醌为原料经磺化和溴化两步反应制成:

$$\text{1-氨基蒽醌} + ClSO_3H \xrightarrow{130\ ℃} \text{1-氨基蒽醌-2-磺酸} + HCl \quad (4\text{-}62)$$

$$2\ \text{1-氨基蒽醌-2-磺酸} + Br_2 + NaClO \xrightarrow[H^+]{-2\ ℃\sim0\ ℃}$$

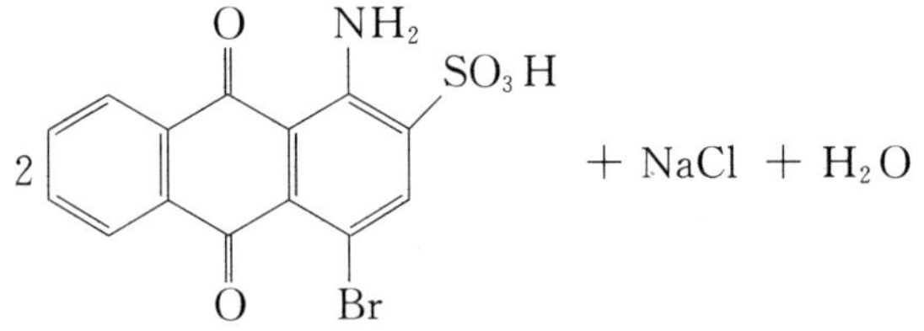

O NH$_2$ SO$_3$H 2 O Br + NaCl + H$_2$O (4-63)

磺化物与溴的摩尔比为 1∶0.58,加入次氯酸钠溶液使溴得到充分利用。溴化反应在−2 ℃～0 ℃进行,温度升高,则有利于副产物 1-氨基-2,4-二溴蒽醌的生成。

6-溴-2,4-二硝基苯胺是合成蓝色偶氮分散染料的重氮组分,由 2,4-二硝基苯胺溴化得到:

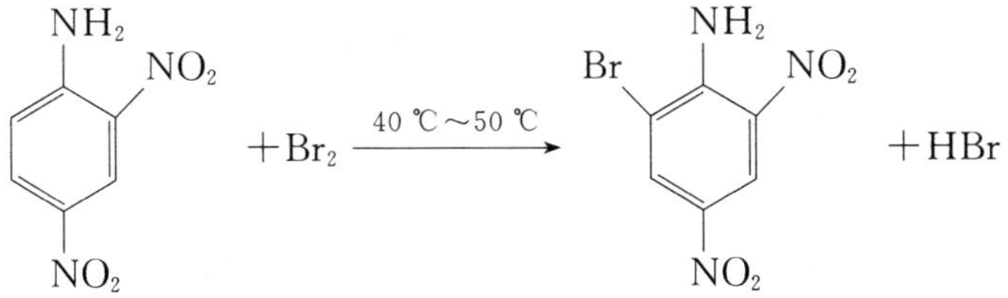

NH$_2$ NO$_2$ NO$_2$ + Br_2 —40 ℃～50 ℃→ Br NH$_2$ NO$_2$ NO$_2$ + HBr (4-64)

1-甲氨基蒽醌在吡啶或硝基苯中溴化,可制得 1-甲氨基-4-溴蒽醌,在硝基苯中反应的收率可达 94.5%,而在水介质中,收率仅 70.5%。

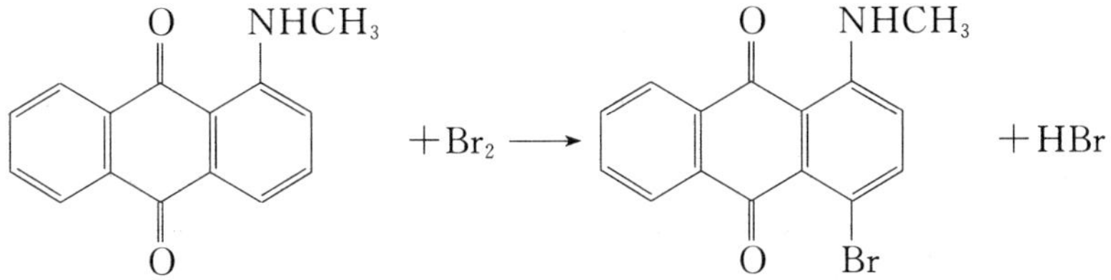

O NHCH$_3$ O + Br_2 → O NHCH$_3$ O Br + HBr

(4-65)

染料分子中引入溴可加深颜色和提高牢度。例如合成的靛蓝染料可在浓硫酸中再进行溴化,制得 5,5′,7,7′-四溴靛蓝,硫酸能氧化溴化反应所产生的 HBr:

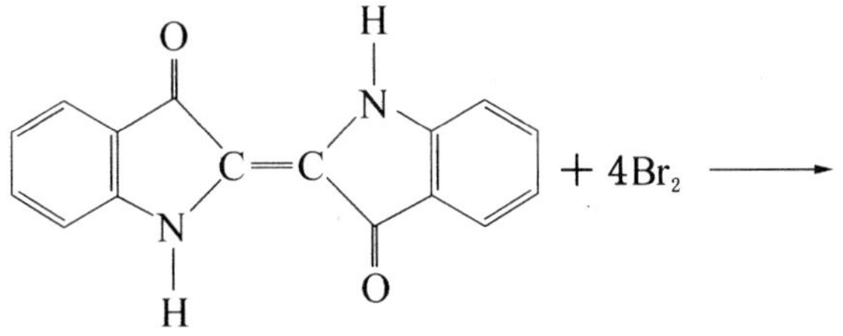

O H N C=C N H O + 4Br_2 →

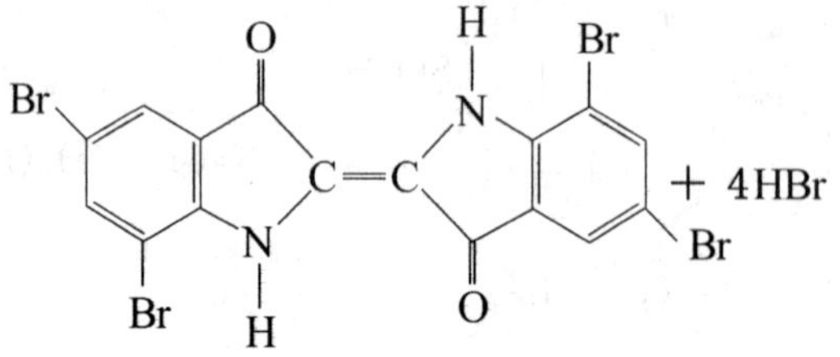

$$+ 4HBr \qquad (4-66)$$

$$2HBr + H_2SO_4 \longrightarrow 2H_2O + SO_2 + Br_2 \qquad (4-67)$$

4.3.3　碘化

碘化与氯化、溴化反应不同，由于 C—I 键的平均键能在 C—X 键中最小(见表 4-11)，而生成的碘化氢具有还原性，因而碘化反应具有可逆性，生成产物更接近于热力学控制。实验发现，用碘进行碘化时，只对活化芳香体发生碘化反应，并出现动力学同位素效应。这可能起因于反应的可逆性，从 σ 络合物失去 I^- 比失去 H^+ 更易发生，即 $k_{-1} \gtrsim k_2$：

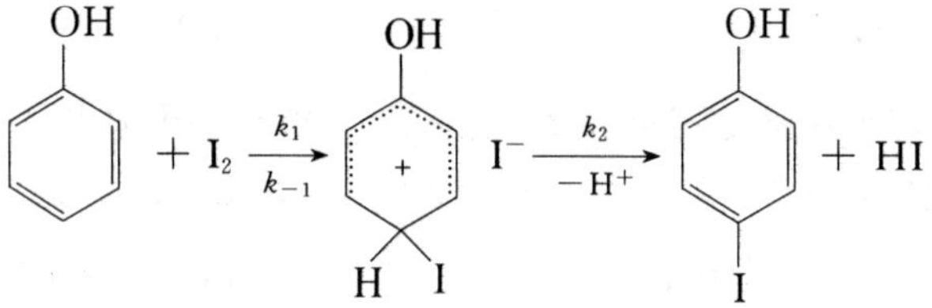

$$+ I_2 \underset{k_{-1}}{\overset{k_1}{\rightleftharpoons}} \quad I^- \xrightarrow[-H^+]{k_2} \quad + HI \qquad (4-68)$$

为制备芳香取代碘化物，必须避免可逆反应发生，因此可设法不断除去反应中生成的碘化氢，并使用亲电性较强的碘化剂。去除碘化氢的方法为加入氧化剂，使碘化氢氧化成元素碘而重复参加反应，常用的氧化剂有硝酸、碘酸、过氧化氢、三氧化硫等，如苯用碘和硝酸反应可得 86％收率的碘苯：

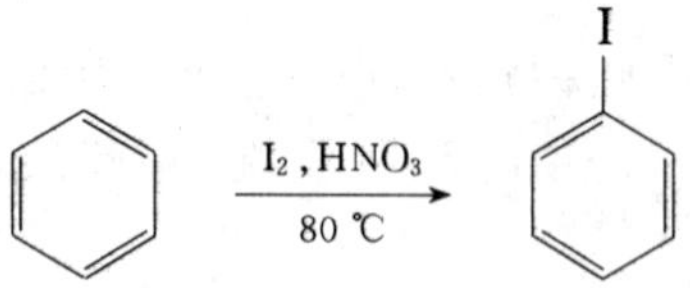

$$\xrightarrow[80\ ℃]{I_2, HNO_3} \qquad (4-69)$$

采用某些较强的碘化剂如 ICl，可使碘化反应顺利进行；因 $\overset{\delta^+}{I}—\overset{\delta^-}{Cl}$ 较碘分子更易离解，其活性较碘大：

$$I_2 + Cl_2 \longrightarrow 2ICl \qquad (4-70)$$

$$ICl \rightleftharpoons I^+ + Cl^- \qquad (4-71)$$

苯甲醚在醋酸介质中用 ICl 反应,可得对碘苯甲醚:

$$\text{C}_6\text{H}_5\text{OCH}_3 \xrightarrow[\text{回流冰醋酸}]{\text{ICl}} p\text{-I-C}_6\text{H}_4\text{OCH}_3 \tag{4-72}$$

胺类可采用元素碘进行碘化,反应中生成的碘化氢以成盐方式移除,从而使反应进行完全。例如由对甲苯胺与碘等摩尔反应,可得 3-碘-4-氨基甲苯。

4.4 烷烃的取代卤化

烷烃用卤素直接取代卤化为自由基反应,卤素的反应活性次序为:$F_2 > Cl_2 > Br_2 > I_2$。由于氟的反应活性过于剧烈,而且难以控制,所以往往会使有机物裂解成为碳和氟化氢。碘的反应活性太差,与烷烃通常不会发生取代反应。因此有实际意义的只是氯和溴与烷烃的取代反应。烷烃分子中不同 C—H 键的反应活性次序为:

$$\text{叔 C—H} > \text{仲 C—H} > \text{伯 C—H}$$

对于许多烷烃的氯化和溴化反应的研究表明,在室温下夺取上述三种氢原子的氯化反应的相对速度为 5.0∶3.8∶1.0;而在 127 ℃时溴化反应的相对速度为 1 600∶82∶1。氯化反应的速度虽然比溴化高出许多,但是氯化反应的选择性却比溴化要差得多。因此由烷烃氯化得到的混合物中没有一种异构体会占明显的优势,而在溴化时一般可获得一种异构体占很大优势的产物。

4.4.1 烷烃氯化的基本原理

烷烃的氯化是自由基反应,包括链引发、链增长、链终止三步:

链引发 $$Cl_2 \xrightarrow[\text{或热}]{\text{光}} 2Cl\cdot \tag{4-73}$$

链增长 $$Cl\cdot + RH \longrightarrow R\cdot + HCl \tag{4-74}$$

$$R\cdot + Cl—Cl \longrightarrow RCl + Cl\cdot \tag{4-75}$$

链终止 $$Cl\cdot + Cl\cdot \longrightarrow Cl_2 \tag{4-76}$$

$$R\cdot + Cl\cdot \longrightarrow RCl \text{ 等} \tag{4-77}$$

在烷烃氯化生成一氯代烷的同时,氯自由基可与一氯代烷继续反应生成二氯代烷,并进一步再氯化生成三氯、四氯、多氯代烷,随着氯浓度的增加或烷烃氯化转化率的提高,多氯化合物的含量将逐渐增加,因此烷烃氯化为一连串反应。

烷烃氯化生成的一氯代烷在高温、长时间条件下,将发生脱氯化氢的反应而生成烯烃。然而烯烃比正构烷烃更易进行氯化反应,这也会导致多氯代化合物的生成,如下式所示:

$$C_nH_{2n+1}Cl \xrightarrow{130\ ℃} C_nH_{2n} + HCl \qquad (4\text{-}78)$$

$$C_nH_{2n} + Cl_2 \longrightarrow C_nH_{2n}Cl_2 \qquad (4\text{-}79)$$

由于烷烃的取代氯化在叔、仲、伯碳原子上的相对反应速度的差别很大,因此具有支链烷烃的反应速度比直链烷烃为快,但随着反应温度的上升,这种差异又被逐渐减小,并趋向一致。

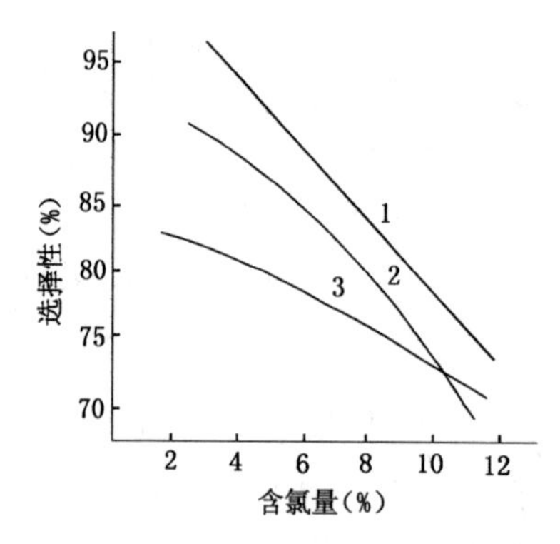

图 4-5　单氯代烷选择性与含氯量的变化图
1—理论计算值；2—实验室测定的数据；
3—工厂大生产实测数据

从上述氯化反应的特点可看到:氯化产物为各种单氯代烷、二氯代烷、多氯代烷的混合物,为提高单氯代烷的选择性,必须控制氯化深度。图 4-5 表示了随着氯化深度的提高,单氯代烷选择性降低的定量关系。

工业生产上常用烷烃的含氯量或转化率来表示氯化深度:

$$含氯量 = \frac{氯化烷烃中结合氯的质量}{氯化烷烃的质量} \times 100\%$$

4.4.2　烷烃氯化工艺

烷烃氯化时必须注意工艺条件对反应的影响。一般温度升高,促使反应完全,例如在光氯化中,温度每增加 10 ℃,反应速度增加 0.1～1 倍;烃氯比对烷烃氯化速度和单氯代烷的选择性也有很大的影响,烃氯比是指烷烃和氯气质量之比,烃氯比大,单氯代烷选择性高,一般选择(10～2):1,最适宜的烃氯比为(5～3):1。尚需注意搅拌、压力等对反应的影响。

烷烃氯化方法可分为光氯化法,热氯化法和催化氯化法。光氯化法是在紫外光照射条件下,反应温度控制在 60 ℃～80 ℃,经浅度氯化制单氯烷烃,由于反应比较缓和而易于控制,产品质量好;热氯化法可分为中温液相氯化和高温气相氯化,工业上常采用温度为 120 ℃～170 ℃的中温液相氯化法;催化氯化法是将烷烃与氯气在催化剂存在下进行反应,它主要用于制备多氯化物。

烷烃氯化工艺流程按反应器结构型式及氯化速度、氯化选择性控制方法的不同而异。图 4-6 为烷烃氯化流程示意图。

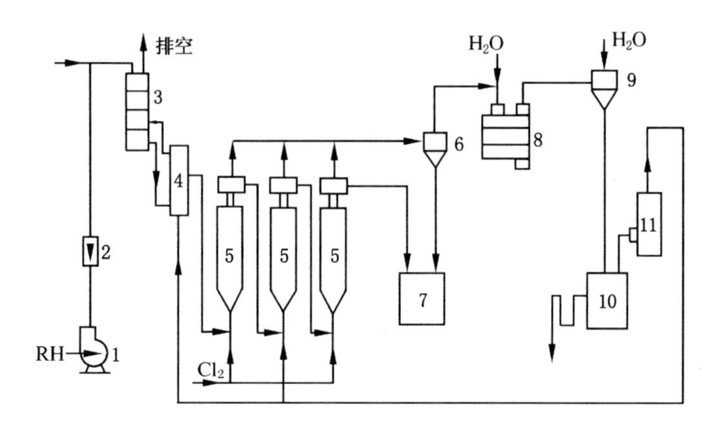

图 4-6 烷烃氯化流程示意图

1—RH 泵;2—转子流量计;3—尾气吸收塔;4—预氯化塔;
5—氯化塔;6—气液分离器;7—RCl 贮缸;8—HCl 吸收器;
9—水冲泵;10—水封;11—尾气干燥器

氯化工艺流程是由氯化塔、预氯化塔、尾气吸收塔等组成。正构烷烃经预热至 45 ℃～50 ℃,进入尾气吸收塔,喷射吸收残存于尾气中的游离氯后,进入预氯化塔和氯气接触,进行预氯化,预氯化后的烷烃再与氯气通过喷射混合器混合后,进入氯化塔,由塔底自下而上地进入五个石墨反应孔道进行氯化反应,反应温度为 65 ℃～70 ℃,氯气的通入量根据反应深度来调节,并测定各塔的含氯量来控制反应深度,各塔分别放出尾气,经分离器进入 HCl 吸收器,用水除去尾气中的氯化氢,大部分氯气不被水吸收,经水冲泵、水封管、干燥器返回至预氯化塔。

以 C_{12}～C_{13} 正构烷烃为原料,经氯化制得单氯代烷烃,再与苯反应可制得直链烷基苯,它是生产合成洗涤剂烷基苯磺酸钠的原料。

氯化石蜡是氯化 C_{10}～C_{30} 石蜡所得产品的总称,其化学式可表示如下:

$$C_nH_{2n+2-m}Cl_m$$

通常 n 为 10～30,m 为 1～17 之间。氯化石蜡是非常重要具有广泛用途的物质,可作为聚氯乙烯塑料的增塑剂、橡胶中的阻燃剂。

烷烃的氯化也是低分子卤代烃的工业合成方法。如 CH_3Cl、C_2H_5Cl 等的合成。

4.5 卤素置换已有取代基

4.5.1 卤素置换羟基

常采用氢卤酸、氯化亚砜、三卤化磷、五氯化磷、三氯氧磷等卤化剂使羟基置换成卤素。

(1) **卤素置换醇羟基**

(A) 氢卤酸　醇与氢卤酸的置换反应为一可逆反应：

$$ROH + HX \rightleftharpoons RX + H_2O \tag{4-80}$$

增加作用物的浓度及不断移除水分，均有利于提高反应速度和收率。置换反应的难易决定于醇和氢卤酸的活性，醇羟基的活性规律一般是：

叔羟基 > 仲羟基 > 伯羟基

氢卤酸的活性规律可按卤素负离子的亲核能力大小来确定，其顺序为：

$$HI > HBr > HCl > HF$$

例如：

$$C_{12}H_{25}OH \xrightarrow{HBr/H_2SO_4} C_{12}H_{25}Br \tag{4-81}$$

(B) 氯化亚砜　氯化亚砜是进行醇羟基置换的优良卤化剂，生成的氯化氢和二氧化硫均为气体，易与产品分离；其反应过程为：氯化亚砜首先与醇形成氯化亚硫酸酯，再分解得氯化物：

$$-\overset{|}{\underset{|}{C}}-OH \xrightarrow{SOCl_2} -\overset{|}{\underset{|}{C}}-OSOCl + HCl \longrightarrow -\overset{|}{\underset{|}{C}}-Cl + SO_2 \tag{4-82}$$

(2) **卤素置换酚羟基**　酚羟基的卤素置换反应通常须采用较强的卤化剂如五氯化磷和氧氯化磷等。用五氯化磷的置换反应历程如下：

$$-\overset{|}{\underset{|}{C}}-OH + Cl_4P^+\ Cl^- \longrightarrow Cl^- \dashrightarrow \overset{\vee}{\underset{|}{C}}\cdots O-PCl_4 + H^+$$

$$\longrightarrow -\overset{|}{\underset{|}{C}}-Cl + POCl_3 + HCl \tag{4-83}$$

五氯化磷受热易离解成三氯化磷和氯，反应温度愈高，离解度越大，置换能力亦随之降低，故反应温度不宜过高。

氧氯化磷分子中虽有三个氯原子可进行置换，但只有第一个氯原子的置换能力最大，以后逐步递减，因此置换一个酚羟基往往需用1摩尔以上的氧氯化磷。

(3) **卤素置换羧羟基** 羧羟基与卤化剂反应可制得酰卤衍生物。

五氯化磷可将脂肪族或芳香族羧酸转化成酰氯，由于五氯化磷的置换能力极强，所以羧酸分子中不应含有羟基、醛基、酮基、烷氧基等敏感基团，以免发生氯的置换反应。

$$(CH_3)_2N\text{-}C_6H_4\text{-}COOH \xrightarrow[\text{室温,2 小时}]{PCl_5/CS_2} (CH_3)_2N\text{-}C_6H_4\text{-}COCl \quad (4\text{-}84)$$

三氯化磷的活性较小，仅适用于脂肪羧酸中羟基的置换。

氯化亚砜也是制备酰氯的优良反应剂，反应生成的 HCl、SO_2 易与产物分离。氯化亚砜的活性并不大，但若加入少量催化剂(如 DMF、路易斯酸等)，则活性增大：

$$O_2N\text{-}C_6H_4\text{-}COOH \xrightarrow[90\ ℃\sim95\ ℃]{SOCl_2,\text{少量 DMF}} O_2N\text{-}C_6H_4\text{-}COCl \quad (4\text{-}85)$$

$$\text{2,5-}Cl_2C_6H_3\text{-}N{=}N\text{-}(\text{2-HO-3-COOH-萘基}) \xrightarrow[70\ ℃\sim95\ ℃]{SOCl_2,\text{少量 DMF}} \text{2,5-}Cl_2C_6H_3\text{-}N{=}N\text{-}(\text{2-HO-3-COCl-萘基}) \quad (4\text{-}86)$$

4.5.2 卤素置换芳环上硝基、磺基、重氮基

(1) **氯置换硝基** 氯置换硝基是自由基反应：

$$Cl_2 \longrightarrow 2Cl\cdot \tag{4-87}$$

$$ArNO_2 + Cl\cdot \longrightarrow ArCl + NO_2\cdot \tag{4-88}$$

$$NO_2\cdot + Cl_2 \longrightarrow NO_2Cl + Cl\cdot \tag{4-89}$$

1,5-二硝基蒽醌在邻苯二甲酸酐存在下,在 170 ℃～260 ℃通氯,制得 1,5-二氯蒽醌;以适量 1-氯蒽醌作助熔剂,在 230 ℃向熔融的 1-硝基蒽醌中通入氯气,可制得 1-氯蒽醌;当在 220 ℃向熔融的间硝基氯苯通氯时,得较高收率的间-二氯苯。

通氯的反应器应当是搪瓷或搪玻璃,如果在铁锅内进行,则由于生成极性催化剂,将使离子型反应和自由基反应同时发生,除了氯置换硝基的产物外,还会得到一部分环上取代氯化产物。

(2) **氯置换磺基** 氯酸盐与蒽醌磺酸的稀盐酸溶液作用,磺基可被氯置换:

$$3\ \text{(O, O, } SO_3K\text{ — 1-蒽醌磺酸钾)} + NaClO_3 + 3HCl \xrightarrow{96\ ℃\sim98\ ℃} 3\ \text{(O, O, Cl — 1-氯蒽醌)} + 3KHSO_4 + NaCl \tag{4-90}$$

反应历程的研究证明:在光和引发剂作用下,反应能够加快,也即反应具有自由基性质。因而蒽醌磺酸水溶液可由分子氯进行氯化,并逐渐加入少量的引发剂,如氯化铵,它与分子氯在 80 ℃生成不稳定的氯化氮:

$$NH_4Cl + 3Cl_2 \longrightarrow 4HCl + NCl_3,\quad NCl_3 \longrightarrow N\cdot + 3Cl\cdot \tag{4-91}$$

由蒽醌磺酸获得氯蒽醌的自由基反应特征,可由下列方程式表示:

$$ArSO_3^- + Cl\cdot \longrightarrow ArCl + SO_3^-\cdot \tag{4-92}$$

$$SO_3^-\cdot + Cl_2 \longrightarrow Cl\cdot + SO_3Cl^- \tag{4-93}$$

$$SO_3Cl^- + OH^- \longrightarrow SO_4^{2-} + Cl^- + H^+ \tag{4-94}$$

由于磺化法制取 α-蒽醌磺酸存在汞害问题,现改由蒽醌经硝化、磺化路线

来合成 α-蒽醌磺酸。

（3）**卤素置换重氮基** 芳香重氮盐在亚铜盐催化下置换成氯、溴化合物的反应可用下式表示：

$$ArN_2^+X^- \xrightarrow{CuX/HX} ArX + N_2 \quad (X = Br, Cl) \tag{4-95}$$

该反应称桑德迈尔反应。

一般认为该反应的历程为：重氮盐首先与亚铜盐形成络合物，然后经电子转移生成芳香自由基，再进行自由基偶合而得产物：

$$CuCl + Cl^- \rightleftharpoons [CuCl_2]^- \tag{4-96}$$

$$[CuCl_2]^- + ArN_2^+ \overset{慢}{\rightleftharpoons} ArN^+{\equiv}N \longrightarrow CuCl_2^- \tag{4-97}$$

$$ArN^+{\equiv}N \longrightarrow CuCl_2^- \xrightarrow{慢} ArN{=}N\cdot + CuCl_2 \tag{4-98}$$

$$Ar{-}N{=}N\cdot \longrightarrow Ar\cdot + N_2 \tag{4-99}$$

$$Ar\cdot + CuCl_2 \longrightarrow ArCl + CuCl \tag{4-100}$$

当芳环上有其他吸电子基存在，有利于式(4-97)的反应，故取代基对反应速度的影响按下列顺序减小：

$$NO_2 > Cl > H > CH_3 > OCH_3$$

反应的收率在 70%～95%，主要副产物为：偶氮化合物（$ArN{=}NAr$），联苯衍生物（Ar—Ar），酚类（ArOH）及树脂状物质。亚铜盐催化剂也可改用金属铜粉和盐酸或氢溴酸。催化剂的用量为重氮盐的1/5～1/10（化学计算量），反应温度通常在 40 ℃～80 ℃。例如：

$$\text{3-}NO_2C_6H_4CHO \xrightarrow[(2)\,NaNO_2/HCl]{(1)\,Zn/HCl} \text{3-}(N_2^+Cl^-)C_6H_4CHO \xrightarrow{CuCl/HCl} \text{3-}ClC_6H_4CHO \tag{4-101}$$

$$\text{8-氨基-1-萘磺酸}\ (HO_3S,\ NH_2) \xrightarrow[HCl]{HNO_2} \text{内盐}\ ({}^-O_3S,\ \overset{+}{N}{\equiv}N) \xrightarrow[HCl]{CuCl} \text{1-氯-8-萘磺酸}\ (HO_3S,\ Cl) \tag{4-102}$$

1-氯-8-萘磺酸是合成硫靛黑的中间体。

5 还原反应

在还原剂作用下，使有机物分子中增加氢原子或减少氧原子，或两者兼而有之的反应称为还原反应。而将硝基、亚硝基、羟氨基、氧化偶氮、偶氮、次联氨基(肼撑)，以及肟、酰胺、腈、叠氮化合物等含碳—氮键的化合物在还原剂作用下制得胺类的方法是还原反应中重要的一类；本章重点讨论硝基化合物的还原。

因还原剂不同，可以有多种还原途径，包括在电解质中用铁屑的还原；含硫化合物的还原、强碱性介质中用锌粉的还原；以及催化加氢还原等。

硝基化合物在还原时，随反应条件的不同可分别得到亚硝基、羟胺、氧化偶氮、偶氮、氢化偶氮化合物和芳伯胺，可用下式表示：

$$ArNO_2 \longrightarrow ArNO \longrightarrow ArNHOH \longrightarrow ArNH_2$$

$$\xrightarrow{\text{强碱性介质}} ArN(\rightarrow O){=}NAr \longrightarrow ArN{=}NAr \longrightarrow ArNHNHAr \longrightarrow ArNH_2 \quad (5\text{-}1)$$

因此，适当选择还原剂和仔细控制过程，也即控制系统的还原电动势，可使还原反应停留在不同阶段，从而得到各种产物。例如，硝基苯在盐酸中加锌粉还原，得到苯胺；若在氢氧化钠溶液中用锌粉还原，则可得到氢化偶氮苯，再经酸性重排可得联苯胺；若在水介质中用锌粉还原，得到苯基羟胺(苯胲)。

$$C_6H_5NO_2 \xrightarrow{Zn+酸} C_6H_5NH_2$$
$$C_6H_5NO_2 \xrightarrow{Zn+碱} C_6H_5NH{-}NHC_6H_5 \quad (5\text{-}2)$$
$$C_6H_5NO_2 \xrightarrow{Zn+H_2O} C_6H_5NHOH$$

5.1 化学还原反应

5.1.1 在电解质溶液中用铁屑还原

自 1854 年培琴普(Béchamp)发现了硝基化合物的铁屑还原法，由于此法具有工艺简单、适用面广、副反应少、对设备要求低等优点，所以在诸多还原方法中一直占有重要地位。近年来，虽然加氢还原获得很大发展，但铁屑还原仍有相当的重要性。例如二甲苯胺、间氨基苯磺酸以及一些萘系胺类中间体，仍在应用该法生产。铁屑还原法的最大缺点是生成大量含芳胺的铁泥和废水、体力劳动繁重，因此一些产量较高或毒性较大的芳胺正逐步改为加氢还原法生产。

铁屑还原过程是在有效搅拌下，向含有电解质的水溶液中分批交替地加入硝基化合物和铁屑，维持在沸腾温度下进行反应，还原反应可用下式表示：

$$4ArNO_2 + 9Fe + 4H_2O \longrightarrow 4ArNH_2 + 3Fe_3O_4 \quad (5\text{-}3)$$

5.1.1.1 理论解释

金属在水介质中对硝基化合物进行还原的过程，在理论上是和金属的腐蚀过程一致的，因此可根据金属腐蚀的电化学原理来说明。铸铁是铁和碳化铁的固态溶液，其组成中还含有锰、磷、硅和硫等元素，当铸铁和水溶液接触时，这些元素和化合物能够与铁组成微电池，而且一般都是铁为负极，其他元素为正极，铁被氧化为带正电荷的铁离子，铁的腐蚀过程按电化学理论如图 5-1 所示。

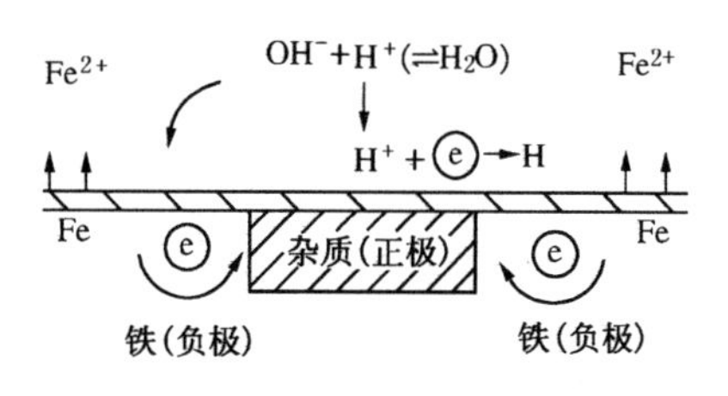

图 5-1 铁的腐蚀过程示意图

在微电池的负极上：

$$Fe \longrightarrow Fe^{2+} + 2e \quad (5\text{-}4)$$

在微电池的正极上：

$$2H^+ + 2e \longrightarrow 2H \quad (5\text{-}5)$$

如果溶液中没有去极剂，则正极上由于下列反应而放出氢气：

$$2H \rightleftharpoons H_2 \quad (5\text{-}6)$$

这样就存在着一定的氢超电压，阻碍了氢气的放出，同时也延缓或中止了腐蚀过程的进行；反之，如有去极剂(如硝基化合物)的存在，则在正极表面将发生硝基化合物被还原的各步反应，例如：

$$ArNO_2 + 2H^+ + 2e \longrightarrow ArNO + H_2O \quad (5\text{-}7)$$

$$ArNO + 2H^+ + 2e \longrightarrow ArNHOH \quad (5\text{-}8)$$

$$ArNHOH + 2H^+ + 2e \longrightarrow ArNH_2 + H_2O \quad (5\text{-}9)$$

在负极上,铁不断被氧化腐蚀为铁离子,并生成氢氧化亚铁和氢氧化铁。在还原初期出现绿色的氢氧化亚铁沉淀,接着转变成棕色的氢氧化铁沉淀,此实验现象也证明了铁离子的生成。这些氢氧化铁(包括二价和三价铁)还可转变成黑色磁性氧化铁(Fe_3O_4)。因此,随着铁不断被腐蚀(氧化),硝基化合物就不断被还原成氨基化合物。

5.1.1.2　影响因素

(1) **化学结构与反应活性**　芳香硝基化合物环上取代基不同,还原反应活性不同。具有类似结构①的化合物,由于取代基的吸电子效应使氮原子上部分正电荷增加,接受电子能力因而增加,有利于还原反应的进行,反应温度也可低些;具有类似结构②的化合物,由于取代基的给电子效应使氮原子上部分负电荷增加,接受电子的能力因之减弱,不利于还原反应的进行。

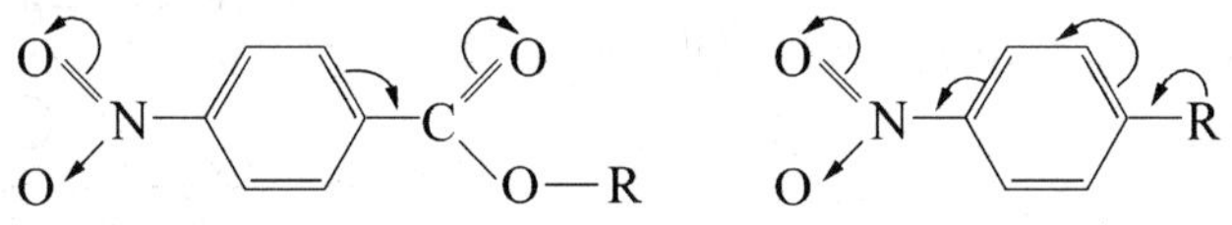

①　　②

(2) **介质**　用铁屑还原硝基物一般以水为介质,水又是还原反应中氢的来源,为了保证有效搅拌,加强反应中的传热传质,一般取过量的水,但水量过多则会降低设备的生产能力,通常硝基物与水的摩尔比约为 1∶50～100。对于一些活性较低的化合物,可加入甲醇、乙醇、吡啶等能与水相混的溶剂,以利反应进行。

(3) **铁的品质和用量**　由于还原反应在铁表面进行,因此铁的物理和化学状态对反应有很大的影响。显然,洁净和质软的灰铸铁屑优于组成比较纯净的钢屑,因铸铁组成中含有多种元素,因此在和溶液接触时产生了许多微电池;还原速度还部分地决定于铁屑颗粒的细度和多孔性。每摩尔硝基物理论上需要 2.25 摩尔铁屑,实际用量为 3～4 摩尔。

(4) **电解质**　铁屑还原过程中,电解质的存在可提高溶液的导电能力,加速铁的腐蚀过程,因此还原速度取决于电解质的性质和浓度。曾研究各种电解质对还原速度的影响,其活性顺序为:

$$NH_4Cl(95.5) > FeCl_2(91.3) > (NH_4)_2SO_4(89.2)$$
$$> BaCl_2(87.3) > CaCl_2(68.5) > NaCl(50.4)$$
$$> Na_2SO_4(42.4) > KBr(41.0) > CH_3COONa(10.0)$$
$$> NaOH(0.7)$$

括号中的数字表示当其他条件相同时，硝基苯在各种电解质中进行还原反应的苯胺收率。所以使用氯化铵的还原速度最大，氯化亚铁次之；但在某些情况下，也需要采用其他电解质。例如，在对硝基-N-乙酰苯胺还原时，为了防止酰基的水解，采用醋酸亚铁作电解质。

$$p\text{-}O_2N\text{-}C_6H_4\text{-}NHCOCH_3 \xrightarrow[CH_3COOH]{Fe,H_2O} p\text{-}H_2N\text{-}C_6H_4\text{-}NHCOCH_3 \quad (5\text{-}10)$$

增加电解质浓度，可以加快还原速度，但反应速度增加有一极限值，如氯化亚铁达到 0.4 摩尔浓度时，由于在氧化铁表面的吸附而使还原速度降低。通常每摩尔硝基物大约用 0.1～0.2 摩尔电解质，其浓度在 3%左右。最常用的电解质是氯化亚铁，通常是在还原前先加入少量盐酸及铁屑而制成，工业上称为“铁的预蚀”过程。

5.1.1.3 铁屑还原

铁屑还原法的适用范围较广，凡能用各种方法使与铁泥分离的芳胺皆可采用铁屑还原法生产，整个还原过程包括还原反应、还原产物的分离与精制、芳胺废水与铁泥处理等几个基本步骤。

工业上，还原反应是在还原锅中进行，还原锅是一个具有耐酸砖衬里的平底钢锅，装有耙式搅拌器，搅拌器一般用既耐腐蚀又耐磨损的硅铁或球墨铸铁制成，通常采用氯化亚铁为电解质。以间二硝基苯制备间苯二胺为例，在还原锅中加入水、铁屑、盐酸，先加热以完成铁的预蚀，升温至 90 ℃，再于 1 小时内加入间二硝基苯，保持物料沸腾及有铁离子存在，以反应液滴于滤纸上无黄色渗圈为终点。

还原产物的分离可依胺类的性质不同而采用不同的分离方法：

(1) 容易随水蒸气蒸出的芳胺如苯胺、邻甲苯胺、对甲苯胺、邻氯苯胺、对氯苯胺等均可采用水蒸气蒸馏法。

(2) 易溶于水且可蒸馏的芳胺如间苯二胺、对苯二胺、2,4-二氨基甲苯等，可用过滤法先除去铁泥，再浓缩滤液，进行真空蒸馏，得到芳胺。

(3) 能溶于热水的芳胺如邻苯二胺、邻氨基苯酚、对氨基苯酚等，用热过滤法与铁泥分离，冷却滤液析出产物。

(4) 含有磺基或羧基等水溶性基团的芳胺，如 1-氨基萘-8-磺酸(周位酸)、1-氨基萘-5-磺酸(劳伦酸)等，可将还原产物中和至碱性，使氨基磺酸溶解，滤去铁泥，再用酸化或盐析法析出产品。

(5) 难溶于水而挥发性又很小的芳胺,例如 1-萘胺,在还原后用溶剂将芳胺从铁泥中萃取出来。

对于铁屑还原法中产生的大量含胺废水,必须进行处理、回收。例如在硝基苯铁屑还原过程中产生的大量含苯胺废水(约含 4%苯胺),一部分可加入到还原锅中循环利用,其余的要先用硝基苯萃取。萃取后含有苯胺的硝基苯可作为还原的原料使用;废水中的苯胺和硝基苯的含量分别降到 0.2%和 0.1%以下。此后还必须经过生化处理,才可排放。铁泥的利用途径之一是制铁红颜料。

铁屑还原过程可用于制取苯胺、甲苯胺、间苯二胺、对苯二胺等中间体,也可用于生产氨基萘磺酸,式(5-11)是制备周位酸、劳伦酸的化学反应式:

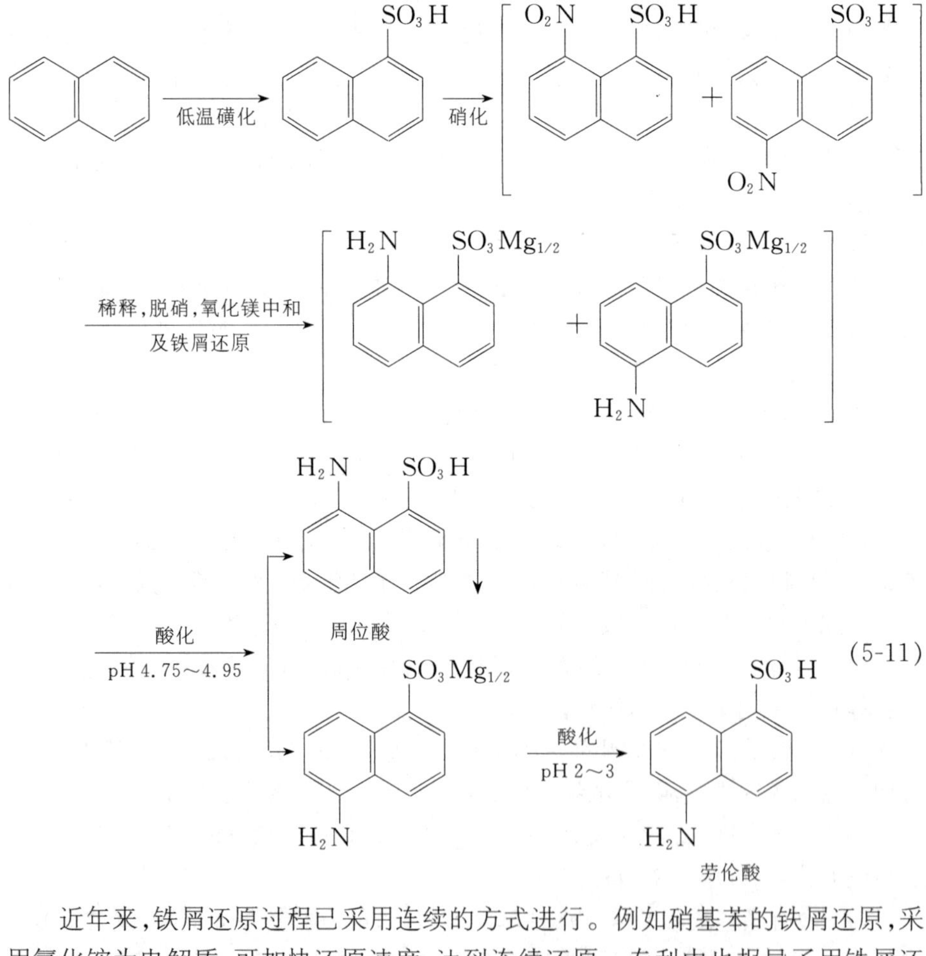

SO_3H O_2N SO_3H SO_3H

低温磺化 硝化 +

O_2N

H_2N $SO_3Mg_{1/2}$ $SO_3Mg_{1/2}$

稀释,脱硝,氧化镁中和及铁屑还原 +

H_2N

H_2N SO_3H

周位酸

酸化 pH 4.75～4.95

$SO_3Mg_{1/2}$ SO_3H (5-11)

酸化 pH 2～3

H_2N H_2N

劳伦酸

近年来,铁屑还原过程已采用连续的方式进行。例如硝基苯的铁屑还原,采用氯化铵为电解质,可加快还原速度,达到连续还原。专利中也报导了用铁屑还原法由 1,5-硝基萘磺酸连续还原制 1,5-萘胺磺酸。对于不溶的硝基或氨基物,可加入溶剂如甲醇、乙醇、吡啶等,促使反应平稳进行,并可加快反应速度,便于分离。铁屑还原法除用于完全还原外,也开始用于部分还原,其特点为反应速度快。例如间二硝基苯用铁屑部分还原仅需2~3分钟,2,4-二硝基-1-取代苯(取代基为—NHCN,—$NHCONH_2$,—SCN等)在醋酸介质中回流5~10分钟可得2-氨基-4-硝基-1-取代苯,但收率较低。

卤芳烃硝基化合物在还原过程中易发生脱卤及活泼卤原子的水解等副反应,而铁屑还原法对含活泼卤原子的芳香族硝基化合物的还原是一种比较好的方法。铁屑还原法也可用于亚硝基、羟胺基等还原成氨基。

5.1.2 用含硫化合物的还原

5.1.2.1 用硫化碱的还原

硫化碱常用以还原芳香硝基化合物,本类反应称为齐宁(Zinin)还原,由于反应比较缓和,可使多硝基化合物中的硝基选择性地部分还原,或只还原硝基偶氮化合物中的硝基,而保留偶氮基,这种还原还适用于从硝基化合物获得不溶于水的胺类,此时的产物分离比较简单。此外,对于含有醚、硫醚等对酸敏感基团的硝基化合物,不宜用铁屑还原时,可用硫化物还原。

常用的硫化物为硫化钠、硫氢化钠和多硫化钠,其他还有硫化铵、硫氢化铵、多硫化铵,有时硫化锰、硫化铁也用作还原剂,工业上多采用二硫化钠,硒能促使某些还原反应的进行。

(1) 理论解释

(A) 动力学研究及还原质点　在硫化碱还原中,硫化物是电子供给者,水或醇是质子供给者,还原反应后硫化物被氧化成硫代硫酸盐。人们对几种还原剂的反应历程和动力学进行了研究。

硝基物在水-乙醇介质中,用硫化钠还原,是一个自动催化反应,反应中生成的活泼硫原子将与S^{2-}离子作用而快速生成更活泼的S_2^{2-}离子,使反应大大加速。其过程可用下式表示。

$$ArNO_2 + 3S^{2-} + 4H_2O \longrightarrow 4ArNH_2 + 3S^0 + 6OH^- \quad (5\text{-}12)$$

$$S^0 + S^{2-} \longrightarrow S_2^{2-} \quad (5\text{-}13)$$

$$4S^0 + 6OH^- \longrightarrow S_2O_3^{2-} + 2S^{2-} + 3H_2O \quad (5\text{-}14)$$

硫化钠还原的总方程式可表示为:

$$4ArNO_2 + 6S^{2-} + 7H_2O \longrightarrow 4ArNH_2 + 3S_2O_3^{2-} + 6OH^- \quad (5\text{-}15)$$

用硫化钠还原硝基化合物是经过亚硝基、羟胺化合物,最后生成芳胺的过程。

以硝基苯用过量稀的硫氢化钠水溶液($\leqslant 0.015\ mol \cdot L^{-1}$)还原的研究，揭示了还原是一个双分子反应，最先得到的还原产物是苯基羟胺。

$$C_6H_5NO_2 + 2NaHS + H_2O \longrightarrow C_6H_5NHOH + 2S^0 + 2NaOH \quad (5\text{-}16)$$

苯基羟胺进一步被 HS_2^- 和 HS^- 还原成苯胺。

$$2C_6H_5NHOH + 2HS_2^- + 2OH^- \longrightarrow 2C_6H_5NH_2 + S_2O_3^{2-} + 2HS^- + H_2O \quad (5\text{-}17)$$

$$4C_6H_5NHOH + 2HS^- \longrightarrow 4C_6H_5NH_2 + S_2O_3^{2-} + H_2O \quad (5\text{-}18)$$

虽然苯基羟胺用 HS^- 还原比硝基苯的还原要慢得多，然而还原中得到的 HS_2^- 却比 HS^- 具有更高的活性，并且还原苯基羟胺比还原硝基苯快 2～3 倍，因此反应后期，混合物中仅有原料和最后产物，也即仅有硝基物和胺，而无中间化合物的积累。

硝基苯在稀的甲醇-水溶液中，用二硫化钠的还原速度正比于二硫化钠和硝基苯的浓度，但在较浓的溶液中为三级反应，反应速度正比于二硫化钠浓度的平方，活泼的还原质点是双电荷阴离子 S_2^{2-}。

从几种硫化碱还原剂看，S_2^{2-} 为活泼的质点，由于 S_2^{2-} 离子的水合程度较低，被氧化后的电子构型比较稳定，因此它的还原能力比 S^{2-} 离子和 HS^- 离子都强。如下式所示：

$$[:\ddot{S}:\ddot{S}:]^{2-} \longrightarrow \ddot{S}::\ddot{S} + 2e \quad (5\text{-}19)$$

$$[:\ddot{S}:]^{2-} \longrightarrow \ddot{S}: + 2e \quad (5\text{-}20)$$

(B) 碱度的影响　从硝基苯以二硫化钠还原速度的研究中已发现，反应速度常数随碱浓度的增加而增加，这可能是由于无论 S^{2-} 或 S_2^{2-} 均能与水作用产生如下平衡：

$$S^{2-} + H_2O \rightleftharpoons HS^- + OH^- \tag{5-21}$$

$$S_2^{2-} + H_2O \rightleftharpoons HS_2^- + OH^- \tag{5-22}$$

当氢氧化钠浓度增加，使式(5-21)、式(5-22)的平衡移向左方，避免 HS_2^- 生成，便于还原剂以二硫化物离子形式存在，可加快还原反应速度。

但是，强碱性介质会促使还原过程中生成氧化偶氮化合物，而各种硝基物对 pH 的敏感性也不同。反应介质碱性太强，不利于含有对碱敏感基团(如氰基等)化合物的还原，所以在用硫化碱还原时，必须考虑还原剂的碱性及控制还原过程的碱性。

通过测定各种硫化碱水溶液的 pH 值，可以得知：各种类型硫化碱水溶液的碱性各不相同，其中以硫氢化铵及硫氢化钠水溶液的碱性最弱，而硫化钠、二硫化钠及多硫化钠水溶液的碱性较强。用硫化钠、硫氢化钠、二硫化钠进行还原反应的方程式分别为：

$$4ArNO_2 + 6Na_2S + 7H_2O \longrightarrow 4ArNH_2 + 3Na_2S_2O_3 + 6NaOH \tag{5-23}$$

$$4ArNO_2 + 6NaHS + H_2O \longrightarrow 4ArNH_2 + 3Na_2S_2O_3 \tag{5-24}$$

$$ArNO_2 + Na_2S_2 + H_2O \longrightarrow ArNH_2 + Na_2S_2O_3 \tag{5-25}$$

从上式可看出，采用硫化钠还原，随着反应进行，介质碱性会增加；采用二硫化钠以上的多硫化钠来进行还原反应时，将不会生成氢氧化钠，从而不再增加反应过程的碱性；但采用三硫化钠时，反应过程中将有硫析出，影响产品分离，所以实用价值不大。因此，需要控制碱性时，一般采用二硫化钠为好。此外，为了控制还原过程的碱性，也可在反应中加入氯化铵、硫酸镁、氯化镁、碳酸氢钠等物质来降低介质的碱性。

(C) 取代基的影响　芳环上取代基的极性对硝基还原反应速度有很大的影响，引入给电子基会阻碍反应，引入吸电子基则加速反应，相应的速度完全符合哈梅特(Hammett)方程，其中$\rho = +3.55$。例如，由哈梅特方程计算，间硝基苯胺的还原速度要比间二硝基苯的还原速度慢 1 000 倍以上。带有羟基、甲氧基、甲基的邻、对二硝基化合物采用硫化碱部分还原时，邻位的硝基首先被还原：

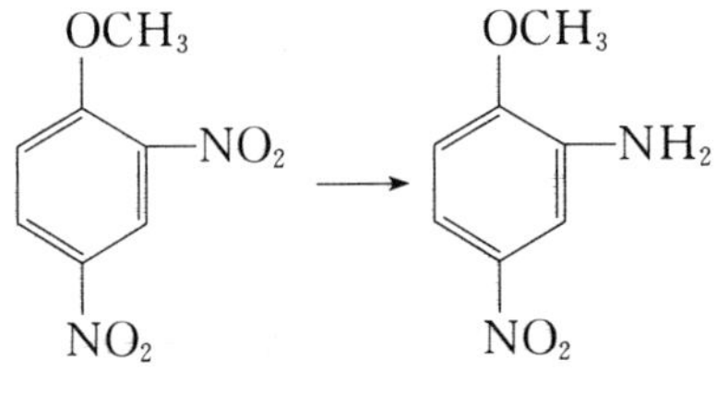

OCH₃-2,4-二硝基苯 → 2-氨基-4-硝基苯甲醚（结构式：左侧苯环带 OCH_3、NO_2(邻位)、NO_2(对位)；右侧苯环带 OCH_3、NH_2(邻位)、NO_2(对位)） (5-26)

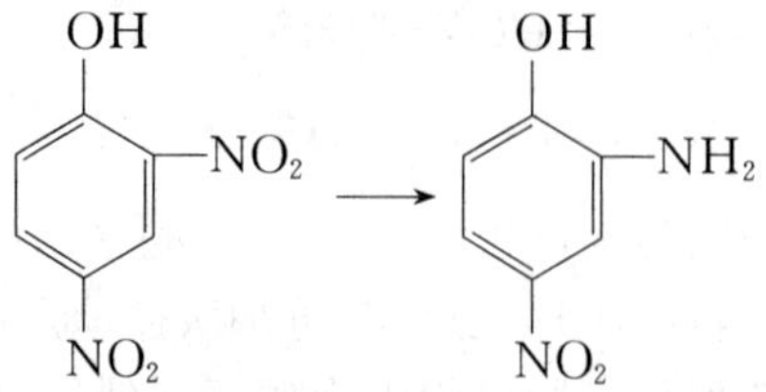

(5-27)

(2) **硫化碱还原制胺** 采用硫化碱进行部分还原时,为避免硝基的完全还原,采用较温和的反应条件:过量 5%～10%的硫氢化钠或二硫化钠溶液,40 ℃～80 ℃,有时再加入无机盐控制碱性。

间硝基苯胺可由间二硝基苯部分还原制得,反应在 90 ℃下进行:

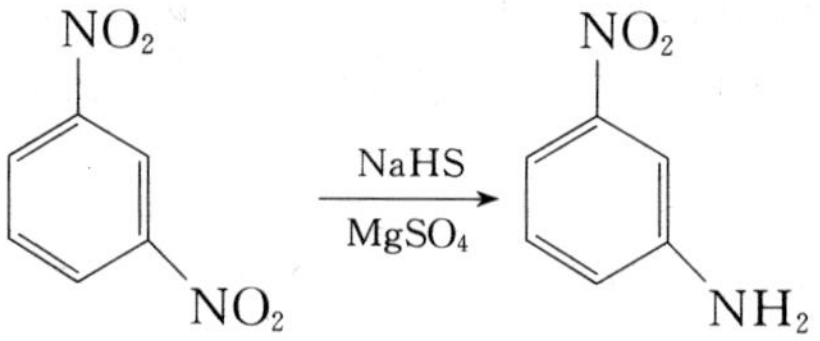

$$\xrightarrow[MgSO_4]{NaHS} \tag{5-28}$$

2-氨基-4-硝基苯酚是以硫化钠和硫酸亚铁反应制得的新鲜硫化亚铁为还原剂,于温度为 60 ℃～80 ℃时制得:

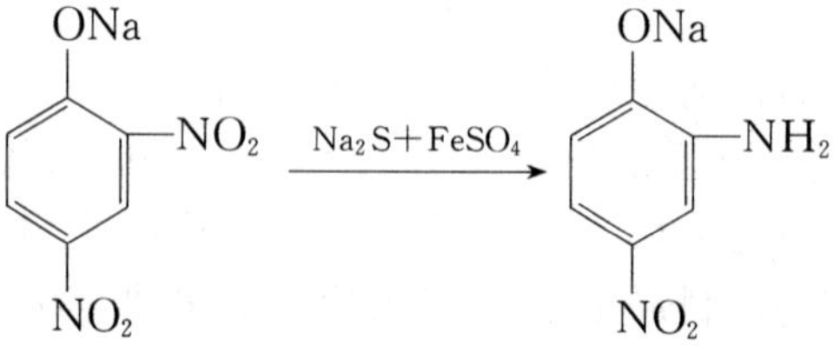

$$\xrightarrow{Na_2S+FeSO_4} \tag{5-29}$$

采用硫化碱的部分还原法还可制得下列中间体:

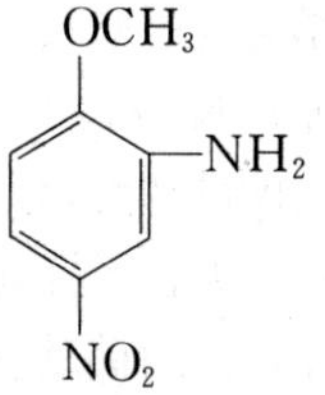

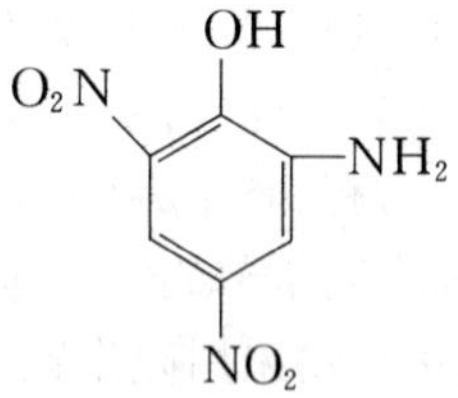

对硝基苯胺重氮化后,再与胺或酚偶合,则生成下列硝基偶氮化合物:

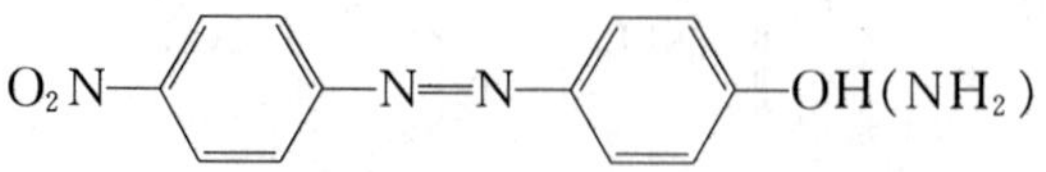

$$O_2N-C_6H_4-N{=}N-C_6H_4-OH(NH_2)$$

如用强还原剂,将会使此化合物中的硝基或偶氮基都被还原,生成对氨基酚和对苯二胺:如用硫化钠在 40 ℃～50 ℃还原则可得氨基偶氮化合物。

如用硫化碱进行完全还原时,一般要采用计算量的 110%～120%的硫化钠(或二硫化钠),反应温度范围在 60 ℃～100 ℃,这种方法主要适用于制备容易和硫代硫酸钠水溶液分离的芳胺。

1-硝基萘采用二硫化钠进行间歇法或连续法还原可得 1-萘胺,收率 85%～87%:

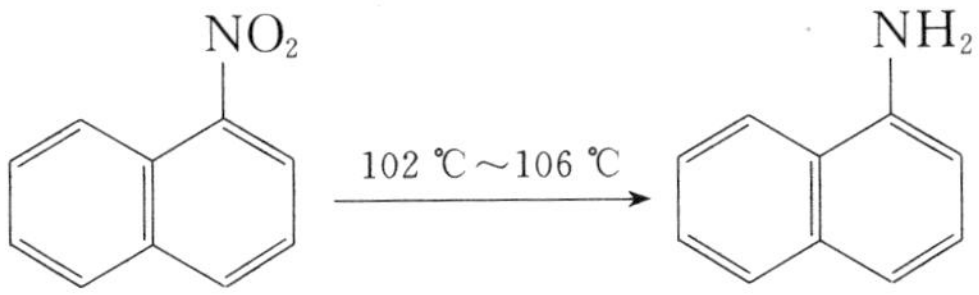

$$\text{1-硝基萘}\ (NO_2) \xrightarrow{102\ ℃\sim 106\ ℃} \text{1-萘胺}\ (NH_2) \tag{5-30}$$

1-硝基蒽醌采用硫化钠还原可制得 1-氨基蒽醌,它是合成蒽醌系染料的重要中间体:

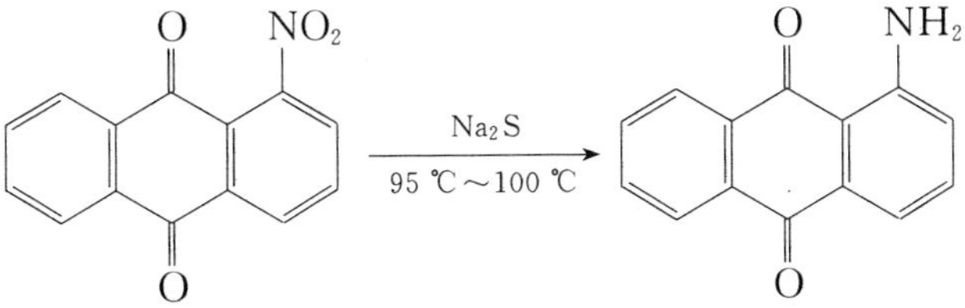

$$\text{1-硝基蒽醌}\ (O, NO_2, O) \xrightarrow[95\ ℃\sim 100\ ℃]{Na_2S} \text{1-氨基蒽醌}\ (O, NH_2, O) \tag{5-31}$$

由蒽醌经硝化、亚硫酸钠法精制所得的 1-硝基蒽醌中还含有二硝基蒽醌,所以还原产物中也含有二氨基蒽醌,粗产品纯度仅 90%,需采用升华法、硫酸法或保险粉法精制,纯度可达 96%以上。

其他蒽醌系胺类的合成还有:

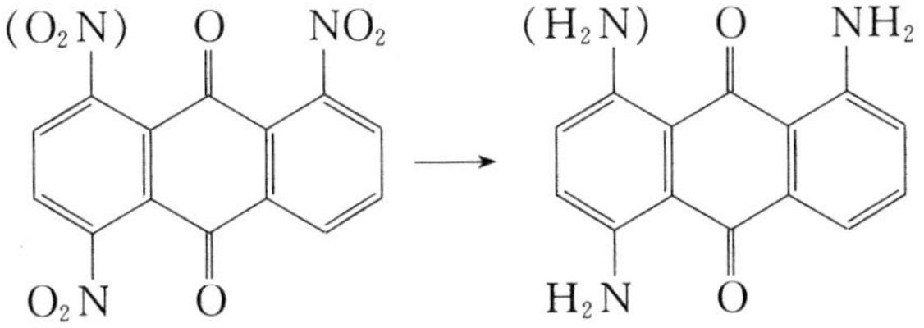

$$\text{蒽醌}\ [(O_2N), O, NO_2, O_2N, O] \longrightarrow \text{蒽醌}\ [(H_2N), O, NH_2, H_2N, O] \tag{5-32}$$

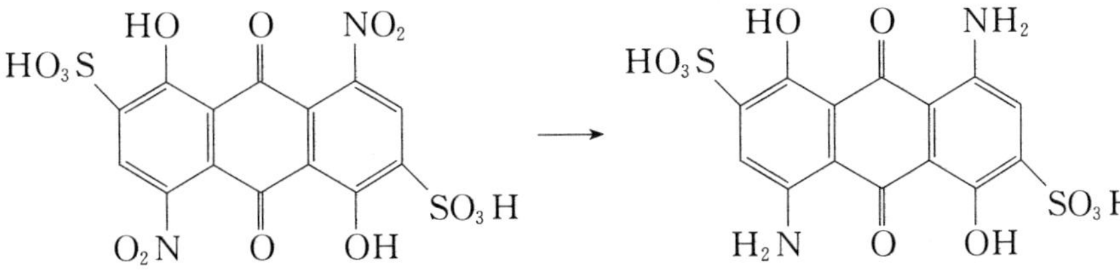

$$\text{蒽醌}\ [HO, O, NO_2, HO_3S, SO_3H, O_2N, O, OH] \longrightarrow \text{蒽醌}\ [HO, O, NH_2, HO_3S, SO_3H, H_2N, O, OH] \tag{5-33}$$

硫化氢也可用作还原剂,例如,2,4-二硝基甲苯在苯-三乙胺-甲醇-水溶液中,用硫化氢还原可制得 2-氨基-4-硝基甲苯,收率 94%。硝基化合物用硫化氢的还原也能在气相、常压、100 ℃～500 ℃,在铝-硅-沸石催化剂上实现。

硝基化合物用二硫化钠水溶液的还原已经在连续反应器中实现,如由 1-硝基萘制备 1-氨基萘,间氯硝基苯制备间氯苯胺。

5.1.2.2 用含氧硫化物的还原

(1) **亚硫酸盐还原** 亚硫酸盐(包括亚硫酸氢盐)还原剂能将硝基、亚硝基、羟胺基、偶氮基还原成氨基,将重氮盐还原成肼,还原历程是对上述基团中的不饱和键进行加成反应,生成加成还原产物 N-磺酸胺基,经酸水解制得氨基化合物或肼。

亚硫酸氢钠将芳伯胺重氮盐还原为芳肼的过程可用下式表示:

$$\mathrm{Ar\overset{+}{N}_2HSO_4^-} \xrightarrow[-H_2SO_4]{+2NaHSO_3} \mathrm{Ar{-}N(SO_3Na){-}NH(SO_3Na)}$$

$$\xrightarrow[+2H_2O,\ -2NaHSO_4]{\text{酸性水解}} \mathrm{ArNHNH_2} \tag{5-34}$$

亚硫酸盐与芳香硝基物反应,可制得氨基磺酸化合物,在硝基还原的同时,还进行环上磺化反应。亚硫酸氢钠与硝基物的摩尔比为(4.5～6)∶1,常加入溶剂乙醇或吡啶,有助于加速反应。

1-亚硝基-2-萘酚与亚硫酸氢钠作用,可制得染料中间体 1-氨基-2-萘酚-4 磺酸(1,2,4-酸)。

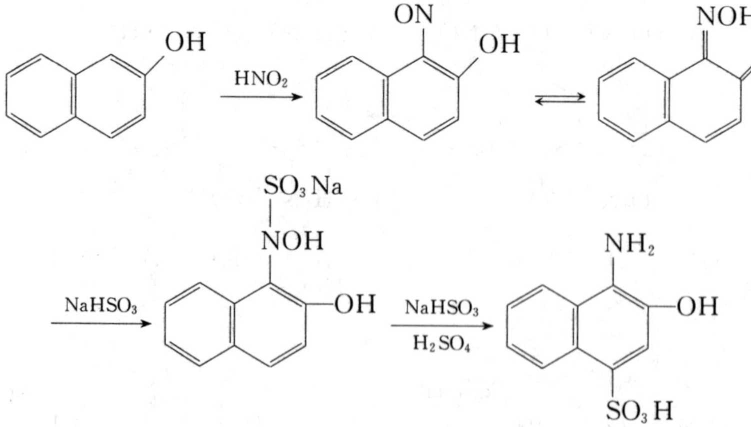

$$\text{2-萘酚 (OH)} \xrightarrow{HNO_2} \text{1-亚硝基-2-萘酚 (ON, OH)} \rightleftharpoons \text{(NOH, O)}$$

$$\xrightarrow{NaHSO_3} \text{(N(OH)SO}_3\text{Na, OH)} \xrightarrow[H_2SO_4]{NaHSO_3} \text{1-氨基-2-萘酚-4-磺酸 (NH}_2\text{, OH, SO}_3\text{H)} \tag{5-35}$$

又如:

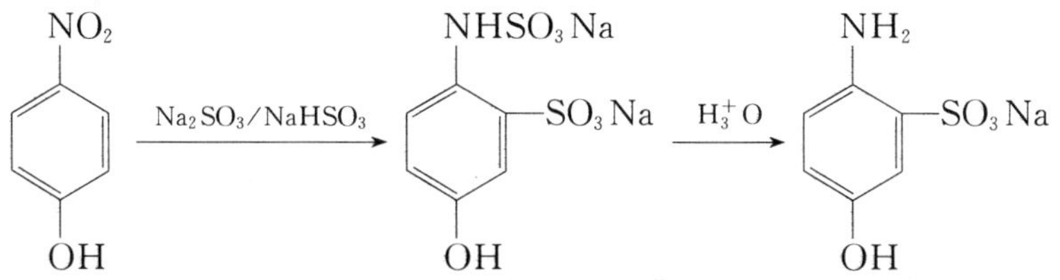

NO_2 / OH $\xrightarrow{Na_2SO_3/NaHSO_3}$ $NHSO_3Na$ / SO_3Na / OH $\xrightarrow{H_3^+O}$ NH_2 / SO_3Na / OH

(5-36)

(2) **连二亚硫酸钠还原** 连二亚硫酸钠俗称保险粉,是在强碱性介质中使用的强还原剂,但价格较贵,主要应用于蒽醌及还原染料的还原,如将还原蓝RSN还原成可溶于水的隐色体,应用于染色过程:

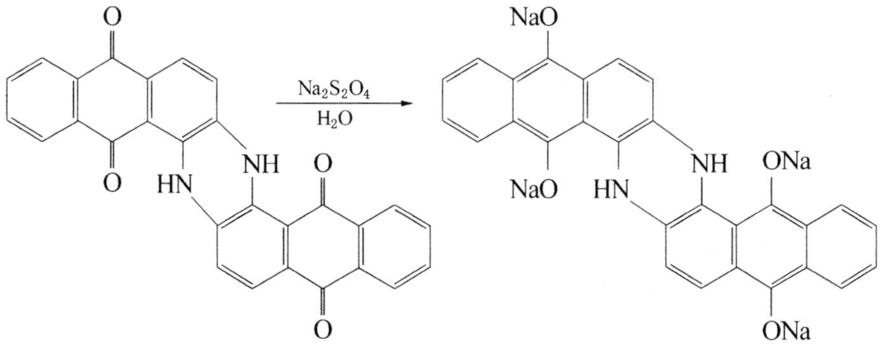

O / O / HN / NH / O / O $\xrightarrow[H_2O]{Na_2S_2O_4}$ NaO / NaO / HN / NH / ONa / ONa

(5-37)

5.1.3 强碱性介质中用锌粉还原

硝基化合物在强碱性介质中用锌粉还原可制得氢化偶氮化合物,它们极易在酸中发生分子重排生成联苯胺系化合物。联苯胺类是制造偶氮染料的重要中间体,因此碱性介质中用锌粉还原是一类重要的还原反应。

5.1.3.1 理论解释

(1) **还原过程** 硝基化合物在强碱性介质中用锌粉还原生成氢化偶氮化合物的过程可分为两步:

(A) 硝基化合物首先还原生成亚硝基、羟胺化合物,再在碱性介质中反应得到氧化偶氮化合物

$$ArNO + ArNHOH \longrightarrow \underset{\downarrow \atop O}{ArN} = NAr + H_2O \tag{5-38}$$

反应物中如有羟胺积累,则发生下列副反应:

$$3ArNHOH \longrightarrow \underset{\substack{\downarrow \\ O}}{ArN}{=}NAr + ArNH_2 \qquad (5\text{-}39)$$

$$ArNHOH + H_2 \longrightarrow ArNH_2 + H_2O \qquad (5\text{-}40)$$

在较浓的氢氧化钠溶液中，式(5-38)的反应速度可提高，从而避免了羟胺的积累，减少副产物的生成；若提高温度可使式(5-38)的反应速度比式(5-40)增加得更多，也减少了芳胺的生成。

(B) 氧化偶氮化合物还原生成氢化偶氮化合物：

$$\underset{\substack{\downarrow \\ O}}{ArN}{=}NAr + 2H_2 \longrightarrow ArNHNHAr + H_2O \qquad (5\text{-}41)$$

在碱浓度和温度过高时，可能发生下列副反应：

$$\underset{\substack{\downarrow \\ O}}{ArN}{=}NAr + 3H_2 \longrightarrow 2ArNH_2 + H_2O \qquad (5\text{-}42)$$

因此，当目的为制备氢化偶氮化合物时，还原的第一阶段可在较高温度和较浓碱液中进行，第二阶段则应在较低碱液浓度和较低温度下进行。

(2) **联苯胺重排反应** 氢化偶氮化合物在酸性介质中重排，得联苯胺系化合物。该重排反应具有分子重排的特点，氢化偶氮化合物由 N—N 键合转变成两个苯环以 C—C 键合。

动力学研究已揭示了氢化偶氮化合物在酸性介质中的重排反应速度正比于酸浓度的平方。

$$v = k[ArNHNHAr][H^+]^2 \qquad (5\text{-}43)$$

并提出了以下重排反应的历程：

$$C_6H_5NH{-}NHC_6H_5 + H^+ \rightleftharpoons C_6H_5\overset{+}{N}H_2{-}NHC_6H_5 \qquad (5\text{-}44)$$

$$C_6H_5\overset{+}{N}H_2{-}NHC_6H_5 + H^+ \rightleftharpoons C_6H_5\overset{+}{N}H_2{-}\overset{+}{N}H_2C_6H_5 \qquad (5\text{-}45)$$

$$C_6H_5\overset{+}{N}H_2{-}\overset{+}{N}H_2C_6H_5 \xrightarrow{\text{慢}} H_2NC_6H_4{-}C_6H_4NH_2 \qquad (5\text{-}46)$$

双质子化的氢化偶氮化合物按式(5-46)重排的推动力是两个正电荷的斥力，它是反应速度的决定步骤，与动力学方程一致。曾有人提出，由双质子化氢化偶氮化合物转变成联苯胺存在着下列结构的过渡态：

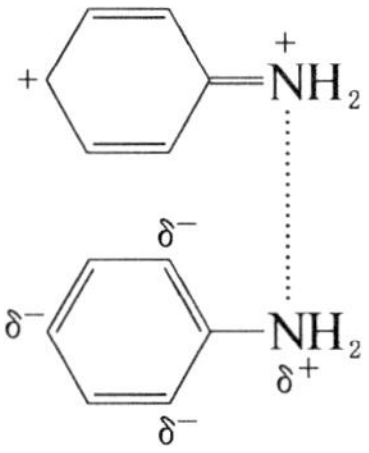

5.1.3.2 联苯胺系化合物的制备

工业上，将硝基化合物在氢氧化钠溶液中以锌粉为还原剂，可按下式制得氢化偶氮化合物。

$$2ArNO_2 + 5Zn + H_2O \longrightarrow ArNHNHAr + 5ZnO \tag{5-47}$$

第一阶段还原控制温度为 100 ℃～105 ℃，碱浓度为 12%～13%；第二阶段还原控制温度为 90 ℃～95 ℃。碱浓度为 9%。氢氧化钠与硝基物的摩尔比为 0.35∶1.0，锌粉比理论量多 10%～15%。

氢化偶氮苯在 50 ℃下在稀盐酸中进行转位，转位完毕后升温至 90 ℃，再加入稀硫酸及硫酸钠溶液，便生成不溶性的联苯胺硫酸盐；硫酸浓度范围可在 40%～95%，在 75%硫酸浓度时，可获得最大收率。还原及重排反应在工业上均已实现连续化。

采用同样方法，还可制得下列不同结构的联苯胺衍生物：

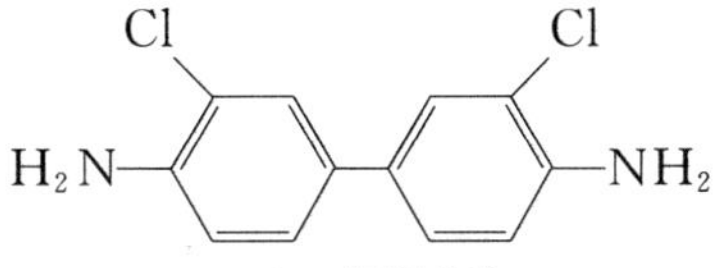

3,3'-二氯联苯胺

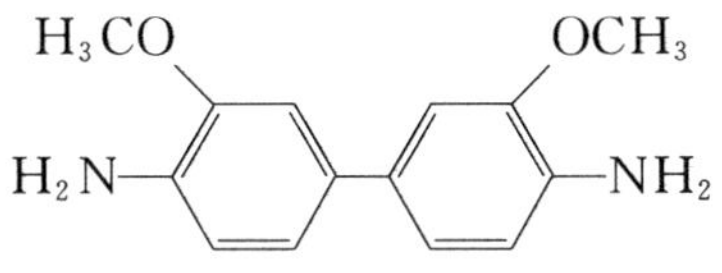

联大茴香胺

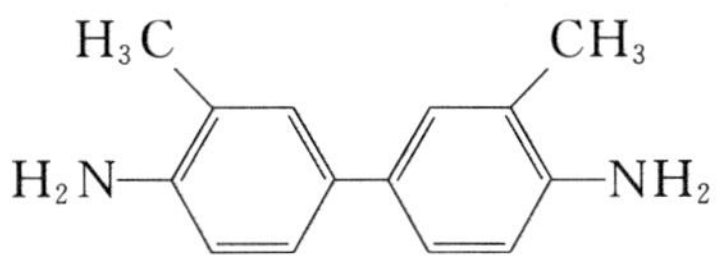

3,3'-二甲基联苯胺(联甲苯胺)

由于联苯胺系化合物的致癌性，应注意劳动保护及重视开展联苯胺代用品的研究。

5.2　加氢还原反应

含有硝基、亚硝基、氧化偶氮基及氰基化合物的加氢还原是芳胺的重要生产方法，由于加氢还原能使反应定向进行，副反应少，产品质量好，产率高，因此是胺类生产的发展方向。近年来，由于对三废和自动化方面提出的要求，更促进了工业上对加氢还原工艺的研究和应用。

工业上实现加氢还原有液相加氢法和气相加氢法两种不同的工艺。液相加氢法是指在液相介质中进行的加氢还原，一般采用固体的催化剂，而原料硝基物溶于溶剂中，还原剂为氢气，故实际上为气-液-固三相催化反应；气相加氢法是指以气态反应物进行的加氢还原，实际上为气-固相催化反应，此法仅适用于沸点较低、容易气化的硝基物的还原。

5.2.1　加氢还原的基本过程

加氢还原和一般催化反应一样，包括以下三个基本过程：

(1) 反应物在催化剂表面的扩散、物理和化学吸附；

(2) 吸附络合物之间发生化学反应；

(3) 产物的解析和扩散，离开催化剂表面。

由于在催化剂表面上的加氢还原反应速度很快，所以催化反应速度往往由化学吸附络合物的生成速度所决定。

5.2.1.1　吸附过程

氢的吸附过程可由式(5-48)所示氢的各种不同形态间的平衡来表示：

$$H_2(\text{气}) \rightleftharpoons H_2(\text{吸附}) \rightleftharpoons \underset{\text{活化氢}}{2H} \rightleftharpoons$$

$$2H^+ + 2e \rightleftharpoons (H^+ + Ni^-) \tag{5-48}$$

所以，加氢还原反应中，氢的化学吸附为离解吸附，氢分子在催化剂表面吸附时离解为氢原子，它的 s 电子与催化剂的空 d 轨道成键：

$$H_2 + 2* \rightleftharpoons \underset{\substack{|\\ *}}{2H}(* \text{ 表示催化剂的活性中心}) \tag{5-49}$$

在加氢还原中，这些不同形态的活化氢都可参加反应，包括由吸附的氢分子到氢质子，而哪一种形态的氢参加反应则与被还原物的性质及反应条件有关。

氢和被还原物的吸附状态又与催化剂的性质有很大关系，以硝基物的加氢还原为例，在镍催化剂上，过程速度决定于氢活化速度，因此，在镍催化剂上，弱吸附的硝基物对反应是有利的;而在铂催化剂上,还原反应速度的限制因素是硝基化合物的活化,因此,在铂催化剂上能发生强吸附的硝基化合物对加氢是有利的。

5.2.1.2 表面化学反应历程

活化氢和活化的硝基物或腈类在催化剂表面发生化学反应的历程,可按反应条件而异。

(1) *芳香族硝基物* 研究了硝基苯在50%乙醇-水中,用铂黑、骨架镍、钯黑催化的加氢反应以及酸、碱介质的影响,认为可能有三种反应途径生成苯胺。

(A) 主要是三分子氢还原硝基苯生成苯胺,可能的中间产物是亚硝基苯和苯基羟胺,但这些中间物在反应过程中并没有积累,而是继续还原成苯胺。

(B) 中间产物亚硝基苯与苯基羟胺相互作用生成氧化偶氮苯,再通过偶氮苯和氢化偶氮苯的途径生成苯胺。

(C) 中间产物苯基羟胺直接生成氢化偶氮苯后,再生成苯胺。

这三种不同的反应途径是与催化剂的性质、溶剂以及介质有关。在中性介质中用铂黑作催化剂反应时,基本上没有发现中间产物,因此反应是按第一种途径进行的;当用骨架镍作催化剂时,发现有少量中间产物积累,可能是第一种途径占优势,但也有少量硝基苯会通过第二种途径生成苯胺;用铂黑作催化剂,在溶剂中加入20%吡啶,几乎定量得到氢化偶氮苯,这说明吡啶能使氢化偶氮苯由催化剂表面上脱附下来,利用这一点,可将硝基苯在强碱(如氢氧化钠)介质中催化加氢,还原到氢化偶氮苯阶段,再加入盐酸转化成联苯胺:

$$2\,C_6H_5NO_2 \xrightarrow[\text{催化剂,强碱}]{H_2} C_6H_5\text{—}NH\text{—}NH\text{—}C_6H_5 \xrightarrow{HCl} H_2N\text{—}C_6H_4\text{—}C_6H_4\text{—}NH_2 \tag{5-50}$$

研究了许多硝基物液相加氢动力学,发现当有足够的催化剂与传质效果较好的条件下,则除在反应初始阶段由于升温的因素无法测定其正确的反应速度外,在达到正常反应后,即出现吸收氢速度是一个常数的现象,并一直延续到反应快接近终点,由此得到普遍规律:除在反应初始阶段外,在主反应过程中,液相加氢还原是零级反应,亦即:

$$-\frac{\mathrm{d}c}{\mathrm{d}t}=k \tag{5-51}$$

只是当硝基物浓度下降至一定数值后,才转化成为一级反应,直到反应终点。例如,邻硝基苯甲醚和对硝基苯乙醚液相加氢还原时,反应级数与硝基物的浓度有关，大于某一浓度时，表现为零级反应，等于或小于此浓度时，则为一级反应，这个反应级数转化点的硝基物浓度称为界限浓度。也即，在主反应过程中，不论是硝基物的浓度还是氢的浓度，对反应速度均无影响。由于这种动力学规律不是直接反映加氢还原的历程，所以测得的动力学速度常数只是表观的反应速度常数，它受各种条件如催化剂种类及浓度、温度、压力等影响。

(2) 腈类　腈类的加氢还原是制备脂肪胺的常用方法之一。加氢要用镍、钯或铂等催化剂和较温和的条件。腈类加氢还原的产物中除伯胺外、还有较多的仲胺。这是由于反应生成的伯胺会与中间产物亚胺发生加成副反应，进而生成仲胺，其反应式如下：

$$RC{\equiv}N \xrightarrow{H_2} RCH{=}NH \xrightarrow{H_2} RCH_2NH_2 \xrightarrow{RCH=NH}$$
$$RCH(NH_2)NHCH_2R \xrightarrow{-NH_3} RCH=NCH_2R \xrightarrow{H_2}$$
$$(RCH_2)_2NH \qquad (5\text{-}52)$$

但是在腈类加氢还原制备伯胺的过程中，加入氨可以抑制仲胺的生成或使其减少至最小程度，因为氨的存在可能发生如下反应：

$$RCH=NH+NH_3 \longrightarrow \underset{\displaystyle NH_2}{\underset{|}{RCH}}NH_2 \xrightarrow{H_2} RCH_2NH_2+NH_3 \qquad (5\text{-}53)$$

从而减少了生成仲胺的可能性。

5.2.2 催化剂

常用的加氢还原催化剂是过渡元素的金属、氧化物、硫化物以及甲酸盐等，如铂、钯、铑、铱、锇、钌、铼等贵金属和镍、铜、钼、铬、铁等一般金属，表 5-1 是各类加氢还原催化剂按制法分类的概况。

表 5-1　各类加氢还原催化剂

种　类	常用的金属	制　法　概　要	举　例
还原型	Pt,Pd,Ni	金属氧化物用氢还原	铂黑，钯黑
甲酸型	Ni,Co	金属甲酸盐热分解	镍粉
骨架型	Ni,Cu	金属与铝的合金，用氢氧化钠溶出铝	骨架镍
沉淀型	Pt,Pd,Rh	金属盐水溶液用碱沉淀	胶体钯
硫化物型	Mo	金属盐溶液用硫化氢沉淀	硫化钼
氧化物型	Pt,Pd,Re	金属氯化物以硝酸钾熔融分解	PtO_2
载体型	Pt,Pd,Ni,Cu	用活性炭、二氧化硅等浸渍金属盐再还原	Pd-活性炭 Cu-SiO_2

5.2.2.1 催化作用的电子因素

根据大量实验总结,过渡金属的催化作用是与其原子的电子构型有关,当金属原子的能阶中有未被电子所填满的空位时,则可接受电子,反应物分子中的电子即可填入此能阶中,反应物分子与催化剂表面发生化学吸附形成共价键,过渡金属所以有催化作用,即是由于电子层中有未填满的 *d*-能阶。因此,加氢还原催化剂的活性与其最外层电子的空 *d* 轨道有关,一个优良的催化剂要求其 *d* 轨道有一定的电子占有程度。当 *d* 轨道有 8~9 个电子时,最为合适,如铂、铑、镍;当 *d* 轨道占有的电子较少时,如 Fe($4s^2 3d^6$),则反应物与催化剂结合的键能可达到较大数值,结合十分牢固,使吸附物不易解析,从而使催化剂失去活性;当 *d* 轨道已全部被电子占有而无空轨道存在时,如铜($4s^1 3d^{10}$),则结合键能甚弱,因而活化程度较小;钯($4d^{10}$)的 *d* 轨道虽已被占有,但由于其 $4d$ 轨道的电子容易转移至 $5s$ 轨道而变成 $4d^9 5s^1$ 态,故而仍具有较好的活性。

5.2.2.2 几种重要的催化剂

(1) **骨架镍** 又称阮内(Raney)镍,由铝镍合金制成。从两组分的合金中,用溶解的方法,去除其中不需要的组分,形成具有高度孔隙结构的骨架,称为骨架型催化剂。常采用含镍 50%的铝镍合金为原料,用氢氧化钠溶液处理,溶去合金中的铝:

$$2Al + 2NaOH + 2H_2O \longrightarrow 2NaAlO_2 + 3H_2 \tag{5-54}$$

这种溶出铝的过程称为合金的"消化",消化方法不同,催化剂的活性也不同。制备好的灰黑色骨架镍在干燥状态下会在空气中自燃,所以需保存在乙醇或蒸馏水中,使用时需注意安全。一般认为,骨架镍的催化性能及其可燃性是由于骨架镍具有高度的吸附能力而引起。

骨架镍是最常用的液相加氢催化剂,它能使含硝基、氰基、芳环的化合物和烯烃发生加氢反应。镍系催化剂对硫化物敏感,可造成永久中毒,无法再生。近年来开展了对骨架镍改性的研究,如将骨架镍作部分氧化处理,使之钝化到不会自燃,而又保留足够高的催化活性,或制成 Ni-Zn 非自燃型的骨架镍。

(2) **铜-硅胶载体型催化剂** 铜-硅胶催化剂是由沉积在硅胶上的铜组成,硅胶必须具有大的表面积和孔隙度,催化剂以浸渍法制备;硅胶放入硝酸铜、氨水溶液中浸渍、干燥、进行灼烧,使用前用氢气活化,得含铜量为 14%~16%的金属态铜。

铜-硅胶催化剂具有成本低、选择性好、机械强度高等优点,因而用于流化床硝基苯气相加氢中,但抗毒性、热稳定性较差,原料中微量的有机硫化物(如噻吩),就极易引起催化剂中毒。在硝基苯气相加氢中,为改进 $Cu\text{-}SiO_2$ 催化剂性能,制备了 $Cu\text{-}Al_2O_3$ 催化剂,具有较长的使用寿命和增强活性。

(3) **有机金属络合型催化剂——均相催化剂** 这类催化剂是近年来发展的新催化剂,具有反应活性大、条件温和、选择性较好、不易中毒等优点,但因催化剂溶解于溶液中,使分离和回收较困难。

均相催化剂主要是过渡金属铑、钌、铱的三苯膦络合物,如氯化三苯膦络铑 $(Ph_3P)_3RhCl$、氯氢三苯膦络钌 $(Ph_3P)_3RuClH$、氢化三苯膦络铱 $(Ph_3P)_3IrH$ 等,其催化作用是由于中心铑(或其他金属)原子以 d 轨道与 H_2、反应物形成配位络合物而引起。

5.2.2.3 催化剂的评价

催化剂在加氢还原中的特性可由下列技术指标来表示。

(1) **催化剂的活性** 指加速化学反应的能力,习惯上常以每单位容积(或质量)催化剂在单位时间内转化原料反应物的数量即负荷来表示,单位是 $L \cdot L^{-1} \cdot h^{-1}$(或 $kg \cdot kg^{-1} \cdot h^{-1}$)即 h^{-1}。负荷又称空间速度,这种参数主要用于连续生产。表 5-2 是某些硝基物在进行加氢还原时的催化剂负荷。

表 5-2 液相加氢还原的催化剂负荷

硝基化合物	催化剂	催化剂负荷(h^{-1})	转化率(%)
硝基苯	Ni-C	0.8	99.5～100
邻硝基甲苯	Ni-C	0.5	99.0～99.5
硝基二甲苯	Ni-C	0.5	99.5～100
间氯硝基苯	Pt-C	0.25～0.30	99.8～100
对氯硝基苯	Pt-C	0.25～0.30	99.8～100
3,4-二氯硝基苯	Pt-C	0.25	99.8～100

生产中应使实际负荷与额定负荷相当,负荷太小,则生产能力降低,负荷过大,易使反应转化不完全。

铂、钯、铑、镍都具有较好的加氢活性,它们的金属/活性炭型催化剂对硝基苯加氯的活性顺序为铂>钯>铑>镍。而铜、铬、锌的氧化物是较缓和的催化剂。

(2) **催化剂的选择性** 指在能发生多种反应的反应系统中,同一催化剂促进不同反应的程度的比较。通常要设法提高催化剂的选择性,使原料向指定的方向转化,减少副反应。催化剂的选择性常以消耗的原料中转变为目的产物的分率来表示,即为实际生成的目的产物与所耗用的原料在理论上能生成的同一产物之摩尔比。如果反应物原料中包含多种组分,则应指明是对于哪一种原料组分而言的选择性。

加氢还原中，铑对可还原性基团具有较好的选择性，如在下列两个反应中，铑催化剂只催化还原硝基而不影响其他基团：

$$m\text{-}O_2N\text{-}C_6H_4\text{-}COCH_3 \xrightarrow[H_2]{Rh} m\text{-}H_2N\text{-}C_6H_4\text{-}COCH_3 \tag{5-55}$$

$$m\text{-}O_2N\text{-}C_6H_4\text{-}CH{=}CH_2 \xrightarrow[H_2]{Rh} m\text{-}H_2N\text{-}C_6H_4\text{-}CH{=}CH_2 \tag{5-56}$$

而当不饱和醛类进行加氢还原时，铑催化剂只使双键加氢而保留醛基：

$$C_6H_5\text{-}CH{=}CHCHO \xrightarrow[H_2]{Rh} C_6H_5\text{-}CH_2CH_2CHO \tag{5-57}$$

因此，催化剂的选择性愈高，则加速主反应、抑制副反应的能力愈强，产率愈高。

(3) 催化的稳定性　指催化剂在使用条件下，保持活性及选择性的能力，主要指对毒物的稳定性。催化剂在使用过程中，活性随时间而变化，可用图 5-2 所示的活性曲线表示，图中Ⅰ为诱导期(或成熟期)，Ⅱ为稳定期，Ⅲ为衰退期。在衰退期中，因某些物理或化学作用破坏了催化剂原有的组织和构造，导致活性下降而最终失活。凡催化剂表面因薄膜覆盖而失活的，可用再生方法恢复其活性，如催化剂表面沉积的焦炭或有机物，可用氧化燃烧法除去；催化剂从开始使用到活性下降需再生的时间称为再生周期或单程寿命。在加氢还原中，由于少量杂质或毒物(如硫、磷、砷、铋、碘等离子和某些有机硫化物和有机胺)与催化剂的活性中心发生强烈的化学吸附，使催化剂活性大大下降或完全丧失的现象称为中毒，因此需严格控制原料纯度。催化剂从开始使用到完全丧失活性的期限称催化剂寿命，催化剂寿命是使用催化剂的重要经济指标。

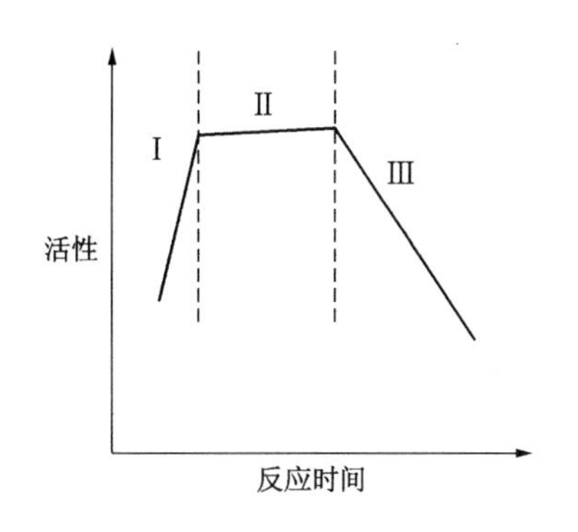

图 5-2　催化剂的活性曲线图

除此以外，还要求催化剂具有对热的稳定性和一定的机械强度，这尤其对流化床气相加氢催化剂是重要指标。

5.2.3　影响因素

加氢还原反应的速度、选择性主要决定于催化剂的类型，但与加氢反应的条件亦有密切关系。

5.2.3.1　原料

提供氢源的主要途径有食盐电解、天然气转化、水煤气净化以及水的电解等。氯碱工业的食盐电解所产生的氢是目前工业上最广泛使用的氢源。

加氢还原反应中，应控制有机物的纯度，因有机物中的微量杂质易引起催化剂中毒，活性下降。如在硝基苯的气相加氢中，为避免噻吩对 $Cu\text{-}SiO_2$ 催化剂的毒害，宜采用由石油苯制得的硝基苯。此外，硝化产物中往往含有少量硝基酚杂质，对催化剂也有显著的毒化作用。在 Pd-C 催化剂上进行二硝基甲苯液相加氢还原时，硝基酚含量应控制在 0.02%（质量）以下。

有机物的结构与加氢活性有一定关系，在大部分情况下，醛基、硝基和氰基较易加氢，而芳环较难加氢。在中性介质中，用骨架镍作催化剂，芳香硝基化合物的还原速度有以下顺序：

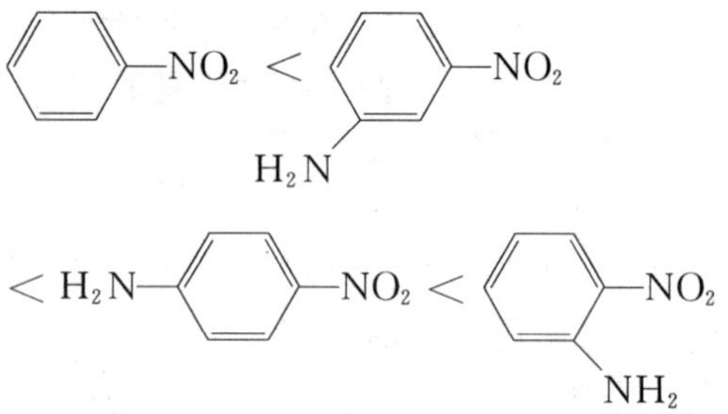

$$C_6H_5-NO_2 < m\text{-}H_2N-C_6H_4-NO_2 < p\text{-}H_2N-C_6H_4-NO_2 < o\text{-}H_2N-C_6H_4-NO_2$$

5.2.3.2　温度和压力

通常加氢还原的温度愈高，反应速度愈快；但在液相加氢反应中，在某一温度范围内，反应速度会随着温度的上升而显著加快，若再提高温度，则反应速度的变化不大。例如，间二硝基苯液相加氢为间苯二胺：

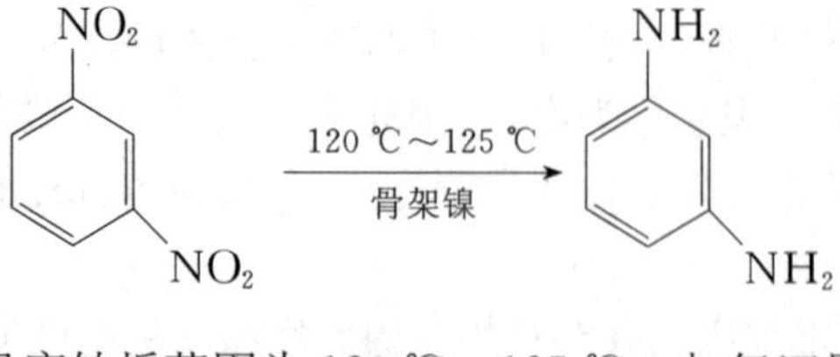

$$m\text{-}C_6H_4(NO_2)_2 \xrightarrow[\text{骨架镍}]{120\ ℃\sim125\ ℃} m\text{-}C_6H_4(NH_2)_2 \qquad (5\text{-}58)$$

用乙醇作溶剂时，温度转折范围为 120 ℃～125 ℃。加氢还原时，还应注意温度过高可能改变反应的方向，例如硝基苯气相加氢时，要求控制反应温度在 250 ℃

～270 ℃为宜，若温度高达 280 ℃～300 ℃，可引起有机物的焦化，使苯胺颜色变深，此外还有下列副反应：

$$C_6H_5NO_2 + 4H_2 \longrightarrow C_6H_6 + NH_3 + 2H_2O \tag{5-59}$$

并加速了催化剂表面的积炭过程。加氢还原反应为一放热反应，如硝基物的液相加氢反应热一般约为 500 $kJ \cdot mol^{-1}$，为维持一定的反应温度，可依靠反应器中的冷却设备及过量循环氢来移除反应的热量。

压力对加氢反应有很大的影响，在气相加氢时，提高压力相当于增大氢的浓度，因此反应速度可按比例加快；对于液相加氢，实际上是溶解在液相中的那部分氢参加反应。根据测定，在不太高的氢气压力下，液体中氢的浓度是符合亨利定律的，因此提高氢气压力，反应速度也会明显加快。加氢还原中所使用的压力与所选用催化剂的活性也有密切关系。几种催化剂的液相加氢压力可比较如下：

铂黑	常压加氢
5% Pd-C	常压～0.5 MPa
骨架镍	2～5 MPa

但压力加大后，往往会导致选择性下降。

5.2.3.3 物料的混合

从加氢还原的基本过程可知：催化加氢经历了反应物分子扩散、吸附于催化剂表面、进而在催化剂表面发生化学反应的过程，因此液相加氢为气-固-液三相系统的多相催化反应，而气相加氢为气-固相催化反应。当选用高活性催化剂时，加氢还原的化学反应速度要比反应物扩散速度大得多，这时加强传质对加快反应速度有决定意义。

在液相加氢的釜式反应器中，搅拌效率的高低涉及到相对密度较大的催化剂能否均匀地分散在反应介质中发挥应有的催化效果，因此搅拌器的选型与设计是一个关键问题。涡轮式搅拌器能达到使气相分散、固相悬浮的较好效果。文献中介绍的“气泵涡轮式”搅拌器在高速旋转时，能把液面上的气体通过空心轴或套管，自动抽吸到液相内，使氢气在气-液两相内循环流动，所以这种搅拌器能提高液相内的含气量和强化气-液间的传质过程，其次还发现，当搅拌的转速较低时，加氢速度随搅拌转速的增加而增加。

在液相加氢鼓泡塔式反应器中，塔内物料传质条件是靠高速氢气流建立的，气、液、固三相物料的流动状态与氢气的流速大小密切相关，随着气速逐渐增大，固体颗粒由静止到浮动，当固体开始全部悬浮时的气体表观线速度称为“临界气速”，生产上操作的气速应使反应物料作湍流运动为宜，气体表观流速的范围一般在 0.015～0.10 m · s^{-1}。

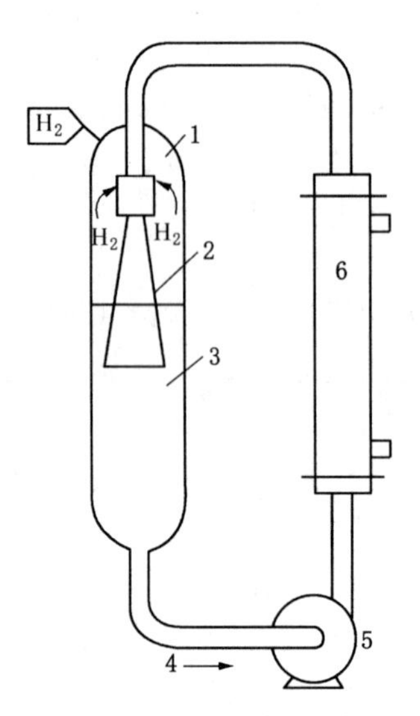

图 5-3　环形加氢反应器示意图

1—高压釜；2—混合和反应区；3—反应物、溶剂、催化、剂悬浮体；4—循环物料；5—循环泵；6—热交换器

近年来，新开发的环形反应器已成功地应用于硝基化合物的液相加氢还原。图 5-3 表示了环形反应器的工作原理，物料用泵连续通过外部热交换器，经喷嘴的喷射作用，使气-液-固三相物料达到混合而发生化学反应，由于环形反应器能强化热量和质量的传递，从而提高反应的选择性。

在气相加氢流化床反应器中，需控制一定的空塔速度，保证流化质量，使催化剂、氢气、有机物能很好混合，空塔速度太小，则流化质量降低，传质效果不好；一定的空塔速度可由控制通入反应器中的氢气与硝基物的摩尔比（氢油比）来达到。

另外，应注意介质对传质的影响，在液相加氢时，如加氢的原料或产物在反应温度下是固体，则需添加水或有机溶剂进行加氢，以加强传质，并便于产物与催化剂的分离，对于含有水溶性基团如磺基、羧基的硝基化合物，可采用水作介质；对于不溶于水的硝基化合物需采用有机溶剂作介质，其中醇类特别是甲醇、乙醇、异丙醇是最常用的溶剂，也有用四氢呋喃、N-甲基吡咯烷酮和二噁烷等作溶剂。

5.2.4　加氢还原

工业上实施加氢反应有两个方法：气相加氢和液相加氢。对于沸点低、易汽化的硝基化合物可采用气相加氢，一般可在常压、温度为 200 ℃～400 ℃之间进行反应，常采用固定床或流化床反应器连续进行加氢还原反应。液相加氢不受被还原物沸点的限制，可在釜式或塔式设备中间歇或连续进行，因此其适用范围较广。

5.2.4.1　硝基化合物加氢还原制胺

一般硝基化合物的加氢还原较易进行，为一放热反应。最重要的还原过程是硝基苯气相加氢制苯胺，苯胺是一大规模生产的中间体，约有一半产品用于生产异氰酸酯,1958 年流化床硝基苯气相催化加氢在美国氰胺分司投产,年产量逾万吨。

硝基苯气相加氢还原反应可按下式进行:

$$C_6H_5NO_2 + 3H_2 \longrightarrow C_6H_5NH_2 + 2H_2O \tag{5-60}$$

适宜的反应温度为 250 ℃～270 ℃,采用含铜量为 14%～16%的铜-硅胶负载型催化剂,生产流程如图 5-4 所示。

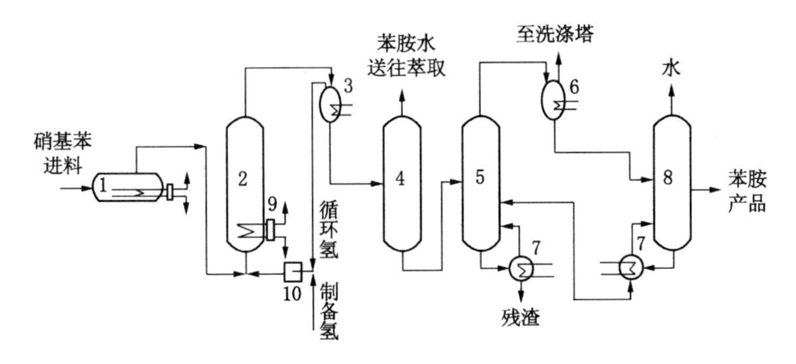

图 5-4 硝基苯连续流化床气相加氢还原流程示意图

1—汽化器;2—反应器;3,6—气液分离器;4—分离器;5—粗馏塔;7—再沸器;
8—精馏塔;9—冷却器;10—压缩机

杂质硝基噻吩含量小于 0.001%(质量)的硝基苯导入汽化器,并与为理论量 3 倍的氢(氢∶油=9∶1)混合而汽化,混合物通过分布板进入含有铜-硅胶催化剂的反应器,在 270 ℃左右物料与催化剂经很短时间接触就完成反应,反应热由通过催化剂层的冷却器移除,出口气体须通过不锈钢过滤管,防止带走催化剂,经冷却后,在气液分离器中分出过量氢,并循环使用,由分离器分出的苯胺水送去萃取,粗苯胺依次进入粗馏塔和精馏塔,得纯度为 98%的苯胺。

混合二甲苯胺也可用相似方法由硝基二甲苯气相加氢还原制得。

二氨基甲苯(DAT)的制备是液相加氢还原的典型实例,甲苯经二硝化可得 2,4-二硝基甲苯和 2,6-二硝基甲苯(DNT)的混合物,该异构体的含量分别为 80%和 20%(质量),可用高压液相催化加氢制得二氨基甲苯。

CH_3 NO_2 NO_2 (CH_3 NO_2 NO_2) $+6H_2$

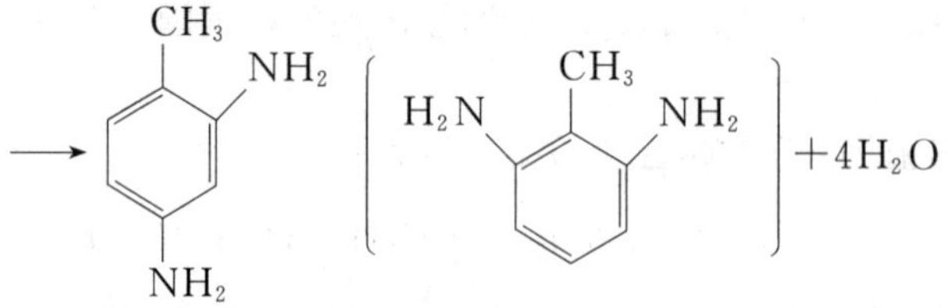

$$\longrightarrow \text{2,4-二氨基甲苯}\left(\text{2,6-二氨基甲苯}\right) + 4H_2O \qquad (5\text{-}61)$$

二硝基甲苯液相加氢还原要采用甲醇作溶剂，骨架镍为催化剂，物料连续进入串连的塔式高压反应器，在 100 ℃和氢气压力为 15～20 MPa 下进行反应，从最后一台反应器流出的物料经降压分出氢及催化剂后，再精制粗品可得纯度为 99％的二氨基甲苯。全部过程可连续进行，二氨基甲苯主要用于制备甲苯的二异氰酸酯。

对氨基酚多以对硝基氯苯为原料，经水解为对硝基酚，再用铁粉和盐酸还原成对氨基酚；如采用加氢还原法，以硝基苯为原料，铂-碳为催化剂，在硫酸水溶液中还原得苯胲，立即发生重排反应得对氨基酚，收率可达 80％。

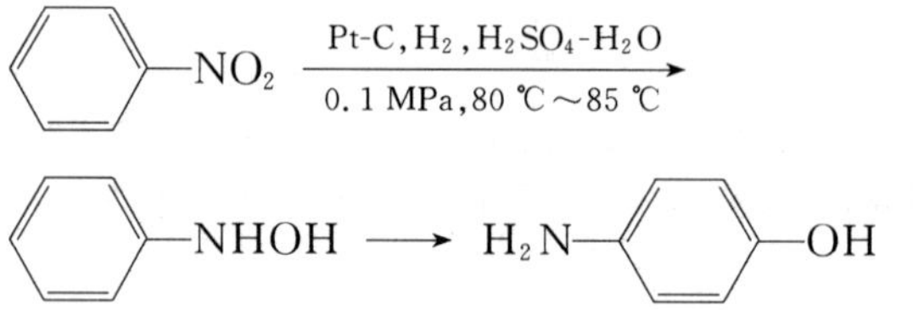

$$C_6H_5\text{-}NO_2 \xrightarrow[0.1\ MPa,80\ ℃\sim85\ ℃]{Pt\text{-}C,H_2,H_2SO_4\text{-}H_2O} C_6H_5\text{-}NHOH \longrightarrow H_2N\text{-}C_6H_4\text{-}OH \qquad (5\text{-}62)$$

环己胺是合成脱硫剂、橡胶促进剂、农药杀菌剂的中间体，可由硝基环己烷的还原制得，也可由苯胺的催化氢化，环己烷氯化物或环己醇的氨解等方法制得。骨架镍及氧化铂是硝基环烷烃类加氢为胺类的理想催化剂。

烷醇胺是制备表面活性剂的中间体，乙醇胺和丙醇胺是分别由环氧乙烷或环氧丙烷氨解而得，其他烷醇胺由相应的硝基醇还原制得。

5.2.4.2 腈类加氢制胺

有些胺类，特别是脂肪胺或芳环侧链的胺类，不适宜用硝化还原法制取，常用腈类加氢制取。腈类加氢如用钯或铂为催化剂，可在常温常压下进行，如用骨架镍作催化剂，则要在加压下进行。

长碳链脂肪胺多数由脂肪酸为原料，采用下面的路线合成：

$$RCOOH \xrightarrow{NH_3} RCOONH_4 \xrightarrow{-H_2O} RCONH_2 \xrightarrow{-H_2O} RCN \xrightarrow[\text{Ni 催化剂}]{H_2} RCH_2NH_2 \qquad (5\text{-}63)$$

高级脂肪酸与氨作用，得到脂肪酸铵盐，再经高温脱水得高级脂肪腈，然后加氢得脂肪胺。

十八腈加氢可以用骨架镍为催化剂,用量为腈的 0.5%～1%,在 1.4～1.7 MPa,140 ℃～150 ℃左右加氢,3～4 小时可以完成反应制得十八胺。产物中伯胺占 80%～85%,仲胺占 15%。如要抑制仲胺量,可在反应时加入少量水、氢氧化钠和氨气。

$$CH_3(CH_2)_{16}CN \xrightarrow[\text{骨架镍}]{H_2} \begin{cases} CH_3(CH_2)_{17}NH_2 \\ [CH_3(CH_2)_{17}]_2NH \end{cases} \tag{5-64}$$

用类似的方法,还可由十二腈加氢制得十二胺。

5.2.5 用水合肼的还原

硝基化合物的催化加氢还原,如采用氢给予体如肼或水合肼作还原剂,则能使硝基、亚硝基化合物顺利还原成相应的氨基化合物。该法操作方便,只需将硝基化合物与过量水合肼溶于甲醇或乙醇中,然后在催化剂存在下加热,还原反应即可发生,并放出氮气,反应是在常压下进行的,硝基化合物中所含羰基、氰基、非活化碳-碳双键均可不受影响,故高选择性为本法特点。

肼在不同贵金属催化剂上的分解过程,决定于介质的 pH 值,每摩尔肼所产生的氢,随介质 pH 值升高而增加,如在弱碱性或中性条件下,可产生 1 摩尔氢:

$$3N_2H_4 \xrightarrow{\text{Pt,Pd 或 Ni}} 2NH_3 + 2N_2 + 3H_2 \tag{5-65}$$

如加入氢氧化钡则有 2 摩尔氢产生:

$$N_2H_4 \xrightarrow{\text{Pd(或 Pt)}} N_2 + 2H_2 \tag{5-66}$$

用水合肼还原硝基物时,大多数是在催化剂存在下完成,但也可在无催化剂存在下发生。水合肼还原的应用实例如下:

(1) 在三氯化铁与活性炭催化下,用肼还原间硝基苯甲腈:

$$\text{3-}NO_2C_6H_4CN \xrightarrow[CH_3OH]{H_2NNH_2 \cdot H_2O/FeCl_3/C} \text{3-}NH_2C_6H_4CN \tag{5-67}$$

(2) 水合肼还原二硝基物,可利用不同温度进行选择性还原:

$$\text{2,4-二硝基甲苯} \xrightarrow[70\ ^\circ\text{C} \sim 75\ ^\circ\text{C}]{H_2NNH_2 \cdot H_2O/\text{醇}} \text{2-氨基-4-硝基甲苯} \xrightarrow[140\ ^\circ\text{C}]{H_2NNH_2 \cdot H_2O} \text{2,4-二氨基甲苯} \quad (5\text{-}68)$$

(3) 水合肼具碱性,所以某些适宜在碱性条件下还原的硝基化合物均可采用:

$$\text{2,2'-二硝基二苯二硫醚} \xrightarrow[\text{回流}]{H_2NNH_2 \cdot H_2O/\text{醇}} \text{2,2'-二氨基二苯二硫醚} \quad (5\text{-}69)$$

以上反应如在酸性条件下进行,则硫-硫键也同时被还原成巯基。

肼或水合肼主要用于还原醛或酮的羰基为甲基或次甲基。

除化学还原反应及加氢还原反应外,芳香族硝基化合物的电化学还原是电有机合成领域中开展最早、研究得最广泛的课题之一,虽尚未见工业化生产报导,但是在电力成本较低的情况下,电化学还原生产某些胺类是经济的和有效的方法。电化学还原一般是在水或水-醇溶液中进行,改变电极电位或溶液的 pH 值,能分别得到不同的还原产物,例如可将硝基化合物还原成亚硝基、羟氨基化合物、氧化偶氮化合物、偶氮化合物或氨基化合物。

芳香族硝基化合物可按下式还原成胺:

$$ArNO_2 + 6H^+ + 6e \longrightarrow ArNH_2 + 2H_2O \quad (5\text{-}70)$$

电解时,采用无机酸的水溶液或醇-水溶液为阴极电解液,常用的促进剂是氯化亚锡、氯化铜、钼酸等,铜、镍、铅、碳等作阴极材料。当硝基苯在浓硫酸中电解还原时,可得到对氨基苯酚:

$$C_6H_5NO_2 + 4H^+ + 4e \longrightarrow HO\text{-}C_6H_4\text{-}NH_2 + H_2O \tag{5-71}$$

将硝基化合物悬浮或溶解在碱性阴极电解液中，并在镍阴极上进行电解还原，控制不同电流密度，便可分别控制还原成偶氮化合物或肼撑化合物阶段。

6　氨解反应

利用胺化剂将已有的取代基置换成氨基(或芳氨基)的反应称氨解反应,按被置换基团的不同,氨解反应包括有卤素的置换、羟基的置换、磺基及硝基的置换、羰基化合物的氨解和直接氨解等。

胺化剂可以用液氨、氨水、溶解在有机溶剂中的氨、气态氨或者由固体化合物如尿素或铵盐中放出的氨以及各种芳胺。

6.1　卤素的氨解

6.1.1　反应理论

按卤素衍生物活泼性的差异,可分为非催化氨解和催化氨解。

(1) 非催化氨解　对于活泼的卤素衍生物,如芳环上含有硝基的卤素衍生物,通常以氨水处理时,可使卤素被氨基置换;虽然不含磺基的芳香化合物在常温的氨水中很难溶解,但大多数反应仍能在水相中进行,因为随着温度和氨浓度的提高,氯化物在氨水中的溶解度会增大。

邻或对硝基氯苯与氨水溶液加热时,氯被氨基置换,反应按下式进行:

$$Cl\text{-}C_6H_4\text{-}NO_2 + 2NH_3 \longrightarrow NH_2\text{-}C_6H_4\text{-}NO_2 + NH_4Cl \qquad (6\text{-}1)$$

氯的氨解反应属亲核置换反应,反应分两步进行,首先是带有未共用电子对的氨分子向芳环上与氯相连的碳原子发生亲核进攻,得到带有极性的中间加成物,此加成物迅速转化为铵盐,并恢复环的芳香性,最后再与一分子氨反应,即得到反应产物;速度决定步骤是氨对氯衍生物的加成。对硝基氯苯的氨解可用下列方程描述:

$$\text{Cl-C}_6\text{H}_4\text{-NO}_2 + NH_3 \xrightleftharpoons{\text{慢}} \text{[Cl, }\overset{+}{N}H_3\text{ 加成中间体, }=\overset{+}{N}(O^-)_2]$$

$$\xrightarrow[-Cl^-]{\text{快}} \overset{+}{N}H_3\text{-C}_6\text{H}_4\text{-NO}_2 \xrightarrow[+NH_3,\ -NH_4^+]{\text{快}} NH_2\text{-C}_6\text{H}_4\text{-NO}_2 \qquad (6\text{-}2)$$

芳胺与2,4-二硝基卤苯的反应也是一双分子亲核置换反应,其反应历程的通式如下:

$$ArNH_2 + \text{2,4-(NO}_2)_2\text{C}_6\text{H}_3X \rightleftharpoons \text{[X, }\overset{+}{N}H_2Ar\text{, NO}_2\text{, }=\overset{+}{N}(O^-)_2] \longrightarrow \text{2,4-(NO}_2)_2\text{C}_6\text{H}_3NHAr + HX$$

(6-3)

氨解反应的两步历程可由下列事实得到直接证明:将一系列具有不同离去基团的卤素衍生物与同一亲核试剂反应的速度相比,例如2,4-二硝基卤代苯和哌啶反应:

$$O_2N\text{-C}_6\text{H}_3(NO_2)\text{-X} + HN\!\!\bigcirc \longrightarrow O_2N\text{-C}_6\text{H}_3(NO_2)\text{-}\overset{+}{H}N\!\!\bigcirc\ X^- \qquad (6\text{-}4)$$

当 X = Cl, Br 和 I 时,反应的相对速度分别为4.3, 4.3和1.0,这表明C—X键的断裂对反应速度没有明显的影响,否则就应看到不同卤素衍生物的反应活泼性会按着 I > Br > Cl 的顺序而呈现显著差别。因此,上述亲核置换反应是按两步历程进行的，而且亲核试剂的进攻是速度的决定步骤。当 X＝F 时，能观察到上述反应的相对速度是 3 300，这是由于 F 是非常强的吸电子基，使芳环上连有 F 的碳原子的正电荷性更强，因而更易与亲核试剂发生反应，此外，F 应有助于稳定负离子：

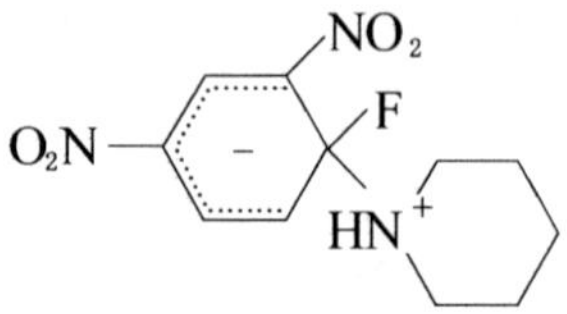

NO_2
O_2N— – F
HN$^+$

硝基氯苯氨解反应的动力学研究证明了反应是双分子的，反应速度直接正比于氨和氯化物的浓度，当氨水大大过量时，可近似认为在反应过程中其浓度不变。动力学方程式可按假一级考虑：

$$\frac{dx}{dt} = k(a - x)c \qquad (6\text{-}5)$$

式中，a——硝基氯苯的初始浓度，mol · L^{-1}；

c——氨的浓度，mol · L^{-1}；

x——t 分钟后，硝基氯苯的浓度减少，mol · L^{-1}；

k——反应速度常数，L · mol^{-1} · min^{-1}；

t——反应时间，min。

上式积分得

$$k = \frac{1}{tc}\ln\frac{a}{a - x} \qquad (6\text{-}6)$$

根据式(6-6)以及测定不同温度下的反应速度常数，便可求出对硝基氯苯与邻硝基氯苯的氨解速度常数与温度的关系式以及反应的活化能。邻硝基氯苯和对硝基氯苯与氨溶液反应的活化能分别为 86 kJ · mol^{-1}和 90 kJ · mol^{-1}。氯苯与氨之间非催化的反应活化能不小于 105～126 kJ · mol^{-1}。

脂肪族卤化物与氨的反应属亲核取代反应，反应是按双分子历程进行的，由于反应生成的胺具有比氨更强的碱性，所以这种氨解反应往往会依次进行下去，得到伯、仲及叔胺，甚至还包括季铵盐的混合物。如果胺类混合物的沸点有较大的差距，可以用分馏方法分离。此外还可以利用不同摩尔比的原料进行氨解，以及控制反应温度、时间和其他条件，使某一种胺为主要产品，例如当目的产物为伯胺时，则应用很大过量的氨，使反应产物中仲、叔胺的生成量减为最少。脂肪族卤化物氨解反应的活化能约为 42 kJ · mol^{-1}。

(2) *催化氨解* 氯苯、1-氯萘、1-氯萘-4-磺酸和对氯苯胺等，在没有铜催化剂存在时，在 235 ℃、加压下与氨不会发生反应；然而在有铜催化剂存在时，上述氯衍生物与氨水共热至 200 ℃时，就都能反应生成相应的芳胺。在氨解反应的动力学研究中已指出：反应速度直接正比于铜催化剂和氯衍生物的浓度，而与氨水浓度无关，因此，可设想反应是分两步进行的：第一步是由催化剂和氯化物生成加成产物，即生成一正离子络合物，这是反应速度决定步骤：

$$\mathrm{ArCl} + \mathrm{Cu(NH_3)_2^+} \longrightarrow \mathrm{ArCl \cdot Cu(NH_3)_2^+} \tag{6-7}$$

正离子络合物提高了氯的活泼性，很快与氨、氢氧离子或芳胺按下列方程反应：

$$\mathrm{ArCl \cdot Cu(NH_3)_2^+} \xrightarrow[k_1]{+\,2\mathrm{NH_3}} \mathrm{ArNH_2} + \mathrm{Cu(NH_3)_2^+} + \mathrm{NH_4Cl} \tag{6-8}$$

$$\mathrm{ArCl \cdot Cu(NH_3)_2^+} \xrightarrow[k_2]{+\,\mathrm{OH^-}} \mathrm{ArOH} + \mathrm{Cu(NH_3)_2^+} + \mathrm{Cl^-} \tag{6-9}$$

$$\mathrm{ArCl \cdot Cu(NH_3)_2^+} \xrightarrow[k_3]{+\,\mathrm{ArNH_2}} \mathrm{Ar_2NH} + \mathrm{Cu(NH_3)_2^+} + \mathrm{HCl} \tag{6-10}$$

分别得到主产物芳胺，副产物酚和二芳胺，同时又生成铜氨离子，这是反应的第二步。

全部过程的速度不决定于氨的浓度，但主、副产物的比例决定于氨、氢氧离子和芳胺的比例，下式已为氯苯氨解实验所证实：

$$\frac{[\mathrm{C_6H_5NH_2}]}{[\mathrm{C_6H_5OH}]} = K\,\frac{[\mathrm{NH_3}]}{[\mathrm{OH^-}]} \tag{6-11}$$

式中的 K 是生成苯胺与苯酚的两速度常数之比，即

$$K = \frac{k_1}{k_2} \tag{6-12}$$

副产物酚的生成随氨浓度的增加而减少(由于$[\mathrm{NH_3}]/[\mathrm{OH^-}]$比增加)。在铜氨络离子存在下，氯苯氨解反应的活化能约为 71 $\mathrm{kJ \cdot mol^{-1}}$。

(3) *用氨基碱氨解* 当氯苯用 $\mathrm{KNH_2}$ 在液氨中进行氨解反应时，产物中有将近一半的苯胺，其氨基是连结在与原来的氨互为邻位的碳原子上：

Cl
*
$\mathrm{KNH_2, NH_3}$
$-\mathrm{HCl}$
$\mathrm{NH_2}$
*
48%
+
*
$\mathrm{NH_2}$
52%
(6-13)

该反应按苯炔历程进行，NH_2^- 是以碱的形式而不是亲核试剂方式开始进攻，首先发生消除反应，氨基负离子夺取一个氢质子形成氨和负碳离子，负碳离子再失去卤离子而形成苯炔，生成的苯炔迅速与亲核试剂加成，产生负碳离子，该负碳离子从 NH_3 上获取质子而得产物，如下式所示：

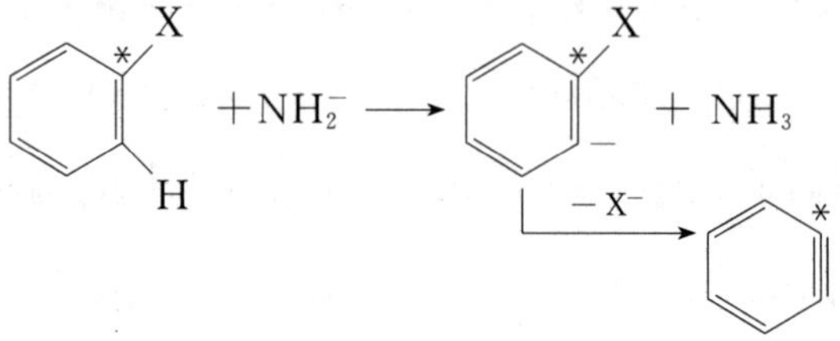

(6-14)

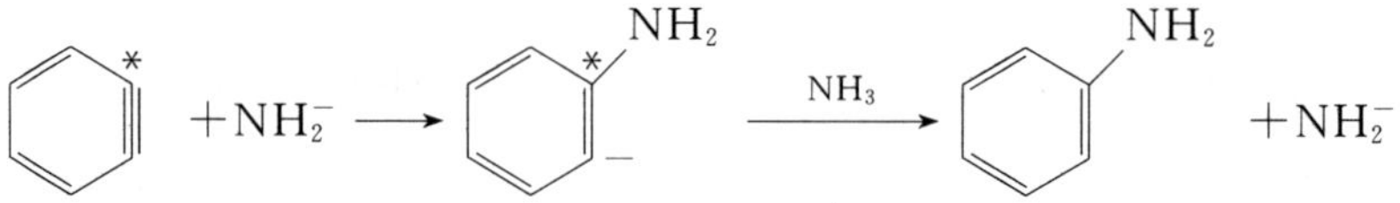

(6-15)

在苯炔中，标记的碳和它相邻的碳是等同的，所以 NH_2^- 能等同地加到任一碳原子上。显然，这是一个消除—加成的反应历程，支持苯炔历程的直接证明是：在同样条件下，下列卤化物在液氨中与 $NaNH_2$ 根本不会发生反应，这些化合物的共同特征是在卤素的邻位均没有氢原子，而从上述历程可知：邻位氢原子是生成苯炔中间体的必要因素。

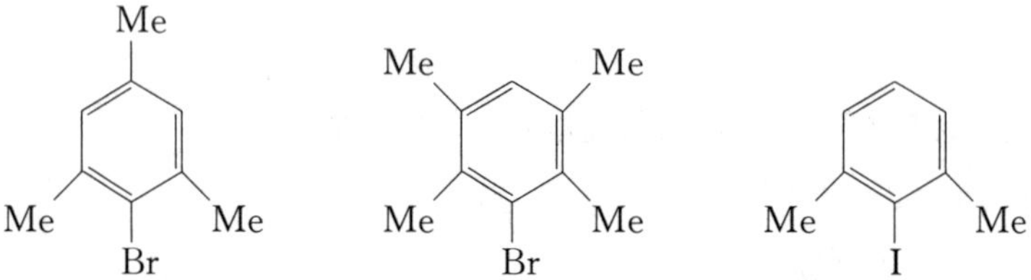

苯炔分子中，两个碳原子之间是通过 sp^2 轨道的侧面交叠而形成了新键，这个新键很弱，因此苯炔为高活性中间物。虽然苯炔类中间物还没有被真正分离出来，但它们的存在已从有关实验和光谱中得到了大量证据。例如在苯炔产生时如存在着呋喃，便会导致生成狄尔斯-阿德耳(Diels-Alder)加成体，这种加成物很容易被酸催化，使环裂解生成 1-萘酚：

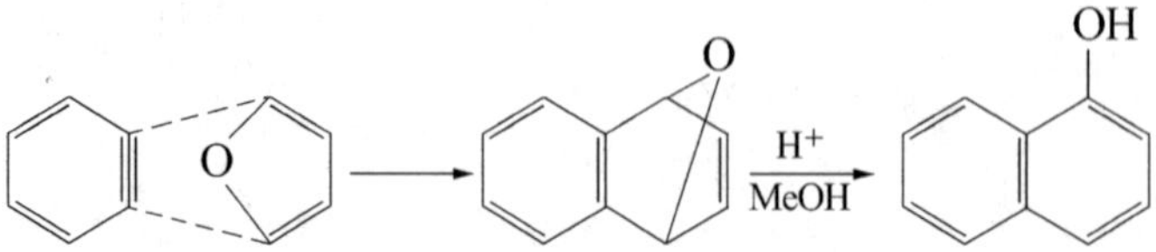

(6-16)

间溴苯甲醚在液氨中用氨基钾或钠处理时，得到间氨基苯甲醚：

$$m\text{-}CH_3OC_6H_4Br \xrightarrow[NH_3]{NH_2^-} m\text{-}CH_3OC_6H_4NH_2 \tag{6-17}$$

这是因为苯炔历程中所生成的负碳离子中的电子是在 π 电子云平面之外的，仅受甲氧基的沿 σ 键的吸电子诱导效应的影响。因而，在第一步，负电荷优先地出现在最能容纳它的碳原子上，即甲氧基的邻位，生成负碳离子如式(6-18)中的①，NH_2^- 的加成方式是使负电荷出现在甲氧基邻位的碳原子上，生成负碳离子如式(6-18)中的②：

$$m\text{-}CH_3OC_6H_4Br \xrightarrow[-NH_3]{NH_2^-} ① \xrightarrow{-Br^-} 3\text{-}CH_3OC_6H_3(\text{苯炔}) \xrightarrow{+NH_2^-} ② \xrightarrow[-NH_2^-]{NH_3} m\text{-}CH_3OC_6H_4NH_2 \tag{6-18}$$

6.1.2 影响因素

(1) 胺化剂　常用的胺化剂可分为各种形式的氨、胺，以及它们的碱金属盐、尿素、羟胺等，但对于液相氨解反应，氨水仍是应用量最大和应用范围最广的胺化剂。使用氨水时，应注意氨水浓度及用量的选择。

芳香氯化物氨解时所用氨的摩尔比称为氨比，理论氨比为 2，实际上，间歇氨解时，氨比为 6～15，连续氨解时约为 10～17，这是因为增加氨水用量能提高氯化物的溶解量，改进反应物料的流动性，减少副产品二芳胺的生成。氨解反应中，生成的氯化氢与氨结合生成 NH_4Cl，25 ℃时 pH 为 4.7，对设备有强烈的腐蚀作用；如有过量氨存在，则可减少其腐蚀作用。当 $NH_4Cl : NH_3 = 1 : 10$ 时，腐蚀作用就很弱了；但用量太大，则会增加回收氨的负荷，并降低生产能力。

反应动力学研究已证明，非催化氨解反应速度正比于氯衍生物和氨水的浓度，氨水浓度增加，反应速度加快。但在催化氨解反应中，由于氨浓度增加，提高了氯化物在氨水中的溶解度,因而也加快了反应速度。例如,氯苯在 29%氨水中的溶解度为 13%,在 20%氨水中则为 6.4%。氨水浓度的增加使转化成伯胺的反应较完全,抑制了仲胺、叔胺及羟基化合物的生成,因此也提高了产率。例如对硝基氯苯氨解制对硝基苯胺时,用 60%氨水在 220 ℃～240 ℃反应所得收率最高。但应指出,由于受到溶解度的限制,要配制高浓度的氨水是较困难的,因此常采用液氨充浓的方法。此外,氨的浓度愈高,则在相同温度下的饱和蒸气压愈高,因此,生产上往往是根据氨解反应的难易、设备的耐压程度来选择适当的氨水浓度。

(2) **卤素衍生物的活泼性** 不同卤素的氨解反应速度有较大的差异,表 6-1 是 2,4-二硝基卤萘和 2,4-二硝基卤苯在乙醇中 50 ℃与苯胺的反应速度常数 k 值。

表 6-1 2,4-二硝基卤萘和 2,4-二硝基卤苯与苯胺的反应速度常数

X	$k\times10^4(\mathrm{L\cdot mol^{-1}\cdot s^{-1}})$		$k_{萘}/k_{苯}$
	2,4-二硝基卤萘	2,3-二硝基卤苯	
I	224	1.31	171
Br	479	4.05	118
Cl	437	2.69	162
F	1 910	168	11.3

由表 6-1 可看到:卤萘中卤原子的活泼性比相应的卤苯要高许多,萘衍生物反应的较大速度是由其较低的活化能所决定的。从表 6-1 还可看出:在非催化氨解反应中,氟的置换反应速度大大超过氯和溴,氯和溴又比碘容易些,卤素衍生物的置换速度随卤素性质按下列顺序变化:

$$F \gg Cl, Br > I$$

卤化物上已有取代基对反应速度也有很大影响,通过取代基的强吸电子作用而对负离子中间物的稳定效应只能通过共轭效应来产生,例如硝基只对邻位和对位离去基团有作用,氨解反应的活泼性顺序为:

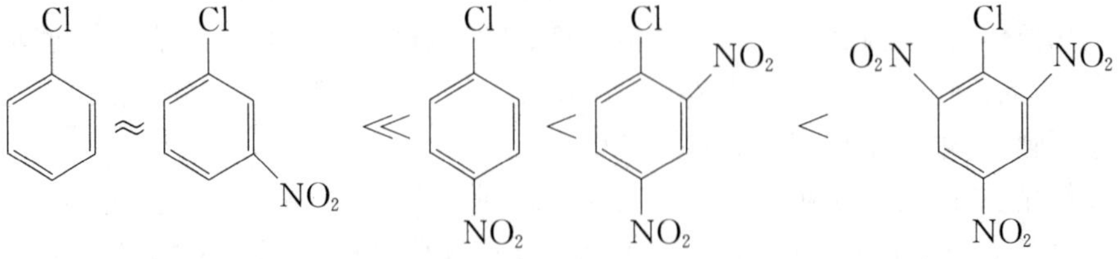

(3) **溶解度与搅拌** 在液相氨解中,胺化速度取决于反应物质的均一性,在

不采用搅拌时，由于氯化物的密度较大而会沉到加热釜底部，而氨水溶液却在上面成为明显的一层，反应只会在有限的界面上发生，影响了反应的正常进行和热量的传递，因此，在间歇氨解的高压釜中，要求装配良好的搅拌器，在连续管式反应器中，则要求物料呈湍流状态，以保证良好的传热和传质。

卤素的氨解反应是在水相中进行的，提高卤素衍生物在氨水中的溶解度，能加快氨解反应速度，当增加氨水浓度或提高反应温度时，都可促进溶解。

(4) **温度** 提高温度可加快氨解反应速度，根据式(6-5)以及测定在不同温度下的反应速度常数，可求出氨解反应的速度常数与温度的关系式，如邻硝基氯苯用氨水氨解时，反应速度常数 k 与温度关系式为：

$$\log k_{邻} = 7.20 - \frac{4\,682}{T} \pm 0.01 \tag{6-19}$$

2-氯蒽醌用氨水氨解时，反应速度常数与温度的关系式为：

$$\log k = 6.26 - \frac{4\,467}{T} \tag{6-20}$$

通过这些式子，可以求出各种温度下的反应速度常数，例如，2-氯蒽醌与氨水在 200 ℃时的反应速度常数是 $6.6\times10^{-4}\,L\cdot mol^{-1}\cdot min^{-1}$，在 210 ℃则是 $10.37\times10^{-4}\,L\cdot mol^{-1}\cdot min^{-1}$。由此可见，温度升高 10 ℃，反应速度常数将提高 0.6 倍左右。但是，升高温度是有限度的，因随着温度的升高，压力也随之升高，这将对设备提出更高的要求；另一方面，温度过高会加剧副反应，甚至出现焦化现象，如当邻硝基氯苯使用过量的 35%氨水在 250 ℃进行氨解时，反应可在几分钟内完成，由于该氨解反应是一个放热反应，其反应热为 94 $kJ\cdot mol^{-1}$，反应速度又很快，使及时移除反应热发生困难，因此，邻硝基氯苯的连续氨解的适宜温度为 225 ℃～230 ℃，而不允许超过 240 ℃，以防止出现严重的结焦现象。

温度还会影响氨水的 pH 值。随着温度的升高，氨水的 pH 值就降低，如有氯化铵存在时，氨水的 pH 值降低得更快。由图 6-1 可以看出，28%的氨水在 180 ℃时的 pH 值为 8，在有氯化铵时，则降为 6.3。因此，采用碳钢材质的高压釜进行间歇氨解时，反应温度一般应低于 170 ℃～190 ℃，在优质不锈钢管道中进行连续氨解时，由于材质的抗腐蚀性较

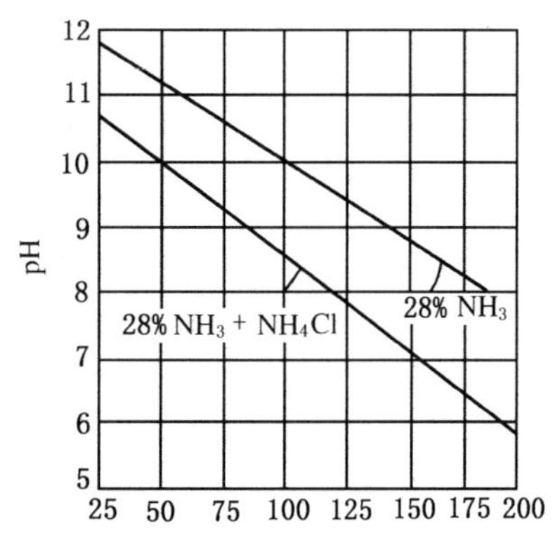

图 6-1 氨水的 pH 值与温度的关系

强，且氨水用量较多，可以允许在较高的温度下进行反应。

6.1.3　芳香族卤素衍生物的氨解

非催化卤素氨解在苯系中最广泛应用的是制取硝基胺类及其衍生物：

$$\text{o-}ClC_6H_4NO_2 \longrightarrow \text{o-}H_2NC_6H_4NO_2 \qquad (6\text{-}21)$$

$$2\text{-}R\text{-}4\text{-}NO_2C_6H_3Cl \longrightarrow 2\text{-}R\text{-}4\text{-}NO_2C_6H_3NH_2 \qquad (6\text{-}22)$$

$(R=H, Cl, NO_2, CN, SO_3H)$

随着芳环上吸电子基数目增加，反应条件可由加压和温度在 200 ℃而逐步降至 100 ℃～120 ℃和常压下反应。

邻硝基氯苯氨解制备邻硝基苯胺是工业上重要过程，其生产过程可以是间歇法，即在具有搅拌器的压热釜中加入邻硝基氯苯，过量氨水（氨比为 8），在 170 ℃～175 ℃反应 7 小时，收率达 98%；若强化过程条件，将氨比增大至 15，反应温度提高至 230 ℃，可加快反应速度，反应时间缩短至 15～20 分钟，由于物料粘度的降低及较高的线速度，可以达到较好的流动状态，实现连续管道氨解法，使设备的生产能力由间歇法的 0.012 $kg \cdot L^{-1} \cdot h^{-1}$ 提高至 0.6 $kg \cdot L^{-1} \cdot h^{-1}$。

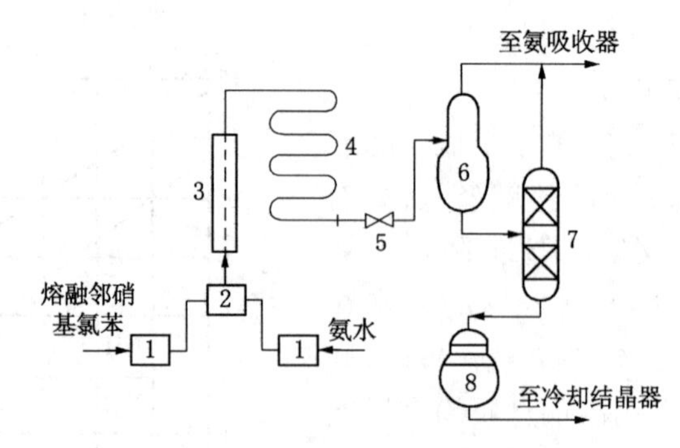

图 6-2　邻硝基氯苯胺化流程

1-高压计量泵；2-混合器；3-预热器；4-高压管式反应器；5-减压阀；6-氨蒸发器；7-脱氨塔；8-脱氨塔釜

图 6-2 是高压管道法生产邻硝基苯胺的流程。用高压计量泵分别将已配好的氨水及熔融的邻硝基氯苯，按 15∶1 摩尔比连续送入反应管道中进行反应，反应物料在管道中呈湍流状态，控制反应温度在 225 ℃～230 ℃，物料经减压进入氨蒸发器和脱氨塔，以回收过量的氨，脱氨后物料流入脱氨塔釜，通过冷却、结晶、离心过滤得成品。

以甲胺水溶液使氯苯进行氨解反应，可制得 N-甲基苯胺，这是制备阳离子染料的重要中间体：

$$C_6H_5Cl + 2CH_3NH_2 \longrightarrow C_6H_5NHCH_3 + CH_3NH_2 \cdot HCl \qquad (6\text{-}23)$$

反应条件为：温度 210 ℃，压力 7.5 MPa，60%甲胺水溶液，胺比为 5。

2-氨基蒽醌一般可由 2-氯蒽醌氨解制备，它是生产蓝色还原染料的重要中间体：

$$\text{2-氯蒽醌} + 2NH_3 \xrightarrow{CuSO_4} \text{2-氨基蒽醌} + NH_4Cl \qquad (6\text{-}24)$$

反应是在温度 204 ℃～206 ℃和加压下进行，并加入催化剂硫酸铜，1 摩尔 2-氯蒽醌需 0.06 摩尔硫酸铜，氨比为 17.5，经 10 小时，收率为 90%。

卤代蒽醌氨解时，由于 α 位卤原子比 β 位更活泼，因此 α-氯代蒽醌和 β-氯代蒽醌在苯中进行氨解时，α 位氯原子的氨解速度比 β 位的约大 440 倍。α-氯代蒽醌和 β-氯代蒽醌的氨解速度还受到溶剂极性的影响，随着反应介质极性的增大，其氨解速度之比 α/β 下降，氟代蒽醌也有类似情况，见表 6-2。

表 6-2 α-和 β-卤代蒽醌的氨解(50 ℃)

溶剂	α/β（α-和 β-卤代蒽醌氨解速度之比）	
	氯代蒽醌	氟代蒽醌
苯	440	2 250
二甲基甲酰胺	3.6	5

6.1.4 脂肪族卤素衍生物的氨解

脂肪族卤代物的氨解是制取脂肪胺的重要方法之一，亦属亲核置换反应，但同时往往有脱去卤化氢的消除反应发生。

二氯乙烷与氨水溶液反应可得乙二胺，如下式所示：

$$ClCH_2CH_2Cl + 2NH_3 \xrightarrow{100\ ℃ \sim 180\ ℃} H_2NCH_2CH_2NH_2 + 2HCl \quad (6\text{-}25)$$

约有3%的二氯乙烷会发生脱卤化氢的消除反应而生成氯乙烯。由于乙二胺具有两个不受位阻的伯氨基，碱性比氨还强，因而乙二胺对二氯乙烷的作用要比氨对二氯乙烷的作用强得多，故生成的乙二胺也能作为胺化剂参与反应，进一步生成仲胺、叔胺，因此氨解产物为伯、仲、叔胺的混合物，并有多胺生成，例如$H_2N(CH_2)_2\text{-}NH(CH_2)_2NH(CH_2)_2NH_2$。采用过量的氨，可提高伯胺收率；一般在较低温度和压力下，乙二胺收率较低，而在高温和压力下，收率可以提高，如在150 ℃～160 ℃反应可得40%乙二胺，30%二乙烯三胺，20%三乙烯四胺和10%聚胺。

氯乙酸经氨解得氨基乙酸，又称甘氨酸，它是医药、有机合成、生物化学研究的重要原料：

$$ClCH_2COOH \xrightarrow{NH_3} H_2NCH_2COOH \quad (6\text{-}26)$$

6.1.5 芳胺基化

以芳胺为胺化剂与卤素衍生物进行胺化，可使卤素转化为芳胺基，也属亲核置换反应，见式(6-3)，它是芳胺基化反应中的一类重要过程。通过卤素衍生物的芳胺基化反应，可制备一系列重要中间体，反应中常加入缚酸剂氧化镁、碳酸钠、乙酸钠等，以中和酸性。例如，对硝基氯苯经下列路线可制得安安蓝B色基：

$$O_2N\text{-}C_6H_4\text{-}Cl \xrightarrow[115\ ℃]{\text{发烟硫酸}} O_2N\text{-}C_6H_3(SO_3Na)\text{-}Cl$$

$$\xrightarrow[MgO,\ 170\ ℃,\ 0.65\ MPa]{H_2N\text{-}C_6H_4\text{-}OCH_3} O_2N\text{-}C_6H_3(SO_3Na)\text{-}NH\text{-}C_6H_4\text{-}OCH_3$$

$$\xrightarrow[\sim 120\ ℃]{40\%\ H_2SO_4} O_2N\text{-}C_6H_4\text{-}NH\text{-}C_6H_4\text{-}OCH_3$$

$$\xrightarrow{[H]} H_2N-C_6H_4-NH-C_6H_4-OCH_3 \quad (6\text{-}27)$$

安安蓝B色基

引入磺基是为了提高氯原子的活泼性及增加水溶性。

2,3,5,6-四氯-1,4-苯醌可在碱性条件下进行芳胺基化，如再经氧化闭环可得二噁嗪系颜料：

$$\text{2,3,5,6-四氯-1,4-苯醌} \xrightarrow[60\ ℃\sim80\ ℃,CH_3COONa]{ArNH_2} \text{2,5-二(ArHN)-3,6-二氯-1,4-苯醌} \quad (6\text{-}28)$$

对于不太活泼的芳胺，则加铜盐催化，又称乌尔曼(Ullmann)反应。如：

$$\text{1-NHR-2-X-4-Br-蒽醌} \xrightarrow[Cu\ 盐]{ArNH_2} \text{1-NHR-2-X-4-NHAr-蒽醌} \quad (6\text{-}29)$$

式中，R = H，CH_3；X = SO_3H，H，Br。当 X = SO_3H，R = H 时，则为溴氨酸的芳胺基化，产物可合成蒽醌系深色染料。以 1-氨基蒽醌为胺化剂，可得蒽醌亚胺，为蒽醌咔唑染料的中间物：

$$\text{1-氨基蒽醌} + \text{1-氯蒽醌} \xrightarrow[Cu,250\ ℃]{Na_2CO_3} \text{1,1'-亚氨基二蒽醌} \quad (6\text{-}30)$$

6.2　羟基化合物的氨解

对于某些胺类，如果通过硝基的还原或其他方法来制备并不经济，而相应的羟基化合物有充分供应时，则羟基化合物的氨解过程就具有很大的意义。胺类转变成羟基化合物以及羟基化合物转变成胺类为可逆过程：

$$ROH + NH_3 \rightleftharpoons RNH_2 + H_2O \qquad (6\text{-}31)$$

凡是羟基化合物或相应的氨基化合物愈容易转变成酮式或相应的酮亚胺式互变异构体时，则上述反应愈容易进行。所以，例如萘的衍生物比苯的衍生物容易发生上述反应，羟基蒽醌的隐色化合物又比羟基蒽醌容易反应，而苯二酚尤其是对苯二酚比苯酚容易起反应，甲酚较难起反应。

在气相中，0.1 MPa 压力下，氨解的热力学常数列于表 6-3：

表 6-3　氨解反应的自由能

反　　应	自由能 ΔG_T/J · mol^{-1}
$CH_3OH + NH_3 \longrightarrow CH_3NH_2 + H_2O$	$-23\,447 + 3.7T$
$C_2H_5OH + NH_3 \longrightarrow C_2H_5NH_2 + H_2O$	$-12\,561$
$n\text{-}C_4H_9OH + NH_3 \longrightarrow n\text{-}C_4H_9NH_2 + H_2O$	$-5\,861$
$C_6H_5OH + NH_3 \longrightarrow C_6H_5NH_2 + H_2O$	$-13\,817 + 28.1T$
$p\text{-}CH_3C_6H_4OH + NH_3 \longrightarrow p\text{-}CH_3C_6H_4NH_2 + H_2O$	$-7\,536 + 34.7T$
$\beta\text{-}C_{10}H_7OH + NH_3 \longrightarrow \beta\text{-}C_{10}H_7NH_2 + H_2O$	$7\,536 + 34.7T$
$CH_3OH + CH_3NH_2 \longrightarrow (CH_3)_2NH + H_2O$	$-42\,707 + 21.4T$
$CH_3OH + (CH_3)_2NH \longrightarrow (CH_3)_3N + H_2O$	$-52\,756 + 24.3T$

自由能的改变依从下列公式：

$$\Delta G_T = \Delta H - (\Delta S)T \qquad (6\text{-}32)$$

从表中可见：气相中的氨解反应都是放热的，而且醇与胺的反应比醇与氨的反应有更大的热效应。

6.2.1　醇类和环氧烷类的氨解

(1) 醇类的氨解　醇类用氨的氨解反应可用下式表示：

$$RCH_2OH + NH_3 \rightleftharpoons RCH_2NH_2 + H_2O \qquad (6\text{-}33)$$

醇类与氨在催化剂作用下生成胺类是目前制备低级胺类常用的方法，生成的伯胺能与原料醇进一步反应，生成仲胺，以至最终生成叔胺：

$$RCH_2OH + RCH_2NH_2 \rightleftharpoons RCH_2NHCH_2R + H_2O \tag{6-34}$$

$$RCH_2NHCH_2R + RCH_2OH \rightleftharpoons (RCH_2)_3N + H_2O \tag{6-35}$$

醇类的氨解常在气相、350 ℃～500 ℃和 1～15 MPa 压力下通过脱水催化剂而完成。如甲醇(或乙醇)与氨在固体酸性脱水催化剂如氧化铝存在下，于高温氨解得一甲胺、二甲胺及三甲胺的混合物，采用连续精馏可分离产物。高级脂肪醇类的氨解，最好在加压系统中进行，如将十六醇和氨通过装有氧化铝并保持在 380 ℃～400 ℃的催化反应器，在 12.5 MPa 压力下可制得十六胺。

醇类在脱氢催化剂上进行的氨解是另一重要过程，脱氢催化剂主要采用载体型镍、钴、铁、铜，也可采用铂、钯，氢用于催化剂的活化。其氨解历程可能是首先生成中间物羰基化合物，进而与氨生成亚胺，再氢化得胺类。当醇、氨和氢连续通过固定床反应器中的催化剂，在 0.5～20 MPa 和 100 ℃～200 ℃条件下进行氨解，可得胺类混合物，反应条件取决于催化剂性质。乙醇连续氨解生产乙胺的流程见图 6-3。

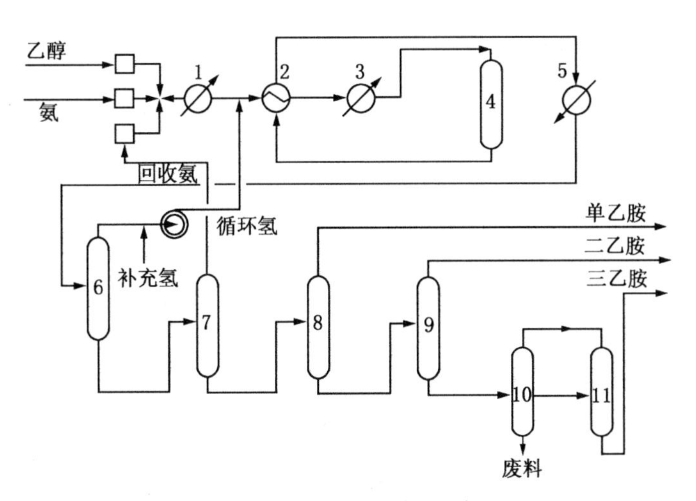

图 6-3 乙醇连续氨解流程示意图

1—汽化器；2—热交换器；3—过热器；4—催化转化器；5—产物冷却器；
6—气体分离器；7—氨塔；8—单乙胺塔；9—二乙胺塔；10—废料塔；
11—三乙胺塔

醇类氮解由于有多种平衡反应同时发生，因此是一个相当复杂的过程，通过反应条件的控制，如温度、氨比及压力等，可控制产物组成的分布。图 6-4 表示了氨比对乙醇氨解制乙胺产物组成的影响。

胺也可与具有不同烷基的醇反应，如 N，N-二甲基乙胺可由二甲胺与乙醇反应获得：

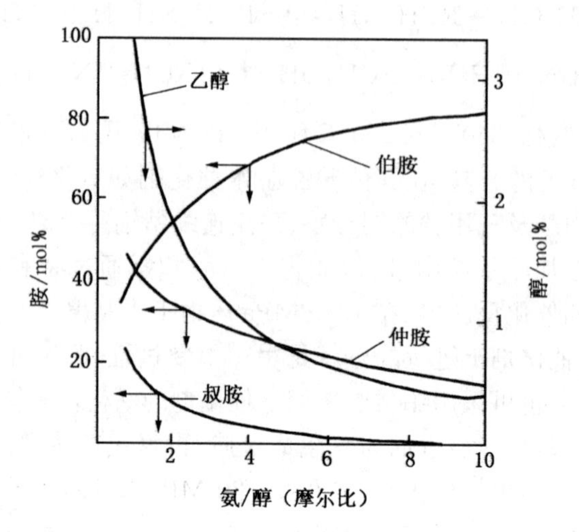

图 6-4 氨比对产物组成的影响

（温度＝200 ℃ 压力＝0.1 MPa 氢：乙醇＝4：1）

$$(CH_3)_2NH + C_2H_5OH \longrightarrow C_2H_5N(CH_3)_2 \tag{6-36}$$

（2）**环氧烷类的氨解** 环氧烷类如环氧乙烷、环氧丙烷等在氨作用下采用液相氨解方法，容易转变成烷基醇胺类。这些反应都是放热的，通常采用 50 ℃～60 ℃，1～2 MPa 压力等条件即可。应用普通的 28％氨水时，可得伯胺、仲胺和叔胺，它们的比例随氨比不同而变化。如环氧丙烷氨解时，随环氧化物对氨的摩尔比从 0.5 增至 2.5 时，叔胺摩尔百分数由 20 增至近 100；仲胺摩尔百分数从最初的 40 到最大的 50，继而下降为零；伯胺摩尔百分数连续下降，并很快由约 30 变成很小值。已发现，环氧乙烷和伯胺、仲胺的反应速度比它和氨的反应速度要快，因此要制备乙醇胺和二乙醇胺时，就必须采用大量过量的氨。

工业上的乙醇胺类是以环氧乙烷和氨反应制得：

$$\underset{\text{O}}{\overset{CH_2—CH_2}{\diagdown\ \diagup}} + NH_3 \longrightarrow H_2NCH_2CH_2OH \quad \text{乙醇胺} \tag{6-37}$$

$$\underset{\text{O}}{\overset{CH_2—CH_2}{\diagdown\ \diagup}} + H_2NCH_2CH_2OH \longrightarrow NH(CH_2CH_2OH)_2 \quad \text{二乙醇胺} \tag{6-38}$$

$$\underset{\displaystyle \diagdown\;O\;\diagup}{CH_2 — CH_2} + HN(CH_2CH_2OH)_2 \longrightarrow N(CH_2CH_2OH)_3\text{三乙醇胺} \tag{6-39}$$

乙醇胺主要用作表面活性剂、农药、医药、石油添加剂的中间体、酸性气体净化剂和水泥增强剂等。

6.2.2 酚类的氨解

工业上实现酚类的氨解法一般有两种:①气相氨解法,它是在催化剂(常为硅酸铝)存在下,气态酚类与氨进行的气固相催化反应;②液相氨解法,它是酚类与氨水在氯化锡、三氯化铝、氯化铵等催化剂存在下于高温高压下制取胺类的过程。

苯酚气相催化氨解制苯胺是典型的、重要的氨解过程。苯胺为一通用中间体,主要用于生产聚氨酯泡沫塑料。由于苯胺需求量的增长及异丙苯法能提供廉价苯酚原料,因而促进了氨解法的发展,1970 年美国哈康(Halcon)公司在日本建成年产量为 2 万吨的工厂。

苯酚和氨气生成苯胺和水的反应是可逆的:

$$C_6H_5OH + NH_3 \rightleftharpoons C_6H_5NH_2 + H_2O \tag{6-40}$$

并为温和的放热反应,因此,采用较高的氨和苯酚摩尔比和较低的反应温度是有利的。反应生成的苯胺又能进一步生成二苯胺(约占苯胺量的 1%~2%);

$$2\,C_6H_5NH_2 \rightleftharpoons C_6H_5{-}NH{-}C_6H_5 + NH_3 \tag{6-41}$$

但用较高浓度的氨能防止生成二苯胺的副反应。

图 6-5 为苯酚气相氨解制苯胺的工艺流程图。

苯酚和氨的气体进入装有催化剂的固定床绝热式反应器中,通过硅酸铝催化剂进行氨解反应,生成的苯胺和水经冷凝进入氨回收蒸馏塔,自塔顶出来的氨气经分离器除去氮、氢后,氨可循环使用,脱氨后的物料先进入干燥塔中脱水,再进入提纯蒸馏塔,塔顶得产物为苯胺,塔底为含二苯胺的重馏分,塔中分出苯酚-苯胺共沸物,可返回反应器继续反应。苯酚转化率 95%,苯胺收率为 93%。

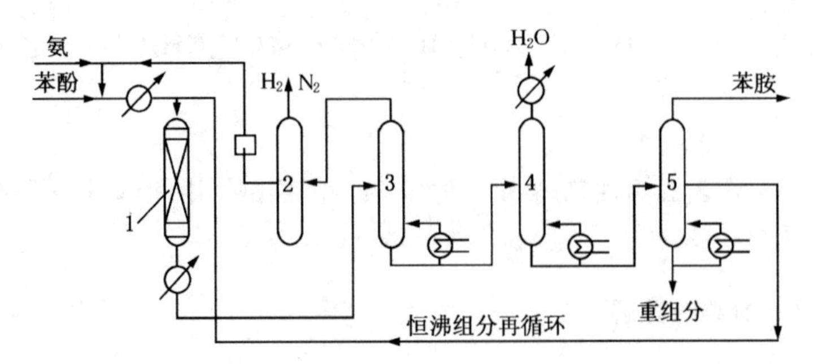

图 6-5　苯酚气相氨解制苯胺流程示意图

1—反应器;2—分离器;3—氨回收塔;4—干燥塔;5—提纯蒸馏塔

苯酚氨解法生产苯胺的设备投资费仅为硝基苯法的 1/4,催化剂活性高、寿命长、三废量少。如有廉价苯酚供应,这是有发展前途的路线。据报导,可采用镁、硼、铝和钛的混合氧化物,并可与其他一些催化剂如铈、钒或钨一起使用,采用新开发的催化剂,可省去原来需进行的催化剂再生。

甲酚类化合物的氨解要有更严格的反应条件,目前尚不能给出理想的结果。例如间甲酚与 NH_4Cl 在 350 ℃及加压下,2 小时得间甲苯胺。甲酚氨解也可采用气相催化法(420 ℃,收率 88%)。硝基酚在较高温度下很易进行反应,收率为 83%:

$$\text{(OH, }NO_2\text{, }CH_3\text{-苯环)} \xrightarrow[\text{30 小时}]{\text{140 ℃}} \text{(}NH_2\text{, }NO_2\text{, }CH_3\text{-苯环)} \tag{6-42}$$

能以醌肟形式存在的亚硝基酚,可在较低温度下进行氨解:

$$\text{(OH, NO-苯环)} \rightleftharpoons \text{(O, NOH-醌环)} \tag{6-43}$$

环己醇氨解得环己胺:

$$\text{(OH-环己烷)} \underset{H_2O}{\overset{NH_3}{\rightleftharpoons}} \text{(}NH_2\text{-环己烷)} \tag{6-44}$$

2-萘酚在酸性催化剂(如 HCl)存在下，在 200 ℃～260 ℃常压迴流条件下，与苯胺反应得 N-苯基-2-萘胺，又名防老剂丁，为橡胶工业中的重要防老剂：

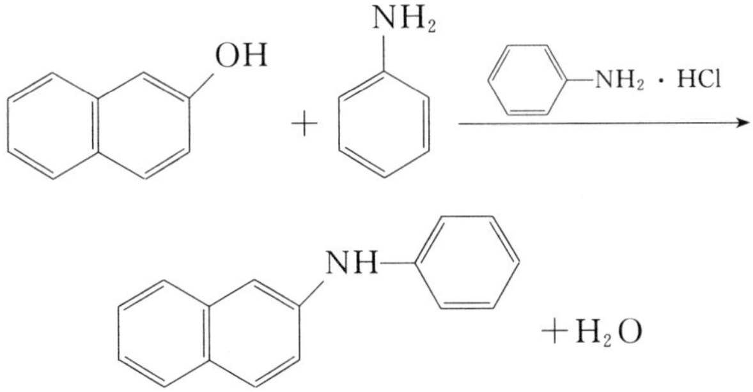

OH　　NH_2　　$NH_2 \cdot HCl$

NH　　$+H_2O$　　(6-45)

1，4-二羟基蒽醌(醌茜)在保险粉和硼酸存在下，用氨水于 94 ℃～96 ℃、0.3～0.4 MPa 压力下反应数小时，可得 1,4-二氨基蒽醌的隐色体，再经氧化得 1,4-二氨基蒽醌，反应历程如下式所示：

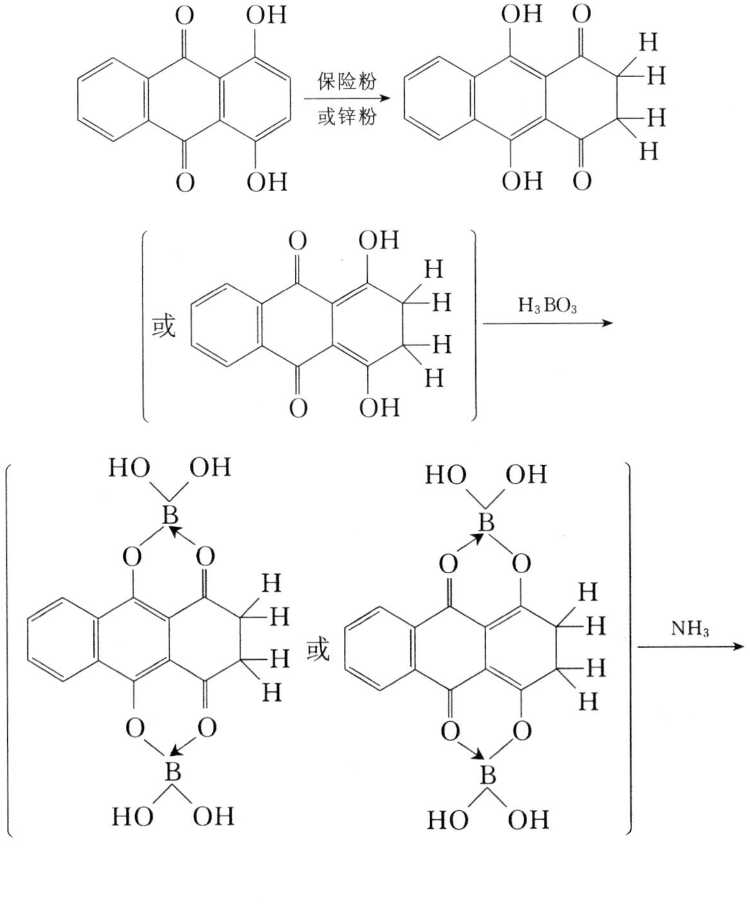

O　OH　　保险粉／或锌粉　　OH　O　H　H　H　H

O　OH　　　　　　　　　　　OH　O

或　O　OH　H　H　H　H　O　OH　　H_3BO_3

HO　OH　B　O　O　H　H　H　H　O　O　B　HO　OH

或

HO　OH　B　O　O　H　H　H　H　O　O　B　HO　OH　　NH_3

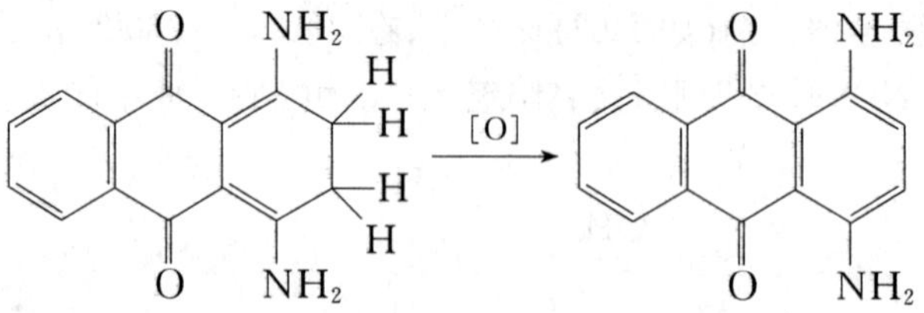

(6-46)

1,4-二羟基蒽醌在硼酸、锌粉存在下,与过量甲苯胺反应,可制得1,4-二对甲苯胺基蒽醌,为酸性染料中间体:

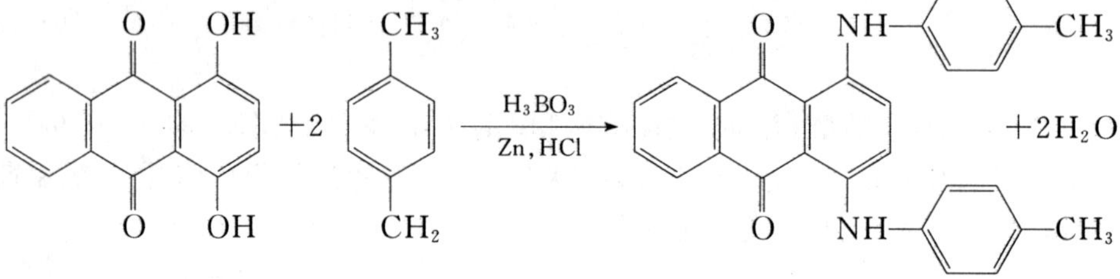

(6-47)

6.2.3 亚硫酸盐存在下的氨解

萘酚与萘胺在酸式亚硫酸盐存在下引起的可逆变化,称布赫尔(Bucherer)反应:

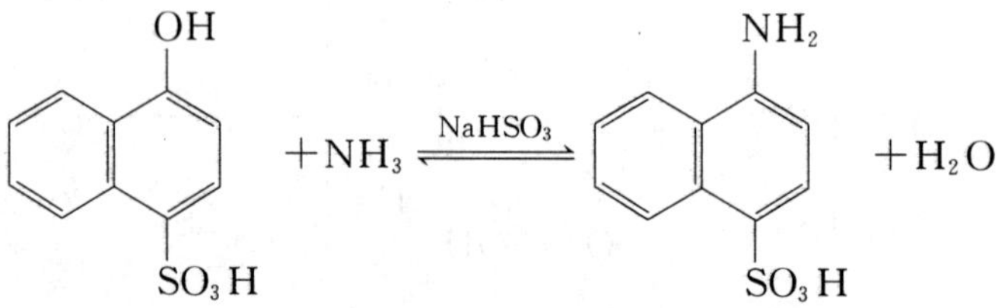

(6-48)

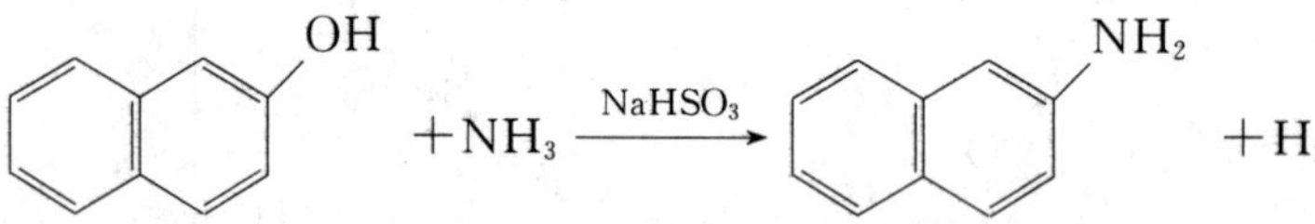

(6-49)

采用萘的硝化还原路线不可能制得氨基处于萘环β位的衍生物,而通过布赫尔反应,却能由萘的羟基磺酸化合物制得β-萘胺磺酸化合物。

(1) *反应历程* 根据反应动力学研究,β-萘酚与氨在$(NH_4)HSO_3$作用下生成β-萘胺,其反应速度与β-萘酚及亚硫酸盐浓度成正比:

$$v = k[\beta\text{-}C_{10}H_7OH][HSO_3^-] \quad (6\text{-}50)$$

而1-萘酚-5-磺酸的氨解速度与羟基物浓度的一次方和亚硫酸盐浓度的二次方成正比。此外，β-萘酚与亚硫酸盐作用后，能分离得到下列结构的中间物：

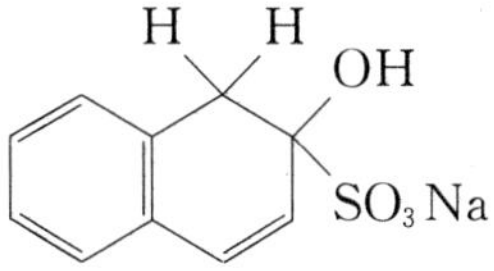
H H
OH
SO_3Na

最近，根据红外光谱测定，又证明1-萘酚或2-萘酚能与亚硫酸钠反应生成以下的加成产物：

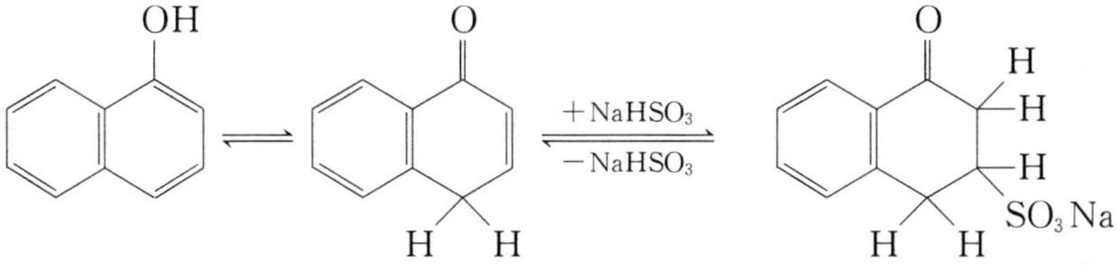
OH
O
$+NaHSO_3$
$-NaHSO_3$
H H
O
H
H
H
SO_3Na
H H
1-四氢萘酮-3-磺酸

(6-51)

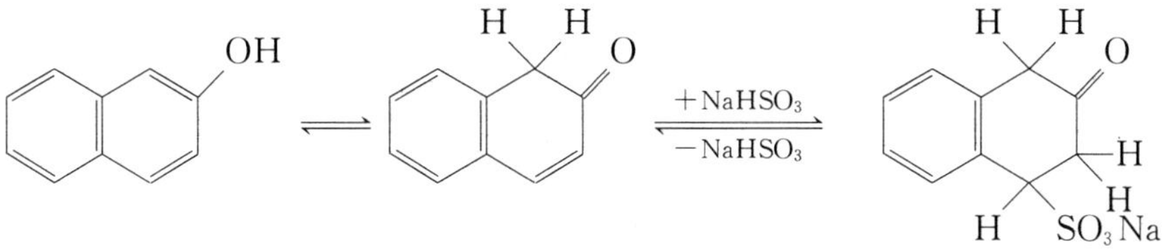
OH
H H
O
$+NaHSO_3$
$-NaHSO_3$
H H
O
H
H
H
SO_3Na
2-四氢萘酮-4-磺酸

(6-52)

根据以上事实，认为β-萘酚在亚硫酸盐存在下的氨解可能有两条途径，见式(6-53)：

1-萘酚和2-萘酚中的羟基都能在酸性亚硫酸盐存在下置换成氨基，但它们的磺基衍生物并非都能顺利进行这类反应，其规律为：

(A) 当羟基处于1位时，2位或3位的磺基对氨解反应起阻碍作用；若在4位上存在磺基，则反应容易进行。

(B) 当羟基处于2位时，3位或4位的磺基对氨解起阻碍作用，而1位的磺基起促进作用。

(C) 当羟基与磺基不处于同一环时，磺基的影响很小。

(2) *应用* 由羟基到氨基的转变，主要用于制备萘胺磺酸化合物，反应时通常取萘酚磺酸化合物与氨与亚硫酸盐的摩尔比为1∶2～5∶0.16～1.25，反应温度为150 ℃～200 ℃，氨水浓度一般为20%。

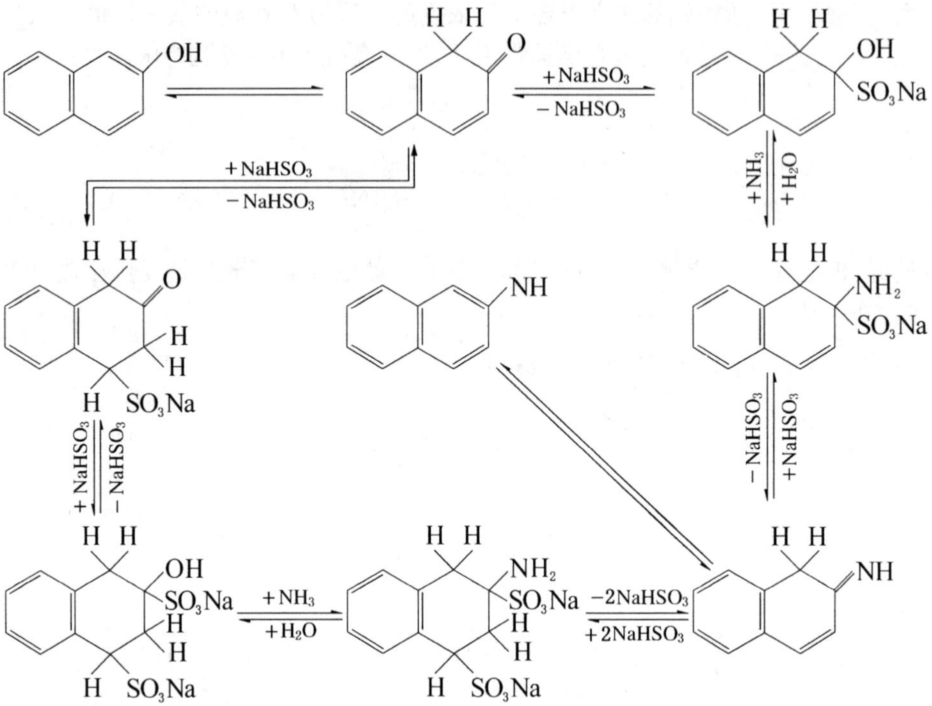
OH
H H
O
+NaHSO3
−NaHSO3
H H
OH
SO3Na
+NH3
+H2O
H H
O
H
H
H SO3Na
NH
H H
NH2
SO3Na
−NaHSO3
+NaHSO3
+NaHSO3
−NaHSO3
H H
OH
SO3Na
H
H
H SO3Na
+NH3
+H2O
H H
NH2
SO3Na
H
H
H SO3Na
−2NaHSO3
+2NaHSO3
H H
NH

(6-53)

以 2-萘酚为原料，按以下合成路线可制得 2-氨基-5-萘酚-7-磺酸(J 酸)

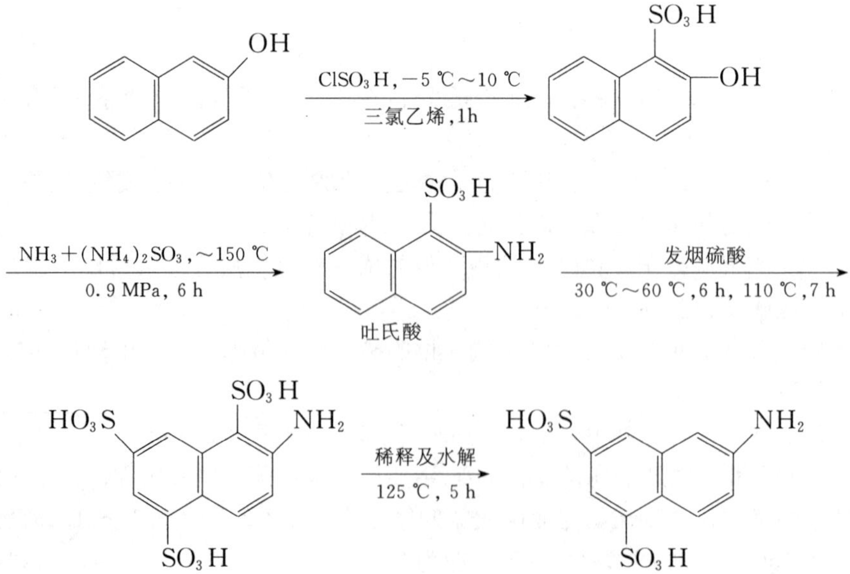
OH
ClSO3H, −5 ℃～10 ℃
三氯乙烯, 1h
SO3H
OH
NH3+(NH4)2SO3, ～150 ℃
0.9 MPa, 6 h
SO3H
NH2
吐氏酸
发烟硫酸
30 ℃～60 ℃, 6 h, 110 ℃, 7 h
SO3H
HO3S
NH2
SO3H
稀释及水解
125 ℃, 5 h
HO3S
NH2
SO3H

$$\xrightarrow[190\ ℃,\ 4\ h]{>60\%NaOH,常压}$$ (J酸结构式：HO_3S、NH_2、OH取代的萘) (6-54)

J酸

J 酸及吐氏酸均为偶氮染料的重要中间体。

以 2-萘酚为原料,按下列路线可制得 2-氨基-8-萘酚-6-磺酸(γ 酸):

(2-萘酚) $\xrightarrow[40\ ℃]{98\%H_2SO_4}$ (SO_3H, OH) $\xrightarrow[60\ ℃\sim80\ ℃]{20\%发烟硫酸}$

(SO_3H, OH, HO_3S) $\xrightarrow[80\ ℃]{KCl}$ (SO_3K, OH, KO_3S) $\xrightarrow[200\ ℃\sim230\ ℃]{NaOH}$

(OH, OH, NaO_3S) $\xrightarrow[140\ ℃,0.6\sim0.8\ MPa]{18\%NH_3+NH_4HSO_3}$ (OH, NH_2, H_4NO_3S)

$\xrightarrow{H_2SO_4}$ (OH, NH_2, HO_3S) (6-55)

γ酸

又如:

(OH, OH, SO_3H) $\longrightarrow$ (OH, NH_2, SO_3H) (6-56)

J 酸在 $NaHSO_3$ 存在下,与苯胺作用,生成 N-苯基 J 酸,虽为氨基化合物的

芳胺基化反应,但亦属布赫尔反应:

$$\text{HO}_3\text{S-C}_{10}\text{H}_5(\text{OH})\text{-NH}_2 + \text{C}_6\text{H}_5\text{NH}_2 \xrightarrow[104\ ℃]{\text{NaHSO}_3} \text{HO}_3\text{S-C}_{10}\text{H}_5(\text{OH})\text{-NH-C}_6\text{H}_5 + NH_3 \quad (6\text{-}57)$$

6.3 羰基化合物的氨解

6.3.1 氢化氨解

在还原剂存在下,羰基化合物与氨发生氢化氨解反应,分别生成伯胺、仲胺或叔胺。对于低级脂肪醛的反应,可在气相及加氢催化剂镍上进行,温度125 ℃~150 ℃;而对于高沸点的醛和酮,则往往在液相中进行反应。当醛和氨发生反应时,包括了生成醛-氨的氢化过程或从醛-氨脱水生成亚胺并进一步氢化的过程,见下式:

$$RCHO + NH_3 \longrightarrow RCHOHNH_2 \xrightarrow[-H_2O]{+H_2} RCH_2NH_2 \quad (6\text{-}58)$$

$$RCHOHNH_2 \xrightarrow{-H_2O} RCH{=}NH \xrightarrow{+H_2} RCH_2NH_2 \quad (6\text{-}59)$$

反应生成的伯胺同样也能与原料醛反应,生成仲胺,甚至还能进而生成叔胺。通过调节原料中氨和醛的摩尔比,可以使某一种胺成为主要产物。例如从乙醛制备二乙胺是在氨和醛的摩尔比 1∶1,在镍-铬催化剂上实现,获得伯胺、叔胺副产物,生成的二乙胺收率按乙醛投料量计为 90%~95%。如果用大大过量的氨,便可由乙醛制备乙胺。

$$CH_3\overset{H}{\overset{|}{C}}{=}O \xrightarrow{+NH_3} CH_3\overset{H}{\overset{|}{\underset{NH_2}{\underset{|}{C}}}}{-}OH \xrightarrow{-H_2O} CH_3CH{=}NH$$

$$\xrightarrow[NiS-WS_2]{H_2} CH_3CH_2NH_2 \tag{6-60}$$

由不饱和醛经氢化氨解可制得饱和胺：

$$CH_2{=}CHCHO + NH_3 + 2H_2 \longrightarrow CH_3CH_2CH_2NH_2 + H_2O \tag{6-61}$$

利用苯甲醛与伯胺反应，再加氢，此法只生成仲胺。例如 N-苄基对氨基酚的制备：

$$HO-C_6H_4-NH_2 + C_6H_5CHO \xrightarrow{-H_2O}$$

$$HO-C_6H_4-N{=}CH-C_6H_5 \xrightarrow{+H_2} HO-C_6H_4-NHCH_2C_6H_5 \tag{6-62}$$

丙酮在钨-镍硫化物为催化剂于 80 ℃～160 ℃，0.2～0.3 MPa 压力下，可将它在气相进行氢化氨解为异丙胺类。

硬脂酸在镍-硫化钼催化剂存在下，于 300 ℃～330 ℃，20 MPa 压力下，可以在气相氢化氨解以制成硬脂胺，收率 90%～92%。

6.3.2 霍夫曼重排

酰胺与次氯酸钠或次溴酸钠反应，失去羰基，生成减少一个碳原子的伯胺，这一反应称霍夫曼(Hofmann)重排反应，它是由羧酸或羧酸衍生物制备胺类的重要方法。

霍夫曼重排反应包括了异氰酸酯中间体的生成，其反应历程可表示如下：

$$R-\underset{\underset{O}{\|}}{C}-NH_2 \xrightarrow[-HBr]{Br_2} R-\underset{\underset{O}{\|}}{C}-NHBr \quad ①$$

$$\xrightarrow[\text{或 } RO^-]{OH^-} R-\underset{\underset{O}{\|}}{C}-\ddot{N}^- -Br \quad ②$$

$$\longrightarrow R-\underset{\underset{O}{\|}}{C}-\ddot{N} \ ③ \longrightarrow R-N{=}C{=}O \tag{6-63}$$

酰胺首先经溴取代生成 N-溴代酰胺①，由于吸电子基溴和酰基能使亚胺基上氢原子的酸性增强，因此，在碱的作用下失去一个质子，形成不稳定的溴代酰胺阴离子②，②易脱去溴离子而生成具有高度反应性能的酰基氮宾③，随即 R 基带一对电子作亲核重排，迁移到带正电性质的氮原子上，生成异氰酸酯。异氰酸酯很易发生水解，包括水与羰基加成，氢转移，然后脱羧得伯胺：

$$R—N=C=O \xrightarrow{H_2O} \left[R—N=C(OH)—OH \right] \longrightarrow$$

$$R—NH—C(OH)=O \xrightarrow{-CO_2} RNH_2 \quad (6\text{-}64)$$

重排过程中，卤酰胺离子脱去卤离子是决定反应速度的步骤，根据对苯甲酰胺衍生物重排速度测定的结果，当苯环上对位或邻位有给电子基(如 CH_3，OCH_3)时，给电子效应可通过羰基传递，促使卤离子的脱离而加速重排；相反，吸电子基(如 NO_2，CN 等)的存在，不利于卤离子的脱离，可使重排速度减慢。

酰胺可由酸的氯化物、酯或酸酐与氨在不同温度和溶剂条件下反应而得：

$$RCOCl + NH_3 \longrightarrow RCONH_2 + HCl \quad (6\text{-}65)$$

$$(RCO)_2O + NH_3 \longrightarrow RCONH_2 + RCOOH \quad (6\text{-}66)$$

$$RCOOC_2H_5 + NH_3 \longrightarrow RCONH_2 + C_2H_5OH \quad (6\text{-}67)$$

霍夫曼重排反应的过程虽很复杂，但反应产率较高，产物较纯。以邻苯二甲酸酐为原料，通过霍夫曼反应，可制备偶氮染料及硫靛染料的中间体邻氨基苯甲酸，其反应过程如下：

$$C_6H_4(CO)_2O + 2NH_3 \longrightarrow C_6H_4(CONH_2)(COONH_4) \quad (6\text{-}68)$$

$$C_6H_4(CONH_2)(COONH_4) + C_6H_4(CO)_2O + 2NaOH \longrightarrow 2\,C_6H_4(CONH_2)(COONa) + 2H_2O \quad (6\text{-}69)$$

$$C_6H_4(CONH_2)(COONa) + NaClO + 2NaOH \longrightarrow C_6H_4(NH_2)(COONa) + NaCl + Na_2CO_3 + H_2O \quad (6\text{-}70)$$

由苯酐、氨水及苛性钠溶液在低温和弱碱性条件下，制得邻酰氨基苯甲酸钠盐溶液，再加入冷却到 0 ℃以下的次氯酸钠溶液，经过滤，酸析得邻氨基苯甲酸。近期报导了由邻苯二甲酰亚胺用连续方法生产邻氨基苯甲酸。

以对二甲苯为原料，经液相空气氧化为对苯二甲酸，再经氨化、霍夫曼重排得对苯二胺：

$$p\text{-}C_6H_4(CH_3)_2 \xrightarrow[\text{空气}]{O_2} p\text{-}C_6H_4(COOH)_2 \xrightarrow{NH_3} p\text{-}C_6H_4(CONH_2)_2 \xrightarrow{NaClO} p\text{-}C_6H_4(NH_2)_2 \quad (6\text{-}71)$$

反应可在常压、常温下进行，收率达 90%，开辟了合成胺类的新原料来源，而且三废量少，是值得注意的合成对苯二胺的方法。此外，也可由对硝基苯甲酸制取对硝基苯胺，常压下，收率为 84%。

$$p\text{-}O_2N\text{-}C_6H_4\text{-}COOH \xrightarrow{NH_3} p\text{-}O_2N\text{-}C_6H_4\text{-}CONH_2 \xrightarrow{NaClO} p\text{-}O_2N\text{-}C_6H_4\text{-}NH_2 \quad (6\text{-}72)$$

6.4 磺基及硝基的氨解

6.4.1 磺基的氨解

磺基被氨基的置换只限于蒽醌系列。将蒽醌磺酸或其盐在压热釜中与氨水共热至高温，则磺基被氨基置换。此反应属亲核置换反应，可能是以氨分子对磺酸的加成开始，然后加成物失去酸式亚硫酸盐而变成氨基蒽醌，如下式所示：

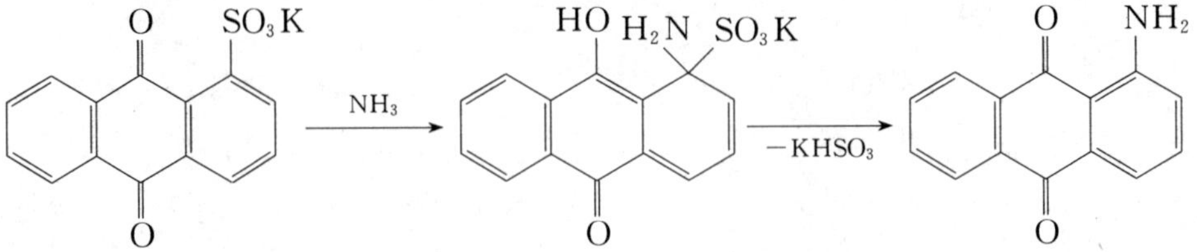

$\xrightarrow{NH_3}$ $\xrightarrow{-KHSO_3}$

(6-73)

蒽醌磺酸与氨反应时所生成的亚硫酸盐将导致生成可溶性的还原产物,使氨基蒽醌的产率和质量下降,因此,在磺基的氨解中需要有氧化剂存在,例如间硝基苯磺酸、砷酸、硝酸盐等,最常用的氧化剂是间硝基苯磺酸(防染盐),但这些氧化剂会使废水的 COD 和毒性有所提高。此法用于由蒽醌-1-磺酸、蒽醌-2-磺酸,1,5-蒽醌二磺酸、1,8-蒽醌二磺酸或 2,6-蒽醌二磺酸等制备相应的蒽醌的氨基化合物。过去制备蒽醌-1-磺酸时,需要用有毒的汞催化剂定位,现在我国已改为由硝化还原法生产 1-氨基蒽醌;而由蒽醌-2-磺酸制取 2-氨基蒽醌的方法已由 2-氯蒽醌氨解法代替,故较有实际意义的是由 2, 6-蒽醌二磺酸氨解制备 2,6-二氨基蒽醌,反应如下式所示:

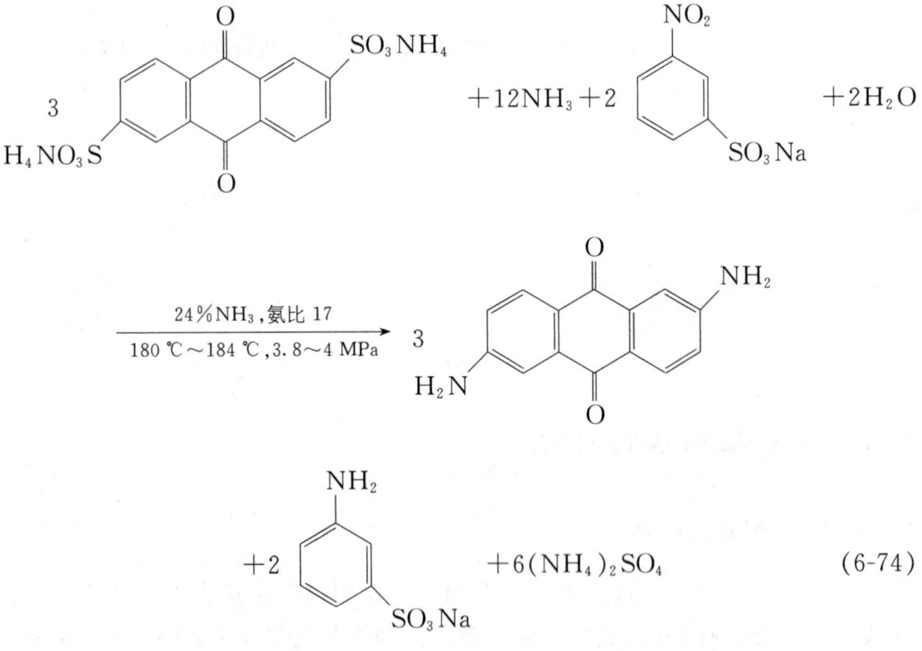

$$+12NH_3+2 \quad +2H_2O \xrightarrow[180\ ℃\sim184\ ℃,3.8\sim4\ MPa]{24\%NH_3,氨比\ 17} 3 \quad +2 \quad +6(NH_4)_2SO_4 \qquad (6\text{-}74)$$

2,6-二氨基蒽醌为制备黄色染料的中间体,反应中的间硝基苯磺酸被还原成间氨基苯磺酸,同时使亚硫酸盐氧化成硫酸盐。

6.4.2 硝基的氨解

硝基的氨解这里主要是指硝基蒽醌经氨解为氨基蒽醌。

蒽醌分子中的硝基，由于醌阴性基的作用而呈显著活性，所以它能与苯酚盐进行苯氧基化反应，与亚硫酸盐进行磺化反应引入磺基，或与氨反应引入氨基。当蒽醌环上有第二类定位基存在时，能促进反应的进行。

1-氨基蒽醌是由1-硝基蒽醌采用硫化碱还原法或加氢还原法制得的。最近提出了1-硝基蒽醌在氨水中氨解制取1-氨基蒽醌的合成路线，反应如下式：

$$\text{1-硝基蒽醌} + 2NH_3 \xrightarrow[130\,^\circ C \sim 150\,^\circ C,\text{氨比}\ 15\sim35]{25\%NH_3,\text{溶剂}} \text{1-氨基蒽醌} + NH_4NO_2 \qquad (6\text{-}75)$$

氨解反应速度随氨水浓度、温度、压力的增大而加快，但此法对设备的要求较高，氨的回收负荷很大。常用的溶剂为醇、醚或芳烃等，如苯、对二甲苯、乙醇、环丁砜、二甲基亚砜等。最好采用水作介质。氨解反应常采用釜式间歇法，生成的 NH_4NO_2 干燥时受热易爆炸，但存在于氨水中则无危险。1-氨基蒽醌为染料的重要中间体，除采用由蒽醌经硝化、还原或硝基蒽醌的氨解路线来合成外，还可采用硝基萘醌与丁二烯缩合，再氧化、还原的路线。

6.5 直接氨解

按一般方法，要在芳环上引入氨基，通常先引入—Cl，$—NO_2$，$—SO_3H$ 等吸电子取代基，以降低芳环的碱性，然后，再进行亲核置换成氨基。但从实用的观点看，如能对芳环上的氢直接进行亲核置换引入氨基，就可大大简化工艺过程，因而是特别引人注目的。要使该反应实现，首先芳环上应存在着吸电子取代基，以降低芳环碱性；其次，要有氧化剂或电子受体参加，以便在反应中帮助 H^- 脱去，所以用氨基对包含有电子受体的原子或基团的芳香化合物进行氢的直接取代是可能的。但应该指出，这种方法目前尚处于探索性的研究阶段。

6.5.1 碱性介质中以羟胺为胺化剂的直接氨解

这是最重要的直接氨解方法，属于亲核取代反应。当苯系化合物中至少存在两个硝基，萘系化合物中至少存在一个硝基时，可发生亲核取代生成伯胺。其反应历程如下：

$$\text{间二硝基苯} \xrightarrow{+2NHOH^-} \text{中间络合物} \xrightarrow[-NHOH^-]{-OH^-} \text{2,4-二硝基苯胺} \quad (6\text{-}76)$$

羟胺负离子首先对芳环进行亲核进攻，生成中间络合物，负电荷分散在硝基的氧原子上，再除去 OH^-（与溶液中的质子 H^+ 结合成水），得到氨基化合物。氨基一般进入原有硝基的邻对位；控制不同的原料比，可引入一个或两个氨基。反应常在醇溶液中和加热条件下进行，例如：

$$\text{3,5-二硝基苯甲腈} \xrightarrow[\text{碱性}]{NH_2OH} \text{2-氨基-3,5-二硝基苯甲腈} \quad (6\text{-}77)$$

$$\text{1-硝基萘} \xrightarrow{NH_2OH} \text{4-硝基-1-萘胺}；\quad \text{1-硝基萘} \xrightarrow{NH_2OH} \text{1-硝基-2-萘胺} \quad (6\text{-}78)$$

工业上也利用氨基直接取代氢来制取胺类,如 2-氨基吡啶和 2,6-二氨基吡啶:

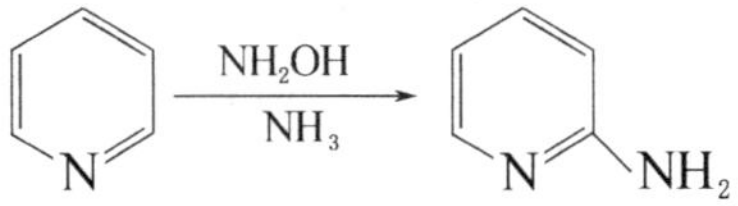

$$\text{吡啶} \xrightarrow[NH_3]{NH_2OH} \text{2-氨基吡啶}(NH_2) \tag{6-79}$$

如将芳烃在浓硫酸介质中与羟胺在 100 ℃～160 ℃反应,也可直接在芳环上引入氨基,这时羟胺可能以 NH_2^+ 或 NH_2^+ 络合物的形式向芳环发生亲电进攻,因此它是一个亲电取代反应。

6.5.2 芳烃用氨的催化氨解

苯或其同系物用氨在高温、催化剂存在下可气相催化氨解为苯胺:

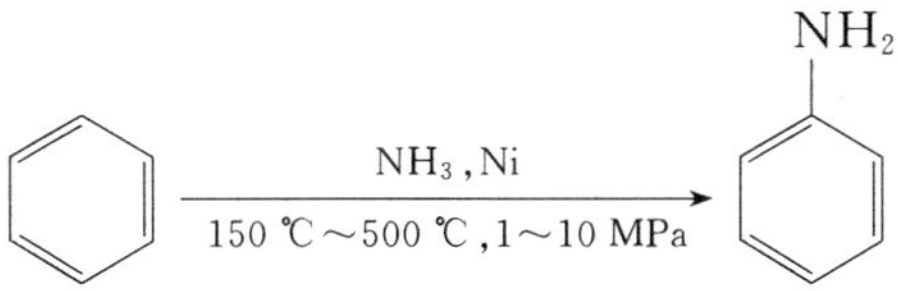

$$\text{苯} \xrightarrow[150\ ℃\sim500\ ℃,1\sim10\ MPa]{NH_3,Ni} \text{苯胺}(NH_2) \tag{6-80}$$

采用的催化剂为 Ni-Zr-稀土元素混合物,所选用的稀土元素混合物是镧、钇、钬、镝、镱、钐及镨。

蒽醌化合物的间接氨解反应一般是采用先引入卤素,再进行乌尔曼反应:

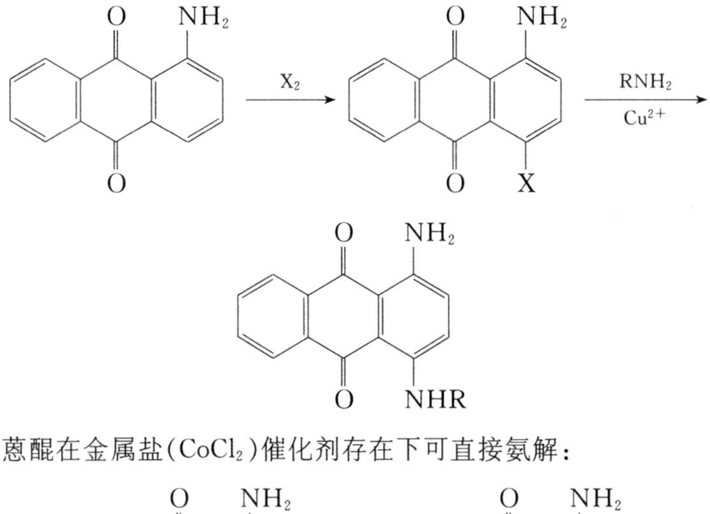

$$\text{1-氨基蒽醌} \xrightarrow{X_2} \text{1-氨基-4-X-蒽醌} \xrightarrow[Cu^{2+}]{RNH_2} \text{1-氨基-4-NHR-蒽醌} \tag{6-81}$$

而 1-氨基蒽醌在金属盐($CoCl_2$)催化剂存在下可直接氨解:

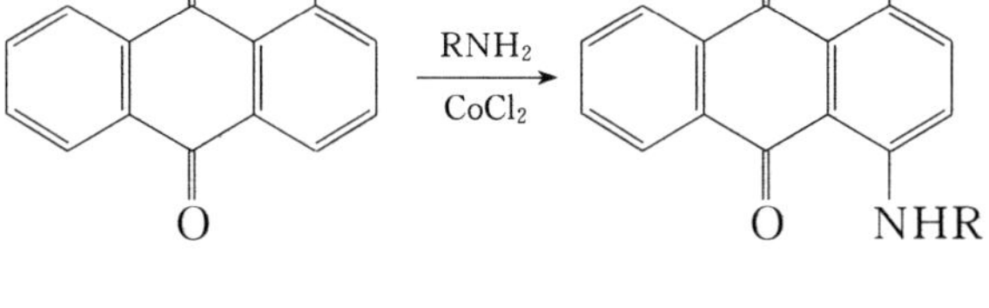

$$\text{1-氨基蒽醌} \xrightarrow[CoCl_2]{RNH_2} \text{1-氨基-4-NHR-蒽醌} \tag{6-82}$$

金属盐中的金属离子可能与蒽醌的羰基氧原子及氨基络合，提高了蒽醌环对亲核反应的活泼性，有利于 RNH_2 的亲核进攻。实验发现，不同金属盐催化剂对1-氨基蒽醌在丁醇中进行的丁胺基化反应有很大的影响，其中以钴盐最好，铜、镍或铝盐也可进行反应，但效果较差。

7 烷基化反应

烷基化反应系指在有机化合物分子中的碳、氮、氧等原子上引入烃基的反应，包括引入烷基、烯基、炔基、芳基等。其中以引入烷基最为重要，尤其是甲基化、乙基化和异丙基化最为普遍。广泛的烷基化还包括在有机化合物分子中的碳、氮、氧原子上引入羧甲基、羟甲基、氯甲基、氰乙基等基团的反应。

7.1 C-烷基化反应

有机芳环化合物在催化剂作用下，用卤烷、烯烃等烷基化剂可以直接将烷基接到芳环上，称为C-烷基化反应。这种反应最初是在1877年，由巴黎大学的法国化学家傅列德尔(Friedel)和美国化学家克拉夫茨(Crafts)两人发现的。当时他们在苯和氯甲烷中，加入无水三氯化铝便发生强烈的反应，放出氯化氢气体，并从反应混合物中分离出甲苯，这种苯烷基化成为甲苯是最简单的一例。利用这类烷基化反应可以合成一系列烷基取代芳烃，在实验室和工业上的用途非常大。

7.1.1 C-烷基化剂

C-烷基化反应中常用的烷基化剂有卤烷、烯烃和醇类等。卤烷的结构对烷基化反应的影响较大，当卤烷中的烷基相同，而卤素原子不同时，则反应活性的顺序为：

$$RCl > RBr > RI$$

当卤烷中的卤素原子相同，而烷基不同时，则有下列反应活性顺序：

$$C_6H_5-CH_2X > R_3CX > R_2CHX > RCH_2X > CH_3X$$

可见氯苄的活性最大，只需用少量不活泼的催化剂如氯化锌，甚至用铝、锌即可与芳环发生烷基化反应。氯甲烷因活性最差，必须用多量的氯化铝，经加热才能和芳环发生烷基化反应。此外，应该强调指出，不能用卤代芳烃，如氯苯或溴苯来代替卤烷，因为联结在芳环上卤素的反应活性较低，不能进行烷基化反应。

烯烃也是最常用的烷基化剂，如乙烯、丙烯、异丁烯等，一般可用三氯化铝作催化剂，也有用三氟化硼、氟化氢作催化剂，效果也很好。

醇类也可作烷基化剂，但催化剂选用硫酸、氯化锌较多，醚类虽然也可参与烷基化反应，但应用较少。

芳香族化合物与芳杂环化合物都能进行C-烷基化反应。芳香族化合物中的并环与稠环体系，如萘、蒽、芘等，更容易进行烷基化反应。杂环中的呋喃系、吡咯系等虽对酸较敏感，但在适当的情况下，也能进行烷基化反应。

芳环上的取代基对C-烷基化反应影响较大，当环上有烷基等给电子基团时，烷基化反应容易进行；但当环上有—NH_2、—OR、—OH等给电子基团时，因其可以与催化剂络合，而降低芳环上的电子云密度，不利于烷基化反应的进行；当环上有卤原子、羰基、羧基等吸电子基时，则不容易进行烷基化反应。此时，必须选用包括多量的强催化剂和提高反应温度，才能进行烷基化反应。当芳环上有硝基时，烷基化反应就不能进行；但是由于硝基苯能溶解芳烃和三氯化铝，因此可以用作反应的溶剂。

关于烷基进入芳环的位置，应该注意的是：在低温、低浓度、弱催化剂、反应时间又较短的条件下，烷基进入的位置遵循亲电取代反应规律。但如不在上述反应条件下，烷基进入的位置往往就缺乏规律。对于稠环化合物，烷基可能取代的位置，一般如下面箭头所表示：

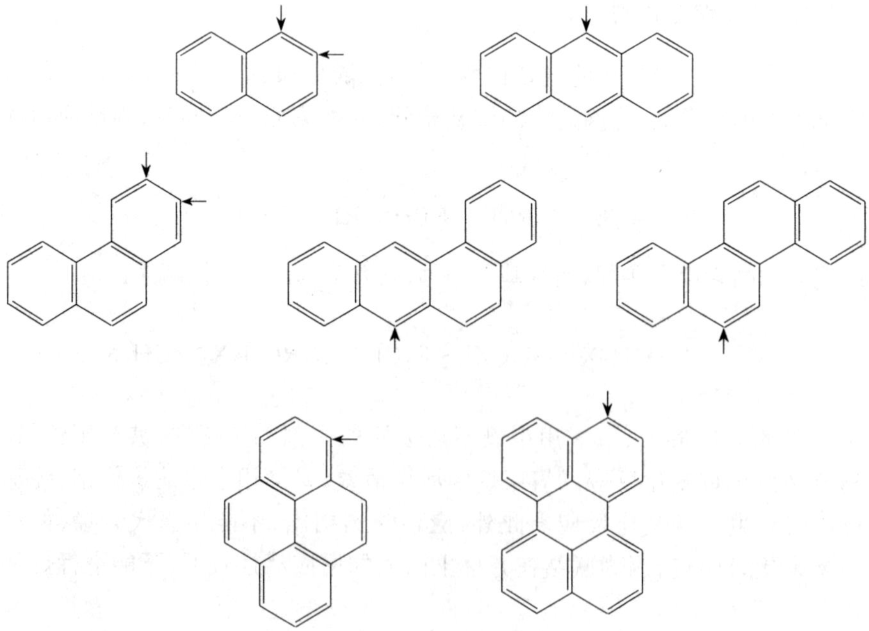

7.1.2 催化剂

芳香族化合物C-烷基化反应最初用的催化剂是三氧化铝，后来研究证明，其他许多催化剂也有同样的催化作用。现经常采用的有如下几种，其催化活性依次减弱：

路易斯酸：$AlCl_3 > FeCl_3 > SbCl_5 > SnCl_4 > BF_3 > TiCl_4 > ZnCl_2$

质子酸：$HF > H_2SO_4 > P_2O_5 > H_3PO_4$、阳离子交换树脂。

酸性氧化物：SiO_2-Al_2O_3、分子筛、$M(Al_2O_3 \cdot SiO_2)$。

烷基铝

(1) **路易斯酸** 其中最重要的是$AlCl_3$、$ZnCl_2$、和BF_3。路易斯酸催化剂分子的共同特点是都有一个缺电子的中心原子，例如$AlCl_3$分子中的铝原子只有6个外层电子，能够接受电子形成带负电荷的碱性试剂，同时形成活泼的亲电质点。$AlCl_3$使卤烷转变为活泼的亲电质点，即烷基正离子：

$$R—Cl + AlCl_3 \rightleftharpoons \overset{\delta+}{R}—Cl:\overset{\delta-}{A}lCl_3 \rightleftharpoons R^+ \cdots AlCl_4^- \quad (7\text{-}1)$$

分子络合物　　　离子对或离子络合物

此外，在液态烃溶剂中，$AlCl_3$能与HCl作用生成络合物，这络合物又能与烯烃反应形成活泼的亲电质点——烷基正离子：

$$HCl(气) + AlCl_3(固) \rightleftharpoons \overset{\delta+}{H}—\overset{\delta-}{Cl}[AlCl_3](溶液) \quad (7\text{-}2)$$

$$R—CH=CH_2 + \overset{\delta+}{H}—\overset{\delta-}{Cl}[AlCl_3] \rightleftharpoons [R—\overset{+}{C}H—CH_3]AlCl_4^- \quad (7\text{-}3)$$

(A) 无水三氯化铝$AlCl_3$　无水三氯化铝是各种傅-克反应中使用得最广泛的催化剂。其熔点192.0 ℃，180 ℃开始升华。在一般使用温度下，三氯化铝是以二聚体的形式存在的：

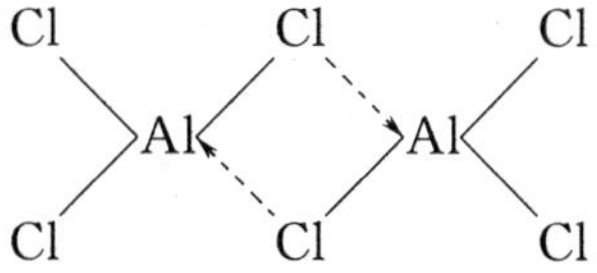

```
Cl        Cl        Cl
  \      /  \      /
   Al  <      >  Al
  /      \  /      \
Cl        Cl        Cl
```

由此可见，四面体的铝原子靠氯原子搭桥形成二聚体，二聚体失去缺电子性，因而本身没有催化活性；但是在反应条件下，二聚体又能离解为单体三氯化铝，并与反应试剂或溶剂形成络合物，显示出良好的催化活性。应该强调指出，新鲜制备的升华无水三氯化铝，几乎不溶于烃类中(参见1.3.1)，并且对用烯烃的C-烷基化反应没有催化活性；而必须有少量水分或者氯化氢存在，才能显示出催化活性,见式(7-2)、式(7-3)。空气中的水汽就会使少量三氯化铝水解,所以普通的无水三氯化铝中总是含有少量的气态氯化氢。

无水三氯化铝能溶于大多数的液态氯烷中,并生成烷基正离子。它也能溶于许多给电子型溶剂中形成络合物。这类的无机溶剂有二氧化硫、碳酰氯、二硫化碳、氰酸等,有机溶剂有硝基苯、二氯乙烷等。许多可溶性的三氯化铝溶剂络合物可用作傅-克反应的催化剂;而无水三氯化铝虽能溶于醇、醚或酮,但所形成的络合物对傅-克反应并没有催化作用或者催化作用很弱。

工业上生产烷基苯时,通常使用的是三氯化铝-氯化氢络合物催化剂溶液,它由无水三氯化铝、多烷基苯和少量水配制而成,其色较深,俗称红油。它不溶于烷化产物。反应后经静置分离,能循环使用。烷基化时使用这种络合物催化剂比直接使用三氯化铝要好,副反应少,尤其适合于大规模的连续化工业烷基化过程,只要不断补充少量三氯化铝就能保持稳定的催化活性。

用氯烷作烷基化试剂时,也可以直接用金属铝作催化剂,而不必用无水三氯化铝,因烷基化反应中生成的氯化氢,能与金属铝作用生成三氯化铝络合物。在分批操作时常用铝丝,连续操作时可用铝锭或铝球。

无水三氯化铝能与氯化钠等盐类形成复盐,如$AlCl_3 \cdot NaCl$,其熔点185 ℃,在141 ℃已开始流体化。如果需要较高的烷基化温度(140 ℃～250 ℃)而又无合适的溶剂时,就可以使用这种复盐,它既是催化剂又是反应介质。

无水三氯化铝是最常用的傅-克反应催化剂,其优点是价廉易得,催化活性好,缺点是有铝盐废液生成,有时由于副反应而不适用于活泼芳香族化合物(如酚、芳胺类)的烷基化反应。

无水三氯化铝具有很强的吸水性,遇水会立即分解放出氯化氢和大量的热,严重时甚至会引起爆炸。无水三氯化铝与空气接触也会吸潮水解,逐渐结块。如果使用这种部分潮解结块的三氯化铝,即使提高温度,也很难顺利进行反应。因此,无水三氯化铝应装在隔绝空气和耐腐蚀的密闭容器中,使用时也要注意保持干燥,并要求其他原料和溶剂以及反应器都是干燥无水的。此外,含硫化合物会影响三氯化铝的催化活性,所以应严格控制有机原料的含硫量。工业生产时通常选用适当粒度的无水三氯化铝,而不宜使用粉状的,因为粒状三氯化铝在贮存和使用时,不易吸湿变质,加料方便,反应初期不致过于激烈,温度容易控制。

(B) 三氟化硼BF_3　这是一种活泼的催化剂。其沸点很低－101 ℃,容易从反应物中蒸出,可以循环使用。三氟化硼的突出优点是可以同醇、醚或酚等形成具有催化活性的络合物,副反应少。当用烯烃或醇类作烷基化剂时,还可以用三氟化硼作为硫酸、磷酸和氢氟酸等催化剂的促进剂。三氟化硼不易水解,在水中也仅部分地水解为羟基硼氟酸($HBF_3^+OH^-$或$BF_3 \cdot H_2O$),后者也是烷基化和脱烷基化的有效催化剂，但是三氟化硼的价格较贵，应用范围受到限制。

(C) 其他路易斯酸　三氯化铁、四氯化钛及二氯化锌等都是比三氯化铝较为温和的催化剂。当反应物比较活泼，用无水三氯化铝会引起副反应时，就可以选用这些温和催化剂。尤其是氯化锌被广泛应用于氯甲基化反应。

(2) **质子酸**　其中最重要的是硫酸、氢氟酸和磷酸或多磷酸，这些强质子酸的作用是使烯烃、醛或酮质子化、成为活泼的亲电质点：

$$R—CH=CH_2 + H^+ \rightleftharpoons R—\overset{+}{C}H—CH_3 \tag{7-4}$$

$$R—C\begin{matrix} \nearrow O \\ \searrow H \end{matrix} + H^+ \rightleftharpoons R—\overset{+}{C}\begin{matrix} \nearrow OH \\ \searrow H \end{matrix} \tag{7-5}$$

$$R—\overset{\overset{\Large O}{\|}}{C}—R' + H^+ \rightleftharpoons R—\overset{\overset{\Large OH}{|}}{C^+}—R' \tag{7-6}$$

(A) 硫酸　以烯烃、醇、醛和酮为烷基化剂的烷基化反应中广泛应用硫酸作催化剂。为了避免芳烃的磺化、烷基化剂的聚合、酯化、脱水和氧化等副反应，必须选择适宜的硫酸浓度。例如对于异丁烯，若用 85%～90%硫酸，这时除发生烷基化反应外，还会有酯化反应；用 80%硫酸，则不会发生烷基化反应而有聚合反应和酯化反应。用 70%硫酸，则主要发生酯化反应，而不发生烷基化和聚合反应。对于丙烯要用 90%以上的硫酸。对于乙烯要用 98%硫酸，但这种浓度的硫酸足以引起苯和烷基苯的磺化反应，因此苯用乙烯进行乙基化时不能采用硫酸作催化剂。

(B) 氢氟酸 HF　沸点 19.5 ℃，凝固点－83 ℃，可用于各种类型的傅-克反应。其主要优点首先是对含氧、氮和硫的有机物的溶解度较大，对烃类也有一定的溶解度，因此它在液态时既是催化剂又是溶剂。其次是不易引起副反应，尤其是当用三氯化铝或硫酸会有副反应时，采用氢氟酸是较好的。第三是沸点低，反应后烃类与氢氟酸可静置分层回收，残留在烃类中的氢氟酸又容易蒸出，可循环利用，氢氟酸的消耗损失少。第四是凝固点低，允许在很低的温度下进行烷基化反应。氢氟酸和三氟化硼的络合物氟硼酸(HBF_4)也是良好的催化剂。氢氟酸虽有许多优点，但价格较贵，腐蚀性强。如反应温度高于它的沸点，则要在压力下进行操作，目前工业上主要用于十二烷基苯的制备。

(C) 磷酸或多磷酸　这是烯烃烷基化的良好催化剂，又是烯烃聚合和闭环的催化剂。无水磷酸(H_3PO_4)的凝固点为 42.4 ℃，在室温下是固体，因此通常使用的都是液体状态的含水磷酸(85%～89%)或多磷酸。多磷酸是各种磷酸多聚物的混合物：

$$\mathrm{HO{-}\underset{\underset{OH}{|}}{\overset{\overset{O}{\uparrow}}{P}}{-}O{+}\underset{\underset{OH}{|}}{\overset{\overset{O}{\uparrow}}{P}}{-}O{+}_{n}\underset{\underset{OH}{|}}{\overset{\overset{O}{\uparrow}}{P}}{-}OH} \qquad n = 1 \sim 7$$

它是液体，对许多类型的有机物还是良好的溶剂。H_3PO_4-BF_3 是效果更好的催化剂。

使用磷酸或多磷酸的优点是烷基化时没有氧化副反应，也不会发生芳环上类似磺化的取代反应。尤其是当芳烃分子中含有敏感性基团(例如羟基)时，用磷酸或多磷酸比用三氯化铝、硫酸的效果要好。但是由于磷酸或多磷酸的价格比三氯化铝、硫酸贵得多，因此限制了它的广泛应用。工业上常将磷酸负载在载体上制成固体磷酸催化剂，用于烯烃的气相催化烷基化。载体可以是硅藻土、二氧化硅或 γ-Al_2O_3 等酸性氧化物。固体磷酸催化剂中的活性组分是焦磷酸($H_4P_2O_7$)。磷酸也有一些催化活性，而偏磷酸(HPO_3)则没有催化活性。磷酸在 200 ℃时大部分脱水为焦磷酸，在 300 ℃时大部分脱水为偏磷酸，偏磷酸遇水又会水合为焦磷酸或磷酸：

$$2H_3PO_4 \underset{+H_2O}{\overset{-H_2O}{\rightleftharpoons}} H_4P_2O_7 \underset{+H_2O}{\overset{-H_2O}{\rightleftharpoons}} 2HPO_3 \tag{7-7}$$

由于气相催化烷基化的反应温度较高，磷酸容易脱水成偏磷酸失去催化活性，因此常在烷基化反应的原料中添加微量水分约在 0.001%～0.01%(质量)，但是如果水分过多又会使固体催化剂破碎、结块或软化成泥状而失去活性，并造成固体催化剂床层的堵塞。

(D) 阳离子交换树脂　其中最重要的是苯乙烯-二乙烯苯共聚物的磺化物。这些阳离子交换树脂是用烯烃、卤烷或醇进行苯酚烷基化反应的有效催化剂。其优点是副反应少。催化剂通常不会与任何反应物或产物形成络合物，所以反应后可用简单的过滤方法回收固体阳离子交换树脂，循环使用。其缺点是使用温度不能过高，芳烃类有机物能使固体阳离子交换树脂发生溶胀；而且离子交换树脂催化剂失效后不易再生。

(3) **酸性氧化物**　这类催化剂往往用于气相催化烷基化反应。二氧化硅对傅-克反应没有或只有很小的催化活性。三氧化二铝虽比二氧化硅好一些，但仍不是良好的催化剂，而以适当比例配合的 SiO_2-Al_2O_3 则具有良好的催化活性，不仅可用于烯烃与芳烃的烷基化，还能用于脱烷基化、转移烷基化、酮的合成和脱水闭环等反应。硅铝催化剂可以是天然的，如沸石、硅藻土、膨润土、铝矾土等,也可以是合成的。近年来研究开发较多的是分子筛催化剂,又称为泡沸石,是结晶型的硅铝酸盐,随硅铝比不同,有 A、X、Y 以及 ZSM 等型号。工业硅铝催化剂通常含有三氧化二铝 10%～15%及二氧化硅 85%～90%。催化剂的活性与催化剂表面水合或吸附质子密切相关。一般认为是活性的 $HAlSiO_4$ 负载在非活性的二氧化硅上,只有表面上的 H^+ 才是有效的催化活性中心。

(4) **烷基铝**　这是用烯烃作烷基化剂时的一种催化剂,其特点是能使烷基有选择地进入芳环上氨基或羟基的邻位。烷基铝与三氯化铝相似,其中铝原子也是缺电子的,对于它的催化作用还不十分清楚。酚铝 $Al(OC_6H_5)_3$ 是苯酚邻位烷基化的催化剂,是由铝屑在苯酚中加热而制得的。苯胺铝 $Al(NHC_6H_5)_3$ 是苯胺邻位烷基化的催化剂,是由铝屑在苯胺中加热而制得的。此外,也可用脂肪族的烷基铝 AlR_3 或烷基氯化铝 AlR_2Cl,但其中的烷基必须和要引入的烷基相同。

7.1.3　C-烷基化反应历程

工业上傅-克芳烃烷基化反应最常用的烷基化剂是烯烃和卤烷,其次是醇、醛和酮。催化剂的作用是使烷基化剂强烈极化成为活泼的亲电质点,这种亲电质点进攻芳环生成 σ 络合物,再脱去质子而变为最终产物。

用烯烃烷基化,在用三氯化铝作催化剂时,还必须有微量能提供质子的共催化剂如氯化氢存在,才能进行烷基化反应,首先按式(7-2)、式(7-3)生成活泼的亲电质点,然后进攻芳环,其反应历程可表示如下:

$$C_6H_6 + [R-\overset{+}{C}H-CH_3]AlCl_4^- \underset{}{\overset{慢}{\rightleftharpoons}} \left[\text{(}C_6H_6^+\text{)}<^{H}_{CH(R)-CH_3} \right] AlCl_4^-$$

δ 络合物

$$\overset{快}{\rightleftharpoons} C_6H_5-CH(R)-CH_3 + \overset{\delta+}{H}-\overset{\delta-}{Cl}[AlCl_3] \qquad (7\text{-}8)$$

在前述式(7-3)中可见三氯化铝与氯化氢生成络合物后,其质子与烯烃的加成遵循马尔科夫尼科夫规则即质子总是加成到双键中含氢较多的碳原子上,例如:

$$CH_3-CH=CH_2+H^+ \rightleftharpoons CH_3-\overset{+}{C}H-CH_3 \qquad (7\text{-}9)$$

$$(CH_3)_2C=CH_2+H^+ \rightleftharpoons (CH_3)_3C^+ \qquad (7\text{-}10)$$

因此在用烯烃作烷基化剂时，只有乙烯和苯生成乙苯；而用碳原子数为 3 个以上的烯烃时，主要生成支链芳烃，如丙烯和苯生成异丙苯，异丁烯和苯生成叔丁苯。

用卤烷的烷基化是亲电取代反应。首先是按式(7-1)生成活泼的亲电质点，其离子对烷基化反应历程可表示如下：

$$C_6H_6 + \overset{+}{R}\cdots AlCl_4^- \xrightleftharpoons{\text{慢}} [C_6H_6R]^+ \cdot AlCl_4^- \xrightleftharpoons{\text{快}} C_6H_5R + HCl + AlCl_3 \tag{7-11}$$

一般认为，当 R 为苄烷基、叔烷基或仲烷基时，比较容易生成 R^+ 或离子对；当 R 为伯烷基时，往往不易生成 R^+，而是以分子络合物参加反应。由式(7-8)重新生成的 $HCl\text{-}AlCl_3$ 和式(7-11)重新生成的三氯化铝，都可以再进行催化烷基化反应，因此理论上并不消耗三氯化铝，所以用烯烃或卤烷进行芳烃的烷基化反应，只要用少量三氯化铝做催化剂。如由苯烷基化制烷基苯时，每 100 kg 苯只消耗 1 kg 三氯化铝。

用醇烷基化时，当以质子酸作催化剂，醇和氢质子首先结合成质子化醇，然后再离解成烷基正离子和水。

$$ROH + H^+ \rightleftharpoons ROH_2^+ \rightleftharpoons R^+ + H_2O \tag{7-12}$$

如用无水三氯化铝作催化剂，则因醇烷基化生成的水会分解三氯化铝，所以需用与醇等摩尔比的三氯化铝：

$$ArH + ROH + AlCl_3 \longrightarrow ArR + Al(OH)Cl_2 + HCl \tag{7-13}$$

烷基化反应的活泼质点是按下面途径生成的：

$$ROH + AlCl_3 \xrightarrow{-HCl} ROAlCl_2 \rightleftharpoons R^+ + AlOCl_2^- \tag{7-14}$$

芳烃烷基化反应具有下列特点：

(1) *C-烷基化是连串反应*　由于烷基是给电子基，所以芳环上引入烷基后，芳环的电子密度反而比原先的芳烃为高，使芳环更加活化。例如苯分子中引入乙基或异丙基后，它们进一步烷基化的速度比苯快 1.5～3.0 倍。因此苯在烷基化时生成的单烷基苯很容易进一步烷基化成为二烷基苯或多烷基苯。但是，随着烷基数目增多，空间的阻碍效应也增加，这会使进一步烷基化速度减慢，故烷基苯的继续烷基化的速度是加快还是减慢，需视两种因素的强弱而定，另外与所用的催化剂种类也有关。一般而言，单烷基苯的烷基化速度比苯为快，当苯环上取代的烷基数目增多后，由于受到空间阻碍影响，实际上四元以上烷基苯的生成量是很少的。为了控制二烷基苯和多烷基苯的生成量，必须选择适宜的催化剂和反应条件，其中最重要的是控制反应原料苯和烷基化剂的用量比，常使苯过量较多，反应后再加以回收利用。

(2) **C-烷基化是可逆反应** 烷基苯在强酸催化剂存在下能发生烷基的转移和歧化，即苯环上的烷基可以从一个位置转移到另一个位置，或者烷基可以从一个分子转移至另一个分子上。当苯不足量时，有利于二烷基苯或多烷基苯的生成；苯过量时，则有利于发生烷基的转移，使多烷基苯向单烷基苯转化。因此在制备单烷基苯的过程中，可以利用这一特性，使副产生成的多烷基苯与未反应的过量苯发生烷基转移成为单烷基苯，以增加单烷基苯的总收率，如：

$$C_6H_6 + C_6H_4R_2 \rightleftharpoons 2\,C_6H_5R \tag{7-15}$$

(3) **烷基可能发生重排** C-烷基化反应中的烷基正离子可能重排成较为稳定形式的烷基正离子。最简单的例子是以 1-氯丙烷与苯反应时，得到的并不全是正丙苯，而是正丙苯和异丙苯的混合物，而且后者生成更多：

$$CH_3CH_2CH_2Cl + C_6H_6 \xrightarrow{AlCl_3} \underset{30\%}{C_6H_5CH_2CH_2CH_3} + \underset{70\%}{C_6H_5CH(CH_3)_2} \tag{7-16}$$

这就是因为烷基正离子能发生如下的重排：

$$\underset{伯}{CH_3-CH_2-\overset{+}{C}H_2} \longrightarrow \underset{仲}{CH_3-\overset{+}{C}H-CH_3} \tag{7-17}$$

因此上述烷基化反应生成的是两种产物的混合物。烷基正离子通过重排总是变成更加稳定的烷基正离子，其一般规律是：伯到仲、伯到叔，或者仲到叔。

当用碳链更长的卤烷或烯轻与苯进行烷基化时，则烷基正离子重排的现象就更加突出了,生成的烷基化产物异构体的种类也增多。如合成洗涤剂的主要原料十二烷基苯,可以用苯与1-氯代十二烷或α-十二烯经C-烷基化而成,烷基化产物的异构体组成见表7-1。

表 7-1 十二烷基苯异构体组成

烷基化剂	异构体组成(%)					
	1-位	2-位	3-位	4-位	5-位	6-位
1-氯十二烷	0.8	26.5	20.5	14.9	16.2	14.1
α-十二烯	—	41.2	19.8	12.8	14.5	11.7

由表7-1可见,与苯环相连结的烷基碳原子的位置都是以2-位和3-位为主;而且用α-十二烯时,则没有1-位相连的异构体。

7.1.4 用烯烃的C-烷基化

在C-烷基化反应中,烯烃是最便宜和活泼的烷基化剂,广泛应用于工业上芳烃、芳胺和酚类的C-烷基化。常用的烯烃有乙烯、丙烯以及长链α-烯烃,可以分别大规模制取乙苯、异丙苯和高级烷基苯。由于烯烃在一定条件下会发生聚合、异构化和生成酯等副反应,因此在烷基化时应控制好反应条件,以减少副反应的发生。工业上进行烷基化反应的方法又有液相法和气相法两类。液相法的催化剂呈溶液状态参加反应,液态苯和气态烯烃(如乙烯、丙烯)或其他液态烷基化剂在催化剂作用下,完成烷基化反应。液相法用的催化剂有路易斯酸和质子酸。气相法是使气态苯和气态烷基化剂在一定的温度和压力下,通过固体酸催化剂,如磷酸-硅藻土,BF_3-γ-Al_2O_3。用烯烃烷基化芳烃的代表性产品举例如下:

(1) *异丙苯* 早期曾作为航空汽油的添加剂,提高油品的辛烷值。现在异丙苯的主要用途是再经过氧化和分解,制备苯酚和丙酮,产量非常巨大。工业上丙烯和苯的连续烷基化用液相和气相两法均可生产。丙烯来自石油加工过程,允许含有丙烷类饱和烃,可视为惰性组分,不会参加烷基化。苯的规格除要控制水分含量外,还要控制硫的含量,以免影响催化剂的活性。苯和丙烯的烷基化反应如下:

$$C_6H_6 + CH_3—CH=CH_2 \xrightarrow{AlCl_3} C_6H_5—CH(CH_3)_2 \qquad (7\text{-}18)$$

$$\Delta H = -133\ kJ \cdot mol^{-1}$$

(A) 液相法 该法所用的三氯化铝-氯化氢络合物催化剂溶液通常是由无

水三氯化铝、多烷基苯和少量水配制而成的。该络合物催化剂在温度高于120 ℃时会有严重的树脂化现象发生,所以烷基化温度一般控制在 80 ℃～100 ℃。因丙烯比乙烯活泼,可在 80 ℃左右进行烷基化。使丙烯与苯以 1∶6～7(摩尔比)的混合物连续地从烷基化塔的底部进入,烷基化反应液由塔上部溢出,夹带的络合物催化剂大部分经沉降分离可以返回烷基化塔,烷基化液中带走的少量络合物催化剂用水分解,再加碱中和。烷基化液要用多塔连续精馏,分别回收未反应的苯、乙苯(系由原料丙烯中夹带的乙烯形成)、异丙苯和多异丙苯。为了保持烷基化塔内络合物催化剂的浓度,需定期或连续补加新鲜的络合物催化剂溶液。烷基化液中含有异丙苯约 30%～32%,多异丙苯 10%～12%,其余是过量的未反应的苯。苯可循环再用,多异丙苯可用于配制络合物催化剂,或返回烷基化塔。用这种液相法烷基化,反应较温和,催化剂对烷基转移反应也有较好的活性,多烷基苯可以循环使用。异丙苯的选择性以苯计算可达 94%～96%,以丙烯计算可达 96%～97%,但是此法因采用强酸性络合物催化剂,又有氯化氢存在于反应系统,所以要用耐腐蚀材料衬里的设备。

工业上也有用氟化氢作催化剂的,反应温度在 50 ℃～70 ℃,压力为 0.7 MPa。

(B) 气相法　该法是在温度 250 ℃～350 ℃和压力0.3～1.0 MPa,用磷酸/二氧化硅作催化剂,使丙烯-丙烷馏分与苯蒸气通过固体催化剂床层完成烷基化反应,这种固体催化剂不能使烷基发生转移,因此如果要限制多烷基化苯的生成,必须采用过量的苯。此法的主要副产物是二异丙苯和三异丙苯以及正丙苯。选择性以苯计是 96%～97%,以丙烯计是 91%～92%。为了维持催化剂在高温条件下的催化活性,在原料气中同时要添加适量水蒸气。

(2) *高级烷基苯*　侧链烷基含有 10～14 个碳原子的单烷基苯是生产烷基苯磺酸盐的原料。烷基苯磺酸盐是合成洗涤剂的重要活性物。直至 20 世纪 60 年代中期,生产烷基苯的烯烃原料是四聚丙烯(异十二烯)。用这种烯烃最终制成的是异十二烷基苯磺酸盐,由于它含有较多的支链,很难生物降解,因此会造成环境污染。现在已转向生产直链烷基苯磺酸盐,这就需要用 α-烯烃作为烷基化剂。苯与 α-烯烃的烷基化一般在液相中进行,采用氢氟酸、氟硼酸或三氯化铝作催化剂,但也可以在气相中进行烷基化。在路易斯酸或质子酸催化作用下,由于烷基正离子的重排,因此苯与烷基链的连接,按统计规律进行适当的分布,实际上得到的乃是相同碳原子数的烷基苯的混合物。

(3) *异丙基甲苯*　可由甲苯与丙烯烷基化制取,但得到的是邻、间和对位异丙基甲苯的混合物。产物经进一步氧化和酸解可得到混合甲酚和丙酮。这是工业上制取间甲酚和2,6-二叔丁基甲酚(抗氧剂264或称为BHT[①])的主要方法。间甲酚是生产彩色电影胶片和高效、低毒农药的原料,并可用于制造树脂、增塑剂和香料等。

烷基化生成的异丙基甲苯异构体的比例与所用的催化剂类型有关,为了增加用途较广的间甲酚含量,应采用三氯化铝与多异丙基甲苯的络合物作催化剂,比单用三氯化铝更有利于提高间位异构体含量。甲苯与丙烯烷基化反应在60 ℃时已有足够的反应速度,但是为了促使邻、对位异丙基甲苯异构化为间位异构体,以及多异丙基甲苯的脱烷基和转移烷基化,烷基化反应温度实际上应控制在100 ℃左右。反应可在釜式串联反应器或塔式反应器中以间隙或连续方法进行。连续烷基化时,反应塔的径∶高为1∶10,原料甲苯与丙烯的摩尔比为1∶0.5,反应温度在100 ℃,常压,物料平均停留时间约60分钟。烷基化产物经分离,副产的多异丙基甲苯大部分可返回烷基化塔,小部分用于配制三氯化铝络合物。催化剂用量约为烷基化液质量的4%,络合物催化剂不溶于烷基化液,由于密度大,处于塔的下部,呈悬浮状态,少量催化剂被烷基化液由塔的上部带出,经沉降器可再自动回流入烷基化塔,只需定期补充少量催化剂就可保持足够的催化剂浓度,烷基化液中含混合异丙基甲苯55%、二异丙基甲苯19%、三异丙基甲苯3%、未反应甲苯20%及少量杂质和焦油。混合异丙基甲苯中含间位60%～65%,对位30%～35%,邻位3%以下。烷基化液中带有少量络合物催化剂,经沉降、水洗、碱洗和精馏,可得到纯度为99%的混合异丙基甲苯,以甲苯计算的选择性为88%。邻、间、对位异构体的沸点相差很小(分别为178 ℃、175 ℃和177 ℃),需用分子筛分离,或是在进一步氧化、酸解制成混合甲酚后再进行分离。

(4) **2-异丙基萘**　可由萘与丙烯经烷基化制取,再进一步氧化和酸解便成为2-萘酚和丙酮。此法较萘的磺化和碱熔法制2-萘酚的技术更为先进。

萘与丙烯的烷基化用的催化剂为三氯化铝、三氯化铝与甲苯或二异丙基萘的络合物、三氟化硼-磷酸、固体磷酸、硅酸铝、浓硫酸等。用三氟化硼-磷酸作催化剂时,萘与丙烯的摩尔比为1∶1,反应温度80 ℃,反应后分出上层烷基化物,单异丙基萘混合物中含2-异丙基萘95%,1-异丙基萘5%。将混合物冷至30 ℃,使其自然结晶,可得纯度为98.4%的2-异丙基萘。副产的1-异丙基萘在固体磷酸催化剂作用下,于热压釜中加热到350 ℃～370 ℃,进行异构化,便转变为2-异丙基萘。

(5) **烷基酚**　可由苯酚与不同链长的α-烯烃经烷基化制取。这类烷基酚是

---

① 系英文名 butylated hydroxy toluene 的缩写。

进一步与环氧乙烷加成制备各种非离子型表面活性剂的主要原料,用途极为广泛。烷基酚可用于制造润滑油添加剂、增塑剂、润湿剂、洗涤剂及浮选剂等。

工业上意义较大的是制取 C_8、C_9 和 C_{12} 的烷基酚。作为烷基化剂,最经济的是选用相应的异辛烯、异壬烯和异十二烯;此外也可用相应的醇或氯代烷烃进行烷基化。用烯烃烷基化苯酚时,催化剂可用硫酸、磷酸、活性白土、三氯化铝、氢氟酸、三氟化硼等,其中以三氟化硼的活性最好,又可回收重复使用。烷基化时为了限制多烷基化合物的生成,应采用过量的苯酚。先使苯酚与三氟化硼反应,形成具有活性的络合物催化剂,然后再加入烯烃,这样单烷基酚的产率较高。

(6) **烷基苯胺** 可由苯胺与烯烃经烷基化制取。例如 2,6-二乙基苯胺是由苯胺和乙烯生成的:

$$C_6H_5NH_2 + 2CH_2=CH_2 \xrightarrow[\text{高温、高压}]{Al(NHC_6H_5)_3} 2,6\text{-}(C_2H_5)_2C_6H_3NH_2 \qquad (7\text{-}19)$$

该化合物是制造农药除草剂拉索的重要中间体,此外还是制备杀虫剂、植物生长调节剂、医药和染料的中间体。该化合物本身又是汽油抗爆剂和橡胶抗臭氧剂。

苯胺烷基化时单独使用苯胺铝 $Al(NHC_6H_5)_3$ 作催化剂,收率仅 87%,而且反应时间又长(3 小时),若同时加入助催化剂,如苯硫酚、三乙基铝、四氯化锡和溴苯等,或是改用二乙基氯化铝 $Al(C_2H_5)_2Cl$ 作催化剂,则可以缩短反应时间,降低操作压力,提高反应收率。如在高压釜中加入苯胺、二乙基氯化铝,在温度为 300 ℃与压力为 6.5～7.0 MPa 下,通入乙烯即能进行烷基化反应,产物中 2,6-二乙基苯胺含量很高,另外有极少量的未反应苯胺和 2-乙基苯胺副产物(单烷基化产物)。反应时要求有良好的搅拌,反应要求物料是无水的,还要隔绝空气,因二乙基氯化铝类金属有机化合物遇水或空气会分解燃烧。

7.1.5 用卤烷的 C-烷基化

卤烷是活泼的 C-烷基化试剂。工业上一般使用的是氯烷,例如氯代高级烷烃在三氯化铝催化下,能与苯经烷基化制备高级烷基苯。这种反应常在液相中进行,与前述用烯烃液相烷基化方法相似,主要的区别是在生成烷基芳烃的同时,会释放出氯化氢。工业上可用铝锭或铝球放入烷基化塔内,而不直接使用无水氯化铝。含有少量氯化氢的氯烷和苯按摩尔比为 1∶5 进入 2～3 只串联的烷基化塔,在 55 ℃～70 ℃之间完成反应。由于水会分解破坏氯化铝或络合物催化剂,不仅多消耗铝锭,还容易造成管道堵塞,因此进入烷基化塔的氯烷和苯都要经过干燥处理。用卤烷烷基化时有大量氯化氢生成,烷基化塔顶部的尾气要经石墨冷凝器冷凝回收苯,并把氯化氢吸收制成盐酸。烷基化液由塔的上部流出,经冷却和静置分层,络合物催化剂可回入烷基化塔,夹带有少量催化剂的烷基化液要通过洗涤、脱苯和精馏,才能分离得到精烷基苯。由于反应系统中有氯化氢存在,所以酸性反应物流过的烷基化塔、静置器等设备以及管道都要有防腐蚀措施,一般是采用搪瓷或搪玻璃或其他耐腐蚀材料衬里。为了防止氯化氢气体的外逸,有关设备可以在轻微负压下进行操作。

7.1.6 用醇、醛和酮的C-烷基化

醇、醛和酮均是反应能力较弱的烷基化剂,它们只适用于活泼芳族衍生物的烷基化,如苯、萘、酚和芳胺类化合物。常用的烷基化催化剂有路易斯酸(三氯化铝、氯化锌)和质子酸(硫酸、磷酸、盐酸)等。用醇、醛或酮类进行烷基化反应,还同时有水生成。

(1) **用醇的烷基化** 在酸性催化剂作用下,用醇对芳胺进行烷基化时,如果温度不太高(200 ℃~250 ℃),则烷基首先取代氮原子上的氢,发生N-烷基化:

$$C_6H_5NH_2 + C_4H_9OH \xrightarrow[210\ ℃,\ 0.8\ MPa]{ZnCl_2} C_6H_5NHC_4H_9 + H_2O \quad (7\text{-}20)$$

如果将温度再升高(240 ℃~300 ℃),则氮原子上的烷基将转移到芳环上,并主要生成对位烷基芳胺:

$$C_6H_5NHC_4H_9 \xrightarrow[240\ ℃,\ 2.2\ MPa]{ZnCl_2} H_9C_4\text{—}C_6H_4\text{—}NH_2 \cdot ZnCl_2 \quad (7\text{-}21)$$

例如,在高压釜中加入苯胺,丁醇和无水氯化锌(摩尔比为1∶1∶0.5)的混合物,先在温度为210 ℃,压力在0.8 MPa下,加热6小时;再在240 ℃及2.2 MPa下,加热10小时,然后将反应物在碱液中回流5小时,分离可得正丁基苯胺,单程收率按苯胺计为40%~45%。沸点较低的丁醇、苯胺和N-丁基苯胺可以回收循环利用。正丁基苯胺主要用作染料中间体。

此外,萘与正丁醇和发烟硫酸可以同时发生烷基化和磺化反应:

$$C_{10}H_8 + 2C_4H_9OH + H_2SO_4$$

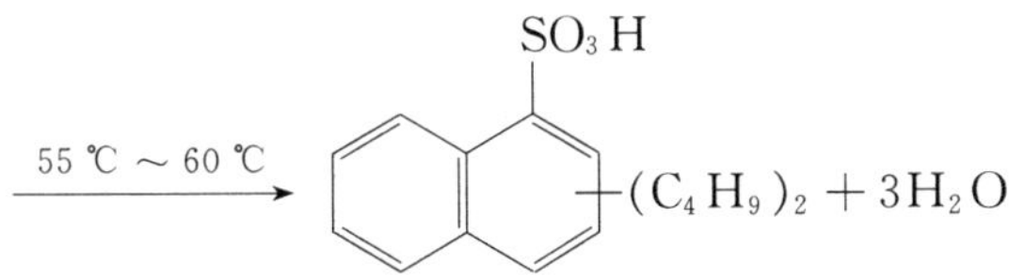

$$\xrightarrow{55\ ^\circ C \sim 60\ ^\circ C} \text{(1-naphthalenesulfonic acid, }SO_3H\text{)} \text{—}(C_4H_9)_2 + 3H_2O \quad (7\text{-}22)$$

生成二丁基萘磺酸,即渗透剂 BX,俗称拉开粉。该产品在合成橡胶生产中用作乳化剂,在纺织印染工业中大量用作渗透剂。

(2) **用醛的烷基化** 用脂肪醛和芳族衍生物可以进行烷基化反应制得二芳基甲烷衍生物,如过量的苯胺与甲醛在盐酸中反应,可以制取 4,4′-二氨基二苯甲烷:

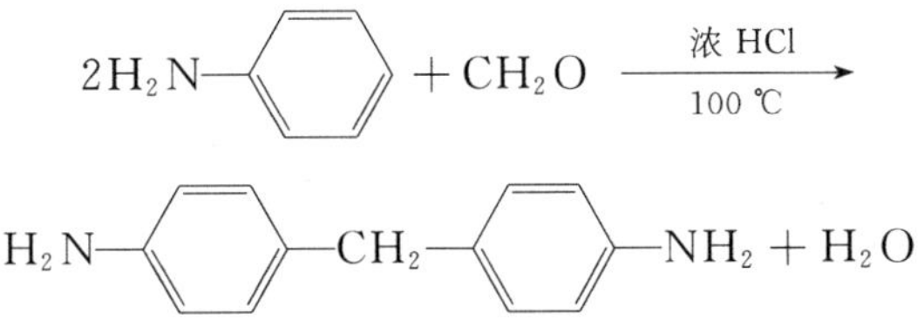

$$2H_2N\text{—}C_6H_5 + CH_2O \xrightarrow[100\ ^\circ C]{\text{浓 }HCl}$$

$$H_2N\text{—}C_6H_4\text{—}CH_2\text{—}C_6H_4\text{—}NH_2 + H_2O \quad (7\text{-}23)$$

该产品是偶氮染料的重氮组分,又是制造压敏染料的中间体。用类似方法还可以制得以下染料中间体:

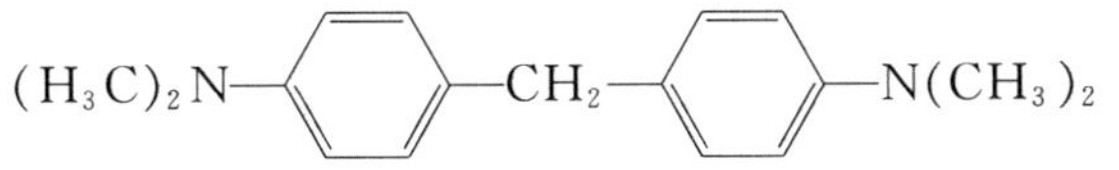

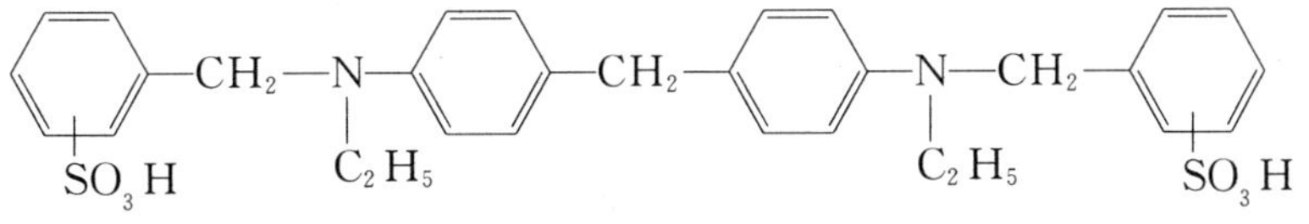

$$(H_3C)_2N\text{—}C_6H_4\text{—}CH_2\text{—}C_6H_4\text{—}N(CH_3)_2$$

$$HO_3S\text{—}C_6H_4\text{—}CH_2\text{—}N(C_2H_5)\text{—}C_6H_4\text{—}CH_2\text{—}C_6H_4\text{—}N(C_2H_5)\text{—}CH_2\text{—}C_6H_4\text{—}SO_3H$$

将 2-萘磺酸在稀硫酸中用甲醛进行烷基化反应:

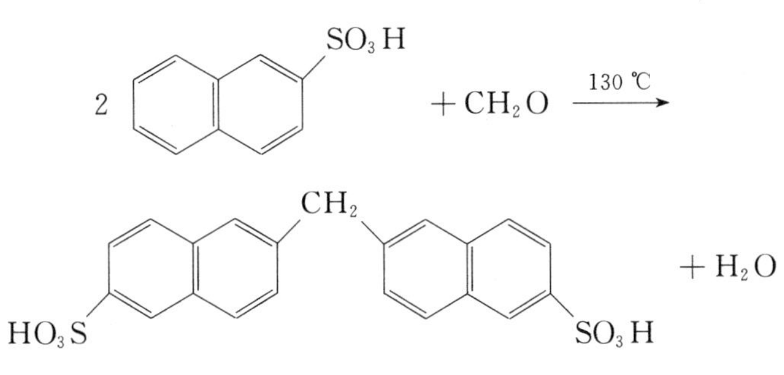

$$2\ C_{10}H_7SO_3H + CH_2O \xrightarrow{130\ ^\circ C}$$

$$HO_3S\text{—}C_{10}H_6\text{—}CH_2\text{—}C_{10}H_6\text{—}SO_3H + H_2O \quad (7\text{-}24)$$

生成的产品为扩散剂 N,是纺织印染的重要助剂。

用甲醛与各种二烷基酚在酸催化剂作用下,可以烷基化制得一系列抗氧剂,如:

$$\text{HO-C}_6\text{H}_3(\text{C(CH}_3)_3)(\text{CH}_3) + CH_2O \longrightarrow$$

$$[(H_3C)_3C](CH_3)(HO)C_6H_2-CH_2-C_6H_2(OH)(CH_3)[C(CH_3)_3] + H_2O \quad (7\text{-}25)$$

用芳醛与活泼的芳族衍生物进行烷基化反应，可以制得三芳甲烷系衍生物。如将苯胺、苯甲醛在30%盐酸作用下，于145 ℃减压脱水反应，便可制得4,4′-二氨基三苯甲烷：

$$2\,C_6H_5NH_2 + C_6H_5CHO \longrightarrow H_2N-C_6H_4-CH(C_6H_5)-C_6H_4-NH_2 + H_2O \quad (7\text{-}26)$$

用其他的苯胺衍生物，还可制取类似的三芳基甲烷类产物，这些中间体大多用于制备三芳甲烷染料。

(3) **用酮的烷基化**　丙酮与苯酚在硫酸或盐酸催化下，可以制得2,2-二(对羟基苯基)丙烷，俗称双酚A：

$$2HO-C_6H_5 + CH_3COCH_3 \xrightarrow[40\ ℃]{H_2SO_4} HO-C_6H_4-C(CH_3)_2-C_6H_4-OH + H_2O \quad (7\text{-}27)$$

如用酸催化，反应结束后有大量含酸、含酚废水，且设备腐蚀较严重。近来改为采用阳离子交换树脂催化，其特点是对设备的材质要求较低，而且催化剂可以反复使用,寿命较长。产物双酚 A 是制备新型高分子材料环氧树脂、聚碳酸酯及聚砜等的主要原料,也应用于制造油漆、抗氧剂和增塑剂等方面。

7.2 N-烷基化反应

氨、脂肪族或芳香族胺类氨基中的氢原子被烷基取代,或者通过直接加成而在氮原子上引入烷基的反应都称为 N-烷基化反应。这是制取各种脂肪族和芳香族伯、仲、叔胺的主要方法,在工业上应用十分广泛,其反应通式如下:

$$NH_3 + R—Z \longrightarrow RNH_2 + HZ \tag{7-28}$$

$$R'NH_2 + R—Z \longrightarrow R'NHR + HZ \tag{7-29}$$

$$R'NHR + R—Z \longrightarrow R'NR_2 + HZ \tag{7-30}$$

式中 R—Z 代表烷基化剂,包括醇、卤烷、酯等化合物。R 代表烷基,Z 则代表—OH,—Cl、$—OSO_3H$ 等基团。此外还有用烯烃、环氧化合物、醛和酮类作烷基化剂的。氨基是合成染料分子中重要的助色团,而 N-烷基化具有深色效应。此外制造医药、表面活性剂及纺织印染助剂时也常要用各种伯、仲或叔胺类中间体。引入的烷基简单的有甲基、乙基、羟乙基、氯乙基等,此外,还有苄基以及脂肪族长碳链烷基($C_8 \sim C_{18}$)。

7.2.1 N-烷基化剂

N-烷基化剂的种类很多,常用的有以下几类:

(1) 醇和醚　甲醇、乙醇、甲醚、乙醚、异丙醇、丁醇等。

(2) 卤烷　氯甲烷、碘甲烷、氯乙烷、溴乙烷、氯苄、氯乙酸、氯乙醇等。

(3) 酯　硫酸二甲酯、硫酸二乙酯、磷酸三甲酯、对甲苯磺酸甲酯等。

(4) 环氧化合物　环氧乙烷、环氧氯丙烷等。

(5) 烯烃衍生物　丙烯腈、丙烯酸、丙烯酸甲酯等。

(6) 醛、酮　各种脂肪族和芳香族的醛、酮。

应该指明,前三类烷基化剂与氮上的氢原子发生取代反应。后两类烷基化剂则是加成到氮原子上。最后一类烷基化剂则先与氨基发生脱水缩合,生成缩醛胺,需再经还原才能转变为胺,因此又称为还原烷基化。在前三类烷基化剂中,反应活性最强的是硫酸中性酯,如硫酸二甲酯;其次是各种卤烷;醇类烷基化剂的活性较弱,必须用强酸催化或在高温下进行反应。

7.2.2 用醇或醚的 N-烷基化

醇的烷基化活性较弱,所以反应需在较强烈的条件下才能进行,但某些低级醇(甲醇、乙醇)因价格便宜,供应量大,工业上仍常选用作为活泼胺类的烷基化剂。用醇烷基化常用强酸(如浓硫酸)作催化剂,其催化作用是由于强酸离解出的质子,能与醇反应生成活泼的烷基正离子 R^+,见式(7-12)。烷基正离子与氨的氮原子上的未共有电子对能形成中间络合物,然后脱去质子成为伯胺:

$$H_3N\!: + R^+ \rightleftharpoons \left[H_3N^+ \text{—} R \right] \rightleftharpoons RNH_2\!: + H^+ \quad (7\text{-}31)$$

由于伯胺的氮原子上还有未共有电子对,能和烷基正离子继续反应生成仲胺。同理,再可以由仲胺进一步烷基化成为叔胺,最后由叔胺生成季铵离子:

$$R\text{—}NH_2\!: + R^+ \rightleftharpoons \left[R\text{—}NH_2^+\text{—}R \right] \rightleftharpoons R_2NH\!: + H^+ \quad (7\text{-}32)$$

$$R_2NH\!: + R^+ \rightleftharpoons \left[R_2NH^+\text{—}R \right] \rightleftharpoons R_3N\!: + H^+ \quad (7\text{-}33)$$

$$R_3N\!: + R^+ \rightleftharpoons \left[R_3N^+\text{—}R \right] \quad (7\text{-}34)$$

由此可见,胺类用醇进行的烷基化是一个亲电取代反应。胺的碱性越强,反应越易进行。对于芳香族胺类,如果环上带有其他给电子基团时,则芳胺将容易发生烷基化;而环上带有吸电子基团时,则烷基化较难进行。由式(7-32)、式(7-33)可见,在生成仲胺和叔胺时,都会同时有氢质子离解出来,所以酸能循环再起催化作用;但由式 7-34 生成季铵离子时,不再有氢质子释出。因此由强酸催化的用醇进行胺类烷基化反应时,往往得到伯、仲、叔胺和季铵盐的混合物,季铵离子的生成量按化学计量不会超过原来加入的酸量。

胺类用醇的烷基化是连串反应,又是可逆反应。现以苯胺用醇烷基化为例:

$$C_6H_5\text{—}NH_2 + ROH \xrightleftharpoons{k_1} C_6H_5\text{—}NHR + H_2O \quad (7\text{-}35)$$

$$C_6H_5-NHR + ROH \xrightleftharpoons{k_2} C_6H_5-NR_2 + H_2O \tag{7-36}$$

一烷基化和二烷基化产物的相对生成量与该两反应的平衡常数 k_1 和 k_2 有关，而 k_1、k_2 数值的大小与所用的醇的性质有关。由热力学数据计算表明，苯胺用甲醇在 200 ℃进行甲基化时，k_2 比 k_1 约大 1 000 倍；而用乙醇在 200 ℃进行乙基化时，k_1 比 k_2 约大 4 倍。所以实际上苯胺用甲醇烷基化的产物主要是 N,N-二甲基苯胺；相反，用乙醇烷基化的主要产物是 N-乙基苯胺。

此外，烷基化反应中还存在有烷基的转移，即烷基化程度不同的胺类之间存在着平衡，如以甲基磺酸作催化剂时，N-甲基苯胺可重新转化为苯胺和 N,N-二甲基苯胺：

$$2\,C_6H_5-NHCH_3 \xrightleftharpoons{H^+} C_6H_5-N(CH_3)_2 + C_6H_5-NH_2 \tag{7-37}$$

当苯胺进行甲基化和乙基化时，若目的是制备一烷基化的仲胺，则醇用量仅稍大于理论量；若目的是制备二烷基化的叔胺，则醇用量约为理论量的 140%～160%。尽管如此，在制备仲胺时，得到的仍常常是伯、仲、叔胺的混合物。用醇烷基化时，每摩尔胺用强酸催化剂 0.05～0.3 mol，反应温度约为 200 ℃左右，不宜过高，温度过高将有利于芳环的 C-烷基化。苯胺甲基化反应完毕后，物料用氢氧化钠中和，分出 N,N-二甲基苯胺油层。再从剩余的水层中蒸出过量的甲醇，然后再在 170 ℃～180 ℃、压力 0.8～1.0 MPa 下，使季铵盐水解转化成叔胺：

$$C_6H_5-\overset{+}{N}(CH_3)_3 \cdot HSO_4^- + 2NaOH$$
$$\longrightarrow C_6H_5-N(CH_3)_2 + CH_3OH + Na_2SO_4 + H_2O \tag{7-38}$$

N,N-二甲基苯胺是制备染料、橡胶硫化促进剂、炸药和医药的中间体。

胺类用醇进行烷基化除了上述液相方法外，对于易气化的醇和胺，反应还可以用气相方法，一般使胺和醇的蒸气在高温 280 ℃～500 ℃左右通过氧化物催化剂(如三氧化二铝、二氧化钍、二氧化钛、二氧化锆、二氧化硅、磷酸铝)。例如，工业上大规模生产的甲胺就是由氨和甲醇气相烷基化反应生成的：

$$NH_3 + CH_3OH \xrightarrow[350\ ℃\ \sim\ 500\ ℃]{Al_2O_3 \cdot SiO_2} CH_3NH_2 + H_2O \tag{7-39}$$

$$\Delta H = -21\ kJ \cdot mol^{-1}$$

反应在温度为350 ℃～500 ℃、压力1～3 MPa及催化剂$Al_2O_3 \cdot SiO_2$催化下完成。烷基化反应并不停留在一甲胺阶段，结果同时得到二甲胺、三甲胺三种胺的混合物，其中二甲胺的用途最广，一甲胺的需要量占第二位。为了减少三甲胺的生成。烷基化反应时，一般取氨与甲醇的摩尔比大于1，即氨用过量，再加适量水，和循环三甲胺（可与水进行逆向分解反应），使烷基化反应向一烷基化和二烷基化转移。例如在500 ℃，$NH_3 : CH_3OH = 2.4 : 1$（摩尔比），反应后可得到组成为一甲胺54％，二甲胺26％和三甲胺20％的烷基化产物。工业上三种甲胺的产品往往是浓度为40％的水溶液。一甲胺及二甲胺为制造医药、农药、染料、炸药、表面活性剂、橡胶硫化促进剂和溶剂等的原料。三甲胺用于制造离子交换树脂、饲料添加剂及植物激素等。

此外，碳原子数为8～18的长碳链脂肪族伯胺也能用低级醇如甲醇或乙醇进行烷基化，生成仲胺或叔胺：

$$RNH_2 + CH_3OH \xrightarrow[200\ ℃,\ -H_2O]{H_2,\ CuO \cdot Cr_2O_3} RNHCH_3 \xrightarrow[-H_2O]{CH_3OH} RN(CH_3)_2 \quad (7\text{-}40)$$

这类烷基化反应可在液相进行，常用的催化剂是Cu-Cr或Cu-Cr-Ba的氧化物——阿德金(Adkin)催化剂。如用过量甲醇可以制得含有长碳链烷基的叔胺，它是合成阳离子表面活性剂的主要原料。这种叔胺也可从二甲胺和高级(C_8～C_{18})醇进行制备：

$$ROH + NH(CH_3)_2 \xrightarrow[220\ ℃,\ -H_2O]{H_2,\ CuO \cdot Cr_2O_3} RN(CH_3)_2 \quad (7\text{-}41)$$

甲醚是合成甲醇时的副产物，也可用作烷基化剂，其反应式如下：

$$C_6H_5\text{—}NH_2 + (CH_3)_2O \xrightarrow[230\ ℃]{Al_2O_3} C_6H_5\text{—}NHCH_3 + CH_3OH \quad (7\text{-}42)$$

$$C_6H_5\text{—}NHCH_3 + (CH_3)_2O \longrightarrow C_6H_5\text{—}N(CH_3)_2 + CH_3OH \quad (7\text{-}43)$$

此烷基化反应可在气相中进行，使甲醚和苯胺的蒸气在230 ℃通过氧化物催化剂（三氧化二铝、二氧化钛等）。使用醚类烷基化剂的优点是反应温度可以较使用醇类的为低。

7.2.3 用卤烷的N-烷基化

卤烷是N-烷基化常用的烷基化剂，其反应活性较醇为强。当需要引入长碳链的烷基时,由于醇类的反应活性随碳链的增长而减弱,此时就需选用卤烷作烷基化剂。此外,对于较难烷基化的胺类,如芳胺的磺酸或硝基衍生物,也要求采用卤烷作烷基化剂。

分子量小的卤烷的反应活性比分子量大的卤烷更强些。如果烷基相同,则不同卤烷的反应活性由大到小的顺序为:RI、RBr、RCl、RF。因此为了在胺中引入长碳链烷基,有时就要选用溴烷。碘烷的价格较贵,只限于实验室使用。如果卤素相同,则伯卤烷的反应最好,仲卤烷次之,而叔卤烷常常会发生严重的消除反应,生成大量的烯烃,因此不宜直接采用叔卤烷,以防止发生消除副反应。

芳香族卤代烃的反应活性较卤烷要差,烷基化反应较难进行,往往要在强烈的反应条件(高温,催化剂)下或在芳香环上有其他活化取代基存在时,方能顺利进行。此时常用的催化剂是铜盐,如甲胺用氯苯烷基化的反应是在高温和高压下进行:

$$2CH_3NH_2 + C_6H_5\text{—}Cl \xrightarrow{\text{铜盐}} C_6H_5\text{—}NHCH_3 + CH_3NH_2 \cdot HCl \tag{7-44}$$

当芳香族卤代烃的邻位或对位有强烈吸电子取代基时,则烷基化还是比较容易发生的。

用卤烷进行的胺类烷基化反应是不可逆的,反应中还有卤化氢释放出,它会使胺类形成盐,便难于再烷基化,所以反应时要加入一定量的碱性试剂(如氢氧化钠、碳酸钠、氢氧化钙等),以中和卤化氢,使胺类能充分反应。用卤烷的烷基化反应可以在水介质中进行。若用低沸点卤烷(如一氯甲烷、溴乙烷)时,反应要在高压釜中进行。烷基化反应生成的大多是仲胺与叔胺的混合物。为了制备仲胺,则必须使用大大过量的伯胺,以抑制叔胺的生成,如溴烷与苯胺以摩尔比为 1∶2.5～4.0,共热 6～12 小时,便可制得相应的 N-丙基苯胺、N-异丙基苯胺或 N-异丁基苯胺。烷基化产物中伯胺与仲胺的分离可通过下述方法完成,加入过量的 50%氯化锌水溶液,苯胺与氯化锌生成难溶的加成产物,而烷基苯胺则在水溶液中不与氯化锌反应。难溶物再用氢氧化钠溶液处理,以分解加成产物,并回收过量的未反应苯胺。制备 N,N-二烷基芳胺可使用定量的苯胺和氯乙烷,加入到装有氢氧化钠溶液的高压釜中,升温至 120 ℃,当压力为 1.2 MPa 时,靠反应热可自行升温至 210 ℃～230 ℃,压力 4.5～5.5 MPa,反应 3 小时,即可完成烷基化反应。

$$C_6H_5\text{—}NH_2 + 2C_2H_5Cl \xrightarrow[120\ ℃ \sim 220\ ℃]{NaOH} C_6H_5\text{—}N(C_2H_5)_2 + 2HCl \tag{7-45}$$

通过长碳链卤烷与胺类反应也能制取仲胺或叔胺。如用长碳链氯烷使二甲胺烷基化，就能制取叔胺：

$$RCl + NH(CH_3)_2 \xrightarrow[130\ ℃ \sim 140\ ℃]{NaOH} RN(CH_3)_2 + HCl \qquad (7\text{-}46)$$

反应生成的氯化氢可用氢氧化钠中和。

7.2.4　用酯的 N-烷基化

硫酸酯、磷酸酯和芳磺酸酯都是很强的烷基化剂，这类烷基化剂的沸点较高，反应可在常压下进行。由于酯类的价格比醇和卤烷都高，所以其实际应用不如醇或卤烷广泛。

硫酸酯与胺类烷基化的反应通式如下：

$$R'NH_2 + ROSO_2OR \longrightarrow R'NHR + ROSO_2OH \qquad (7\text{-}47)$$

$$R'NH_2 + ROSO_2ONa \longrightarrow R'NHR + NaHSO_4 \qquad (7\text{-}48)$$

硫酸的中性酯很容易按式(7-47)释放出它所含的第一个烷基，而按式(7-48)释放出第二个烷基则比较困难。硫酸酯中最常用的是硫酸二甲酯，但它的毒性极大，能通过呼吸道及皮肤接触使人体中毒，使用时应十分注意。用硫酸酯烷基化时需加碱中和所生成的酸。选用硫酸二甲酯为烷基化剂的优点是：烷基化能力强，并且如果条件控制适当，可以只在氨基上发生烷基化，而不会影响到芳环上的羟基。

对甲苯胺与硫酸二甲酯于 50 ℃～60 ℃时，在碳酸钠、硫酸钠和少量水的存在下，烷基化生成 N,N-二甲基对甲苯胺，收率可达 95%。同样，由其他相应的芳胺可制备 N,N-二甲基邻甲苯胺和 N,N-二甲基对氯苯胺。

此外，用磷酸酯与苯胺或其他芳香胺反应可以得到收率好、纯度高的 N,N-二烷基芳胺，其反应式如下：

$$3ArNH_2 + 2(RO)_3PO \longrightarrow 3ArNR_2 + 2H_3PO_4 \qquad (7\text{-}49)$$

芳磺酸酯也是一种强烷基化剂，用于芳胺烷基化的反应通式为：

$$ArNH_2 + ROSO_2Ar' \longrightarrow ArNHR + Ar'SO_3H \qquad (7\text{-}50)$$

烷基化用的芳磺酸酯应在反应前预先制备，由芳磺酰氯与相应的醇在氢氧化钠存在下于低温反应，即成为芳磺酸酯。取 1 mol 由丙醇以上的醇类所制得的芳磺酸酯，与 2 mol 芳胺共热到 110 ℃～125 ℃，可得到收率良好的仲胺。芳胺用量比理论量多一倍，这是为了中和反应中生成的芳磺酸。如果改变反应物的用量，按伯胺∶对甲苯磺酸酯∶氢氧化钾的摩尔比为1∶2∶2，共同加热到较高温度，也可以生成叔胺。

7.2.5 用环氧乙烷的N-烷基化

环氧乙烷是一种活性较强的烷基化剂，其分子具有三元环结构，容易开环，发生加成反应生成含亚乙氧基的产物。环氧乙烷能和分子中有活性氢的化合物（如水、醇、氨、胺、羧酸及酚等）发生加成反应。碱性或酸性催化剂均能加速这类加成反应。在较高温度及压力条件下，宜选用无机酸或酸性离子交换树脂等酸性催化剂。环氧乙烷的一次加成产物，由于引入的是羟乙基—CH_2CH_2OH，仍含有活性氢，因此可再与环氧乙烷分子加成，如此逐步生成含两个，三个或更多个亚乙氧基的加成产物。如需要得到含一个亚乙氧基的主要产物，则环氧乙烷用量应远远低于化学计算量。

环氧乙烷的沸点较低（10.7 ℃），其蒸气与空气的混合物的爆炸范围很宽，空气含量为3%～98%时都在爆炸范围内，所以在通环氧乙烷前后，务必用氮气置换容器内的气体。

芳胺与环氧乙烷发生加成反应，生成N-β-羟乙基芳胺，如再与另一分子环氧乙烷作用，可进一步制成叔胺：

$$ArNH_2 + \underset{\diagdown \ O \ \diagup}{CH_2—CH_2} \xrightarrow{k_1} ArNHCH_2CH_2OH \tag{7-51}$$

$$ArNHCH_2CH_2OH + \underset{\diagdown \ O \ \diagup}{CH_2—CH_2} \xrightarrow{k_2} ArN(CH_2CH_2OH)_2 \tag{7-52}$$

这两个反应的速度常数k_1和k_2相差不大，当只需引入一个羟乙基时，环氧乙烷用量约为理论量的30%～50%，有时用量更少，以免生成过多的叔胺。当环氧乙烷与苯胺的摩尔比为0.5∶1，反应温度为65 ℃～70 ℃，并加入少量水，反应生成的主要是N-β-羟乙基苯胺。如果使用稍大于2 mol的环氧乙烷，并在120 ℃～140 ℃和0.5～0.6 MPa压力下进行反应，则得到的主要是N,N-二(β-羟乙基)苯胺。如果环氧乙烷用量再进一步增大，将有利于生成N-聚乙二醇芳胺衍生物：

$$ArN[(CH_2CH_2O)_mCH_2CH_2OH]_2$$

其他芳胺和环氧乙烷反应，可得到生产分散染料的重要中间体，如下：

$$N(CH_2CH_2OH)_2\text{-}C_6H_4\text{-}CH_3 \quad N(CH_2CH_2OH)_2\text{-}C_6H_4\text{-}NHCOCH_3$$

$$H_3CO\text{-}C_6H_3(N(CH_2CH_2OH)_2)\text{-}NHCOCH_3$$

氨或脂肪胺和环氧乙烷也能发生加成烷基化反应，典型的例子是制备乙醇胺类化合物：

$$NH_3 + \underset{\diagdown O \diagup}{CH_2\text{—}CH_2} \longrightarrow H_2NCH_2CH_2OH + HN(CH_2CH_2OH)_2 + N(CH_2CH_2OH)_3 \quad (7\text{-}53)$$

为三种乙醇胺的混合物。如用三乙醇胺盐在加压和 100 ℃条件下，则还能进一步和环氧乙烷加成，生成季铵盐。烷基化产物中各种乙醇胺的比例主要取决于反应物的摩尔比，见表 7-2。

表 7-2　氨与环氧乙烷反应条件和产物组成

(T = 30 ℃ ～ 40 ℃，p = 0.2 MPa)

氨:环氧乙烷（摩尔比）	烷基化产物组成(%)		
	一乙醇胺	二乙醇胺	三乙醇胺
10∶1	61～75	21～27	4～12
2∶1	25～31	38～52	23～26
1∶1	4～12	20～26	65～69

由表 7-2 可见，即使氨用量大大超过理论量，虽然产物中主要是一乙醇胺，但仍有相当数量的二乙醇胺甚至三乙醇胺同时生成。反应时先将 25%氨水送入烷基化器，然后缓缓通入气化的环氧乙烷，反应温度为 35 ℃～45 ℃，反应后期，升温至 110 ℃以蒸发脱除过量的氨；然后再经脱水，减压精馏，收集不同沸点的三种乙醇胺产品。乙醇胺是重要的化工原料，它们的脂肪酸酯可制合成洗涤剂。乙醇胺可用于净化许多工业气体，脱除气体中的酸性杂质（二氧化硫、二氧化碳等）。乙醇胺的碱性较弱，常用于配制肥皂、油膏等化妆品。此外乙醇胺也常用于合成有机杂环化合物。

7.2.6 用烯烃的N-烷基化

脂肪族或芳香族胺类都能与烯烃发生N-烷基化反应，这是通过烯烃的双键与氨基中的氢加成而完成的。常用的烯烃为丙烯腈和丙烯酸酯，烷基化就能分别引入氰乙基和羧酸酯基：

$$RNH_2 + CH_2 = CH—CN \longrightarrow RNH(CH_2CH_2CN) \qquad (7\text{-}54)$$

$$RNH(CH_2CH_2CN) + CH_2 = CH—CN \longrightarrow RN(CH_2CH_2CN)_2 \qquad (7\text{-}55)$$

$$RNH_2 + CH_2 = CHCOOR' \longrightarrow RNH(CH_2CH_2COOR') \qquad (7\text{-}56)$$

$$RNH(CH_2CH_2COOR') + CH_2 = CHCOOR' \longrightarrow RN(CH_2CH_2COOR')_2 \qquad (7\text{-}57)$$

这些产物是生产分散染料、表面活性剂和医药的重要中间体。

丙烯腈和丙烯酸分子中含有吸电子基团，—CN、—COOH、—COOR，使分子中β-碳原子上带部分正电荷：

$$^{\delta+}CH_2{=}CH—C{\equiv}N^{\delta-} \qquad ^{\delta+}CH_2{=}CH—C(=O^{\delta-})OH$$

从而有利于与胺类发生亲电加成，生成N-烷基取代物。与卤烷、环氧乙烷和硫酸酯相比，烯烃衍生物的烷基化能力较弱，常需加入酸性或碱性催化剂。酸性催化剂有：乙酸、硫酸、盐酸、对甲苯磺酸等，碱性催化剂有：三甲胺、三乙胺等。胺与烯烃加成反应是一个连串反应，可得到仲胺和叔胺。

丙烯腈与胺类反应时，要加入少量酸催化剂。由于丙烯腈容易聚合，反应时还应加入少量阻聚剂(对苯二酚)。当苯胺与丙烯腈反应时，若需要引入一个氰乙基，可取苯胺与丙烯腈的摩尔比为1∶1.6，少量盐酸作催化剂，及少量对苯二酚，在水介质中以回流温度下进行的烷基化反应，生成的主要是N-β-氰乙基苯胺。若需要引入两个氰乙基，则取苯胺与丙烯腈的摩尔比为1∶2.4，反应温度为130 ℃～150 ℃。

用丙烯酸或丙烯酸酯向胺类的氨基上引入一个或两个羧酸酯基，按上面式(7-56)、式(7-57)的加成反应是最简单的方法。原料丙烯酸酯是石油化工生产的大宗产品。特别是选用丙烯酸甲酯更为有利。除此以外，胺类与丙烯酸先加成烷基化,然后再酯化,也能引入羧酸酯基。胺类还可用卤代羧酸或卤代羧酸酯烷基化,这是引入羧酸酯基的另一条原料路线。应该指出,丙烯酸甲酯的烷基化能力较丙烯腈为弱,因此对于某些需要引入两个羧酸酯基的芳胺,就要使用过量的丙烯酸甲酯和比较强烈的反应条件。尽管如此,在产品中往往还会含有少量单烷基化合物。

7.2.7 用醛或酮的N-烷基化

氨或胺类化合物和许多醛或酮可发生还原性烷基化,即伴随有还原反应的烷基化反应,其化学反应通式如下:

$$R-CHO + NH_3 \xrightarrow{-H_2O} \left[R-CH{=}NH \right]_{\text{亚胺}} \xrightarrow{\text{还原剂}} \underset{\text{伯胺}}{RCH_2NH_2} \tag{7-58}$$

$$RR'C{=}O + NH_3 \xrightarrow{-H_2O} \left[RR'C{=}NH \right]_{\text{亚胺}} \xrightarrow{\text{还原剂}} \underset{\text{伯胺}}{RR'CHNH_2} \tag{7-59}$$

由此可见,氨用醛或酮还原性烷基化剂反应,最初生成的都是伯胺,而生成的伯胺也能与醛或酮发生反应,得到仲胺:

$$R-CHO + RCH_2NH_2 \xrightarrow{-H_2O} \left[R-CH{=}N-CH_2R \right]_{\text{亚胺}}$$

$$\xrightarrow{\text{还原剂}} \underset{\text{仲胺}}{(RCH_2)_2NH} \tag{7-60}$$

伯胺与酮也能发生类似的还原性烷基化反应生成仲胺;而仲胺还能进一步与醛或酮反应,最终生成叔胺。

在这类还原性烷基化中用得最多的是甲醛水溶液,可以在氮原子上引入甲基。常用的还原剂有甲酸或氢气。如脂肪族十八胺用甲醛和甲酸可以还原性烷基化生成N,N-二甲基十八烷胺:

$$CH_3(CH_2)_{17}NH_2 + 2CH_2O + 2HCOOH \longrightarrow$$

$$CH_3(CH_2)_{17}N(CH_3)_2 + 2CO_2 + 2H_2O \tag{7-61}$$

反应是在液相常压条件下进行的,脂肪胺先溶于乙醇中,然后加入甲酸水溶液,升温至50 ℃～60 ℃时,慢慢加入甲醛水溶液,再加热至80 ℃,反应完毕。反应产物经中和至强碱性,静置分层,分出粗胺层,再用减压蒸馏提纯叔胺。用此法制备叔胺的优点是反应条件温和,容易操作,但缺点是要耗用甲酸,和存在甲酸的腐蚀作用。在适当的催化剂(如骨架镍等)存在下,可以用氢替代甲酸,但这种加氢还原性烷基化方法,需要采用受压设备。此法合成的含长碳链的脂肪叔胺是表面活性剂或纺织助剂的重要中间体。

7.2.8 N-烷基胺类混合物的分离

用各种烷基化剂进行 N-烷基化反应时,往往得到伯、仲、叔胺的混合物。分离这些胺类混合物的方法可区分为物理法和化学法。

(1) **物理法** 利用产物的沸点差异进行分离。如苯胺乙基化的产物组分和沸点:

组　　分	沸点(℃)
苯胺	184
N-乙基苯胺	204.7
N,N-二乙基苯胺	216.3

由于各组分的沸点相差较大,可以采用精馏方法加以分离。但是苯胺甲基化产物中的 N-甲基苯胺和 N,N-二甲基苯胺的沸点仅相差 2 ℃,如用精馏方法分离就比较困难。

脂肪族甲胺的混合物组分和沸点:

组　　分	沸点(℃)
一甲胺	−6.3
二甲胺	7.4
三甲胺	2.9

各组分的沸点相差不够大,而且又能和水形成共沸物,所以这种混合物要用特殊的精馏方法(加压精馏和萃取精馏)才能达到分离目的。

(2) **化学法** 对于用物理法不能分离的胺类混合物,可以改用化学法加以分离。这种方法虽要消耗一定的化学原料,成本较高,但往往可以制得纯度较高的烷基胺。例如可以用光气处理烷基芳胺混合物,因伯胺与仲胺在碱性试剂存在下,能与光气在低温时发生酰化反应,生成不溶性的酰化物:

$$2ArNH_2 + COCl_2 \longrightarrow (ArNH)_2CO + 2HCl \tag{7-62}$$

$$ArNHR + COCl_2 \longrightarrow ArN(R)COCl + HCl \tag{7-63}$$

因叔胺与光气不起反应,所以可用烯盐酸使叔胺溶解,分离出的不溶性酰化物用稀酸在低于 100 ℃时进行水解,此时只有仲胺的酰化物发生水解反应：

$$ArN(R)COCl + H_2O \xrightarrow{H^+} ArNHR + HCl + CO_2 \quad (7\text{-}64)$$

再分离出的不溶性物便是由伯胺生成的二芳基脲,它可在碱性介质中通入过热蒸汽使之发生水解而成为伯胺。除了光气外,有的烷基胺类混合物可以采用过量乙酐回流的方法来提纯叔胺。伯胺和仲胺转化成乙酰基衍生物后,由于挥发性大大降低,如把酰化产物再进行分馏时,就可以依次收集乙酸、乙酐及相应的叔胺。

7.2.9 N-烷基胺类混合物的分析

脂肪族伯、仲、叔胺混合物可以利用胺类的碱性进行酸碱滴定,加以定量分析。对于在水中溶解度小的胺类,可以采用非水滴定法。首先,用标准酸测定样品中的总胺值,包括伯、仲、叔胺值。其次,将样品用水杨醛处理,使伯胺转化为席夫碱,余下的仲、叔胺可再用标准酸测定其胺值。第三,将样品用乙酐使伯、仲胺发生酰化反应,或者用异氰酸苯酯使伯、仲胺转化成硫脲取代物,余下的叔胺可用标准酸测定其胺值。经过上述三种测定,即可求取伯、仲、叔胺值。

此外,对于芳香族伯、仲、叔胺类,首先可用重氮化-偶合方法,求取芳伯胺含量。其次,另取样品用乙酐处理,利用芳伯胺、芳仲胺能起酰化反应,从消耗的乙酐量中减去芳伯胺所消耗的部分,就相当于芳仲胺含量。第三,将样品用亚硝酸钠滴定,因芳伯胺可发生重氮化,芳仲胺及芳叔胺可发生亚硝化反应,所以由亚硝酸钠滴定值及乙酐酰化值的差额就能求得叔胺的含量。

当只有胺类的二元混合物时,如伯胺与仲胺,或仲胺与叔胺时,往往可以采用比较简单的分析方法。例如对于芳伯胺和芳仲胺的混合物,则能用吡唑啉酮容量分析法测定。也可以用水杨醛先除去伯胺,仲胺则能与溴甲酚绿形成络合物,再用分光光度法测定。对于可以气化的胺类,可用气相色谱法分析;对于不易气化的胺类,则可用薄层色谱法分析。

7.3 O-烷基化反应

许多芳醚的制备不宜采用烷氧基化的合成路线,而需要采用酚羟基的烷基化(即 O-烷基化)的合成路线。例如 2-萘乙醚的制备,如果采用烷氧基化的合成路线,则原料 2-氯萘很难获得,而且其中的氯原子也很不活泼;如果采用 O-烷基化,则原料 2-萘酚容易得到。又如在制备芳环上含有羧甲氧基($—OCH_2COOH$)或苄氧基（$—OCH_2C_6H_5$）的中间体时，采用酚类与氯乙酸（或氯苄）相作用的合成路线更为合理。因为氯乙酸和氯苄比羟基乙酸和苄醇容易获得，而且又都是活泼的烷基化剂。

芳环上的羟基一般不够活泼，所以需要使用活泼的烷基化剂，例如氯甲烷、氯乙烷、氯乙酸、氯苄、硫酸酯、对甲苯磺酸酯和环氧乙烷等。只有在个别情况下，才使用甲醇和乙醇等弱烷基化剂。

7.3.1　用卤烷的 O-烷基化

此类反应比较容易进行，一般只要将所用的酚先溶解于稍过量的苛性钠水溶液中，使它形成酚钠盐，然后在不太高的温度下加入适量卤烷，即可得到良好的结果。当使用沸点较低的卤烷时，则需要在压热釜中进行反应：

$$HO-C_6H_4-OH + 2NaOH \xrightarrow[\text{水介质}]{35\ ℃} NaO-C_6H_4-ONa + 2H_2O \tag{7-65}$$

$$NaO-C_6H_4-ONa + 2CH_3Cl \xrightarrow[NaOH]{70\ ℃ \sim 120\ ℃, 1.5\ MPa} CH_3O-C_6H_4-OCH_3 + 2NaCl \tag{7-66}$$

用卤烷作烷基化剂可制得下列重要的酚醚：

$CH_3O-C_6H_4-OCH_3$（对位）　$C_2H_5O-C_6H_4-OC_2H_5$（对位）　$CH_3O-C_6H_4-OCH_3$（间位）

OCH_3、NO_2、CH_3 取代苯（1-OCH_3，2-NO_2，4-CH_3）　OCH_2COOH、Cl、Cl 取代苯（1-OCH_2COOH，2-Cl，4-Cl）　OCH_2COOH、Cl、Cl、Cl 取代苯（1-OCH_2COOH，2-Cl，4-Cl，5-Cl）

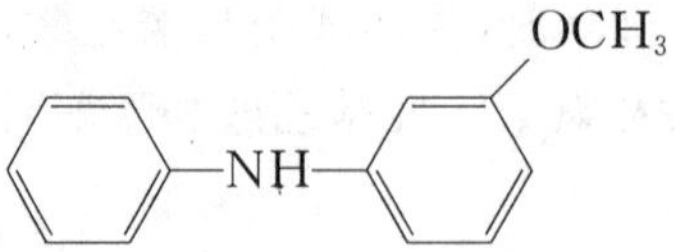

$$C_6H_5-NH-C_6H_4-OCH_3$$

对于某些活泼的酚类,也可以用醇类作烷基化剂:

$$C_{10}H_7OH + C_2H_5OH \xrightarrow{硫酸催化} C_{10}H_7OC_2H_5 + H_2O \quad (7\text{-}67)$$

在氢氧化钾和相转移催化剂聚乙二醇-400 存在下,酚类与卤烷的反应非常顺利:

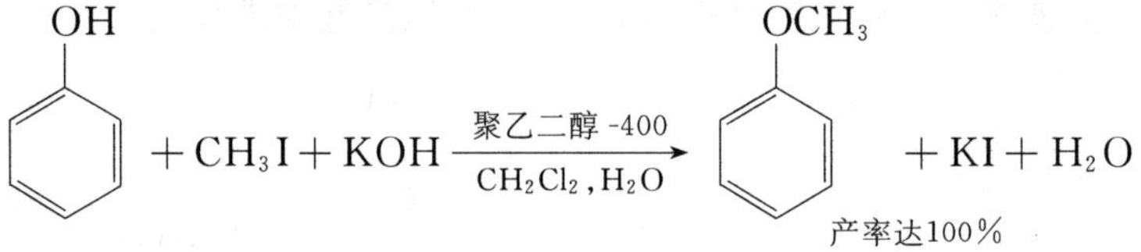

$$C_6H_5OH + CH_3I + KOH \xrightarrow[CH_2Cl_2,\ H_2O]{聚乙二醇\text{-}400} \underset{产率达100\%}{C_6H_5OCH_3} + KI + H_2O \quad (7\text{-}68)$$

$$C_6H_5OH + C_8H_{17}Br + KOH \xrightarrow[10\ ℃,半小时]{聚乙二醇\text{-}400} \underset{产率达94\%}{C_6H_5OC_8H_{17}} + KBr + H_2O \quad (7\text{-}69)$$

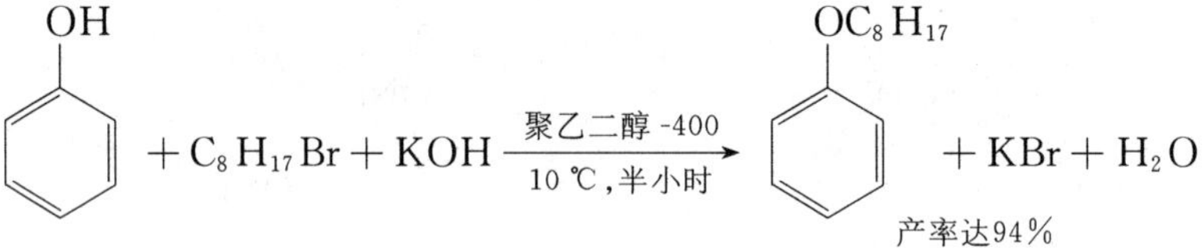

7.3.2 用酯的 O-烷基化

硫酸酯及磺酸酯均是良好的烷基化剂。在碱性催化剂存在下,硫酸酯与酚、醇在室温下即能顺利反应,并以良好产率生成醚类:

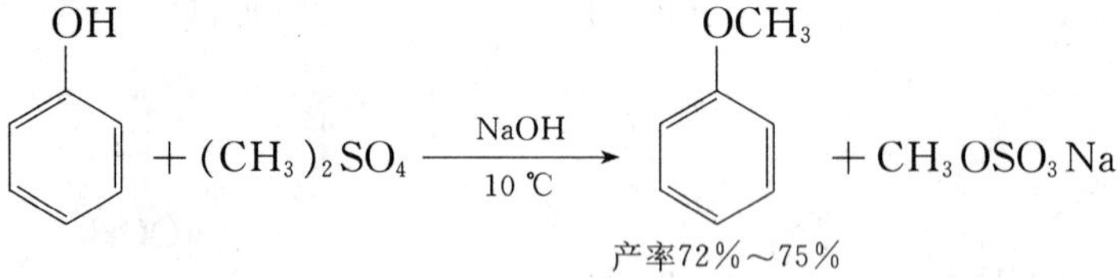

$$C_6H_5OH + (CH_3)_2SO_4 \xrightarrow[10\ ℃]{NaOH} \underset{产率72\%\sim75\%}{C_6H_5OCH_3} + CH_3OSO_3Na \quad (7\text{-}70)$$

$$C_6H_5CH_2CH_2OH + (CH_3)_2SO_4 \xrightarrow[NaOH]{(nC_4H_9)_4N^+I^-} \underset{产率90\%}{C_6H_5CH_2CH_2OCH_3} \quad (7\text{-}71)$$

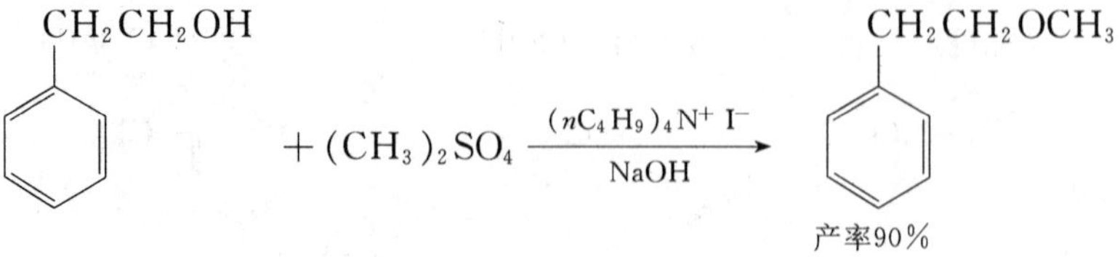

若用硫酸二乙酯作烷基化剂时，可不需碱性催化剂；而且醇、酚分子中存在有其他的羰基、氰基、羧基及硝基时，对反应亦均无影响。

除上述硫酸酯、磺酸酯外，还有原甲酸酯、草酸二烷酯、羧酸酯等也可用作烷基化剂：

$$\text{o-}NO_2C_6H_4OK + \underset{\text{草酸二乙酯}}{(COOC_2H_5)_2} \xrightarrow[120\ ^\circ C]{DMF} \underset{\text{产率85\%}}{\text{o-}NO_2C_6H_4OC_2H_5} \tag{7-72}$$

7.3.3 醇或酚直接脱水成醚

醇或酚的脱水是合成对称醚的通法。醇的脱水反应通常在酸性催化剂存在下进行。常用的酸性催化剂有浓硫酸、浓盐酸、磷酸、对甲苯磺酸等：

$$(CH_3)_2CHCH_2CH_2OH \xrightarrow[\text{加热}]{CH_3-C_6H_4-SO_2Cl} [(CH_3)_2CHCH_2CH_2]_2O + H_2O \tag{7-73}$$

苯酚通过 450 ℃的二氧化钍，生成二苯醚，产率为 64%。

$$2C_6H_5OH \xrightarrow[450\ ^\circ C]{ThO_2} C_6H_5OC_6H_5 + H_2O \tag{7-74}$$

二元醇进行酸催化脱水或催化脱水均可合成环醚。如 1,4-丁二醇以硫酰胺作催化剂进行分子内的脱水，生成四氢呋喃，产率为 92%。

$$HO(CH_2)_4OH \xrightarrow{(NH_2)_2SO_2} \text{四氢呋喃} + H_2O \tag{7-75}$$

7.3.4 用环氧乙烷的 O-烷基化

环氧化合物易与醇发生开环反应，生成羟基醚。开环反应可用酸或碱催化，但往往生成不同的产品。酸及碱催化开环的反应过程是不相同的：

$$\underset{\diagdown O \diagup}{RCH—CH_2} \xrightarrow{H^+} [R\overset{+}{C}HCH_2OH] \xrightarrow{R'OH} \underset{|\atop OR'}{RCHCH_2OH} + H^+ \tag{7-76}$$

$$\underset{\diagdown O \diagup}{RCH\text{—}CH_2} \xrightarrow{R'O^-} [\underset{\displaystyle |\atop O^-}{RCHCH_2OR'}] \xrightarrow{R'OH}$$

$$\underset{\displaystyle |\atop OH}{RCHCH_2OR'} + R'O^- \tag{7-77}$$

此种反应在工业上的应用之一是由醇类与环氧乙烷反应生成各种乙二醇醚：

$$ROH + \underset{\diagdown O \diagup}{CH_2\text{—}CH_2} \longrightarrow ROCH_2CH_2OH \tag{7-78}$$

反应常用三氟化硼-乙醚络合物作为催化剂，例如由甲醇、乙醇及丁醇可以分别制取乙二醇单甲醚、单乙醚及单丁醚，这些产品都是重要的溶剂。

高级脂肪醇能加成环氧乙烷生成高级脂肪醇聚氧乙烯醚型非离子表面活性剂：

$$ROH + n\underset{\diagdown O \diagup}{CH_2\text{—}CH_2} \longrightarrow RO\text{+}CH_2CH_2O\text{+}_nH \tag{7-79}$$

苯酚与萘酚也能加成环氧乙烷，其中重要的是烷基酚（如壬基酚）与环氧乙烷的加成产物：

$$R\text{—}C_6H_4\text{—}OH + n\underset{\diagdown O \diagup}{CH_2\text{—}CH_2} \xrightarrow{NaOH} R\text{—}C_6H_4\text{—}O\text{+}CH_2CH_2O\text{+}_nH \tag{7-80}$$

反应中加成环氧乙烷的量对产品性质的影响极大，可按需要加以控制。加成量小的产品在水中难于溶解；加成量大的，在水中容易溶解。

高级脂肪酸也能加成环氧乙烷生成酯类聚氧乙烯型非离子表面活性剂，是一种性能优良的乳化剂：

$$RCOOH + n\underset{\diagdown O \diagup}{CH_2\text{—}CH_2} \longrightarrow RCOO\text{+}CH_2CH_2O\text{+}_nH \tag{7-81}$$

8　酰 化 反 应

在有机化合物分子中的碳、氮、氧、硫等原子上引入脂肪族或芳香族酰基的反应称为酰化反应。酰基是指从含氧的无机酸、有机羧酸或磺酸等分子中除去羟基后所剩余的基团。本章讨论将酰基引入氮原子上合成酰胺类化合物的氮酰化反应，以及将酰基引入碳原子上合成芳酮或芳醛的碳酰化反应。硫原子上引入酰基主要是合成硫酸酯类化合物，可参见本书 2 中的硫酸化反应。氧原子上引入酰基主要是合成酯类化合物，习惯上把这种氧酰化称为酯化反应，可参见本书 11 酯化反应。

酰化反应可用下列通式表示：

$$R—\overset{\overset{\displaystyle O}{\|}}{C}—Z + G—H \longrightarrow R—\overset{\overset{\displaystyle O}{\|}}{C}—G + HZ \tag{8-1}$$

上式中的 RCOZ 为酰化剂，Z 代表 X、OCOR、OH、OR′、NHR′等。GH 为被酰化物，G 代表 ArNH、R′NH、R′O、Ar 等。

8.1　N-酰化反应

N-酰化是胺类化合物与酰化剂反应，在氨基的氮原子上引入酰基而成为酰胺衍生物，是有机合成中一种常用的方法。胺类化合物可以是脂肪族或芳香族胺类。常用的酰化剂有羧酸、羧酸酐、酰氯、酯以及烯酮类化合物。胺类的酰化反应有两种目的：一种是将酰基保留在最终产物中，如活性染料、冰染色酚等，以赋予染料或其他有机化合物某些新的性能。另一种是为了保护氨基，亦即在氨基上暂时引入一个酰基，然后再进行其他有机合成反应，最后再水解脱除原先引入的酰基。后一种酰化的特点是利用酰氨基比氨基稳定，不易氧化，又不能发生重氮化反应。有时把前一种酰化称为永久性酰化，后一种称为临时性酰化或保护性酰化。但是从反应的基本原理及合成方法来看，两者并无重大区别，只是保护性酰化，应选用价格低廉的酰化剂，且引入的酰基是容易从酰胺化合物中水解脱落的。

8.1.1　N-酰化反应历程

胺类化合物的酰化是发生在氨基氮原子上的亲电取代反应。酰化剂中酰基的碳原子上带有部分正电荷,能与氨基氮原子上的未共用电子对相互作用,形成过渡态络合物,最后再转化成酰胺。以芳香族胺类化合物为代表,酰化反应历程可表示如下:

$$\text{Ar—}\underset{\text{H}}{\overset{\text{H}}{\text{N}}}\text{:} + \underset{\text{Z}}{\overset{\text{O}^{\delta-}}{\text{C}^{\delta+}}}\text{—R} \longrightarrow \left[\text{Ar—}\underset{\text{H}}{\overset{\text{H}}{\text{N}}}\cdots\underset{\text{Z}}{\overset{\text{O}}{\text{C}}}\text{—R}\right] \xrightarrow[-\text{HZ}]{} \text{Ar—NH—}\overset{\text{O}}{\overset{\|}{\text{C}}}\text{—R} \qquad (8\text{-}2)$$

式中 Z＝OH ,OCOR,Cl 或 OC_2H_5 等。此类 N-酰化反应的难易,与胺类化合物和酰化剂的反应活性,以及空间效应都有密切关系,氨基氮原子上的电子云密度愈大,空间阻碍愈小,则反应活性愈强。胺类化合物的酰化活性,一般存在如下规律:伯胺>仲胺;脂肪胺>芳香胺;无空间阻碍胺>有空间阻碍胺。在芳香族胺类化合物中,芳环上有给电子基团时,反应活性增加;反之,有吸电子基团时,则反应活性下降。

羧酸、羧酸酐和酰氯等都是常用的酰化剂,当它们具有相同的烷基 R 时,酰化反应活性的大小次序为:

$$\text{R—}\overset{\text{O}}{\text{C}^{\delta_1^+}}\text{—OH} < \text{R—}\underset{\text{O}}{\text{C}^{\delta_2^+}}\text{—O—}\underset{\text{O}}{\text{C}}\text{—R} < \text{R—}\overset{\text{O}}{\text{C}^{\delta_3^+}}\text{—Cl}$$

这是因为酰氯中氯原子的电负性最大;而羧酸酐与羧酸比较,前者在氧原子上又连接了一个吸电子的酰基,因而吸电子能力较羧酸为强。这三类酰化剂的羰基碳原子上的部分正电荷大小顺序为:

$$\delta_1^+ < \delta_2^+ < \delta_3^+$$

这类脂肪族酰化剂的反应活性随着烷基碳链的增长而减弱,因此要向氨基引入低碳链的酰基,仍可采用羧酸(如甲酸、乙酸)或酸酐作酰化剂;如要引入长碳链的酰基,则必须采用更加活泼的酰氯作酰化剂。

对于同一类型的酰氯,当 R 为芳环时,由于芳环的共轭效应,使羧基碳原子上的部分正电荷降低,因此芳香族酰氯的反应活性较脂肪族酰氯为低:

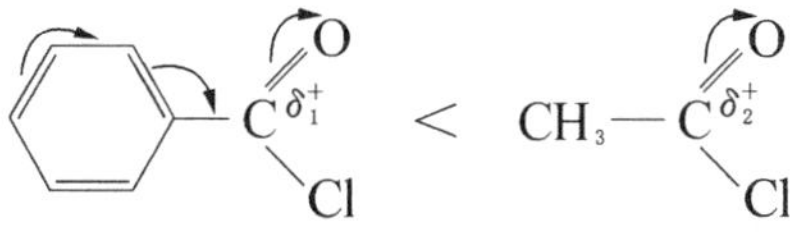

$$C_6H_5-C(=O)Cl\ (\delta_1^+) < CH_3-C(=O)Cl\ (\delta_2^+)$$

$$\delta_1^+ < \delta_2^+$$

对于酯类,凡是由强酸形成的酯,因酸根的吸电子能力强,使酯中烷基的正电荷较大,因而常用作烷化剂,而不是酰化剂,如硫酸二甲酯。凡是由弱酸构成的酯,才可用作酰化剂,如乙酰乙酸乙酯。

8.1.2 用羧酸的N-酰化

用羧酸对胺类进行酰化是合成酰胺的重要方法,反应有水生成,是一个可逆反应,其酰化反应通式如下:

$$R'NH_2 + RCOOH \rightleftharpoons R'NHCOR + H_2O \tag{8-3}$$

由于羧酸是一类较弱的酰化剂,一般只适用于碱性较强的胺类进行酰化。为了使式(8-3)的平衡向右转移,必须采用过量的反应物。通常是取过量的羧酸,或者再同时移去反应生成的水。移去反应生成水的方法往往是在反应物中加入甲苯或二甲苯进行共沸蒸馏,脱除水分。此外也可采用化学脱水剂移去反应生成的水,如五氧化二磷、三氯氧磷、三氯化磷等,这些化合物均为应用较广的化学脱水剂。如果反应物羧酸和胺类均为不挥发的,则可在直接加热反应物料时蒸出水分;如果胺类为挥发的,则可将胺通入到熔融的羧酸中进行反应。此外,也可将胺及羧酸的蒸汽通入热至280 ℃的硅胶或200 ℃的三氧化二铝上进行气固相酰化反应。

为了加速N-酰化反应,有时需加入少量强酸作为催化剂。使质子与羧酸先形成中间加成物:

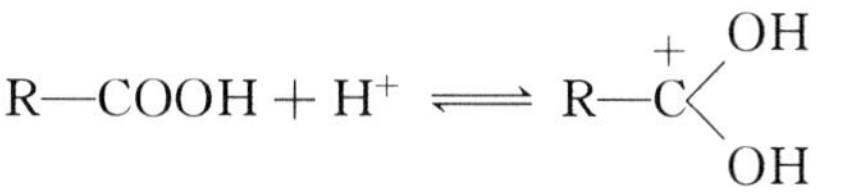

$$R-COOH + H^+ \rightleftharpoons R-\overset{+}{C}(OH)_2 \tag{8-4}$$

再与氨基结合,最后经脱水和质子形成酰胺:

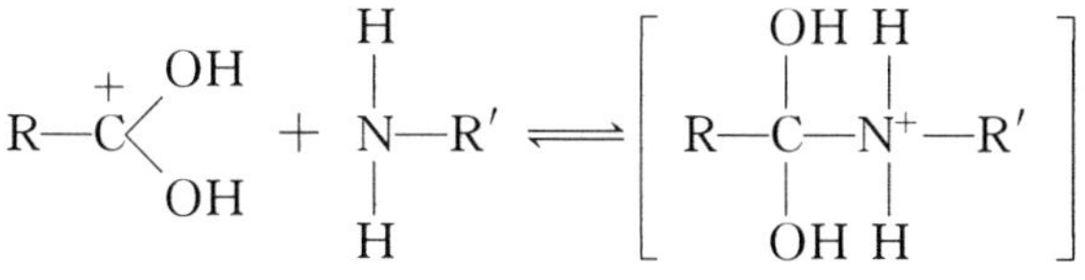

$$R-\overset{+}{C}(OH)_2 + H_2N-R' \rightleftharpoons \left[R-C(OH)_2-\overset{+}{N}H_2-R' \right]$$

$$\rightleftharpoons R-\overset{\overset{\displaystyle O}{\|}}{C}-NHR + H_3O^+ \tag{8-5}$$

关于强酸的催化作用，也有人认为是帮助酰化剂中的脱离基 Z 的消除，形成酰基正碳离子，从而增大酰化剂的反应活性：

$$R-\overset{\overset{\displaystyle O}{\|}}{C}-Z + H_3O^+ \rightleftharpoons R-\overset{+}{C}{=}O + HZ + H_2O \tag{8-6}$$

质子除了能催化羧酸形成正碳离子外，也有可能与氨基结合形成胺盐，这样反而破坏了氨基与酰化剂的反应。因此只有适当地控制反应介质的酸碱度，才能增大反应速度。

用于 N-酰化的羧酸主要是甲酸或乙酸，过程中生成的水需不断蒸出，也可采用甲苯或二甲苯等溶剂，使与水形成共沸物蒸出。例如苯胺与冰乙酸摩尔比为 1∶1.3～1.5 的混合物在 118 ℃反应数小时，然后蒸出稀乙酸，剩下的就是 N-乙酰苯胺。它是磺胺类药物的原料，也可用作止痛剂、防腐剂、合成樟脑及染料中间体。苯胺衍生物通过酰化还能合成下列重要产品：

$NHCOCH_3$ / CH_3 (para)　　　　$NHCOCH_3$ / OC_2H_5 (para)

（解热镇痛药）

$NHCOCH_3$ / OCH_3 (ortho)　　　　$NHCOCH_3$ / OCH_3 (para)

（染料、医药中间体）

此外，2-羟基-3-萘甲酸（简称 2,3-酸）和苯胺或其衍生物进行 N-酰化，可得到一系列色酚，见表 8-1，用于制备冰染染料。这类酰化反应的通式为：

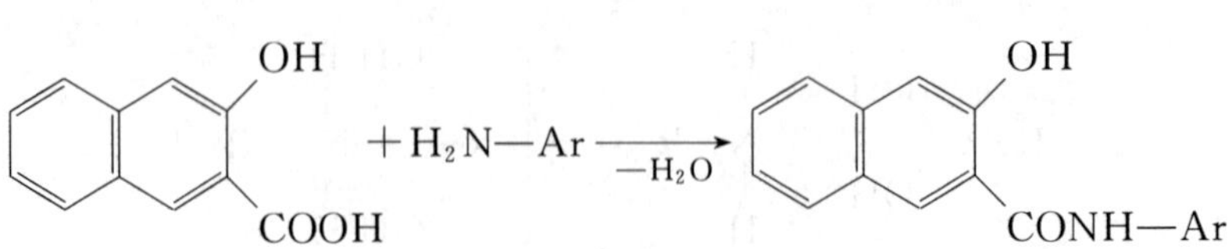

$$\text{(2-OH-3-COOH-naphthalene)} + H_2N-Ar \xrightarrow[-H_2O]{} \text{(2-OH-3-CONH-Ar-naphthalene)} \tag{8-7}$$

上述反应中的 2,3-酸是很弱的酰化剂,它与芳胺的酰化过程是在三氯化磷存在下进行的。按反应时 2,3-酸的形态可分为酸式法及钠盐法两种。

表 8-1 色酚类代表品种

芳　胺	酰化产物	名　称
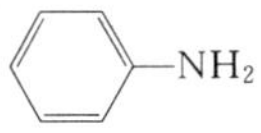 $—NH_2$	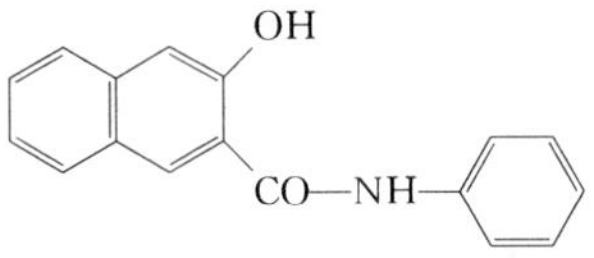 OH, CO—NH—	色酚 AS
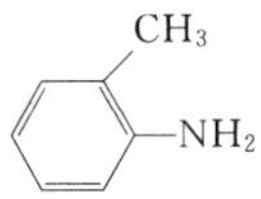 CH_3, $—NH_2$	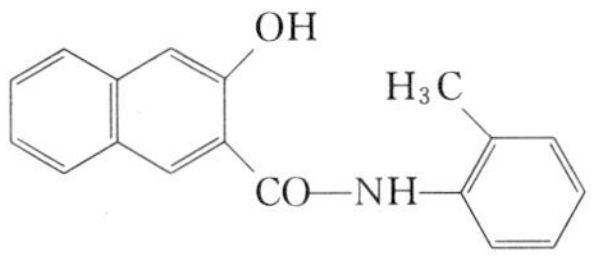 OH, H_3C, CO—NH—	色酚 AS-D
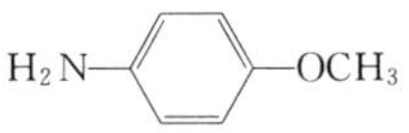 $H_2N—$ $—OCH_3$	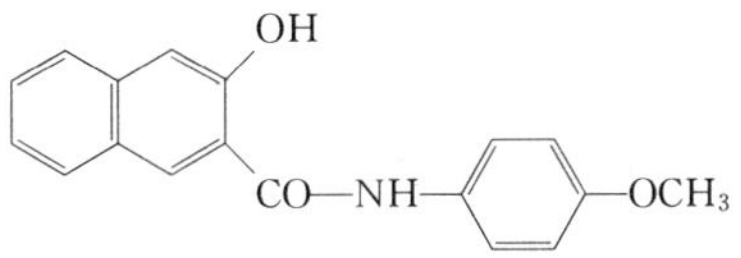 OH, CO—NH— $—OCH_3$	色酚 AS-RL
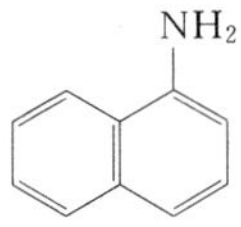 NH_2	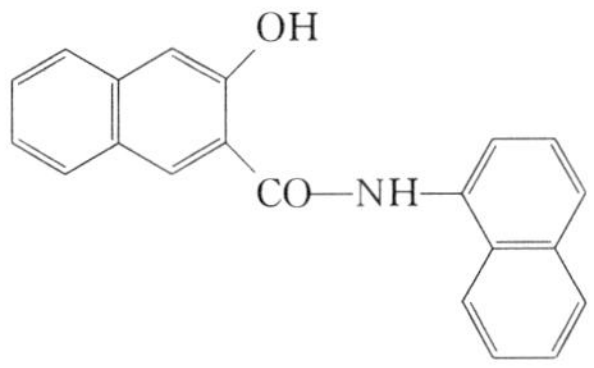 OH, CO—NH—	色酚 AS-BO

(1) 酸式法酰化的总反应式

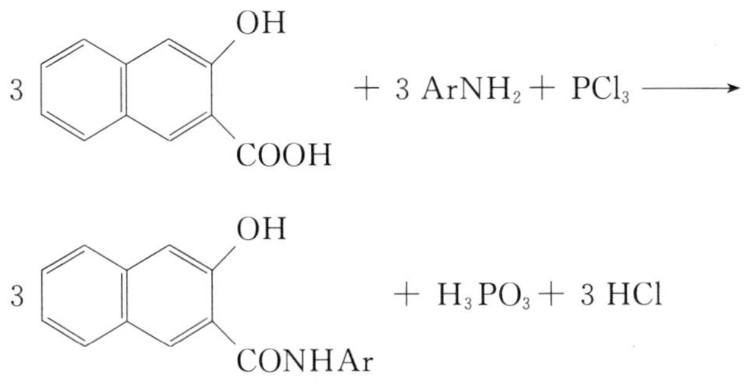

$$3\ (\text{OH, COOH}) + 3\ ArNH_2 + PCl_3 \longrightarrow$$

$$3\ (\text{OH, CONHAr}) + H_3PO_3 + 3\ HCl \qquad (8\text{-}8)$$

这种酰化反应实际可能按两种途径完成。一种可能是三氯化磷先与 2,3-酸生成酰氯,然后再与芳胺发生酰化反应:

$$\text{2-OH-3-COOH-naphthalene} \xrightarrow{PCl_3} \text{2-OH-3-COCl-naphthalene}$$

$$\xrightarrow{ArNH_2} \text{2-OH-3-CONHAr-naphthalene} \qquad (8\text{-}9)$$

另一种可能是三氯化磷先与芳胺生成磷氮化合物,然后再与 2,3-酸作用:

$$5\ ArNH_2 + PCl_3 \longrightarrow ArN{=}P{-}NHAr + 3\ ArNH_2 \cdot HCl \qquad (8\text{-}10)$$

$$ArH{=}P{-}NHAr + 2\ \text{(2-OH-3-COOH-naphthalene)} \longrightarrow$$

$$2\ \text{(2-OH-3-CONHAr-naphthalene)} + HPO_2 \qquad (8\text{-}11)$$

(2) **钠盐法**　2,3-酸在氯苯中与碱先中和生成 2,3-酸钠盐,蒸出部分氯苯以带走反应生成的水,然后再加入芳胺及三氯化磷完成酰化反应:

$$3\ \text{(2-ONa-3-COONa-naphthalene)} + 3\ \text{(2-OH-3-COONa-naphthalene)} + 6\ ArNH_2 + 2\ PCl_3$$

$$\longrightarrow 6\ \text{(2-OH-3-CONHAr-naphthalene)} + 6\ NaCl + Na_2HPO_3 + NaH_2PO_3 \quad (8\text{-}12)$$

酰化反应中,一般取芳胺过量 5%～20%,使 2,3-酸反应完全,过量的芳胺再加以回收利用。但是如果用的芳胺不易回收或者价格较贵,则宜取用当量或不足量芳胺,使芳胺反应完全。三氯化磷用量一般要超过理论量的 20%～50%。由于三氯化磷极易水解,所以反应用的各种原料及设备都应是干燥的。无水氯苯常用作溶剂。对于大多数色酚来说,采用酸式法或钠盐法,产物的收率及质量是相近的，收率一般在90%以上。

近来有专利介绍用氯化亚砜与2,3-酸反应先制得相应的羧酰氯，而后再与芳胺在冷的甲苯-水悬浮液中在 pH = 4 ～ 4.5 时，完成酰化反应，然后进行中和，蒸出甲苯。根据所用的各种芳胺，可制取一系列色酚类化合物。

8.1.3 用羧酸酐的 N-酰化

用酸酐对胺类进行酰化反应的通式是：

$$(RCO)_2O + R'NH_2 \longrightarrow R'NHCOR + ROOH \qquad (8\text{-}13)$$

反应时没有水生成，因此是不可逆的。酸酐的酰化活性较羧酸为强，除了能用于酰化脂肪族或芳香族伯胺外，还能用于较难酰化的胺类，如仲胺以及芳环上含有吸电子基团的芳胺类。最常用的酸酐是乙酐，由于其酰化活性较高，在20 ℃～90 ℃时反应即能顺利完成。酸酐的用量一般过量5%～10%。例如邻氨基苯甲酸，因受环上羧基的影响，碱性较弱；同时氨基又能与羧基形成内盐，更增加了酰化的困难，但是如果用乙酐为酰化剂，仍可得到收率较好的酰化产品：

$$C_6H_4(NH_2)(COOH) + (CH_3CO)_2O \xrightarrow{\text{回流}} C_6H_4(NHCOCH_3)(COOH) + CH_3COOH \qquad (8\text{-}14)$$

乙酐在室温下的水解速度很慢，因此对于反应活性较高的胺类，在室温下用乙酐进行酰化时，反应可以在水介质中进行，因为酰化反应的速度大于乙酐水解反应的速度。

用酸酐对胺类进行酰化时，一般可以不加催化剂，如果是多取代芳香胺，或者带有较多吸电子取代基的，以及空间阻碍较大的芳香胺类，如2,4,6-三溴苯胺、2,4-二硝基苯胺、二苯胺、N-甲基邻硝基苯胺等，与乙酐的反应很慢，这时需要加入少量强酸作催化剂以加速反应：

$$C_6H_4(NHCH_3)(NO_2) + (CH_3CO)_2O \xrightarrow[\text{加热}]{H_2SO_4}$$

$$\text{(2-nitrophenyl)}-N(CH_3)COCH_3 + CH_3COOH \quad (8\text{-}15)$$

强酸对酸酐的催化作用与对羧酸的作用相类似，是生成反应活性高的酰基正碳离子，见式(8-6)。伯胺用酸酐酰化时，如果酸酐用量过多，并在反应温度较高和反应时间较长时，除了按式(8-13)生成一酰化产物以外，还可能进一步生成二酰化产物：

$$R'NH_2 \longrightarrow R'NHCOR \longrightarrow R'N(COR)_2 \quad (8\text{-}16)$$

但是第二个酰基非常活泼，容易水解消除。因此当将二酰化物(或是一酰化与二酰化的混合物)在含水的溶剂(如稀酒精)中重结晶时，最终将只得到一酰化产物。

对于二元胺类，如果希望只酰化其中的一个氨基时，可以先用等摩尔比的盐酸，使二元胺中的一个氨基成为盐酸盐，加以保护，然后再按一般方法进行酰化。在以水为介质的间苯二胺中，加入适量盐酸后，再于 40 ℃用乙酐酰化：

$$C_6H_4(NH_2)(NH_2\cdot HCl) + (CH_3CO)_2O \longrightarrow C_6H_4(NHCOCH_3)(NH_2\cdot HCl) + CH_3COOH \quad (8\text{-}17)$$

制得的间氨基乙酰苯胺盐酸盐，经中和可得间氨基乙酰苯胺，是制备活性染料的中间体。

8.1.4 用酰氯的 N-酰化

用酰氯对胺类进行酰化反应的通式是：

$$RCOCl + R'NH_2 \longrightarrow R'NHCOR + HCl \quad (8\text{-}18)$$

反应是不可逆的。脂肪族和芳香族胺均可用酰氯迅速酰化，并以较高的收率生成酰胺，所以此法是合成酰胺的最简便和有效的方法。酰氯是强酰化剂，与胺类反应常是放热的，有时甚至较为激烈，因此通常在冰冷却条件下进行反应，亦可使用溶剂以减缓反应速度。常用的溶剂为水、氯仿、乙酸、二氯乙烷、四氯化碳、苯、甲苯等。反应中释放出的氯化氢能与游离胺化合成盐，从而降低酰化反应速度，因此反应时需加入碱性物质中和生成的氯化氢，使氨基保持游离状态，以提高酰化反应的收率。常用的碱性物质有：氢氧化钠、碳酸钠、碳酸氢钠、乙酸钠、三甲胺、三乙胺、吡啶等水溶液。

(1) **用脂肪羧酸酰氯酰化** 脂肪羧酸酰氯是强酰化剂，虽然随着烷基碳链的增长，其酰化活性有所降低，而长碳链酰氯仍有相当的酰化活性，因而特别适宜于向氨基引入长碳链酰基。例如：将 3,4-二氯苯胺溶于含吡啶的二氯乙烷溶剂中，加入壬酰氯，在室温即能反应生成壬酰化产物：

$$\text{3,4-Cl}_2\text{C}_6\text{H}_3\text{NH}_2 + C_8H_{17}COCl \xrightarrow{\text{吡啶}} \text{3,4-Cl}_2\text{C}_6\text{H}_3\text{NHCOC}_8\text{H}_{17} + HCl \quad (8\text{-}19)$$

H 酸在吡啶介质中用过量酰氯（$C_2 \sim C_{18}$ 共 9 种偶数碳原子脂肪羧酸酰氯）在 95 ℃～160 ℃酰化，可得到一系列酰化 H 酸：

$$\text{H酸}(\text{HO},\ NH_2,\ HO_3S,\ SO_3H) + RCOCl \xrightarrow{\text{吡啶}} \text{(HO, NHCOR, } HO_3S,\ SO_3H\text{)} + HCl \quad (8\text{-}20)$$

式中 $R = CH_3 \sim C_{17}H_{35}$ 共有 9 种奇数碳原子烷基。这类酰化方法相似，但反应收率随酰氯碳链的增长而降低。用这类酰化 H 酸制成的偶氮染料具有突出的匀染性，优异的耐湿和耐光坚牢度，特别适用于羊毛的染色。

氯代乙酰氯是一种非常活泼的酰化剂。由于甲基中的氢被取代后，更增加了酰基碳原子上的部分正电荷，因此可以在低温下完成酰化反应，如：

$$\text{(}HO_3S,\ NH_2,\ OH\text{ 萘)} + ClCH_2COCl \xrightarrow[0\ ℃\sim 5\ ℃]{\text{水},NaOH} \text{(}HO_3S,\ NHCOCH_2Cl,\ OH\text{ 萘)} + HCl \quad (8\text{-}21)$$

此外,有些胺类中氨基受到的空间阻碍较大,如2,6-二甲基苯胺,也可以用氯代乙酰氯进行酰化:

$$\text{2,6-}(CH_3)_2C_6H_3NH_2 + ClCH_2COCl \xrightarrow[<10\ ℃]{\text{乙酸,乙酸钠}} \text{2,6-}(CH_3)_2C_6H_3NHCOCH_2Cl + HCl \quad (8\text{-}22)$$

由于氯代乙酰氯的活性较高,在滴加酰化剂进行反应的同时,应同时不断滴加碱性物质溶液,维持介质的 pH 在中性左右,以防止酰化剂水解。

(2) **用芳羧酰氯及芳磺酰氯酰化** 常用的这类酰氯有

$$C_6H_5COCl \qquad p\text{-}O_2NC_6H_4COCl \qquad C_6H_5SO_2Cl \qquad p\text{-}CH_3C_6H_4SO_2Cl \qquad m\text{-}O_2NC_6H_4SO_2Cl$$

与低级脂肪羧酰氯(如乙酰氯)相比,这些酰化剂的活性要低一些,一般不易水解,所以能在强碱性介质中直接滴加酰氯进行酰化反应。如2,5-二乙氧基苯胺用苯甲酰氯的酰化是在碱性物质溶液中进行的:

$$\text{2,5-}(OC_2H_5)_2C_6H_3NH_2 + C_6H_5COCl \xrightarrow[85\ ℃\sim90\ ℃]{\text{水},Na_2CO_3}$$

$$2,5\text{-}(C_2H_5O)_2C_6H_3\text{—NH—CO—}C_6H_5 + HCl \qquad (8\text{-}23)$$

又如氨基乙酸可在氢氧化钠溶液中与苯甲酰氯进行酰化反应：

$$C_6H_5\text{—}COCl + NH_2CH_2COOH \xrightarrow{\text{水},NaOH} C_6H_5\text{—}CONHCH_2COOH + HCl \qquad (8\text{-}24)$$

实际上生成的产物是钠盐，再经盐酸酸化便成苯酰氨基乙酸成品，俗称马尿酸，是医药及染料的中间体。

用芳磺酰氯酰化的条件与芳羧酰氯相似。芳香族伯胺或仲胺用芳磺酰氯能酰化生成许多染料中间体，例如：

$$p\text{-}CH_3C_6H_4NH_2 + C_6H_5SO_2Cl \xrightarrow[97\ ^\circ C]{\text{水},Na_2CO_3} p\text{-}CH_3C_6H_4NHSO_2\text{—}C_6H_5 + HCl \qquad (8\text{-}25)$$

(3) **用光气酰化** 光气($COCl_2$)也是属于酰氯类的一种酰化剂，可看作碳酸的二酰氯，它是一种很活泼的酰化剂，在常温常压下是气体，剧毒，因此使用时要特别加强安全措施，严防漏气，并要有良好通风。此外，对于用光气酰化时的反应尾气必须进行安全处理，把剩余的光气加以破坏后，才能排空。反应产物中溶解的光气，也应先行脱除，再进行其他操作处理。

利用光气与胺类进行酰化反应，可以合成许多重要产品，其中主要是脲衍生物及异氰酸酯。

(A) 在水介质中酰化 光气在水介质中，在低温就能和两分子芳胺反应生成二芳基脲衍生物，反应放出的氯化氢可用碱性物质中和，如J酸和光气酰化：

$$2\ \text{(J酸: } HO_3S\text{, }NH_2\text{, }OH\text{ 取代萘)} + COCl_2 \xrightarrow[Na_2CO_3,40\ ^\circ C]{\text{水},NaOH}$$

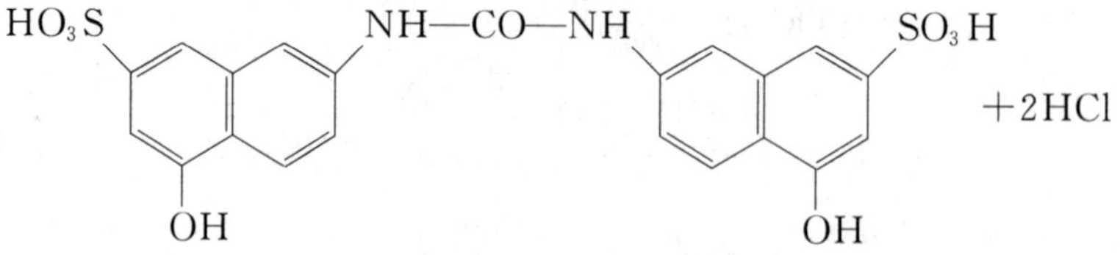

HO_3S　$NH—CO—NH$　SO_3H

OH　OH

$$+2HCl \qquad (8\text{-}26)$$

在通光气反应的同时应滴加碱性物质溶液，维持反应介质在中性左右。反应产物为猩红酸，在偶氮染料生产中用作偶合组分。

(B) 在有机溶剂中酰化　光气在有机溶剂如甲苯、氯苯、邻二氯苯中，在低温下能与等摩尔量的芳胺作用，首先生成芳胺基甲酰氯，再进行加热处理使转变为芳基异氰酸酯：

$$ArNH_2 + COCl_2 \xrightarrow{\text{低温}} ArNHCOCl + HCl \qquad (8\text{-}27)$$

$$ArNHCOCl \xrightarrow{\text{高温}} Ar—N═C═O + HCl \qquad (8\text{-}28)$$

例如甲苯二异氰酸酯就是按上述原理制得的，总的反应式：

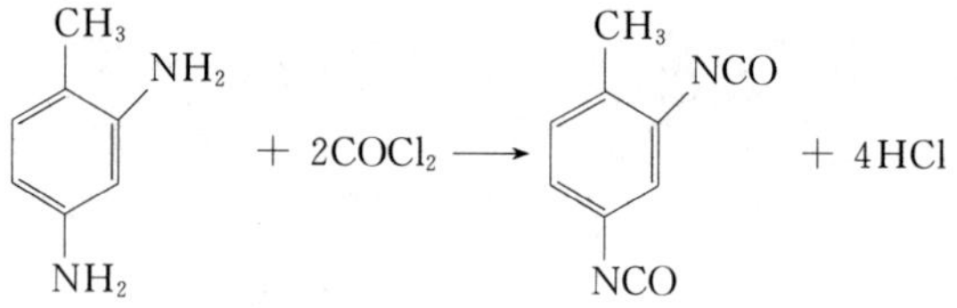

$$CH_3C_6H_3(NH_2)_2 + 2COCl_2 \longrightarrow CH_3C_6H_3(NCO)_2 + 4HCl \qquad (8\text{-}29)$$

反应时先把熔融的二氨基甲苯溶于氯苯中，在低温（35 ℃～40 ℃）通入光气反应，生成芳胺基甲酰氯。然后再在 130 ℃与光气进行高温反应。反应完毕后用氮气赶出氯化氢及剩余光气，再将氯苯蒸出，最后经真空蒸馏得甲苯二异氰酸酯成品。它是合成泡沫塑料、涂料、耐磨橡胶和高强度粘合剂的重要中间体。

芳胺基甲酰氯和芳基异氰酸酯都是比较活泼的化合物，能与水、胺、酚或醇等具有活泼氢的各类化合物进一步反应生成许多精细化工产品。见表 8-2。异氰酸酯一般都是难闻的催泪性液体，制备和使用时应特别小心。

表 8-2　用光气酰化的代表产品

胺　　类	酰 化 产 品	用　　途
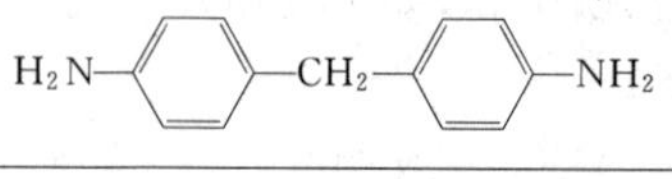 $H_2N—C_6H_4—CH_2—C_6H_4—NH_2$	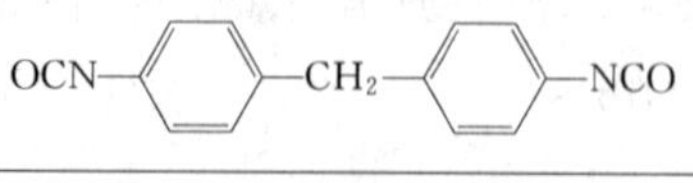 $OCN—C_6H_4—CH_2—C_6H_4—NCO$	涂料、纤维、粘合剂
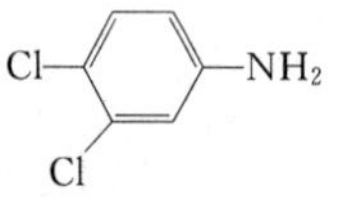 $3,4\text{-}Cl_2C_6H_3—NH_2$	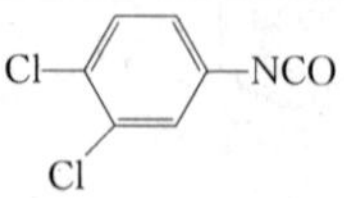 $3,4\text{-}Cl_2C_6H_3—NCO$	农药

续表

胺类	酰化产品	用途
CH_3NH_2	CH_3NCO	农药、医药
$CH_3—(CH_2)_{17}—NH_2$	$CH_3—(CH_2)_{17}NCO$	纤维柔软剂

8.1.5 用其他酰化剂的N-酰化

比较重要的其他酰化剂有:乙烯酮类和三聚氯氰。

(1) **用二乙烯酮酰化** 二乙烯酮与芳胺反应是合成乙酰乙酰芳胺的最好方法:

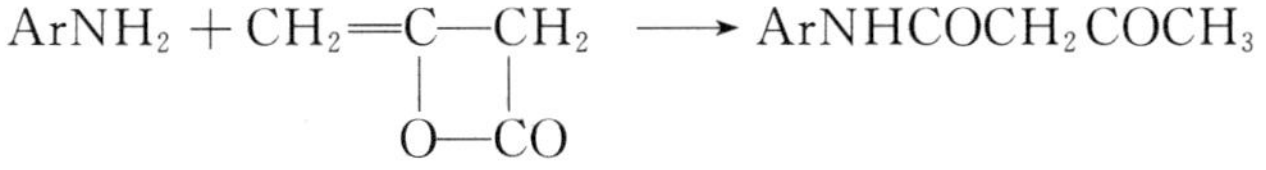

$$ArNH_2 + \begin{array}{l} CH_2{=}C{-}CH_2 \\ \quad\;\; | \quad\;\; | \\ \quad\;\; O{-}CO \end{array} \longrightarrow ArNHCOCH_2COCH_3 \qquad (8\text{-}30)$$

由于乙烯酮与胺的作用,比与羟基化合物的作用快得多,因此可以在羟基存在下使氨基选择性酰化。二乙烯酮的工业制法是由乙酸在高温(800 ℃)下裂解,首先生成乙烯酮,然后再进行二聚合成。二乙烯酮在室温下是无色液体,具有强烈的刺激性,其蒸汽的催泪性极强。这类酰化反应可在低温(0 ℃～20 ℃)下进行,二乙烯酮用量为理论量的1.05倍,收率一般均高于95%,反应可以在水介质中完成,有时也可用乙醇作溶剂。用双乙烯酮制备的重要酰化产品有:

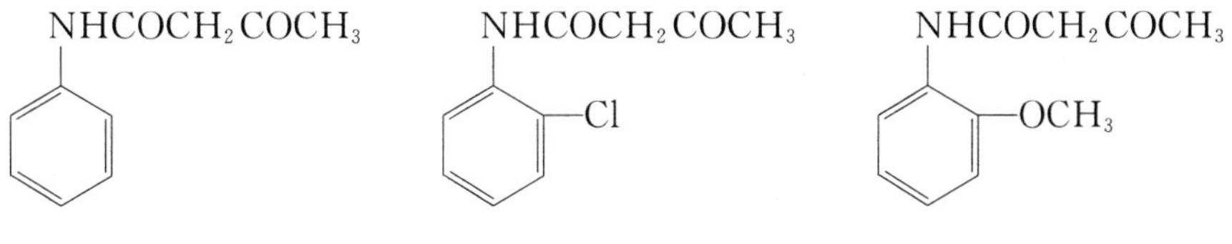

$C_6H_5NHCOCH_2COCH_3$　　$o\text{-}ClC_6H_4NHCOCH_2COCH_3$　　$o\text{-}CH_3OC_6H_4NHCOCH_2COCH_3$

这些产品可用作偶合组合,大多生成黄色染料或色淀,耐光性能优良。

(2) **用三聚氯氰酰化** 三聚氯氰分子中有三个可取代的活泼氯原子,与胺类可以进行酰化反应,随着反应条件的加剧,主要是反应温度的升高,三个氯原子可以依次被取代,直到生成三取代物为止:

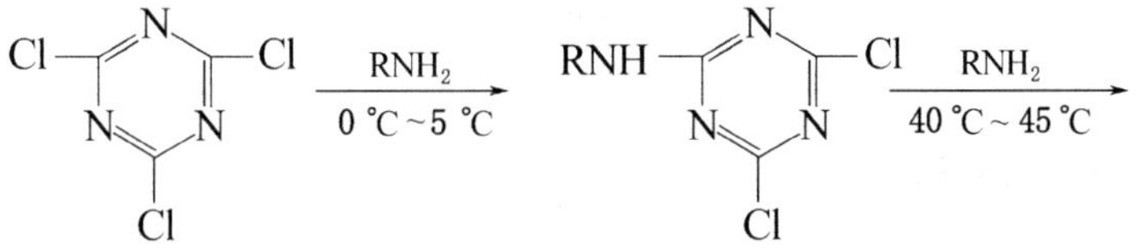

$$\text{2,4,6-三氯-1,3,5-三嗪 (三聚氯氰)} \xrightarrow[0\ ℃\sim5\ ℃]{RNH_2} \text{2-RNH-4,6-二氯-1,3,5-三嗪} \xrightarrow[40\ ℃\sim45\ ℃]{RNH_2}$$

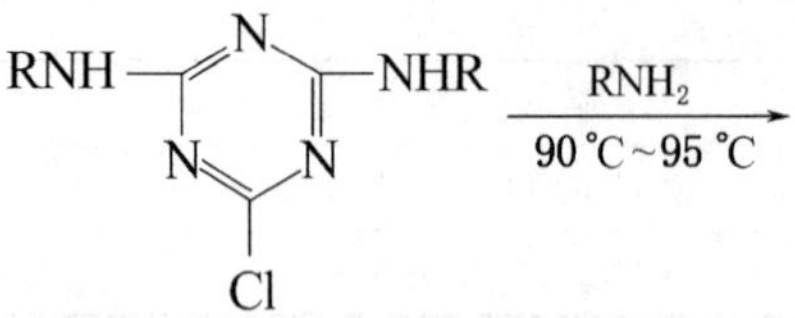

$$\text{RNH-}\underset{\text{Cl}}{\text{(triazine)}}\text{-NHR} \xrightarrow[90\,°C\sim95\,°C]{RNH_2} \text{RNH-}\underset{\text{NHR}}{\text{(triazine)}}\text{-NHR} \tag{8-31}$$

因此,用三聚氯氰酰化胺类化合物时,可根据需要,选择适当的反应温度和 pH 范围,控制氯原子的取代程度。所用的胺类可以是脂肪族胺或芳香族胺。这类酰化反应主要用于生产活性染料、荧光增白剂,以及某些高效农药,例如:

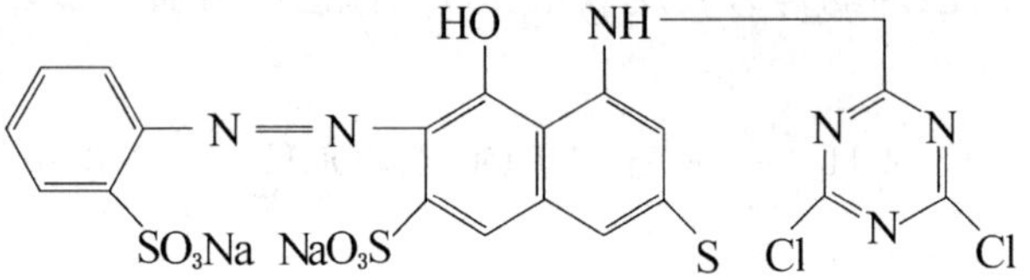

活性艳红 X-B

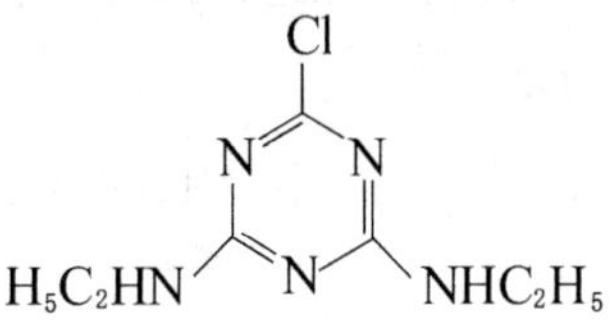

除草剂西玛津

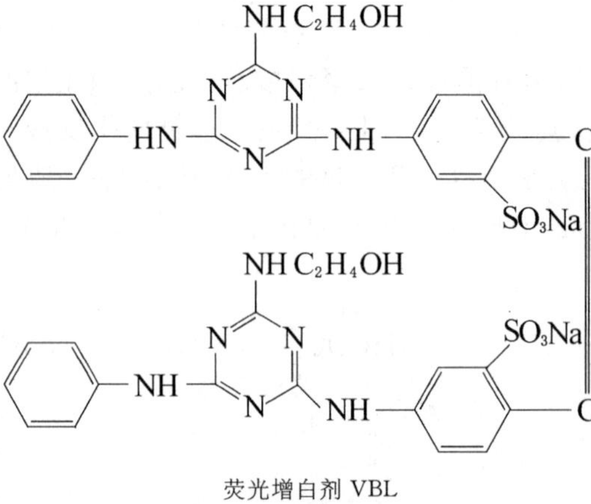

荧光增白剂 VBL

8.1.6 N-酰化反应终点控制

在芳胺的酰化产物中,未反应的芳胺能够发生重氮化,而酰化物则不能。利用这一特性可在滤纸上作渗圈试验,定性检查酰化终点。此外利用重氮化方法还可以进行定量测定,用标准亚硝酸钠溶液滴定未反应的芳胺,控制其含量在0.5%以下。

8.1.7 酰基的水解

酰胺在一定条件下可以水解,生成相应的羧酸和胺:

$$RNHCOR' + H_2O \longrightarrow RNH_2 + R'COOH \qquad (8\text{-}32)$$

上述水解反应生成的就是原先的胺。因此将氨基酰化成为酰胺是保护氨基的最便利的方法,在实验室和工业上已得到广泛应用。通常伯氨基的单酰化衍生物,已经足够防止氧化和烃化等反应。双酰化衍生物则提供更可靠的保护。常用的简单酰基对水解的稳定性顺序如下:

$$C_6H_5CO— > CH_3CO— > HCO—$$

酰胺的水解是对酰胺基的羰基亲核性加成,从电子及空间效应来说,甲酰基的稳定性最小,所以是最易水解,脱除保护。从经济观点出发,为了保护氨基而进行临时酰化时,应首先考虑引入甲酰基或乙酰基。

水解反应可以在碱性溶液或酸性溶液中进行,选择水解条件时,必须同时注意到酰胺键的稳定性和胺类的稳定性,要防止有些胺类对介质 pH 的敏感,或在较高水解温度下的氧化副反应。碱性水解时常采用氢氧化钠水溶液,对有些加热后仍不溶的胺,则可用氢氧化钠的醇-水溶液。酸性水解时大多采用稀盐酸溶液,有时也加入少量硫酸以加速水解反应。水解反应一般取物料的回流温度。有些酰胺,如 2,6-二甲基乙酰苯胺、3,4-二硝基乙酰-1-萘胺等,比较难于水解,可加三氟化硼、甲醇与这些酰胺一起回流,能达到水解目的。

8.2 C-酰化反应

C-酰化是在芳香环上引入酰基,制备芳酮或芳醛的反应过程。它是以酰卤或酸酐为酰化剂,对芳环进行亲电取代(或加成)的反应,属于傅列德尔-克拉夫茨反应中的重要一类。反应时必须加入路易斯酸或质子酸等催化剂以增强酰化剂的亲电能力,使反应得以顺利进行。这类 C-酰化反应的特点是产物分子中形成新的 C—C 键,所以也有称为缩合(非成环缩合)反应。

8.2.1 C-酰化反应历程

C-酰化是亲电取代(或加成)反应,最常用的酰化剂是酰卤和酸酐,其次是羧酸和烯酮。由于酰基是吸电子基团,芳香环上引入酰基后,芳环上的电子密度降低,因此不易发生多酰化、脱酰基或分子重排等副反应,酰化反应的收率都比较高。C-酰化反应不能用于甲酰化,因为甲酰氯或甲酐在室温下都是不稳定的。

C-酰化反应的历程通常视为酰卤和路易斯酸催化剂生成下列正碳离子中间体:

$$\mathrm{R{-}\overset{+}{C}(Cl){-}O\,\overset{-}{Al}Cl_3 \rightleftharpoons R{-}\overset{+}{C}{=}O\cdot\overset{-}{Al}Cl_4 \rightleftharpoons R{-}\overset{+}{C}{=}O+\overset{-}{Al}Cl_4} \tag{8-33}$$

这些中间体在溶液中呈平衡状态。上式中左边是络合物形式的正碳离子中间体,右边是离子形式的正碳离子中间体。它们与苯发生酰化反应,其历程如下:

$$\mathrm{R{-}C^{+}(Cl){-}O\,\bar{Al}Cl_3 + C_6H_6 \longrightarrow [C_6H_6(H)(C(R)(Cl)(O{-}\bar{Al}Cl_3))]^{+}} \tag{8-34}$$

$$\mathrm{R{-}C^{+}{=}O + AlCl_4^- + C_6H_6 \longrightarrow [C_6H_6(H)(C(R){=}O)]^{+}\,AlCl_4^-} \tag{8-35}$$

$$\xrightarrow{-HCl} \mathrm{C_6H_5{-}C(R){=}O\cdot AlCl_3}$$

酰化反应进行方式与反应物的结构和溶剂的极性有关。一般认为,当引入的酰基中R具有空间阻碍或者芳环上被取代的位置具有空间阻碍时,酰化反应按式(8-35)进行,因为离子形式的酰基正碳离子体积较小,对空间条件的要求较低。此外,酰化反应如在介电常数较高的极性溶剂中进行,则离子形式的酰基正碳离子的浓度相对增高,同样有利于反应按式(8-35)进行。但不管是哪种反应历程,用酰氯生成的芳酮总是与三氯化铝形成摩尔比为1∶1的络合物,而与芳酮络合的三氯化铝不再具有催化作用。因此C-酰化反应时,每摩尔酰氯在理论上要消耗1摩尔三氯化铝,而实际上三氯化铝用量还要过量10%～50%。

如果用酸酐作为酰化剂时,首先要有1摩尔三氯化铝使酸酐中的一个酰基转化为酰氯:

$$\mathrm{(RCO)_2O + AlCl_3 \longrightarrow RCOCl + R{-}CO{-}OAlCl_2} \tag{8-36}$$

然后酰氯再按上述历程完成酰化反应。显而易见,若使1摩尔酸酐参加酰化反

应,理论上需消耗 2 摩尔三氯化铝,其总的反应式可表示为:

$$(RCO)_2O + 2AlCl_3 + ArH \longrightarrow \underset{\underset{O\cdot AlCl_3}{\|}}{Ar—C—R} + RCOOAlCl_2 + HCl \tag{8-37}$$

上式生成的 $RCOOAlCl_2$ 在三氯化铝作用下,还能进一步转变为酰氯:

$$RCOOAlCl_2 \xrightarrow{AlCl_3} RCOCl + Al\begin{matrix}\diagup O \\ \diagdown Cl\end{matrix} \tag{8-38}$$

此处生成的酰氯可以再进行酰化反应。因此如果要使酸酐中的两个酰基都参加反应,每摩尔酸酐理论上要消耗 3 摩尔三氯化铝,其总的反应式可表示为:

$$(RCO)_2O + 3AlCl_3 + 2ArH \longrightarrow 2\underset{\underset{O\cdot AlCl_3}{\|}}{Ar—C—R} + AlOCl + 2HCl \tag{8-39}$$

看来按式(8-39)进行反应消耗的试剂比按式(8-37)更为节约,但此时芳酮的实际收率反而降低了,这是由于酰化反应并不能进行到如此程度。因此,通常只是使酸酐中的一个酰基按式(8-37)参加反应,故酸酐与三氯化铝的摩尔配比取 1∶2,再过量 10%~50%。

8.2.2 影响因素

8.2.2.1 被酰化物的结构

酰化反应属于亲电取代反应,所以当芳环上有给电子取代基时,酰化反应就容易进行;反之,当芳环上有吸电子取代基时,反应就较难。例如用乙酸酐作酰化剂,路易斯酸、三氟化硼作催化剂,对甲苯进行乙酰化反应可得收率达 70%以上的甲基苯乙酮;而在同样条件下,对苯进行乙酰化反应,仅得 15%收率的苯乙酮。氨基虽然是给电子基,但因其氮原子和三氯化铝能形成配位络合物,使催化剂的活性下降,因此芳胺类化合物进行 C-酰化反应时,必须先将氨基进行保护。卤代苯由于苯环被钝化,酰化的反应能力较苯为弱,必须采用强的催化剂和更高的反应条件:

$$\text{(邻苯二甲酸酐: } C_6H_4(CO)_2O\text{)} + \text{(氯苯: } C_6H_5Cl\text{)} + 2AlCl_3 \xrightarrow{80\ ℃}$$

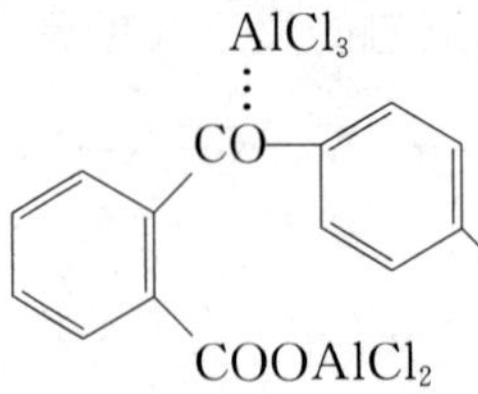

$$o\text{-}(4\text{-}ClC_6H_4CO\cdots AlCl_3)C_6H_4COOAlCl_2 \tag{8-40}$$

$$C_6H_4(CO)_2O + C_6H_6 + 2\,AlCl_3 \xrightarrow{55\ ℃} o\text{-}(C_6H_5CO\cdots AlCl_3)C_6H_4COOAlCl_2 \tag{8-41}$$

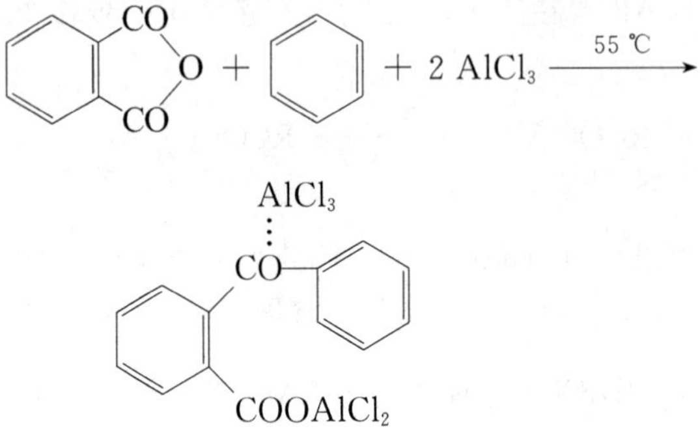

表 8-3　甲苯酰化产物中异构体组成

（$AlCl_3$，25 ℃）

酰 化 剂	溶 剂	酰化产物中异构体组成(%)		
		邻位	间位	对位
CH_3COCl	$C_2H_4Cl_2$	1.1	1.3	97.6
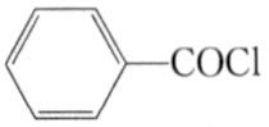 C_6H_5COCl	$C_2H_4Cl_2$	9.3	1.4	89.3
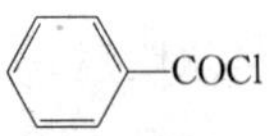 C_6H_5COCl	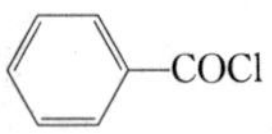 C_6H_5COCl	9.3	1.5	89.2
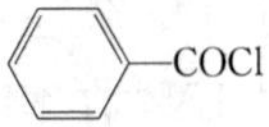 C_6H_5COCl	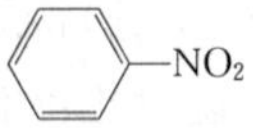 $C_6H_5NO_2$	7.2	1.1	91.7

芳环上含有邻、对位定位基时，引入酰基的位置主要是该取代基的对位，见式(8-40)及表 8-3；如对位已被占据，则酰基引入邻位。

当芳环上引入第一个酰基后，由于酰基是吸电子基，所以芳环上的电子云密度有所降低，因此很难再引入第二个酰基。但是当引入酰基的两个邻位都具有给电子基时，由于给电子基一方面能抵消酰基的吸电子作用，另一方面又能阻止第一个酰基的氧原子与苯环共平面，使 π 电子轨道不能重叠，因此显不出第一个酰基的钝化作用。在这种情况下，就有可能再引入第二个酰基：

$$\text{1,3,5-}(CH_3)_3C_6H_3 + 2\,CH_3COCl \xrightarrow{AlCl_3} \text{2,4,6-}(CH_3)_3\text{-1,3-}(COCH_3)_2C_6H + 2\,HCl \qquad (8\text{-}42)$$

对于稠环类芳烃,如萘,则在两个芳环上可分别引入一个酰基:

$$C_{10}H_8 + 2\,C_6H_5COCl \xrightarrow{AlCl_3} \text{1,5-}(C_6H_5CO)_2C_{10}H_6 + 2\,HCl \qquad (8\text{-}43)$$

当芳环上有硝基或磺基取代后,就不能再进行酰化反应,因此硝基苯可以用作酰化反应的溶剂。除非环上同时还有其他给电子基存在,才可再发生酰化反应。

在杂环类化合物中,对于多 π 电子的呋喃、噻吩以及吡咯等化合物,酰化反应很容易进行;而对于缺 π 电子的吡啶、嘧啶等化合物,则很难进行。由于呋喃等杂环化合物比苯的反应活性大得多,所以即使采用质子酸作催化剂,在较为温和的条件下,也能进行酰化反应。

8.2.2.2 酰化剂的结构

最常用的酰化剂是酰卤和酸酐,其次是羧酸和烯酮。酰卤中则多用酰氯,有时也用酰溴。酰基中的 R 可以是脂肪烃基或芳香烃基,都能得到相应的酰化产物。对于具有相同酰基的各类酰化剂,其反应活性的顺序为:

$$\text{酰卤} > \text{酸酐} > \text{羧酸}$$

而对于常用的酰卤，如酰基相同，则含不同卤素的酰卤的反应活性顺序为：

$$RCOI > RCOBr > RCOCl$$

此外，应该指出，当用不同的催化剂进行酰化时，各种酰氯的反应活性顺序不尽相同，没有明确的规律。如甲苯的酰化反应，当用三氯化铝和四氯化钛为催化剂时，酰氯的反应活性顺序分别为：

$AlCl_3$：

$$CH_3COCl > C_6H_5COCl > (C_2H_5)_2CHCOCl$$

$TiCl_4$：

$$C_6H_5COCl > CH_3CH_2CH_2COCl > CH_3CH_2COCl > CH_3COCl$$

酸酐中比较重要的是二元羧酸酐，如邻苯二甲酸酐、丁二酸酐、顺丁烯二酸酐及它们的取代酸酐。当脂肪二元酸酐含有其他取代基时，则和混合酸酐的情况相似，例如丁二酸酐，当含有吸电子取代基 A 时，则酰化反应按式(8-44)进行；当含有给电子取代基 D 时，则酰化反应按式(8-45)进行：

$$C_6H_6 + \text{A-取代丁二酸酐} \xrightarrow{AlCl_3} C_6H_5-\overset{O}{\overset{\|}{C}}-\underset{A}{\underset{|}{CH}}-CH_2COOH \quad (8\text{-}44)$$

$$C_6H_6 + \text{D-取代丁二酸酐} \xrightarrow{AlCl_3} C_6H_5-\overset{O}{\overset{\|}{C}}-CH_2-\underset{D}{\underset{|}{CH}}COOH \quad (8\text{-}45)$$

酰化反应的这种差别是在于三氯化铝首先和电子云密度较高的酰基氧原子结合，使另一个电子云密度较低的酰基转化为酰氯，然后再与另一分子的三氯化铝生成亲电性酰基正离子：

$$D\text{-succinic anhydride} \xrightarrow{AlCl_3} D\begin{cases} C(=O)OAlCl_2 \\ C(=O)Cl \end{cases} \xrightarrow{AlCl_3} D\begin{cases} COOAlCl_2 \\ \overset{+}{C}(=O) \cdot \overset{-}{Al}Cl_4 \end{cases} \quad (8\text{-}46)$$

8.2.2.3 催化剂

C-酰化反应中使用催化剂是为了增强酰基碳原子上的正电荷，提高进攻试剂的反应能力。路易斯酸的催化活性大小次序为：

$$AlBr_3 > AlCl_3 > FeCl_3 > ZrCl_3 > BF_3 > VCl_3 > TiCl_3 > ZnCl_2 > SnCl_2 > TiCl_4 > SbCl_5 > HgCl_2 > CuCl_2 > BiCl_3$$

质子酸的催化活性顺序为：

$$HF > H_2SO_4 > (P_2O_5)_2 > H_3PO_4$$

路易斯酸的催化作用比质子酸强。路易斯酸中以三氯化铝最常用，适用于以酰卤或酸酐为酰化剂的反应，其催化活性较强，而且价格便宜。但是对于某些多π电子的杂环如呋喃、噻吩等，由于反应活性较高，即使在温和条件下，三氯化铝亦会引起杂环的分解反应；对于含有羟基、烷基、烷氧基或二烷氨基的活泼芳香族化合物，为了避免异构化或脱烷基等副反应，也不宜选用三氯化铝为催化剂。此时可以选用催化活性较为温和的路易斯酸如二氯化锌、四氯化锡、或质子酸中的多聚磷酸，例如：

$$\text{噻吩} + CH_3COCl \xrightarrow[\text{室温}]{SnCl_4,\text{苯}} \text{2-}COCH_3\text{-噻吩} + HCl \quad (8\text{-}47)$$

生成的2-乙酰噻吩是合成医药的中间体。

关于催化剂的用量，则随酰化剂、催化剂的种类及反应条件而异。路易斯酸能与酰化产物生成络合物，对于每摩尔酰卤要用1 mol以上的路易斯酸；而对于酸酐，则要用2 mol以上。此外，已经证实，如果酰化反应温度较高，即使用很少量催化剂，反应收率也较高。其原因是酰化反应的产物和路易斯酸形成的络合物,在高温条件下发生离解,使催化剂得到循环利用。

8.2.2.4 溶剂

C-酰化反应生成的芳酮与三氯化铝的络合物都是固体或粘稠的液体,因此为了顺利进行酰化反应,常常使用过量的某一种液态反应组分作为溶剂。如果反应组分均不是液态的,则要选用溶剂,常用的有硝基苯、二硫化碳、二氯乙烷、四氯乙烷、二氯甲烷、四氯化碳、石油醚及氯代烃等。硝基苯的极性较大,不仅能溶解三氯化铝,而且还能溶解三氯化铝和酰氯或芳酮形成的络合物,此种酰化反应基本上属于均相反应。二硫化碳、氯化烷、石油醚等溶剂对于三氯化铝或其络合物的溶解度很小,此种酰化反应基本上是非均相反应。

选择酰化反应的溶剂时,应注意溶剂对催化剂活性的影响,如硝基苯与三氯化铝可以形成络合物,使催化剂的活性有所下降,所以只适用于较易酰化的反应。某些氯代烃类溶剂,在三氯化铝作用下,并且温度又较高时,则有可能参与发生芳环上的取代反应,如二氯甲烷可发生氯甲基化反应,因此不宜采用过高的反应温度。

8.2.3 用酰氯的 C-酰化

萘在催化剂三氯化铝作用下,可按式(8-43)用苯甲酰氯进行 C-酰化,即得 1,5-二苯甲酰基萘,系制备还原染料的重要中间体。因为在萘环上可以容易地引入两个苯甲酰基,但很难引入第三个苯甲酰基,因此可以使用过量的苯甲酰氯,既作为酰化剂,同时又作为溶剂。反应时,将无水三氯化铝溶解于过量的苯甲酰氯中,在 65 ℃以下慢慢加入萘粉,再在 65 ℃～70 ℃,维持 10 小时,即得 1,5-二苯甲酰基萘。在上述反应条件下,副产物 1,8-二苯甲酰基萘很少,所以酰化产品不需分离精制,即可直接用于合成染料。产品也可用氯苯重结晶,以除去溶解度较大的 1,8-二苯甲酰基萘。

C-酰化反应生成的芳酮与三氯化铝的络合物需用水分解,才能分离出芳酮。水解时要释放较大热量,故酰化产物放入水中时,要特别小心,避免局部过热。

此外,合成紫外线吸收剂 UV-9 也需经过 C-酰化反应。原料间苯二酚与硫酸二甲酯先进行 O-烷基化反应,生成间苯二酚二甲醚,后者用苯甲酰氯在三氯化铝催化剂作用下再进行 C-酰化反应:

$$1,3\text{-}(H_3CO)_2C_6H_4 + ClOC\text{-}C_6H_5 \xrightarrow[0\ ℃]{AlCl_3} 2,4\text{-}(H_3CO)_2C_6H_3\text{-}CO\text{-}C_6H_5$$

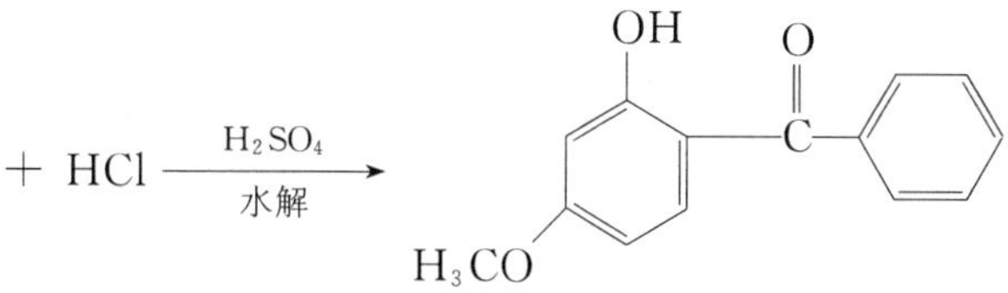

$$+ HCl \xrightarrow[\text{水解}]{H_2SO_4} \text{(2-羟基-4-甲氧基二苯甲酮: OH, H}_3\text{CO 取代苯基-C(=O)-苯基)} \qquad (8\text{-}48)$$

酰化生成的芳酮再经硫酸水解成为2-羟基-4-甲氧基-二苯甲酮,即紫外线吸收剂UV-9。

8.2.4 用羧酸酐的C-酰化

用邻苯二甲酸酐进行苯环的C-酰化是一类重要的反应。酰化产物再经脱水闭环便成为蒽醌、2-甲基蒽醌、2-氯蒽醌等中间体,用于制备各种还原染料。现以合成邻苯甲酰基苯甲酸为例给以说明,其反应式:

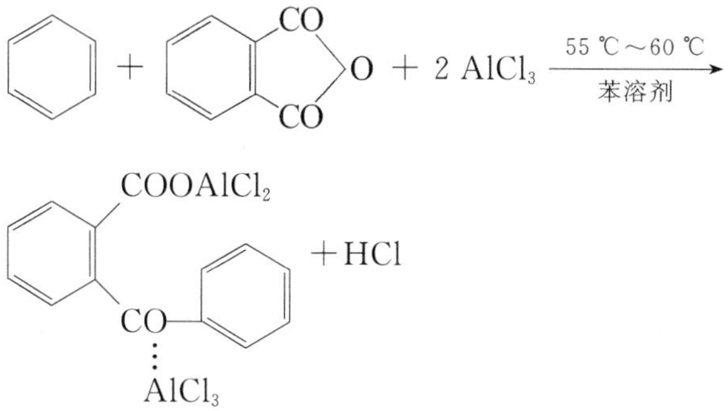

$$C_6H_6 + C_6H_4(CO)_2O + 2\,AlCl_3 \xrightarrow[\text{苯溶剂}]{55\ ℃\sim60\ ℃} C_6H_4(COOAlCl_2)(CO\cdots AlCl_3\text{-}C_6H_5) + HCl \qquad (8\text{-}49)$$

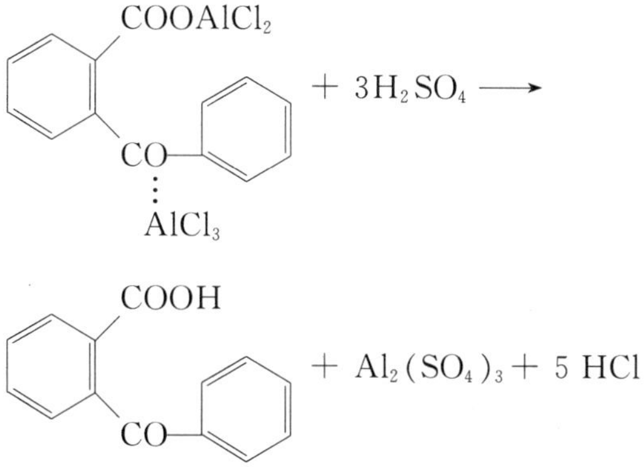

$$C_6H_4(COOAlCl_2)(CO\cdots AlCl_3\text{-}C_6H_5) + 3H_2SO_4 \longrightarrow C_6H_4(COOH)(CO\text{-}C_6H_5) + Al_2(SO_4)_3 + 5\,HCl \qquad (8\text{-}50)$$

上述反应可使用过量达6~7倍的苯作溶剂,将三氯化铝悬浮于苯中,在55 ℃时,加入预先溶于苯中的邻苯二甲酸酐溶液,反应后即得邻苯甲酰基苯甲酸与三氯化铝的络合物,此络合物需用稀硫酸水解,才能生成邻苯甲酰基苯甲酸,收率为95%~97%。此中间体再脱水闭环即成为蒽醌。如用甲苯或氯苯代替苯,按同样的方法可以制得 2-甲基蒽醌或 2-氯蒽醌。

利用间二甲苯作为起始原料，异丁烯为烷化剂，经 C-烷化生成 3,5-二甲基叔丁基苯，再用乙酐作为酰化剂，在三氯化铝催化剂作用下，进行 C-酰化反应：

$$\text{3,5-(CH}_3)_2\text{C}_6\text{H}_3\text{C(CH}_3)_3 + (CH_3CO)_2O + 2\,AlCl_3 \xrightarrow[\text{冰乙酸}]{45\ ℃} \text{2,6-(CH}_3)_2\text{-4-(H}_3\text{C)}_3\text{C-C}_6\text{H}_2\text{COCH}_3\cdots AlCl_3 + CH_3COOAlCl_2 + 2HCl \quad (8\text{-}51)$$

生成的络合物同样需经水解才成为 2,6-二甲基-4-叔丁基苯乙酮，它是制备香料的中间体。如再经硝化可引入两个硝基便成为酮麝香。

8.2.5　用其他酰化剂的 C-酰化

由于含有羟基、甲氧基、二烷氨基、酰氨基的芳香族化合物都比较活泼，为了避免 C-酰化时发生副反应，通常选用温和的催化剂，例如无水氯化锌，有时也选用聚磷酸等：

$$\text{1,3-(OH)}_2\text{C}_6\text{H}_4 + CH_3COOH \xrightarrow[115\ ℃\sim120\ ℃]{ZnCl_2} \text{2,4-(OH)}_2\text{C}_6\text{H}_3\text{COCH}_3 + H_2O \quad (8\text{-}52)$$

生成的 2,4-二羟基苯乙酮是制备医药的中间体。将 N,N-二甲基苯胺与光气先第一步 C-酰化生成对-(N,N-二甲氨基)苯甲酰氯；再在无水氯化锌存在下第二步 C-酰化生成米蚩酮(Michler's ketone)，它是制备碱性染料的重要中间体：

$$2(CH_3)_2N\text{-C}_6\text{H}_5 + COCl_2 \xrightarrow{20\ ℃} (CH_3)_2N\text{-C}_6\text{H}_4\text{-COCl} + \text{C}_6\text{H}_5\text{-N}(CH_3)_2 \cdot HCl \quad (8\text{-}53)$$

$$(CH_3)_2N-C_6H_4-COCl + 2(CH_3)_2N-C_6H_5 \xrightarrow[40\ ℃\sim 90\ ℃]{ZnCl_2}$$

$$(CH_3)_2N-C_6H_4-\underset{\underset{O}{\|}}{C}-C_6H_4-N(CH_3)_2 + C_6H_5-N(CH_3)_2 \cdot HCl \tag{8-54}$$

用类似的方法还可以制得下列医药中间体：

$$\text{2,4-}(OH)_2C_6H_3COCH_2CH_3 \qquad \text{2,4-}(OH)_2C_6H_3CO(CH_2)_4CH_3 \qquad \text{4-}CH_3OC_6H_4COCH_3$$

9 氧化反应

在精细有机化工生产中,氧化是一类重要的反应过程。氧化反应的种类很多,以有机原料与氧的反应情况来区分,氧化反应有以下类型:

(1) 有机物分子中引入氧　例如:

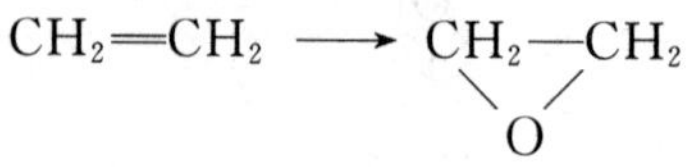

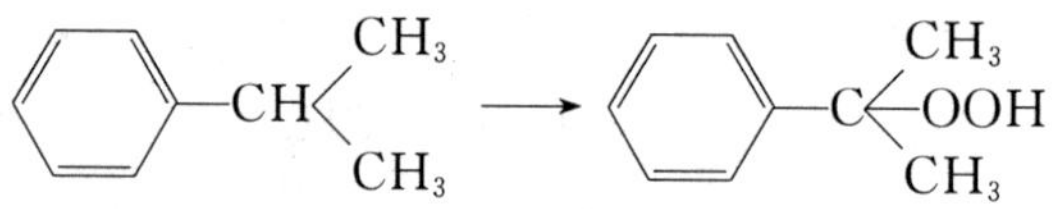

$$CH_2{=}CH_2 \longrightarrow \underset{\diagdown O \diagup}{CH_2{-}CH_2}$$

$$C_6H_5{-}CH(CH_3)_2 \longrightarrow C_6H_5{-}C(CH_3)_2{-}OOH$$

(2) 有机物分子脱去氢或同时增加氧　例如:

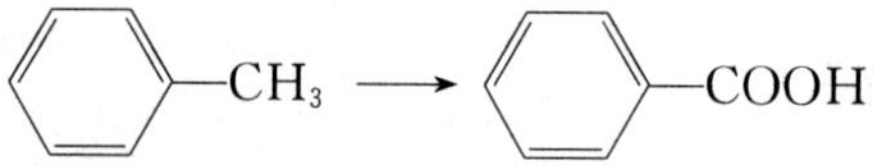

$$C_6H_5{-}CH_3 \longrightarrow C_6H_5{-}COOH$$

(3) 有机物分子降解氧化　例如:

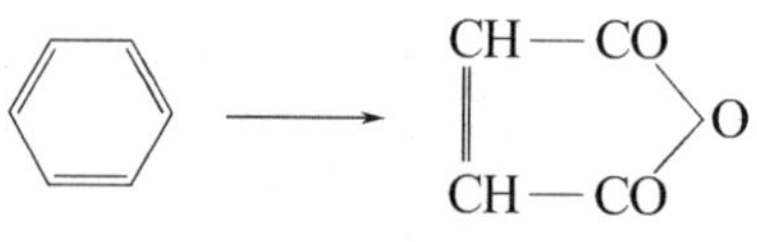

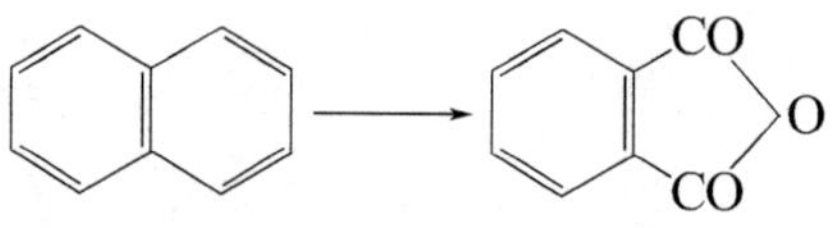

$$C_6H_6 \longrightarrow \begin{matrix} CH{-}CO \\ \| \quad\quad \rangle O \\ CH{-}CO \end{matrix}$$

$$C_{10}H_8 \longrightarrow C_6H_4(CO)_2O$$

(4) 有机物分子氨氧化　例如:

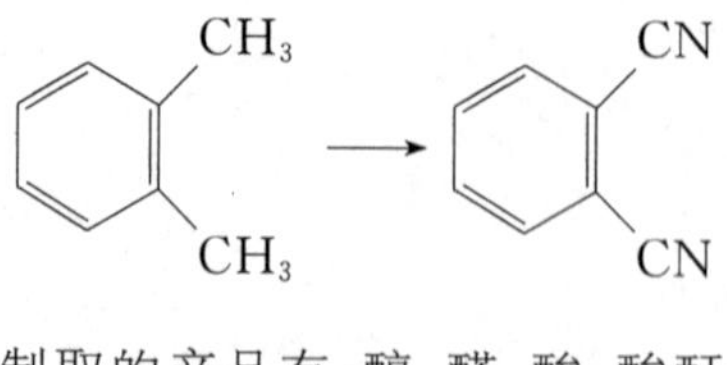

$$C_6H_4(CH_3)_2 \longrightarrow C_6H_4(CN)_2$$

通过氧化反应可以制取的产品有:醇、醛、酸、酸酐、有机过氧化物、环氧化物、芳香族酚、醌和腈类化合物。氧化剂可以选用空气或纯氧。空气和纯氧虽然容易得到又经济便宜,且无腐蚀性,但氧化能力较弱,所以反应往往要在高温或加压下进行,有时还要使用相应的催化剂,而且氧化反应的选择性也不够好。精细有机化工生产中,经常还选用其他化学氧化剂,如高锰酸钾、重铬酸钠、硝酸、双氧水等,以便提高氧化反应的选择性。用空气或氧作氧化剂时,反应可以在液相或气相中进行;使用化学氧化剂时,反应一般是在液相中进行的。

9.1 液相空气氧化反应

有机物在室温下与空气接触,即使没有催化剂存在,有机物也会慢慢发生氧化,经过较长的诱导期后氧化反应速度还会得到加速。这类能自动加速的氧化反应称为自动氧化反应。

液相空气氧化由于使用空气或氧,不消耗化学氧化剂,有时只要少量催化剂,所以比化学氧化法经济。它的反应温度较低(100 ℃～200 ℃),反应压力不太高,比气相空气催化氧化较为优越。此外,液相空气氧化的反应选择性也较好,例如:甲苯、乙苯或异丙苯在气相空气催化氧化时,都生成苯甲酸和深度氧化产物;而在液相空气氧化时,甲苯可以生成苯甲醛、苯甲酸;乙苯可以生成苯乙酮、乙苯过氧化氢等;异丙苯可以生成异丙苯过氧化氢。因此液相空气氧化法在工业上常用来生产有机过氧化物和有机酸,如条件控制适宜,也可使氧化反应停留在氧化的中间阶段,生成中间氧化产物,如醇、醛和酮。液相氧化反应主要在有机物中进行,常用过渡金属离子为催化剂,主要氧化产品如表 9-1 所示。

表 9-1 液相空气氧化重要产品

原 料	氧化产品	催 化 剂	反 应 条 件
甲苯	苯甲醛、苯甲酸	环烷酸钴	150 ℃, 0.3 MPa
环己烷	环己醇、环己酮	环烷酸钴	150 ℃
环己烷	己二酸	乙酸钴、促进剂	90 ℃,乙酸溶剂
乙苯	乙苯过氧化氢		150 ℃
异丙苯	异丙苯过氧化氢		110 ℃
对二甲苯	对苯二甲酸	乙酸钴、促进剂	200 ℃, 3 MPa,乙酸溶剂

9.1.1 反应历程

在催化剂、引发剂、光照或辐射作用下,烃类和其他有机物的液相空气氧化是按自由基连锁反应历程进行的,氧化的过程比较复杂,通常认为包括链引发、链增长和链终止三个步骤:

链引发

$$RH + O_2 \longrightarrow R\cdot + HO_2\cdot \tag{9-1}$$

链增长

$$R\cdot + O_2 \longrightarrow ROO\cdot \tag{9-2}$$

$$ROO\cdot + RH \longrightarrow ROOH + R\cdot \quad \text{(氢过氧化物)} \tag{9-3}$$

分支反应

$$ROOH \longrightarrow RO\cdot + \cdot OH \tag{9-4}$$

$$2ROOH \longrightarrow RO\cdot + ROO\cdot + H_2O \tag{9-5}$$

$$RO\cdot + RH \longrightarrow ROH + R\cdot \quad \text{(醇)} \tag{9-6}$$

$$ROO\cdot \longrightarrow R'O\cdot + R''CHO \quad \text{(醛或酮)} \tag{9-7}$$

链终止

$$R\cdot + R\cdot \longrightarrow R—R \tag{9-8}$$

$$R\cdot + ROO\cdot \longrightarrow ROOR \tag{9-9}$$

$$ROO\cdot + ROO\cdot \longrightarrow ROOR + O_2 \tag{9-10}$$

(1) **链引发** 链引发是开始生成自由基的过程。需要较大的活化能,才能使有机物的C—H键断裂,而有机物分子中不同的C—H键的离解能大小次序为:

叔C—H < 仲C—H < 伯C—H

因此,有机物分子中的叔C—H键最易受到攻击,发生断裂;其次是仲C—H键;伯C—H键最难断裂。

在液相空气氧化开始阶段,氧的吸收不明显,称为诱导期,一般为数小时或更长的时间。在此阶段,反应体系必须积累足够数量的自由基,才能引发连锁反应。因此过了诱导期,氧化反应才会很快加速达到最大速度。为了缩短或消除氧化反应的诱导期,可以添加少量能分解为自由基的引发剂,如过氧化氢异丁烷,偶氮二异丁腈等。但在大规模生产中,常采用催化剂以加速链引发过程。催化剂是过渡金属钴、锰、钒等的盐类,其中以钴盐的催化效率较好,如水溶性的乙酸钴,油溶性的油酸钴或环烷酸钴,其用量很少,只需有机物的百分之几到万分之几。一般认为催化剂能缩短或消除诱导期是由于这类金属盐能促使有机物生成自由基,加速链引发过程:

$$RH + Co^{3+} \longrightarrow R\cdot + H^+ + Co^{2+} \tag{9-11}$$

此外金属盐还能促进氢过氧化物分解,加速分支氧化反应的进行:

$$ROOH + Co^{2+} \longrightarrow RO\cdot + OH^{-} + Co^{3+} \quad (9\text{-}12)$$

$$ROOH + Co^{3+} \longrightarrow ROO\cdot + H^{+} + Co^{2+} \quad (9\text{-}13)$$

可见,过渡金属的两个氧化态在反应过程中能组成循环,起着催化作用,所以用量很少。

对于有些诱导期特别长的氧化反应,除了过渡金属盐类催化剂外,往往需要再加少量促进剂,参见表 9-1。用作促进剂的一类是有机含氧化合物,如三聚乙醛、乙醛或甲乙酮等;另一类是溴化物,包括无机和有机的溴化物,如溴化铵、溴乙烷、四溴化碳等。例如对二甲苯液相氧化时,为了使两个甲基均能氧化成羧基,成为对苯二甲酸,必须同时使用催化剂(乙酸钴)和促进剂(三聚乙醛)。

(2) **链增长** 链增长是生成氧化产物的重要步骤。自由基R· 与氧作用首先按式(9-2)、(9-3)生成氢过氧化物 ROOH。同时又生成自由基 R· ,此两式重复进行就形成链增长过程,使 RH 不断地被氧化成氢过氧化物。对于烷基芳烃的氧化,在生成自由基 R· 时,总要脱落 α-氢原子。由于叔丁基没有 α-氢原子,不易生成自由基,因此自动氧化反应较为困难;而仲丁基或异丙基较易脱落 α-氢原子,所以能顺利地发生自动氧化反应;其次是乙基,然后是甲基。

在链增长过程中,生成的氢过氧化物会进一步分解而产生新的自由基,发生分支反应,生成不同的氧化产物:

$$\text{氢过氧化物} \xrightarrow{\text{分支反应}} \begin{cases} \text{醇} \\ \downarrow \\ \text{醛、酮} \longrightarrow \text{酸} \end{cases}$$

分支反应主要取决于氢过氧化物在氧化条件下的稳定性。如果氢过氧化物中还有 α-氢原子,则在氧化条件下是不稳定的,将会进一步转变为醇、醛、酮或酸类氧化产品;如果氢过氧化物中不再有 α-氢原子,则比较稳定,就能成为氧化的最终主要产品。例如由甲苯生成的氢过氧化物含有两个 α-氢原子,将会在氧化过程中分解并进一步转变为苯甲醇、苯甲醛和苯甲酸。

生成醇:

$$C_6H_5\text{—}\overset{\large H}{\underset{\large H}{\overset{|}{\underset{|}{C}}}}\text{—O—O—H} + Co^{2+} \longrightarrow$$

$$C_6H_5-CH_2-O\cdot + OH^- + Co^{3+} \tag{9-14}$$

$$C_6H_5-CH_2-O\cdot + C_6H_5-CH_3 \longrightarrow C_6H_5-CH_2-OH + C_6H_5-CH_2\cdot \tag{9-15}$$

生成醛(或酮)：

$$C_6H_5-CH_2-OO\cdot + Co^{2+} \longrightarrow C_6H_5-CHO + OH^- + Co^{3+} \tag{9-16}$$

生成酸：

$$C_6H_5-CHO + Co^{3+} \longrightarrow C_6H_5-CO\cdot + H^+ + Co^{2+} \tag{9-17}$$

$$C_6H_5-CO\cdot + O_2 \longrightarrow C_6H_5-C(=O)-O-O\cdot \tag{9-18}$$

$$C_6H_5-C(=O)-O-O\cdot + C_6H_5-CH_3 \longrightarrow C_6H_5-C(=O)-O-O-H + C_6H_5-CH_2\cdot \tag{9-19}$$

$$C_6H_5-C(=O)-O-O-H + Co^{2+} \longrightarrow R-C(=O)-O\cdot + OH^- + Co^{3+} \tag{9-20}$$

$$C_6H_5-C(=O)-O\cdot + C_6H_5-CH_3 \longrightarrow$$

$$\text{C}_6\text{H}_5\text{—C(=O)—OH} + \text{C}_6\text{H}_5\text{—CH}_2\cdot \tag{9-21}$$

由上式可见,过渡金属离子能促进氢过氧化物的分解。因此这类催化剂只能使用于氧化制醇、醛、酮或酸的反应,而不宜使用于氧化制氢过氧化物的反应。

(3) **链终止** 链终止是自由基销毁的过程。自由基销毁得越多,反应链就终止得越快,氧化反应速度也就越慢。造成链终止的因素主要是抑制剂、氧化深度和器壁效应等。

(A) 抑制剂 当反应体系存在有某种能夺取自由基的杂质时,就会造成链终止。这类杂质称为抑制剂。通常自动氧化反应中自由基的浓度不大,所以抑制剂对反应的影响非常敏感,即使只有少量抑制剂的存在,也会使反应显著降速。最强的抑制剂是酚、胺、醌和烯烃类化合物,此外水、甲酸也有抑制作用。因此要严格检查反应原料中的杂质含量,尤其是应该脱除有抑制作用的杂质。有些抑制剂也可能是在氧化反应中生成的,例如在异丙苯、对二甲苯氧化时,可能产生酚类副产物,因而会影响氧化反应的进行。这种现象称为自阻现象。

(B) 氧化深度 对于大多数自动氧化反应,特别是在制取氢过氧化物或环烷酮时,随着氧化反应的深入,生成副反应的抑制剂,甚至焦油物会逐渐积累起来,使反应速度逐渐变慢。因此为了保持较高的反应速度和产率,常常在只有一部分原料完成氧化时,就停止反应。这时原料的转化率虽然较低,但只要能加以回收循环使用,主要产物的选择性还是比较高的。应该指出,当原料和反应产物不易分离时,不宜采用液相氧化法。

(C) 反应器壁 由于自由基含有未配对电子,它们都具有很高的能量,所以自由基在相互结合成分子时会释放出大量能量,因而这类反应往往需要有第三物体(如反应器壁或杂质)参加,以带走反应过剩的能量,所以反应器壁的大小和形状对于氧化反应的顺利进行会产生较大的影响。

9.1.2 甲苯氧化制苯甲酸

苯甲酸又名安息香酸,是一种重要的精细有机化工产品。世界年产量达数十万吨。苯甲酸主要用来制备苯甲酰氯、食品防腐剂、塑料增塑剂,以及染料、医药和香料的中间体。

目前工业上生产苯甲酸常采用甲苯液相空气氧化法,其反应式:

$$\text{C}_6\text{H}_5\text{—CH}_3 + 1.5\text{O}_2 \xrightarrow{\text{Co(Ac)}_2} \text{C}_6\text{H}_5\text{—COOH} + \text{H}_2\text{O} \tag{9-22}$$

液相空气氧化要用乙酸钴作催化剂，其用量约为0.01%～0.015%(质量)，反应温度150 ℃～170 ℃，压力为1 MPa，其生产流程如图9-1所示。甲苯、乙酸钴(2%水溶液)和空气连续地从氧化塔的底部进入。反应物的混合除了依靠空气的鼓泡外，还借助于氧化塔中下部反应液的外循环冷却。从塔上部流出的氧化产物中约含有苯甲酸35%。反应中未转化的甲苯由气提塔回收，氧化的中间产物苯甲醇和苯甲醛可在气提塔及精馏塔的顶部回收，与甲苯一样回入氧化塔再反应。精制的苯甲酸可由精馏塔的侧线出料收集。塔釜中残留的重组分主要是苯甲酸苄酯和焦油状产物，其中的钴盐可以再生使用。氧化尾气夹带的甲苯经冷凝后再用活性炭吸附，吸附在活性炭上的甲苯可用水蒸气吹出回收，活性炭同时得到再生。氧化产物也有采用四个精馏塔进行分离的，分别回收甲苯、轻组分、苯甲醛和苯甲酸。此法制取苯甲酸按消耗甲苯计算的收率可达97%～98%，产物纯度可达99%以上。

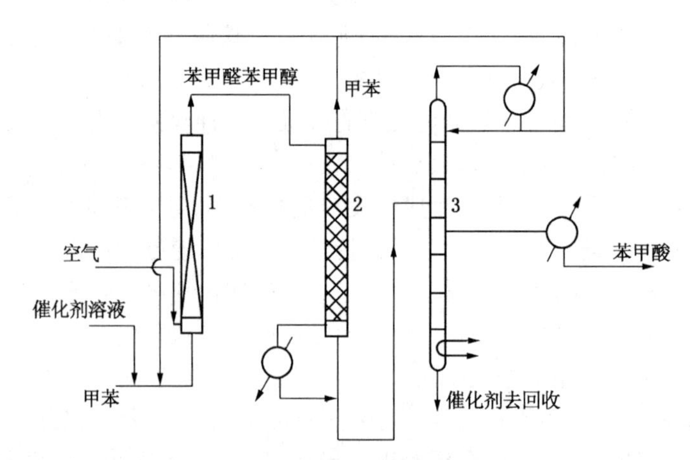

图9-1　甲苯液相氧化制苯甲酸流程示意图

1—氧化反应塔；2—气提塔；3—精馏塔

9.1.3　异丙苯氧化制过氧化物

有机过氧化物是液相空气氧化的一类重要产品，其通式是ROOH。工业上较有实用价值的是由异丙苯、间二甲苯、甲基异丙苯、乙苯、异丁烷、异丙醇、乙醛和环己烷制取相应的过氧化物。其中有些有机过氧化物的主要用途是联产苯酚或间甲酚和丙酮，有的可使丙烯环氧化，联产环氧丙烷和有关产品，如苯乙烯、异丁烯、丙酮、乙酸、环己醇和环己酮等。异丙苯氧化制过氧化氢异丙苯的生产具有重要意义，可制备苯酚和丙酮，而且此法也适用于生产甲酚、萘酚等。

异丙苯氧化制异丙苯过氧化氢(简称 CHP[①])的反应式如下：

$$C_6H_5\text{—}CH(CH_3)_2 + O_2 \longrightarrow C_6H_5\text{—}C(CH_3)_2\text{—}OOH \qquad (9\text{-}23)$$

$$\Delta H = -116\ kJ \cdot mol^{-1}$$

为了引发这种氧化反应，一般不宜采用过渡金属盐类，因为它们还能加速有机过氧化物分解反应，所以常用过氧化物本身作为引发剂。当反应连续进行时，只要使反应系统中保留有一定浓度的 CHP，不必再外加引发剂。氧化生成的 CHP 分子内已不再有 α-氢原子，所以在反应条件下比较稳定，可以成为液相氧化的最终产物。但在反应过程中，CHP 也会受热分解，进一步发生分支反应，生成一系列氧化副产物：

$$C_6H_5\text{—}C(CH_3)_2\text{—}O\text{—}OH \longrightarrow C_6H_5\text{—}C(CH_3)_2\text{—}O\cdot + HO\cdot \qquad (9\text{-}24)$$

$$C_6H_5\text{—}C(CH_3)_2\text{—}O\cdot \xrightarrow{C_6H_5CH(CH_3)_2} C_6H_5\text{—}C(CH_3)_2\text{—}OH + C_6H_5\text{—}\dot{C}(CH_3)_2$$

$$C_6H_5\text{—}C(CH_3)_2\text{—}OH \xrightarrow{-H_2O} C_6H_5\text{—}C(CH_3){=}CH_2 \qquad (9\text{-}25)$$

$$C_6H_5\text{—}C(CH_3)_2\text{—}O\cdot \longrightarrow C_6H_5\text{—}CO\text{—}CH_3 + \frac{1}{2}C_2H_6 \qquad (9\text{-}26)$$

$$C_6H_5\text{—}C(CH_3)_2\text{—}O\cdot \xrightarrow{HO\cdot} C_6H_5\text{—}CO\text{—}CH_3 + CH_3OH \qquad (9\text{-}27)$$

① 系英文名 Cumene Hydroperoxide 的缩写。

$$CH_3OH \longrightarrow CH_2O \longrightarrow HCOOH \longrightarrow CO \longrightarrow CO_2 \quad (9\text{-}28)$$

氧化时虽然升高温度会加速反应,但也会促进 CHP 的热分解。在 120 ℃～125 ℃,CHP 已有一定的分解速度,所以氧化温度最好控制在 110 ℃左右,不超过 120 ℃。温度过高,会使 CHP 产生剧烈的连锁自动分解,甚至引起爆炸事故。异丙苯氧化过程中,存在有氧化成 CHP 的反应,以及 CHP 的分支反应,反应产物的选择性主要决定于链增长反应和分支反应速度的竞争。对于异丙苯的液相氧化,链增长速度较快,且生成的 CHP 较稳定,所以只需反应条件控制适宜,有可能获得高的选择性。

异丙苯液相氧化制 CHP 的工艺流程如图 9-2 所示。

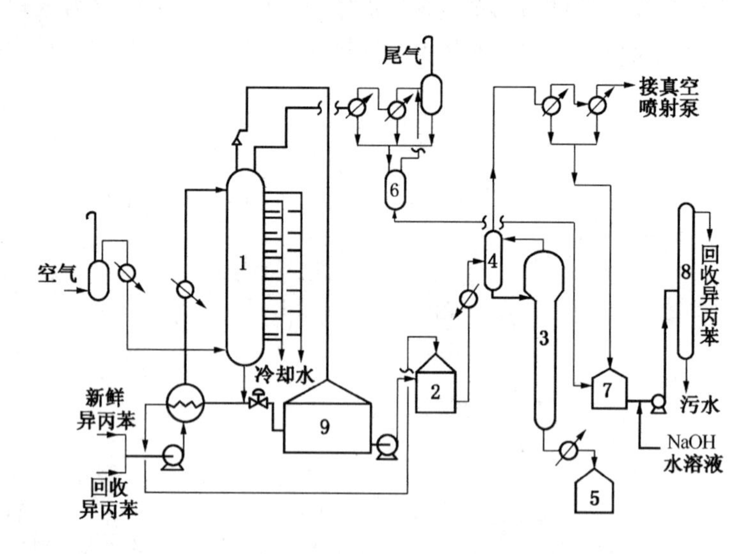

图 9-2 异丙苯液相氧化制过氧化氢异丙苯的工艺流程

1—氧化塔;2—氧化液槽;3—降膜蒸发器;4—汽液分离器;5—浓缩氧化液槽;6—中间槽;7—回收异丙苯槽;8—碱洗分离器;9—事故槽

新鲜异丙苯和回收的异丙苯混合后,经预热至一定温度由氧化塔顶进入,空气自塔底鼓泡通入。工业上采用泡罩塔式氧化塔,塔板上设有冷却盘管移走反应热量。塔顶排出尾气中的氧含量为 1%～2%,经冷却、冷凝以回收夹带的异丙苯。氧化液自塔底排出,其中 CHP 的含量控制在 25%左右,经冷却后进入中间贮槽,然后进行浓缩。为了防止 CHP 在浓缩过程中发生分解,可以采用降膜式真空蒸发器,CHP 含量达 80%左右,其余为未反应的异丙苯和副产物苯乙酮、二甲基苯甲醇和甲酸等。浓缩过程中蒸出的异丙苯可循环使用。回收异丙苯中的杂质对氧化反应可能有显著影响,特别是苯酚和甲基苯乙烯等杂质,会使氧化反应的速率下降,所以要严格控制,一般可用碱液处理,除去回收异丙苯中的酸和酚类。

9.1.4 丙烯液相环氧化反应

有机氢过氧化物或过羧酸能将它们的过氧部分的氧选择性地转移给烯烃，生成环氧化合物，用通式可表示为：

$$\rangle C{=}C\langle + ROOH \longrightarrow \rangle C\underset{O}{\diagdown\!\!\diagup} C\langle + ROH \tag{9-29}$$

$$\rangle C{=}C\langle + RCOOOH \longrightarrow \rangle C\underset{O}{\diagdown\!\!\diagup} C\langle + RCOOH \tag{9-30}$$

工业上利用此反应主要是将丙烯环氧化制备环氧丙烷，同时还可以联产醇或羧酸，如果醇再脱水便成为烯烃。此法在 20 世纪 60 年代末开始工业化生产，通称为哈康(Halcon)法，投资虽比氯醇法制环氧化合物为大，但收率高，三废少和成本低，且还有联产物，所以发展很快，现在用此法生产的产品汇总于表 9-2。

表 9-2 丙烯间接氧化的原料及产品

原 料	过 氧 化 物	氧 化 产 品	二次产品
乙 苯	$C_6H_5-C(CH_3)(H)-OOH$	环氧丙烷、α-甲基苯甲醇	苯乙烯
异丁烷	$(CH_3)_3C-OOH$	环氧丙烷、叔丁醇	异丁烯
异戊烷	$C_5H_{11}-OOH$	环氧丙烷、异戊醇	异戊烯、异戊二烯
异丙醇	$(CH_3)_2C(OH)-OOH$	环氧丙烷，丙酮	异丙醇
乙 醛	$CH_3C(=O)-OOH$	环氧丙烷、乙酸	
环己烷	$C_6H_{11}(H)-OOH$	环氧丙烷、环己醇、环己酮	

此法生产环氧丙烷的生产过程包括以下步骤：

(A) 液相氧化反应，原料用空气液相氧化制过氧化物。

(B) 环氧化反应，过氧化物在液相中使丙烯直接环氧化。一般要用钼、钨或钛等金属的环烷酸盐类作催化剂。

(C) 氧化产品二次加工,环氧化反应生成的醇类产品还可以进一步脱水成相应的烯烃,如苯乙烯、异丁烯等。

9.2 气相空气氧化反应

有机原料蒸气与空气的混合物在高温(300 ℃~500 ℃)通过固体催化剂,有机物发生适度的氧化,生成所需氧化产品的反应,称为气相催化氧化。

气相催化氧化与其他氧化方法相比较,具有如下特点:

(A) 只用有机原料和空气为原料,与适宜的固体催化剂,不消耗化学氧化剂,也不用各种溶剂,反应介质也无腐蚀性。因此比较经济,特别适宜于大规模工业生产,见表 9-3。但此法要求氧化产品具有足够的化学稳定性,才能保证较高的反应选择性。

表 9-3 重要的气相催化氧化反应

氧化反应类别	典型氧化产品
烯烃环氧化	环氧乙烷
烯烃氧化	丁二烯、丙烯醛、丙烯酸、顺丁烯二酸酐
烃类氨氧化	丙烯腈、甲基丙烯腈、苯甲腈、邻苯二甲腈
芳烃氧化	顺丁烯二酸酐、邻苯二甲酸酐、蒽醌、萘醌
醇氧化	甲醛、乙醛、丙酮

(B) 气相催化氧化反应过程是典型的非均相气-固催化反应,包括有扩散、吸附、表面反应、脱附和扩散五个步骤。由于反应的温度较高,又是强烈放热的,为了抑制平行和连串副反应,提高氧化反应的选择性,必须严格控制氧化反应的工艺条件。

(C) 反应所用固体催化剂的活性组分通常有两类:一类是贵金属,如银、铂、钯等;另一类是金属氧化物,大多是过渡金属的氧化物,应用得最多的是 V-O,V-P-O,V-Mo-P-O,Mo-Bi-P-O 等。除少数氧化反应可直接使用银网、铂网作为催化剂外,多数催化剂的活性组分是附着在耐热的载体上。常用的载体有浮石、硅胶、刚玉、沸石、磁球、碳化硅等。

(D) 气相催化氧化反应通常是在列管式固定床或流化床中进行的,反应器的结构比较复杂。为了维持反应的适宜温度,反应器内必须有足够的传热装置,以及时移走氧化反应释放出的巨大热量。

9.2.1 芳烃气相空气氧化

芳烃气相空气氧化在工业上应用范围很广,主要用来生产顺丁烯二酸酐、邻苯二甲酸酐、萘醌及蒽醌等。对二甲苯如果也用气相空气氧化，则因生成的对苯二甲酸不易挥发，而留在催化床层中，就会继续氧化，因此对苯二甲酸的收率很低，没有工业生产意义，所以对二甲苯常采用液相空气氧化法。至于间二甲苯在气相空气氧化时，因不能形成环状结构的酸酐，只生成间苯二甲酸；而且由于产品的耐热稳定性较差，氧化反应的选择性下降，所以也只宜采用液相空气氧化法。

邻苯二甲酸酐(简称苯酐)是芳烃气相空气氧化的典型产品、重要的有机中间体，可以用来生产增塑剂、醇酸树脂、聚酯纤维、染料、医药、农药等多种精细化工产品。目前苯酐的世界年产量已达数百万吨。1960 年前，苯酐几乎全部是用萘为原料生产的，由于对苯酐需求的不断增长，又开辟了利用邻二甲苯生产苯酐。随着石油化工的发展，邻二甲苯的资源比较丰富；而且从原料分子中碳原子的利用考虑，以邻二甲苯作原料比萘更加合理和经济。因此由邻二甲苯制苯酐的比例逐年增长，至 1975 年已占 75%；但以萘为原料的生产方法在工业上仍有相当的重要性。

由萘或邻二甲苯生产苯酐通常采用气相空气氧化法。虽然也曾开发过邻二甲苯在液相中用空气氧化，但反应时要用羧酸(如乙酸)作溶剂，钴、锰或钼的醋酸盐或环烷酸盐为催化剂，以及溴化物为助催化剂。由于此液相氧化介质的腐蚀性较强，所以用此法进行工业生产的工厂很少。

萘或邻二甲苯气相空气氧化的反应式如下：

$$\text{(萘)} + 4.5\ O_2 \longrightarrow C_6H_4(CO)_2O + 2\ CO_2 + 2\ H_2O \qquad (9\text{-}31)$$

$$\Delta H = -1\ 880\ \text{kJ} \cdot \text{mol}^{-1}$$

$$C_6H_4(CH_3)_2 + 3O_2 \longrightarrow C_6H_4(CO)_2O + 3H_2O \qquad (9\text{-}32)$$

$$\Delta H = -1\ 290\ \text{kJ} \cdot \text{mol}^{-1}$$

芳烃气相催化氧化的反应温度都较高(350 ℃～470 ℃)，反应的热效应又非常大，即使按式(9-32)芳烃没有发生开环氧化，其反应热效应约为苯硝化反应的10 倍。如按式(9-31)发生开环氧化，分子中有两个碳原子完全燃烧成二氧化碳，其热效应约为式(9-32)的一倍半。实际上在空气氧化时，除了上述主要反应外，还发生各种并行或连串的副反应，生成氧化深度各不相同的副产物，直至完全燃烧的氧化产物(CO_2 和 H_2O)：

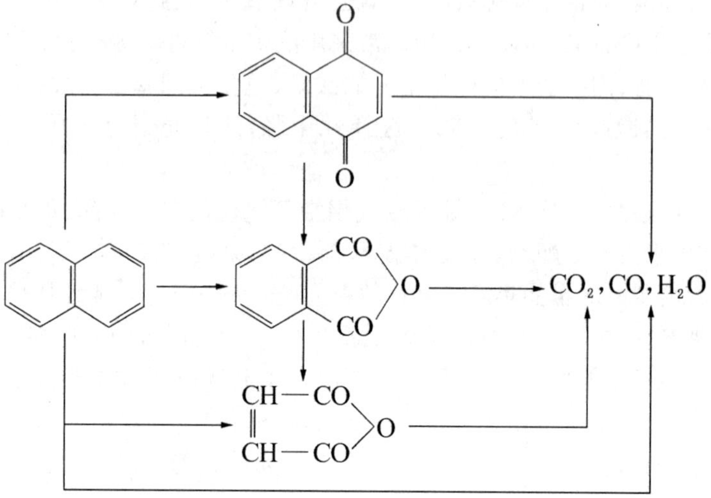

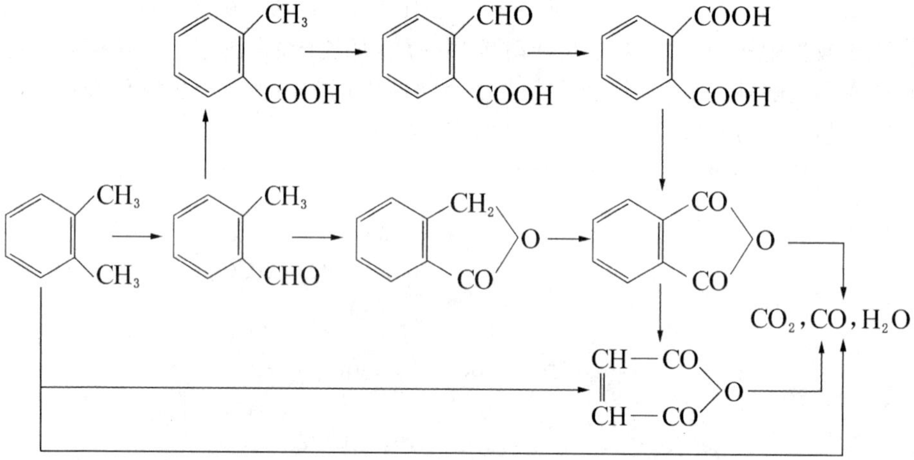

由此可见，萘或邻二甲苯的气相空气氧化都有平行和连串副反应的竞争，而且这些反应均是强放热反应。由于反应条件相似，所以用两种不同原料生产的工艺流程比较接近。

(1) **催化剂**　芳烃气相空气氧化常用 V-O 或 V-Mo-O 系催化剂，二氧化钛及硫酸钾作为稀释剂和助催化剂。最常用的主催化剂是五氧化二钒，至于助催化剂、载体和稀释剂等，则随各种配方和制法而各不相同。生产苯酐用的催化剂有固定床催化剂(低温、中温和高温等型)和流化床催化剂。见表 9-4。

表 9-4 生产苯酐技术特性比较

	固定床			流化床
	低温低空速	中温高空速	高温高空速	
原料	萘、邻二甲苯	萘、邻二甲苯	萘、邻二甲苯	萘
催化剂	V_2O_5-K_2SO_4-SiO_2	V_2O_5-TiO_2-Sb_2O_3	V_2O_5	V_2O_5-K_2SO_4-SiO_2
反应温度(℃)	350～360	350～400	400～470	340～385
反应气空速(h^{-1})	1 500～1 800	3 000～5 000	6 000～7 000	
接触时间(s)				10～20
空气/原料,质量比	＞30	＞30	17～20	10～12
催化剂寿命	3～5 年	4～5 年	3 年	0.5 kg · t^{-1}(苯酐)
收率$\left(\frac{\text{kg 苯酐}}{\text{100 kg 原料}}\right)$	萘 94～98 邻二甲苯 102	100 102～114	80 90～95	97～98

低温低空速型催化剂是最早使用的萘氧化催化剂,含五氧化二钒 6%～10%,硫酸钾 20%～30%,宽孔硅胶 60%～70%,成型为 5×5 mm 的圆柱体。硫酸钾的作用是抑制深度氧化副反应,但在反应温度下会有些分解,使催化剂的选择性降低,因此在反应中要通入少量二氧化硫。由煤焦油提取的萘因含有少量硫化物,足够补偿硫酸钾的分解。

高温高空速型催化剂是为适应邻二甲苯的氧化而开发的,能同时适用于萘和邻二甲苯的氧化。由于反应温度较高,所以选择性差,但反应器的生产能力大,可以由此得到弥补。

中温高空速型催化剂是为了克服上述两种催化剂的缺点而发展起来的。其特点是采用球形光滑或粗孔的载体,如刚玉、磁球、硅酸铝或碳化硅等。将五氧化二钒-二氧化钛-三氧化二锑等催化剂活性组分的盐溶液喷涂在载体表面上,然后经煅烧而成。涂层厚度在 0.03～1.5 mm,催化剂中五氧化二钒含量在 3%左右,这类催化剂的优点是涂层薄、扩散阻力小、装填均匀和流体阻力小,因此反应的选择性好,产品的收率高。

流化床催化剂主要含有五氧化二钒-硫酸钾-二氧化硅,系细小粉状催化剂。早期由于催化剂回收装置的效率不高,所用催化剂的颗粒较粗,粒度分布范围又较广,因此流态化质量差,影响收率。随着催化剂回收装置的改进,近来已研究成功粒度分布范围狭窄的细粉状平衡型催化剂,平均粒度为 45 μm,要求 95%颗粒的粒度小于 149 μm(100 目)。用这种催化剂的反应具有流态化质量好和产品收率高的优点,但只适用于萘的氧化。如用于邻二甲苯的氧化,则要添加促进剂溴化氢,但这会引起反应及后处理部分的设备严重腐蚀,现今还在研究适用于邻二甲苯流化床氧化的催化剂。

(2) *反应历程* 苯、邻二甲苯、萘及蒽等有机物的气相空气氧化通常都要用五氧化二钒为主催化剂。一般认为催化作用是由于高价氧化钒能释放出活性氧，使吸附在催化剂表面的有机物分子氧化，而被还原为低价的氧化钒又可被空气中的氧转变为高价氧化钒：

$$V_2O_5 + \text{原料} \longrightarrow V_2O_3 + \text{氧化产物} \tag{9-33}$$

$$V_2O_3 + O_2(\text{空气}) \longrightarrow V_2O_5 \tag{9-34}$$

实际上五氧化二钒释放活性氧是分两步进行的：

$$V_2O_5 \longrightarrow V_2O_4 + \frac{1}{2}O_2 \tag{9-35}$$

$$V_2O_4 \longrightarrow V_2O_3 + \frac{1}{2}O_2 \tag{9-36}$$

近代物理技术又发现式(9-35)也是分两步进行的：

$$V_2O_5 \longrightarrow V_2O_{4\frac{1}{3}} + \frac{1}{3}O_2 \tag{9-37}$$

$$V_2O_{4\frac{1}{3}} \longrightarrow V_2O_4 + \frac{1}{6}O_2 \tag{9-38}$$

(3) *苯酐生产过程* 邻二甲苯固定床空气氧化制苯酐的示意流程见图 9-3。经过滤净化的空气依次进入压缩机和空气预热器，再与气化的邻二甲苯混合后，直接进入氧化反应器。原料气配比为每标准 m^3 空气配邻二甲苯 40 g(爆炸下限为 44 g)。固定床反应器的列管内装有球形催化剂，管外有熔盐循环冷却，移走反应热，这可用来副产高压蒸汽。氧化反应气体产物进入转换冷凝器，苯酐冷凝成结晶固体析出，冷凝后的气体进入尾气吸收塔，用水吸收其中含有的顺丁烯二酸酐和其他氧化副产物，吸收后的尾气排空，含顺酐的水溶液经蒸发处理后可以回收副产物顺酐。转换冷凝器待苯酐积聚到一定程度后，进行切换，并改为通入热油，使苯酐熔化，进入预处理槽，在高温作用下粗苯酐中的少量邻苯二甲酸脱水生成苯酐，水和某些杂质(顺酐、苯甲酸)会随水蒸气一起排出。经预处理的苯酐进入第一精馏塔，蒸出轻组分顺酐和苯甲酸等，釜液进入第二精馏塔蒸出精品苯酐，纯度大于 95%。精馏塔均在减压下操作。

(4) *氧化反应器* 气相空气氧化反应器是比较特殊的专用设备，可分为固定床和流化床两大类。

固定床催化氧化反应器常选用列管式结构，与列管式热交换器相似，外壳为

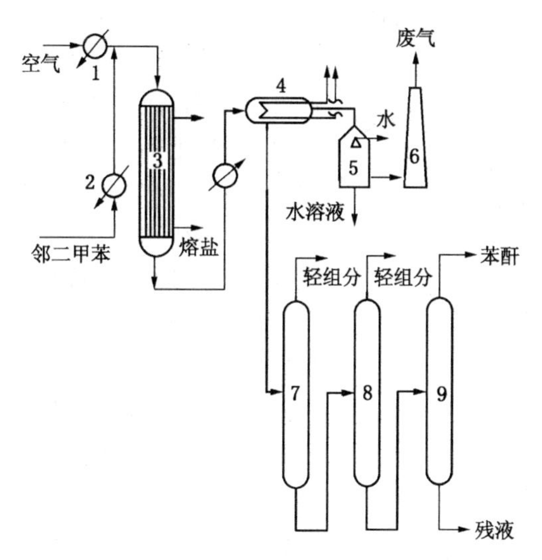

图 9-3　邻二甲苯氧化制邻苯二甲酸酐流程示意图

1—空气预热器；2—邻二甲苯预热汽化器；3—反应器；
4—转换冷却器；5—尾气吸收塔；6—排气烟囱；
7—预处理槽；8—第一精馏塔；9—第二精馏塔

钢制圆筒，列管按正三角形排列，管数视生产能力而定，可自数百根至万根以上。管内装填有较大粒度的球形催化剂，球径约为 5 mm。为了减少管中催化剂床层的径向温差，宜采用较小的管径，常用 ϕ25～30 mm、壁厚 2.5 mm 的无缝合金钢管，列管长为 3 m，也有 6～8 m 的。采用小管径，可使反应气体流速增大，有利于提高传热效率。目前有些大型列管式氧化反应器的直径已放大至 6 m，内装 21 600 根列管，单台反应器氧化邻二甲苯制苯酐的年产量达 3 万多吨。氧化反应释放出的热量由列管间的热载体移走。对于不同的氧化反应温度，应选用相应的热载体，如反应温度在 200 ℃左右，宜选用加压热水作热载体；在 250 ℃～300 ℃，可采用挥发性较低的有机热载体，如矿物油或联苯-联苯醚混合物（俗称道生油）；300 ℃以上，则需用熔盐为热载体。熔盐的组成为硝酸钾 53%、硝酸钠 7%及亚硝酸钠 40%，其熔点为 142 ℃。热载体移走的氧化反应热可用来发生高压蒸汽，提高热能利用率。固定床反应器的主要优点是催化剂不会磨损，可采用表面型薄层催化剂，尤其适合于贵金属催化剂；对于邻二甲苯和萘的氧化都适用；催化剂的生产能力较高。但它的主要缺点是反应器结构复杂，合金钢材消耗大；催化剂床层的轴向温差较大，且有热点出现，径向也有温差；传热效果较差，反应温度不易控制；催化剂的装或卸都较麻烦；特别是装催化剂时，要使每根管子的阻力相同，很费工时；由于原料气要在进入催化床层前就预先混合好，故混合气的组成就受到爆炸极限的严格限制。

流化床催化氧化反应器的使用范围较广。用于萘气相氧化制苯酐的流化床氧化反应器结构见图 9-4。气体分布板的作用是均匀分布空气,并使粉状催化剂没有死角,而且还能在停止反应时,供堆放催化剂,催化剂不致漏到分布板下面。熔融的萘由设在分布板上面的喷枪直接喷入催化剂流化反应区的下部。氧化反应热由装在反应区的蒸汽发生器移走,并直接产生高压蒸汽。反应区的上面是冷却区,用冷却器使反应气体降温至 220 ℃左右,以免反应物深度氧化。反应气体经顶部的捕集装置分离掉催化剂后就离开氧化器。在流化床发展初期,使用的是粗粉状催化剂,其优点是可用壁上缠有玻璃布的素烧磁管作为过滤管或用旋风分离器来分离反应物中夹带的催化剂;其缺点是流态化质量较差,往往会形成大气泡,因此要在流化区安装百叶窗式斜挡板或立式构件。近年来直接改用细粉状催化剂,流态化质量得到改善,在流化区不再需要安装内部构件,氧化产物的收率和催化剂负荷都有所提高。但是采用细粉状催化剂的流化床反应器必须配备高效旋风分离器,如三级新杜康型旋风分离器,其分离效率非常高。生产每吨苯酐仅消耗催化剂 0.5 千克。目前流化床氧化反应器的直径已放大到 5～6 m,单台氧化反应器的苯酐年产量高达 5～7 万吨。流化床反应器的主要优点是原料气体与催化剂颗粒接触良好,床层温度相当均匀,热稳定性较好,不会发生飞温事故;传热效果比固定床好得多(约 10 倍左右),故需要的传热面积较小;可以直接向流化区喷入液萘;有机原料的浓度即使在爆炸极限内,也不致爆炸,操作较为安全;空气与原料比最小,气体产物中苯酐浓度高;催化剂装卸均较为方便;设备结构较简单。其主要缺点是催化剂磨损较大,要求催化剂有很高的机械强度,目前仅适用于萘氧化制苯酐;反应物料有返混现象,所以会影响收率。

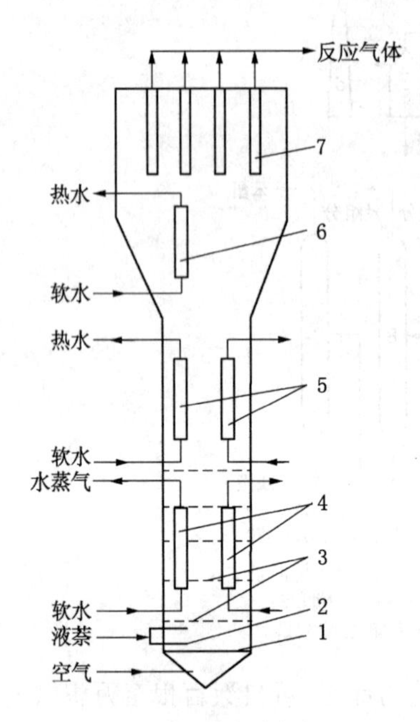

图 9-4 萘的流化床氧化器

1—气体分布板;2—液萘喷枪;3—百叶窗挡板;4—水蒸气发生器;5—冷却器;6—冷却器;7—催化剂捕集装置

9.2.2 烯烃气相环氧化

烯烃环氧化最重要的产物是环氧乙烷和环氧丙烷。这些有机物分子中都含有三元氧环的结构,化学性质活泼。在碱性或酸性催化剂作用下,三元氧环容易开环,与水、醇、氨、胺、酚或羧酸等亲核物质发生加成反应,生成乙氧基化产物,重要的二次产物有乙二醇、乙醇胺、聚醚类非离子表面活性剂和乙二醇醚类等。环氧乙烷是 1925 年开始工业生产的,最近其年产量已超过 1 千万吨。烯烃环氧化的工业生产方法主要有:氯醇法、有机过氧化氢物环氧化法和空气(或氧气)直接氧化法。历史上第一个工业装置生产环氧乙烷采用的是氯醇法,此法又能生产环氧丙烷。由于要消耗大量的氯和石灰乳,且会污染环境,现已逐渐被淘汰。烯烃用有机过氧化氢物环氧化主要用来生产环氧丙烷或其他高级烯烃的环氧化物。乙烯在银催化剂上用空气或氧气直接氧化生成环氧乙烷,早于 1938 年已开始生产。由于直接氧化法与前两种方法相比,具有原料简单、工艺先进、无腐蚀性、无大量三废和又可合理利用反应热量等优点,因此得到迅速发展,现已成为世界各国环氧乙烷的主要工业生产方法。但是直接氧化法只限于生产环氧乙烷,不能生产其他环氧化合物,如丙烯在银催化剂上直接氧化时,主要发生的是完全氧化反应,环氧丙烷的收率很低。

(1) **乙烯环氧化反应** 乙烯用空气或氧气直接氧化生成环氧乙烷的反应,需要银催化剂,其反应式为:

$$CH_2{=}CH_2 + \frac{1}{2}O_2 \longrightarrow \underset{\diagdown\ O\ \diagup}{CH_2{-}CH_2} \tag{9-39}$$

$$\Delta H = -105\ \mathrm{kJ \cdot mol^{-1}}$$

此外还有完全氧化的副反应:

$$CH_2 = CH_2 + 3O_2 \longrightarrow 2CO_2 + 2H_2O \tag{9-40}$$

$$\Delta H = -1\,327\ \mathrm{kJ \cdot mol^{-1}}$$

$$\underset{\diagdown\ O\ \diagup}{CH_2{-}CH_2} + 2\,\frac{1}{2}O_2 \longrightarrow 2CO_2 + 2H_2O \tag{9-41}$$

$$\Delta H = -1\,222\ \mathrm{kJ \cdot mol^{-1}}$$

乙烯完全氧化是强放热反应,这两个副反应的热效应比乙烯环氧化的主反应要大十多倍。所以完全氧化副反应不仅使环氧乙烷的收率降低,而且在反应过程中释放出的热量显著增加,会使反应区域的温度迅速上升,导致发生飞温现象。

据研究,完全氧化的产物二氧化碳和水,主要是通过乙烯直接氧化生成的,通过环氧乙烷的连串氧化是次要的,因此乙烯环氧化反应的动力学图式可表示如下：

$$CH_2{=}CH_2 \longrightarrow \begin{cases} \underset{\diagdown O \diagup}{CH_2{-}CH_2} \\ \downarrow \\ CO_2 + H_2O \end{cases} \tag{9-42}$$

环氧乙烷的连串氧化可能是通过先异构化为乙醛，乙醛在反应条件下容易氧化生成二氧化碳和水，所以在反应产物中还有少量氧化中间副产物乙醛存在：

$$\underset{\diagdown O \diagup}{CH_2{-}CH_2} \xrightarrow{\text{异构化}} CH_3CHO \xrightarrow[\text{氧化}]{O_2} CO_2 + H_2O \tag{9-43}$$

对于乙烯在银催化剂上直接氧化为环氧乙烷的反应历程已进行过大量研究，近年来通过红外吸收光谱和同位素示踪原子等新技术，研究了氧在银催化剂表面的吸附，认为有三种形式的化学吸附过程：

第一种吸附过程发生在四个相距较近的清洁银原子上。在各种温度下，吸附活化能较小，约为 12.6 kJ · mol^{-1}，吸附速度均很快，发生氧分子的离解吸附，生成原子态吸附氧：

$$O_2 + 4Ag(\text{邻近}) \longrightarrow 2O^{2-}(\text{吸附}) + 4Ag^+ (\text{邻近}) \tag{9-44}$$

如果银表面有 1/4 被氯遮盖时，这类吸附可完全被抑制。

第二种吸附过程发生在当表面缺乏四个相邻的清洁银原子时，吸附活化能约为 33.1 kJ · mol^{-1}，发生氧分子的不离解吸附：

$$O_2 + Ag \longrightarrow O_2^-(\text{吸附}) + Ag^+ \tag{9-45}$$

在这种吸附过程中氧分子只需一个电子，生成分子态吸附氧或双原子态吸附氧。

第三种过程要在较高温度才发生，吸附活化能最高，约为60.3 kJ · mol^{-1}。这种过程要求非邻近的银原子先迁移，形成相距较近的银原子吸附点，然后发生氧分子的离解吸附，生成原子态吸附氧：

$$O_2 + 4Ag(\text{非邻近}) \longrightarrow 2O^{2-}(\text{吸附}) + 4Ag^+ (\text{邻近}) \tag{9-46}$$

大部分研究表明，乙烯与分子态吸附氧反应生成环氧乙烷，并与原子态吸附氧反应生成二氧化碳和水。由于氯有较高的吸附热，它能优先迅速占领银催化剂表面的吸附点，因此当银表面有1/4被氯遮盖时，按式(9-44)的氧分子的离解吸附几乎完全被抑制。此外，由于氯表面迁移的活化能比氧高，所以也能抑制氧分子按式(9-46)形成离解吸附。总之在原料气中掺入微量氯就能显著提高反应的选择性,这是因为在银催化剂表面氯能有效地抑制氧分子的离解吸附,所以银表面上分子态吸附氧的浓度大为提高,而原子态吸附氧的浓度大大降低,促使乙烯氧化成环氧乙烷的反应选择性得到提高,其反应历程可能是乙烯有选择性地与分子态吸附氧反应生成环氧乙烷:

$$O_2^- (\text{吸附}) + CH_2{=}CH_2 \longrightarrow \underset{\diagdown\, O\, \diagup}{CH_2{-}CH_2} + O^- (\text{吸附}) \quad (9\text{-}47)$$

此反应生成的原子态吸附氧会与另一个乙烯分子反应生成二氧化碳和水:

$$6O^- (\text{吸附}) + CH_2 = CH_2 \longrightarrow 2CO_2 + 2H_2O + 6\ \text{吸附中心} \quad (9\text{-}48)$$

式(9-48)是在式(9-47)生成原子态吸附氧的前提下进行的。因此在稳定的反应条件下,须将式(9-47)与式(9-48)结合起来考虑,可得总的反应式如下:

$$7CH_2 = CH_2 + 6O_2 \rightarrow 6\underset{\diagdown\, O\, \diagup}{CH_2{-}CH_2} + 2CO_2 + 2H_2O \quad (9\text{-}49)$$

如果反应生成的环氧乙烷不再被氧化,则按此种历程,乙烯直接氧化成环氧乙烷的选择性的极限值为6/7(或85.7%)。即每7个参加反应的乙烯分子,仅有6个分子转化为环氧乙烷,而有1个分子发生燃烧反应转化为二氧化碳和水,事实上工业生产中乙烯直接氧化成环氧乙烷的选择性通常为65%~75%。

(2) **催化剂** 大多数金属和金属氧化物对乙烯的环氧化反应的选择性均很差,反应生成的主要是二氧化碳和水。只有金属银能使乙烯选择氧化为环氧乙烷。银催化剂由活性组分银、载体和助催化剂组成。工业催化剂中银的质量含量一般为15%,呈薄层,均匀分布在载体上。

(A) 载体 载体的主要功能是分散活性组分银和防止银微晶的熔结,保持催化活性。由于乙烯环氧化反应是强放热的,而完全氧化反应的放热量更大。为了控制反应的速度和选择性,宜选用低比表面、无孔隙或粗孔隙的惰性物质作为载体,并且要求载体具有良好的导热和热稳定性,如碳化硅、α-氧化铝或刚玉等,一般使用含量为90%左右的α-氧化铝,再加入一些二氧化硅制成载体。载体的比表面<1 $m^2 \cdot g^{-1}$,孔隙率30%~50%,平均孔径约10 μm。

(B) 助催化剂 工业上的银催化剂几乎都含有助催化剂,包括碱土金属和碱金属(如钙和钡),可以是其氧化物或氢氧化物,有机或无机酸的盐类。助催化剂能分散银微粒,防止银微晶的熔结,有利于提高催化剂的稳定性和使用寿命。

(C) 抑制剂 在催化剂中加入硒、碲、氯、溴等,可以抑制反应时的完全氧化副反应,提高催化剂的选择性。这类物质称为调节剂或抑制剂。

乙烯环氧化用的银催化剂几乎都是采用浸渍法制备的,即将多孔载体浸入水溶性的无机银盐、有机银盐(如乳酸盐、草酸盐)或银氨络合物和助催化剂溶液里,然后经干燥、热分解及还原等工艺过程便成。此法制备的催化剂具有高分散的活性组分银,银的晶粒均匀分布在孔隙的壁上,且与载体结合坚牢,使用性能比较稳定。这类催化剂的导热性能良好,反应温度易于控制;催化剂的机械强度较高,可用于常压或加压氧化反应;反应原料气的空速也可以大大提高;催化剂的使用寿命较长。

(3) 影响因素

(A) 反应温度　在乙烯环氧化时,还有完全氧化的副反应参与激烈竞争,而影响竞争的主要因素是反应温度。乙烯环氧化反应的活化能 E_1 约为 52.2～108.8 kJ · mol^{-1},而完全氧化副反应的活化能 E_2 约为 61.7～123.5 kJ · mol^{-1}。随着反应温度的升高,虽然这两个反应速度均得到加快,反应转化率也增加;但由于 $E_2 > E_1$ 完全氧化副反应的速度增大更甚,释放的热量更多,如不及时移走反应热,必然导致反应温度的失控,产生飞温现象。与此同时,反应的选择性也会下降,催化剂的使用寿命缩短。因此为了保持催化剂的活性,反应温度不宜过高,一般控制在 220 ℃～260 ℃。

(B) 反应压力　反应压力对乙烯环氧化的选择性虽无明显影响,然而采用加压氧化,可以提高乙烯和氧的分压,加快反应速度,提高反应器的生产能力;此外,也有利于从反应气体产物中分离环氧乙烷,所以工业上大多采用加压氧化,通常操作压力为 1～2 MPa。在确定操作压力时,还要综合考虑压缩机、设备的材质及结构等方面的限制,以及产品的收集和分离方式。如要采取加压吸收环氧乙烷,则氧化部分的操作压力应相应提高,才能满足吸收过程的要求。但压力也不宜太高,以防止环氧乙烷的聚合及催化剂的表面积炭或磨损。

(C) 原料气纯度　在乙烯直接氧化过程中,因为有些杂质会对催化剂性能和反应过程带来不良影响,因此对原料气乙烯和空气必须进行精制,达到一定的纯度要求。工业生产中对乙烯纯度的控制指标主要包括炔烃、硫化物、C_3 以上烃、氯化物和氢等,对这些杂质都规定有最高允许含量,如乙炔和硫化物能使银催化剂永久中毒,氯化物也会使催化剂中毒。乙炔和银生成的乙炔银有爆炸危险。一氧化碳和氢会影响反应器的热平衡和催化剂的活性,而且氢还会增加原料气的爆炸危险性。丙烯或其他高级烃类在反应中也会燃烧释放出大量的热,使操作控制困难。甲烷和乙烷比乙烯稳定,在反应条件下不易氧化,可视为惰性气体,而且还能提高原料气的爆炸极限。原料乙烯中的惰性杂质含量也不能过高,否则要加大乙烯的放空量,造成乙烯损失。对于空气,要求在净化后,硫化物和氯化物杂质不能超过规定含量。

(D) 原料气组成　乙烯环氧化时,进入反应器的原料乙烯通常是由新鲜乙烯和循环乙烯混合而成的,其组成不仅会影响经济效果,还关系到反应的安全程度。为了使原料气中氧含量低于爆炸极限浓度,必须控制乙烯的浓度。此外,原料气中乙烯和氧的浓度高,反应速度快,生产能力大,但释放的热量也大,容易造成反应器的放热和传热的不平衡,造成反应温度控制困难,因此要选择乙烯和氧的适宜浓度。由于所用氧化剂不同,原料混合气的组成也不相同,如以空气为氧化剂时,因有大量惰性氮气存在,原料混合气中乙烯的浓度约为5%,氧的浓度6%左右;当以纯氧为氧化剂时,为使反应不致太剧烈,要用氮气稀释原料气,乙烯的浓度取15%~20%,氧的浓度取7%左右。混合气中氧浓度低时,虽然反应速度会下降,但氧化过程较为安全。为了提高反应的选择性,往往在原料混合气中加入微量二氯乙烷,此外,还允许有一定量的二氧化碳。

(4) **乙烯环氧化反应过程** 有空气氧化法和氧气氧化法。

(A) 空气氧化法 工艺流程如图9-5所示。目前常用的乙烯环氧化反应器是由数千根管子组成的列管式固定床反应器,反应原料气体通过置于管中的催化剂,便发生环氧化反应。管间有热载体(如煤油或四氢萘),靠热载体的沸腾移走反应释放的热量,这种热能可用来产生中压蒸汽。

空气经过滤和氢氧化钠溶液洗涤,再先后与循环乙烯和新鲜乙烯混合,并加入微量二氯乙烷,进入热交换器与由第一反应器出来的反应气体进行热交换,再入反应器。乙烯的单程转化率控制在35%左右,环氧乙烷的选择性约为70%。由于反应产物中环氧乙烷的含量甚低,不宜用冷凝法分离,而要采用水吸收法。脱除了环氧乙烷的气体由吸收塔顶逸出,绝大部分作为循环气返回至主反应器,剩余部分排出,以使第一反应器系统内惰性气体的含量不致升高。为了充分利用排出的乙烯,可将它送入第二反应器再进行环氧化,在进入第二反应器前需补加适量空气。环氧化反应产物进入第二水吸收塔,生成的环氧乙烷溶于水,自第二水吸收塔顶排出的气体尚含有少量乙烯和其他可燃气体,可通过燃烧回收热量。

由水吸收塔底排出的环氧乙烷水溶液通常要再经解析、汽提和精馏过程,才能制得高纯度环氧乙烷。环氧乙烷中含有的杂质主要有二氧化碳、甲醛和乙醛等。根据进一步使用环氧乙烷的要求,其纯度可以有所不同,如用于水解制备乙二醇的环氧乙烷只要求脱除二氧化碳,允许有醛存在,并且还允许水含量较高。如用于制表面活性剂类精细化工产品,通常要再经精馏,以除去环氧乙烷中的甲醛及乙醛等杂质,精制流程如图9-6所示:

(B) 氧气氧化法 工艺流程如图9-7所示。此法也采用列管式固定床反应器,该法与空气氧化法相比的主要不同点有:1)由于是用氧气加入到循环气和乙烯的混合气中,因此必须使氧和循环混合气尽快混合成安全组成,以避免氧浓

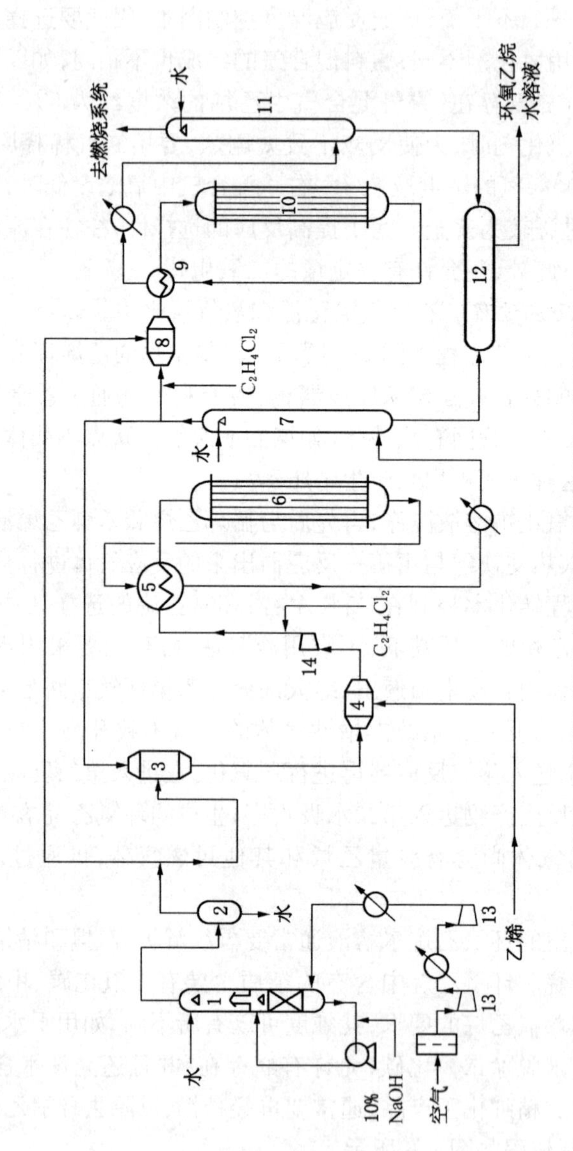

图 9-5　乙烯用空气氧化生产环氧乙烷反应部分的流程示意图

1—空气洗涤塔；2—气液分离器；3、4、8—混合器；5、9—热交换器；6—第一反应器；7—水吸收塔；10—第二反应器；11—第二水吸收塔；12—环氧乙烷水溶液贮槽；13—空气压缩机；14—循环气压缩机

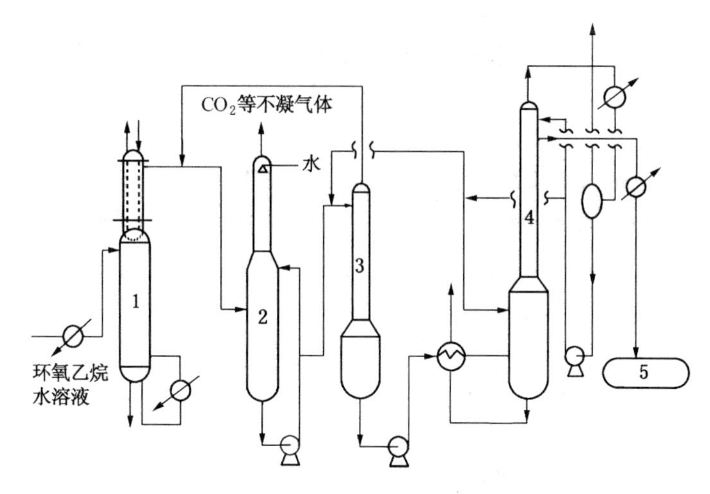

图 9-6 环氧乙烷回收和精制流程示意图

1—解吸塔；2—再吸收塔；3—脱气塔；4—精馏塔；5—纯环氧乙烷贮槽

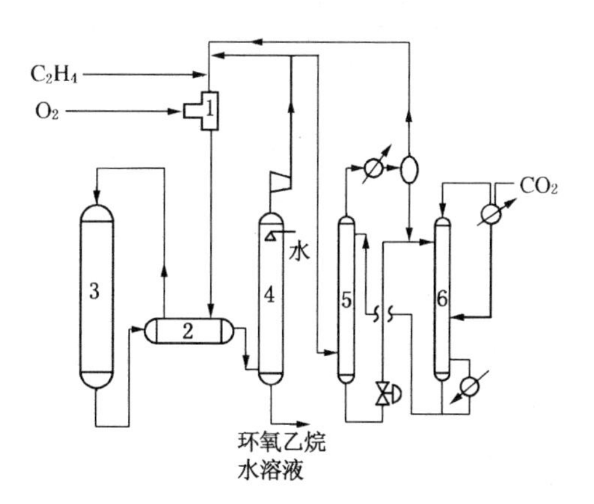

图 9-7 氧气氧化法反应部分的流程示意图

1—混合器；2—热交换器；3—反应器；4—环氧乙烷吸收塔；5—二氧化碳吸收塔；6—再生塔

度局部超过极限浓度而引起爆炸，因此要采用特殊结构的混合器和喷嘴。2)由于配制反应原料气体的乙烯和氧的纯度都很高，反应系统中，惰性气体的积累很少，所以排放量较少，排出的乙烯量比空气氧化法少得多，故只需一台氧化反应器。3)由于反应过程中有副产物二氧化碳生成，为了防止二氧化碳在系统中积累，在水吸收塔顶部排出的气体，除部分可循环返回氧化反应器外，余下部分要经过脱除二氧化碳，才能再循环返回氧化反应器。环氧乙烷水溶液的精制过程与前面叙述的相似。

(C) 空气氧化法和氧气氧化法的比较　空气氧化法反应部分的流程比较复杂,需要空气的净化和压缩装置,氧化反应器要 2～3 台,排放的气体要经催化燃烧等。氧气氧化法反应部分的流程比较简单,只需一台反应器,可相应减少环氧乙烷的吸收装置,以及排放气体的催化燃烧系统。其次氧气氧化法不受空气中污染杂质对催化剂的影响,而且氧化反应温度较低,所以催化剂的使用寿命可比空气法的为长,氧气氧化法使用浓度较高的乙烯,氧化反应器的生产能力较高。此外,氧气氧化法的原料乙烯和电能的消耗定额均较空气氧化法为低。由此可见,氧气氧化法的技术经济效果较好,尤其是有制氧车间条件的,则选择氧气氧化法更为合理。

9.2.3　烃类氨氧化

烃类氨氧化是腈类化合物的重要工业制法,能使有机物分子中的活化甲基与氨经过催化氧化一步生成氰基。应用此法工业生产的部分产品列于表 9-5。

表 9-5　部分烃类氨氧化产品

原　料	氨氧化产品	用　　途
丙烯	丙烯腈	合成纤维(腈纶)
异丁烯	甲基丙烯腈	合成纤维、塑料、橡胶
甲苯	苯基腈	涂料、农药
邻二甲苯	邻苯二腈	颜料
邻氯甲苯	邻氯苯腈	分散染料

烃类氨氧化法虽在 20 世纪 40 年代已经开始研究,但直到 50 年代末,开发出具有较高选择性的催化剂后,才开始大规模工业生产丙烯腈,目前世界年产量已达数百万吨。70 年代又开发氨氧化法制芳腈,氨氧化法的工艺过程和气相催化氧化相似,固定床和流化床反应器都可采用,关键是要有高效的催化剂。氨氧化催化剂的活性组分主要是五氧化二钒、三氧化钼、三氧化二铋及五氧化二磷等,有的催化剂还要加氧化钡或二氧化钛等助催化剂。对于不同的氨氧化过程,催化剂的组成相差甚远。

氨氧化反应是有机原料与空气及氨在催化剂作用下一步完成的,以甲苯氨氧化为例,其反应式如下:

$$2\,C_6H_5CH_3 + 3O_2 + 2NH_3 \xrightarrow[350\ ^\circ C]{V-Cr} 2\,C_6H_5CN + 6H_2O \qquad (9\text{-}50)$$

在氨氧化反应条件下,往往还有其他副反应同时发生。生成的第一类副产物是氰化物,如氢氰酸;第二类是有机含氧化合物;第三类是深度氧化产物一氧化碳和二氧化碳。氨氧化反应的产物,要根据其组分而加以分离提纯。

9.3 化学氧化反应

化学氧化是指利用空气和氧以外的氧化剂,使有机物发生氧化的反应。在精细有机化工生产中,为了提高氧化反应的选择性,常采用化学氧化法。按化学氧化剂可以分类如下:

(1) **高价金属元素的化合物** 高锰酸钾、重铬酸钠、三氧化铬、二氧化锰、二氧化铅、三氯化铁及氯化铜等。

(2) **高价非金属元素的化合物** 硝酸、氯酸钠、次氯酸钠、硫酸、三氧化硫及氯等。

(3) **富氧化合物** 过氧化氢、臭氧、硝基物、有机过氧酸及有机过氧化氢等。

化学氧化法的主要优点是反应温度较空气氧化法为低、容易控制、操作简便且方法成熟,所以只要选择适宜的氧化剂就可以顺利反应。由于化学氧化法的选择性高,不仅能用来制备羧酸及醌类化合物,还可以用来制备醇、醛、酮和羟基化合物。尤其是对于产量小和价值高的精细化工产品,应用化学氧化法较多。这种方法的缺点是要消耗化学氧化剂,即使有些氧化剂的还原物可以回收,但仍有处理废水的困难。

9.3.1 用锰化合物的氧化

(1) **高锰酸钾** 高锰酸钾是一类强氧化剂。其钠盐有潮解性,而钾盐具有稳定的结晶状态,故常用钾盐作氧化剂。高锰酸钾在碱性、中性或酸性介质中均能发生氧化作用,所以应用范围较广,但由于介质的 pH 不同,其氧化性能也不同。

在中性或碱性介质中,锰由 Mn^{7+} 被还原为 Mn^{4+};在酸性介质中,Mn^{7+} 被还原为 Mn^{2+}:

$$MnO_4^- + 2H_3O + 3e \rightleftharpoons MnO_2 + 4OH^- \quad (9\text{-}51)$$

$$E^\ominus = 0.558\ V$$

$$MnO_4^- + 8H^+ + 5e \rightleftharpoons Mn^{2+} + 4H_2O \quad (9\text{-}52)$$

$$E^\ominus = 1.51\ V$$

$E^\ominus$ 为标准还原电位。由此可知高锰酸钾在酸性介质中的氧化能力比在碱性或中性介质中为强，而高锰酸钾只有在强酸（如浓度大于25%的硫酸）中才按式(9-52)进行氧化反应，这样的条件实际上是不常用的，因为要在酸性介质中氧化，还不如选用二氧化锰或重铬酸钠作氧化剂，反应容易控制，而且更为经济。因此高锰酸钾的氧化反应通常是在碱性或中性介质，甚至稀酸或弱酸（如乙酸）介质中，都是按式(9-51)进行的。高锰酸钾的氧化主要用于将芳香环上的甲基氧化为羧基，其反应式可以表示如下：

$$ArCH_3 + 2KMnO_4 \longrightarrow ArCOOK + 2MnO_2 + KOH + H_2O \quad (9\text{-}53)$$

氧化反应常在水中进行，温度在室温至100 ℃左右，将固体高锰酸钾慢慢加入有机物的水溶液或水悬浮液中，就能使氧化反应顺利完成，直至高锰酸钾的红色不再褪掉为止。过量的高锰酸钾可用还原剂，如亚硫酸氢钠、甲醇、乙醇或草酸等加以分解。还原生成的二氧化锰是沉淀，氧化产物若是溶于水的，就可以过滤除去二氧化锰。滤液中的氧化产物可用酸化方法析出。如果氧化产物不溶于水，则随同二氧化锰一起滤出，再在滤出饼中提取氧化产物。但是比较方便的办法是先把氧化产物酸化，再通入二氧化硫或加入亚硫酸氢钠，先使二氧化锰转化成可溶性盐类：

$$MnO_2 + SO_2 \longrightarrow MnSO_4 \quad (9\text{-}54)$$

然后再把氧化产物分离。对难溶于水的有机原料也可用丙酮、二氯甲烷、乙酸或吡啶等溶剂先行溶解，而高锰酸钾不溶于非极性有机溶剂，所以便形成有机相和高锰酸钾水溶液两相，为了使氧化反应顺利进行，必须要有良好的搅拌，但也可添加少量相转移催化剂如$C_6H_5CH_2N(C_2H_5)_3Cl$来促进两相间的氧化反应。

实际使用的氧化过程如下：

2-氯甲苯（CH_3，Cl）$\xrightarrow[100\ ℃]{KMnO_4,\ H_2O}$ 2-氯苯甲酸（COOH，Cl） (9-55)

收率 76%

2-氯-4-硝基甲苯（CH_3，Cl，NO_2）$\xrightarrow[100\ ℃]{KMnO_4,\ H_2O}$ 2-氯-4-硝基苯甲酸（COOH，Cl，NO_2） (9-56)

收率 73%

$$\text{4-甲基吡啟} \xrightarrow[75\ ℃\sim100\ ℃]{KMnO_4, H_2O} \text{异烟酸(4-COOH 吡啟)} \quad (9\text{-}57)$$

收率 86%

由于高锰酸钾在水溶液中按式(9-51)氧化时，有氢氧化钾生成，若有机原料的芳核上具有某些对碱敏感的基团(如乙酰氨基)，遇碱要发生水解，影响收率，此时可以加入硫酸镁或者在反应时通入二氧化碳，以消除生成碱的影响，使反应介质维持中性，提高收率，如：

$$\text{邻-}CH_3C_6H_4NHCOCH_3 \xrightarrow{KMnO_4, H_2O} \text{邻-}HOOCC_6H_4NHCOCH_3 \ (\text{收率 }30\%)$$

$$\text{邻-}CH_3C_6H_4NHCOCH_3 \xrightarrow[MgSO_4]{KMnO_4, H_2O} \text{邻-}HOOCC_6H_4NHCOCH_3 \ (\text{收率 }80\%) \quad (9\text{-}58)$$

(2) **二氧化锰** 用作氧化剂的二氧化锰有两种，即二氧化锰与硫酸的混合物和活性二氧化锰。由于对活性二氧化锰的活性有一定要求，一般是需新鲜制备，而且使用过量较多，反应时间又长，所以经常使用的是二氧化锰与硫酸的混合物，其氧化反应式为：

$$2MnO_2 + 2H_2SO_4 \longrightarrow 2MnSO_4 + 2H_2O + O_2 \quad (9\text{-}59)$$

二氧化锰可以是高锰酸钾氧化时副产回收的，也可以是天然的软锰矿粉(含二氧化锰 60%～65%)。二氧化锰与硫酸混合物的氧化性能温和，可使氧化反应停留在中间阶段，因此可以用来制备醛、酮或羟基化合物。在浓硫酸中氧化时，二氧化锰用量可接近理论值；而在稀硫酸中氧化时，则要过量较多。应用二氧化锰氧化的反应有：

$$C_6H_5CH_3 \xrightarrow[40\ ℃]{MnO_2, 65\%\ H_2SO_4} C_6H_5CHO \quad (9\text{-}60)$$

$$p\text{-}ClC_6H_4CH_3 \xrightarrow[70\ ^\circ C]{MnO_2,\ 70\%\ H_2SO_4} p\text{-}ClC_6H_4CHO \tag{9-61}$$

$$C_6H_5NH_3 \xrightarrow[\text{室温}]{MnO_2,\ 20\%\ H_2SO_4} O{=}C_6H_4{=}O \tag{9-62}$$

9.3.2 用铬化合物的氧化

铬化合物是常用的氧化剂,如果铬化合物的种类和反应条件不同,氧化能力会有显著的差别。常用的氧化剂为重铬酸盐和铬酐。重铬酸钠通常是在各种浓度的硫酸中使用的,具有强氧化性能,其反应式如下:

$$2Na_2Cr_2O_7 + 8H_2SO_4 \longrightarrow 2Cr_2(SO_4)_3 + 2Na_2SO_4 + 8H_2O + 3O_2 \tag{9-63}$$

应用这类氧化剂可将侧链烷基氧化成羧基:

$$O_2N\text{—}C_6H_4\text{—}CH_3 \xrightarrow[100\ ^\circ C]{Na_2Cr_2O_7,\ H_2SO_4} O_2N\text{—}C_6H_4\text{—}COOH \tag{9-64}$$

收率 86%

在中性或碱性条件下,重铬酸钠的氧化性能较弱,反应按另一种方式进行:

$$2Na_2Cr_2O_7 + 2H_2O \longrightarrow 4NaOH + 2Cr_2O_3 + 3O_2 \tag{9-65}$$

由于用重铬酸钠的水溶液在高温高压下进行的氧化反应对芳环的深度氧化较少,因此氧化甲基成羧基的收率比在酸性溶液中为高;其次,它对于较长侧链烷基的氧化往往能使链端甲基氧化成羧基,而不是首先攻击 α-碳原子:

$$O_2N\text{—}C_6H_4\text{—}CH_3 \xrightarrow[250\ ^\circ C]{Na_2Cr_2O_7,\ H_2O} O_2N\text{—}C_6H_4\text{—}COOH \tag{9-66}$$

收率 94%

$$\text{o-ClC}_6\text{H}_4\text{CH}_3 \longrightarrow \text{o-ClC}_6\text{H}_4\text{COOH} \qquad (9\text{-}67)$$

收率 98%

$$\text{C}_6\text{H}_5\text{—CH}_2\text{—CH}_3 \begin{cases} \xrightarrow{KMnO_4} \text{C}_6\text{H}_5\text{—COOH} \\ \xrightarrow[275\ ℃]{Na_2Cr_2O_7} \text{C}_6\text{H}_5\text{—CH}_2\text{COOH} \end{cases} \qquad (9\text{-}68)$$

收率 96%

9.3.3 用硝酸的氧化

硝酸也是一种常用的氧化剂,根据其浓度不同,氧化反应各不相同,稀硝酸氧化后被还原为一氧化氮;浓硝酸则被还原为二氧化氮:

稀硝酸

$$NO_3^- + 4H^+ + 3e \rightleftharpoons NO + 2H_2O \qquad E^\ominus = 0.96\ V \qquad (9\text{-}69)$$

浓硝酸

$$NO_3^- + 2H^+ + e \rightleftharpoons NO_2 + H_2O \qquad E^\ominus = 0.80\ V \qquad (9\text{-}70)$$

由标准还原电位可知,稀硝酸的氧化性能较浓硝酸为强,硝酸常用来氧化芳环或杂环的侧链生成羧酸;氧化醇类成相应的酮或酸;氧化活性次甲基成酮;氧化氢醌成醌;氧化亚硝基化合物成硝基化合物。用硝酸作氧化剂的优点是它在反应后成为氧化氮气体,反应液中无残渣,分离提纯氧化产品较为容易。其缺点是介质的腐蚀性很强,氧化反应较剧烈,反应的选择性不够高。而且除氧化反应外,还容易引起硝化和酯化等副反应。

工业上以五氧化二钒作催化剂,用硝酸氧化环己醇,可生成己二酸,它是制合成纤维的单体:

$$\text{C}_6\text{H}_{11}\text{OH} \xrightarrow[55\ ℃\sim 60\ ℃]{67\%\ HNO_3,\ V_2O_5} \begin{matrix} CH_2\text{—}CH_2\text{—}COOH \\ | \\ CH_2\text{—}CH_2\text{—}COOH \end{matrix} \qquad (9\text{-}71)$$

有些醇类含有对碱敏感的基团(如卤素),由于不能选用的碱性介质的高锰酸钾氧化,而要用硝酸氧化:

$$ClCH_2CH_2CH_2OH \xrightarrow[\text{室温}]{HNO_3} ClCH_2CH_2COOH \tag{9-72}$$

对苯二甲醛是制分散染料的中间体,也可用硝酸氧化制取:

$$ClH_2C-C_6H_4-CH_2Cl \xrightarrow{6\%\ HNO_3} OHC-C_6H_4-CHO \tag{9-73}$$

10 羟基化反应

有机化合物分子中引入羟基的反应称为羟基化。应用羟基化反应可制得各种酚、醇及烯醇体三类,产品大量用于生产染料、塑料、合成树脂、农药、医药、各种助剂、香料和食品添加剂等。另外,通过酚类可以进一步合成烷基酚醚、二芳醚、芳伯胺和二芳基仲胺等中间体。

引入羟基的方法主要有:

(A) 芳磺酸盐的碱熔;

(B) 卤素化合物的水解;

(C) 芳伯胺的水解;

(D) 重氮盐的水解;

(E) 硝基化合物的水解;

(F) 烷基芳烃过氧化氢物的酸解;

(G) 环烷的氧化——脱氢;

(H) 芳羧酸的氧化——脱羧;

(I) 芳环上直接引入羟基;

(J) 其他。

此外,本章除了主要讨论羟基化反应外,还将讨论烷氧基化和芳氧基化。

10.1 羟基化反应

10.1.1 芳磺酸盐的碱熔

芳磺酸盐在高温与熔融的苛性碱(或苛性碱溶液)作用下,使磺基被羟基所置换的反应叫做碱熔。用下列通式表示:

$$ArSO_3Na + 2NaOH \longrightarrow ArONa + Na_2SO_3 + H_2O \tag{10-1}$$

生成的酚钠用无机酸酸化,即转变为游离酚:

$$2ArONa + H_2SO_4 \longrightarrow 2ArOH + Na_2SO_4 \tag{10-2}$$

碱熔是工业上制备酚类的最早方法。其优点是工艺过程简单,对设备要求不高,适用于多种酚类的制备。缺点是需要使用大量酸碱、三废多、工艺落后。对于大吨位酚类,如苯酚、间甲酚、对甲酚等,已趋向于改用其他更加先进的生产方法。

10.1.1.1　反应历程和动力学

以^{18}O标记的$Na^{18}OH$(或$K^{18}OH$)作用于苯磺酸盐,生成的苯酚钠(钾)中包含着^{18}O,此说明苯酚钠(钾)中的氧是由碱提供的。

$$C_6H_5SO_3Na + 2Na^{18}OH \longrightarrow C_6H_5{}^{18}ONa + Na_2SO_3 + H_2^{18}O \tag{10-3}$$

磺基连接在^{14}C标记碳原子上的苯磺酸盐碱熔时,所形成苯酚中的羟基都连接在^{14}C标记的碳原子上。这可说明碱熔是亲核置换反应的历程,而不是芳炔的历程。在磺酸盐分子中,芳环上与磺基相连的碳原子,由于受到硫原子的诱导效应的影响,其电子云密度比芳环上其他碳原子的低,因此亲核试剂OH^-较易进攻这个位置,并使磺基被羟基所置换。动力学研究表明,碱熔反应是分两步进行的。

第一步是羟基负离子加成到与磺酸盐负离子相连的碳原子上,这种可逆反应产生一个带有两个负电荷的中间络合物:

$$ArSO_3^- + OH^- \rightleftharpoons (ArSO_3^- \cdot OH)^- \tag{10-4}$$

因此反应需要在高温下进行。

第二步是此中间络合物再同OH^-反应得到酚盐负离子:

$$(ArSO_3^- \cdot OH)^- + OH^- \longrightarrow ArO^- + SO_3^{2-} + H_2O \tag{10-5}$$

当速度决定步骤是羟基负离子加成到磺酸盐负离子时,也就是$(ArSO_3^- \cdot OH)^-$的生成为速度的决定步骤时,表现为二级反应。若以k_1、k_2分别表示第一步和第二步的反应速度常数,K_1表示第一步的化学平衡常数,则有:

$$v = \frac{d[(ArSO_3^- \cdot OH)^-]}{dt} = k_1[ArSO_3^-][OH^-] \tag{10-6}$$

当速度决定步骤是中间络合物转变为苯酚盐离子时,也就是ArO^-的生成为速度的决定步骤时,则表现为三级反应:

$$\begin{aligned} v &= \frac{d[ArO^-]}{dt} = k_2[(ArSO_3^- \cdot OH)^-][OH^-] \\ &= K_1k_2[ArSO_3^-][OH^-]^2 \end{aligned} \tag{10-7}$$

如果生成中间络合物和最终产物两个反应的速度相差不大,则反应级数在

2 和 3 之间。

苯系和萘系磺酸的水溶液在压热釜中碱熔的动力学研究表明：2-萘磺酸和1,5-萘二磺酸碱熔的反应级数为 2,苯磺酸碱熔的反应级数接近 3,而 1-萘磺酸碱熔则处于 2 和 3 之间。

10.1.1.2 影响因素

(1) **碱熔剂** 最常用的碱熔剂是苛性钠,当需要更活泼的碱熔剂时,则可使用苛性钾。苛性钾的价格比苛性钠贵得多,为了降低成本,可使用苛性钾和苛性钠的混合物。此混合碱的另一优点是它的熔点可低于 300 ℃,适用于要求较低温度的碱熔过程。若苛性钠中含有水分时,可使其熔点下降。

(2) **磺酸的结构** 碱熔反应是亲核置换反应,因此芳环中其他碳原子上有了吸电子基(主要是磺基和羧基),对磺基的碱熔起活化作用。硝基虽是很强的吸电子基,但在碱熔条件下硝基会产生氧化作用而使反应复杂化,所以含有硝基的芳磺酸不适宜碱熔。氯代磺酸也不适于碱熔,因为氯原子比磺基更容易被羟基置换。芳环上有了供电子基(主要是羟基和氨基),对磺基的碱熔起钝化作用。例如间氨基苯磺酸的碱熔,需要用活泼性较强的苛性钾(或苛性钾和苛性钠的混合物)作碱熔剂。多磺酸在碱熔时,第一个磺基的碱熔比较容易,因为它受到其他磺基的活化作用,第二个磺基的碱熔比较困难,因为生成中间产物羟基磺酸分子中,羟基使第二个磺基钝化。例如对苯二磺酸的碱熔,即使用苛性钾作碱熔剂,也只能得到对羟基苯磺酸,而得不到对苯二酚,所以在多磺酸的碱熔时,选择适当的反应条件,可以使分子中的磺基部分或全部转变为羟基。

某些芳磺酸盐用氢氧化钾碱熔时的活化能见表 10-1。

表 10-1 不同芳磺酸盐在用 KOH 碱熔时的活化能

名称	活化能($kJ \cdot mol^{-1}$)	名称	活化能($kJ \cdot mol^{-1}$)
苯磺酸盐	169.6	苯三磺酸盐	102.2
邻-苯二磺酸盐	121.4	苯酚二磺酸盐	141.9
间-苯二磺酸盐	135.2	2-氨基-6,8-萘二磺酸盐	141.1
对-苯二磺酸盐	109.7	2-氨基-5,7-萘二磺酸盐	130.2

(2) **无机盐影响** 磺酸盐中一般都含有无机盐(主要是硫酸钠和氯化钠)。这些无机盐在熔融的苛性碱中几乎是不溶解的,在用熔融碱进行高温(300 ℃～340 ℃)碱熔时,如果磺酸盐中无机盐含量太多,会使反应物变得粘稠甚至结块,降低了物料的流动性,造成局部过热甚至会导致反应物的焦化和燃烧。因此,在用熔融碱进行碱熔时,磺酸盐中无机盐的含量要求控制在 10%(质量)以下。使用碱溶液进行碱熔时,磺酸盐中无机盐的允许含量可以高一些。

(4) **碱熔的温度和时间** 碱熔的温度主要决定于磺酸的结构，不活泼的磺酸用熔融碱在 300 ℃～340 ℃进行常压碱熔，碱熔速度快，所需要时间短。比较活泼的磺酸可以在 70%～80%苛性钠溶液中在 180 ℃～270 ℃之间进行常压碱熔。更活泼的萘系多磺酸可在 20%～30%稀碱溶液中进行加压碱熔。反应时间较长需要 10～20 小时。

(5) **碱的用量** 磺酸盐碱熔时，理论上需要苛性钠的摩尔比为 1∶2，但实际上碱必须过量。高温碱熔时，碱的过量较少，一般用 1∶2.5 左右。中温碱熔时，碱过量较多，有时甚至达 1∶6～8(即理论量的 3～4 倍)或更多一些。

10.1.1.3 碱熔方法

(1) **用熔融碱的常压碱熔** 此法主要用于磺基不活泼的情况，也可以使用于单磺酸或多磺酸中的磺基完全被羟基置换。用这种碱熔法可以制得苯系和萘系的许多酚类，重要的有苯酚、间苯二酚、混合甲酚、间-N，N-二乙基苯酚、1-萘酚、2-萘酚等。

在常压碱熔时，由于生成的酚易被空气氧化，所以要用水蒸气加以保护，在碱熔初期由磺酸盐带入的水和反应生成的水起保护作用，但在碱熔后期，则需要在碱熔物的表面上通适量的蒸气。

2-萘磺酸的碱熔和酸化的反应式如下：

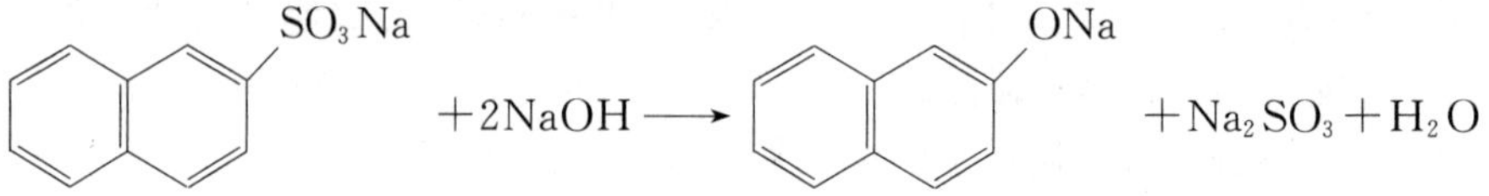

$$\text{2-}C_{10}H_7SO_3Na + 2NaOH \longrightarrow \text{2-}C_{10}H_7ONa + Na_2SO_3 + H_2O \quad (10\text{-}8)$$

$$\text{2-}C_{10}H_7ONa + SO_2 + H_2O \longrightarrow \text{2-}C_{10}H_7OH + Na_2SO_3 \quad (10\text{-}9)$$

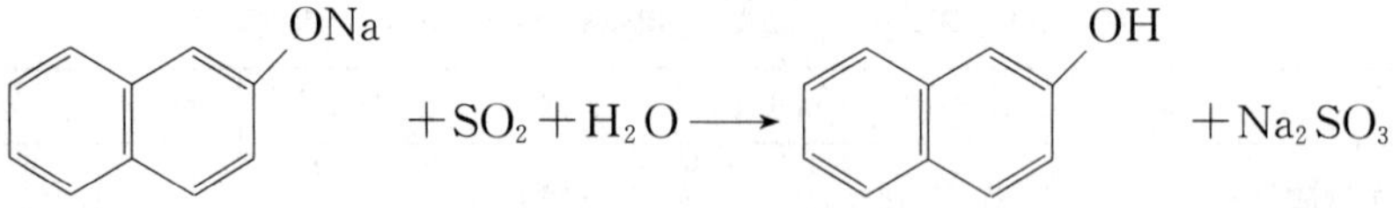

(2) **用浓碱液的常压碱熔** 萘系的某些多磺酸、氨基和羟基多磺酸可用 70%～80%苛性钠溶液进行常压碱熔。反应温度是常压下碱液的沸点(180 ℃～270 ℃)。此法可使萘系多磺酸中的一个磺基被羟基置换，而氨基和其他磺基则不受影响，例如：

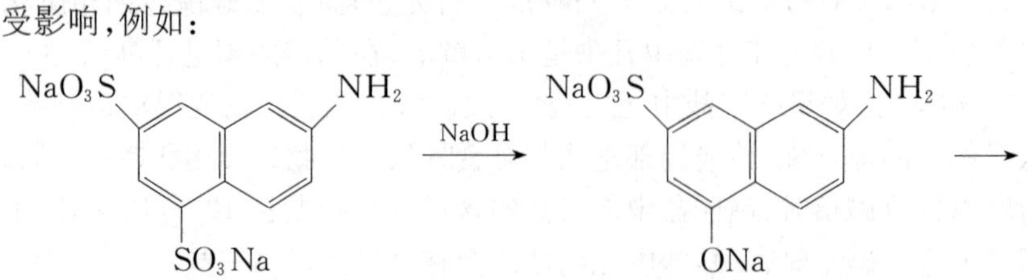

$$\text{(NaO}_3\text{S, SO}_3\text{Na, NH}_2\text{-naphthalene)} \xrightarrow{NaOH} \text{(NaO}_3\text{S, ONa, NH}_2\text{-naphthalene)} \longrightarrow$$

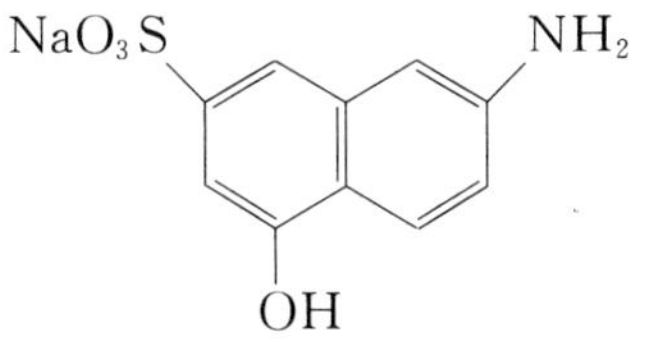

(10-10)

J-酸 (7-氨基-4-羟基-萘-2-磺酸钠)

用此法还可得到下列中间体：

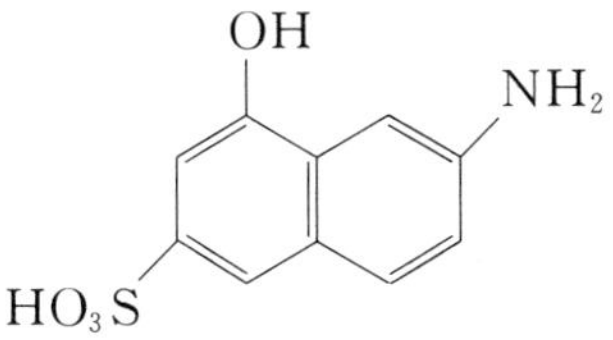

γ-酸
(6-氨基-4-羟基-萘-2-磺酸)

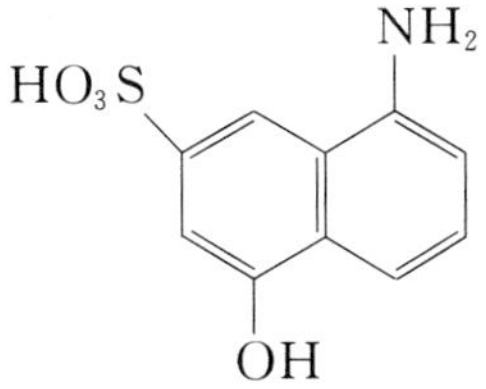

M-酸
(8-氨基-4-羟基-萘-2-磺酸)

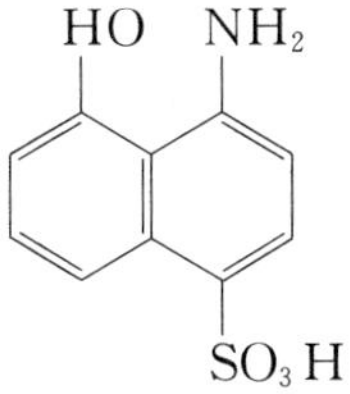

芝加哥 S-酸
(4-氨基-5-羟基-萘-1-磺酸)

(3) **用稀碱液的加压碱熔** 萘系的多磺酸也可以用稀碱液(20%～30%)在180 ℃～230 ℃进行碱熔。因为这种反应温度已超过了稀碱液在常压时的沸点，所以碱熔过程需要在压热釜中进行。加压碱熔时，反应温度和碱浓度都可以在一定的范围内变化，以此来控制多磺酸中磺基被置换的数目或控制芳环上的氨基是否被水解，例如：

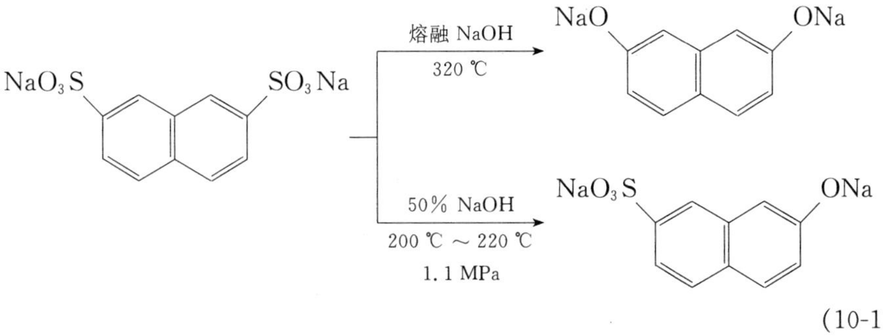

(10-11)

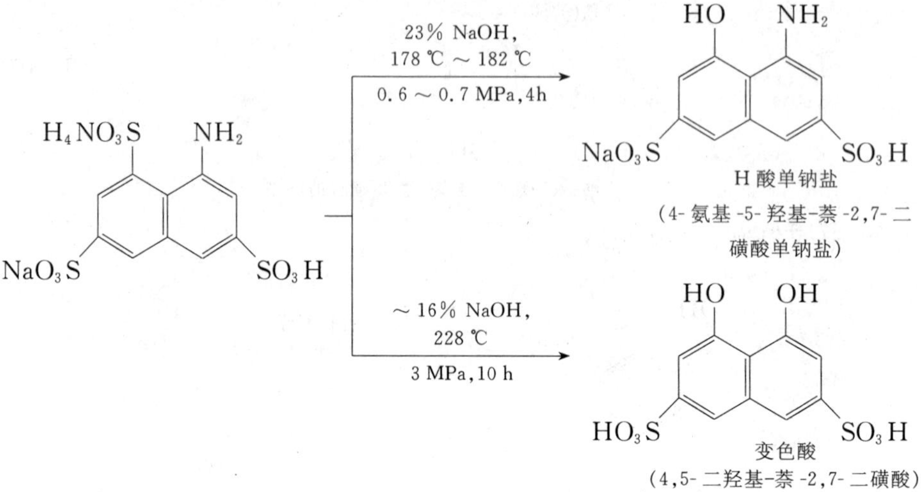

H_4NO_3S NH_2 NaO_3S SO_3H

23% NaOH，178 ℃ ～ 182 ℃，0.6 ～ 0.7 MPa，4h → HO NH_2 NaO_3S SO_3H

H 酸单钠盐

（4-氨基-5-羟基-萘-2，7-二磺酸单钠盐）

～16% NaOH，228 ℃，3 MPa，10 h → HO OH HO_3S SO_3H

变色酸

（4，5-二羟基-萘-2，7-二磺酸）

(10-12)

10.1.1.4　二苯砜的碱熔

二苯砜在氢氧化钾的作用下，在 300 ℃下反应产生苯酚钠。用标记同位素对其历程进行研究后，认为按照下列两种过程进行：

(A) $C_6H_5-SO_2-C_6H_5 \xrightarrow{OH^-}$ [$C_6H_5^-$(OH)$-SO_2-C_6H_5$] $\rightarrow C_6H_5O^- + C_6H_5SO_2^-$；$C_6H_5SO_2^- \rightarrow C_6H_6$　(10-13)

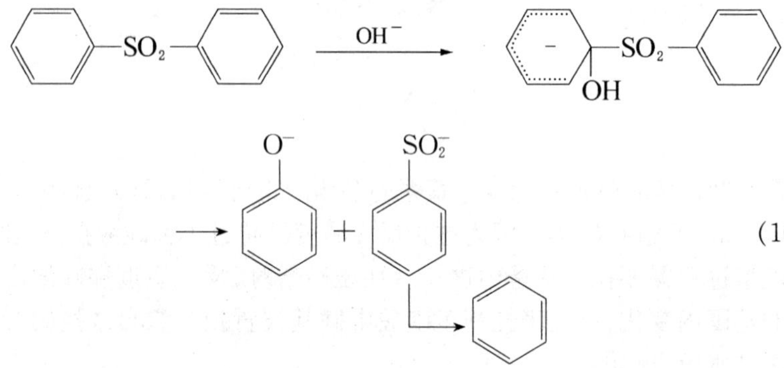

(B) $C_6H_5-SO_2-C_6H_5 \xrightarrow{OH^-} C_6H_5-SO_2^-(OH)-C_6H_5 \rightarrow C_6H_6 + C_6H_5SO_3^-$；$C_6H_5SO_3^- \xrightarrow{OH^-} C_6H_5O^-$　(10-14)

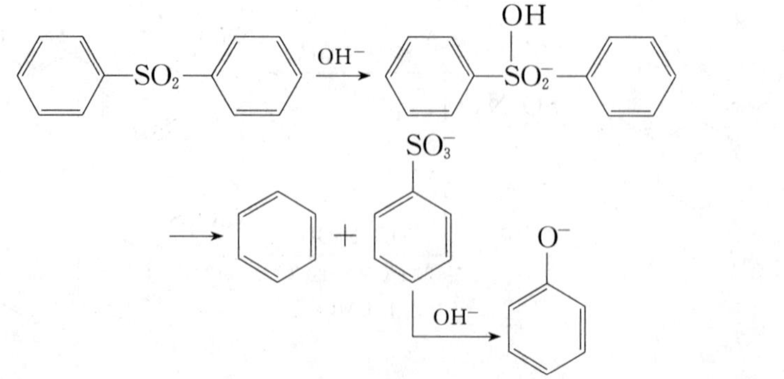

10.1.2 卤代化合物的水解

10.1.2.1 气相接触催化水解

氯苯在高温和催化剂存在下，用磷酸三钙或氯化亚铜/硅胶作催化剂，使氯苯和水蒸气在 420 ℃～520 ℃反应(常压、气相)可生成苯酚和氯化氢：

$$C_6H_5Cl + H_2O \xrightarrow[\text{高温}]{\text{催化剂}} C_6H_5OH + HCl \tag{10-15}$$

氯苯的单程转化率约为 10%～15%。反应产物中含有氯苯、水、苯酚和氯化氢。经过萃取、精馏可得到合格的苯酚。副产的盐酸可用于苯的氧化-氯化法制氯苯的过程中：

$$C_6H_6 + HCl + \frac{1}{2}O_2 \longrightarrow C_6H_5Cl + H_2O \tag{10-16}$$

10.1.2.2 碱性水解

氯苯在苛性钠作用下水解生成苯酚，曾经是工业上制造苯酚的重要方法之一。其反应过程可以表示如下：

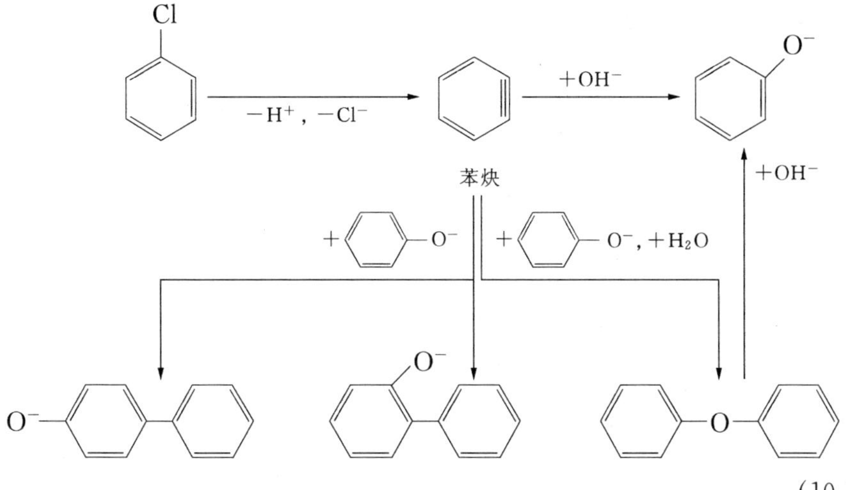

Cl
$-H^+$, $-Cl^-$
$+OH^-$
O^-
苯炔
$+OH^-$
$+ C_6H_5O^-$
$+ C_6H_5O^-$, $+H_2O$
O^-
O^-
O

(10-17)

反应中除生成苯酚外，还有副产二苯醚和 2-苯基苯酚或 4-苯基苯酚。二苯醚在碱的作用下可以生成苯酚。由于此反应需要在高温(400 ℃)和高压(约 32.5 MPa)下进行。所以用此法生产苯酚受到限制。

卤素碱性水解是亲核置换反应，当苯环上氯原子的邻位或对位有硝基存在时，由于硝基吸电子作用的影响，苯环上与氯原子相连的碳原子上电子云密度显著降低，使氯原子的水解较易进行。

表 10-2　不同氯代化合物碱性水解的条件

氯代化合物	反应温度(℃)	反应压力	碱试剂
氯苯	350～370	20 MPa	NaOH
对-硝基氯苯	130～160	0.2 MPa～0.6 MPa	NaOH
2,4-二硝基氯苯	90～105	常压	NaOH、Na_2CO_3
2,4,6-三硝基氯苯	30～40	常压	H_2O 也可以

用这种方法可以制得下列硝基酚：

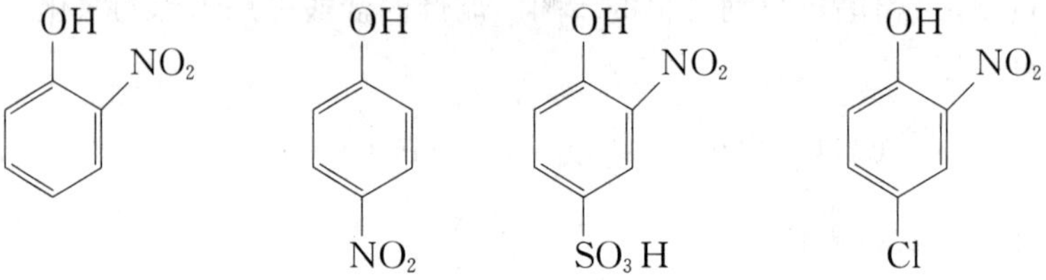

OH / NO_2（邻硝基苯酚）　OH / NO_2（对硝基苯酚）　OH / NO_2 / SO_3H　OH / NO_2 / Cl　等。

上述硝基酚经还原可制得相应的邻位和对位氨基酚。

多氯苯分子中的氯原子比硝基氯苯中的氯原子水解较难进行，一般要求较高的温度，并需要用铜作催化剂。

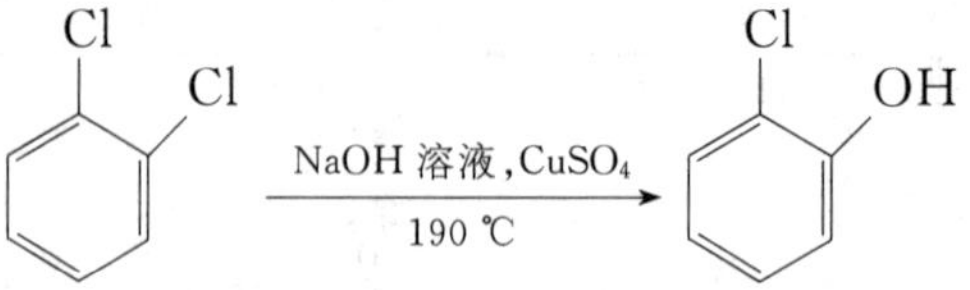

$$\text{邻二氯苯} \xrightarrow[190\ ℃]{\text{NaOH 溶液},CuSO_4} \text{邻氯苯酚} \tag{10-18}$$

$$\text{邻氯苯酚} \xrightarrow[225\ ℃]{\text{NaOH 溶液},CuSO_4} \text{邻苯二酚} \tag{10-19}$$

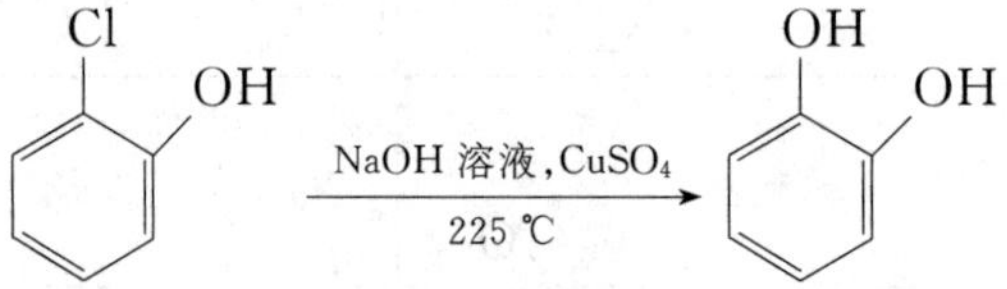

对-二氯苯在氢氧化钠水溶液中在 225 ℃下水解为对氯苯酚：

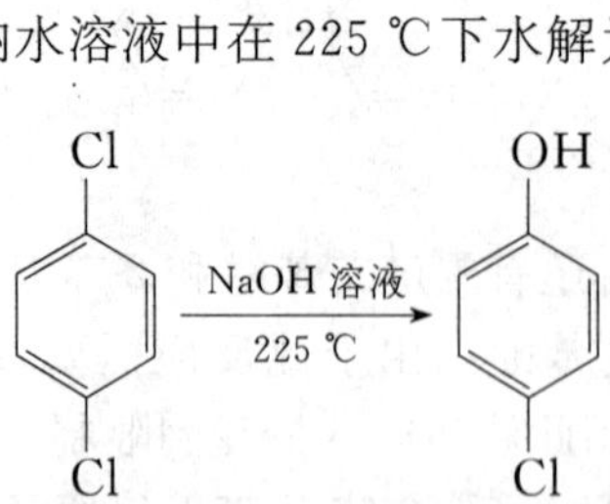

$$\text{对二氯苯} \xrightarrow[225\ ℃]{\text{NaOH 溶液}} \text{对氯苯酚} \tag{10-20}$$

1,2,4-三氯苯于 130 ℃在甲醇中与氢氧化钠作用生成 2,6-二氯苯酚，在氢氧化钠水溶液中于 250 ℃水解为 2,5-二氯苯酚、2,4-二氯苯酚和 3,4-二氯苯酚的混合物：

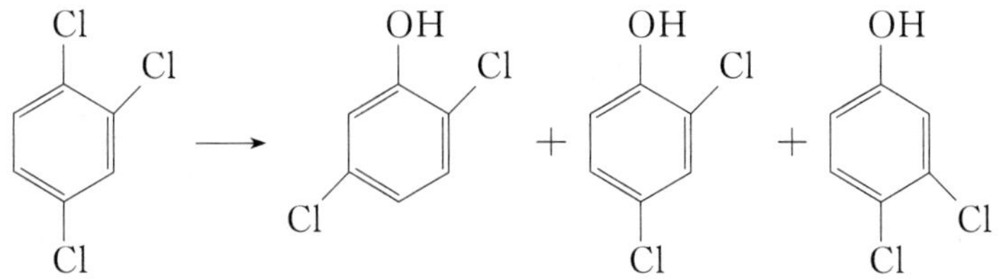

(10-21)

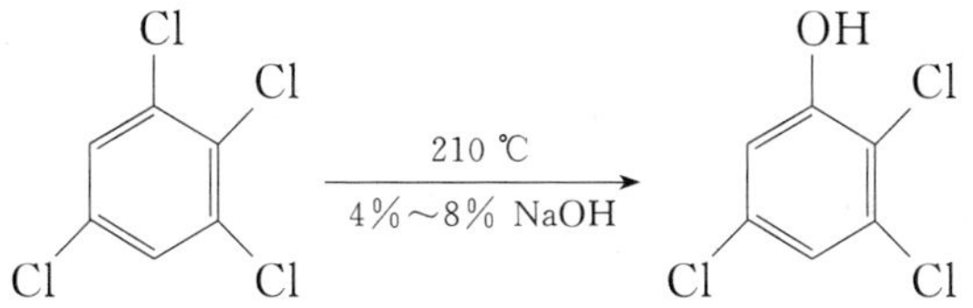

$$\xrightarrow[4\%\sim8\%\ NaOH]{210\ ℃}$$ (10-22)

而对-(三氟甲基)-氯苯在 180 ℃碱性水溶液中水解成对-羟基-苯甲酸。1,4-二(三氟甲基)-2-氯苯水解成 2-羟基-4-三氟甲基苯甲酸。2-硝基-4-三氟甲基氯苯在二甲基亚砜中用氢氧化钠在 20 ℃～25 ℃水解成 2-硝基-4-三氟甲基苯酚。

侧链氯原子在弱碱性水溶液中也能水解为羟基。如氯化苄在弱碱性水溶液中加热水解，生成的苯甲醇(也称苄醇)，可用来配制香水、香精和食用香精：

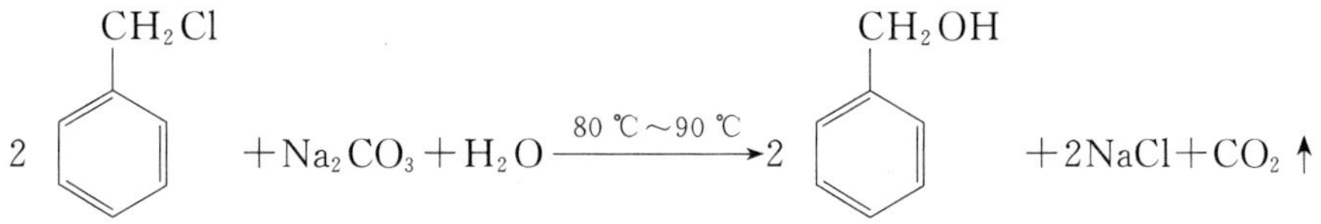

$$2\,C_6H_5CH_2Cl + Na_2CO_3 + H_2O \xrightarrow{80\ ℃\sim90\ ℃} 2\,C_6H_5CH_2OH + 2NaCl + CO_2\uparrow$$ (10-23)

上述水解反应的完全程度对质量有极大的影响。如有痕迹量的氯化苄存在也会影响香气。β-苯乙醇可由同样方法制备：

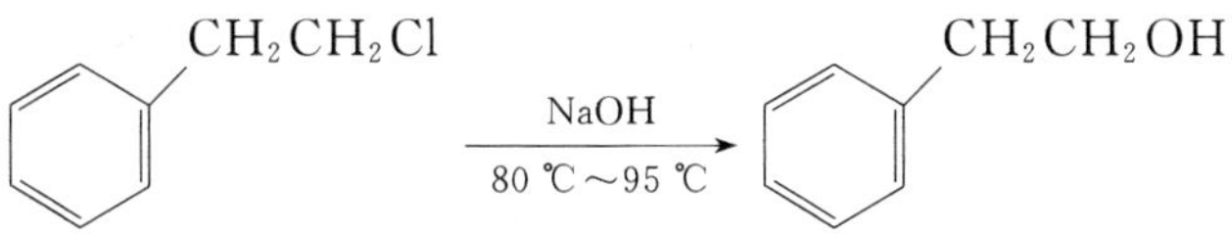

$$C_6H_5CH_2CH_2Cl \xrightarrow[80\ ℃\sim95\ ℃]{NaOH} C_6H_5CH_2CH_2OH$$ (10-24)

同样可制备下列醇：

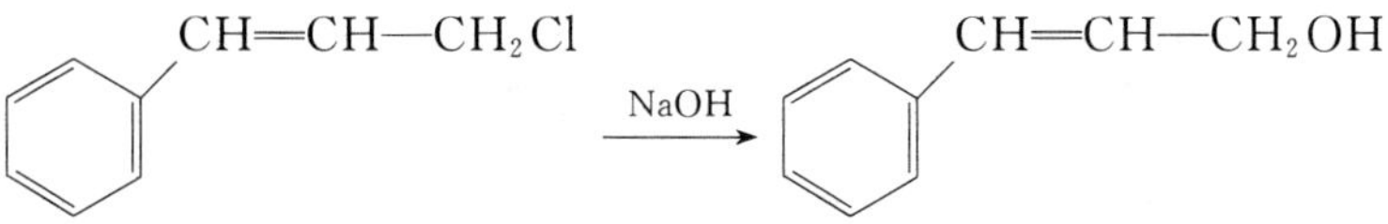

$$C_6H_5CH{=}CH{-}CH_2Cl \xrightarrow{NaOH} C_6H_5CH{=}CH{-}CH_2OH$$ (10-25)

10.1.3　芳伯胺的水解

用硝化-还原法先在芳环上引入氨基，然后将氨基转变为羟基，也是在芳环引入羟基的重要方法之一。但它比磺化-碱熔法或氯化-水解法的合成路线长，对设备的腐蚀较严重。因此其应用受到限制。实际上，主要用于制备 1-萘酚及其某些衍生物和在某些特定位置上引入羟基的化合物，主要方法有酸性水解法，碱性水解法及亚硫酸氢钠水解法三种。

10.1.3.1　酸性水解

酸性水解一般是在稀硫酸中进行的，若所要求的水解温度太高，硫酸会引起氧化副反应，可采用磷酸或盐酸。此法主要用于 1-萘胺及其衍生物的水解，例如 1-萘胺水解为 1-萘酚：

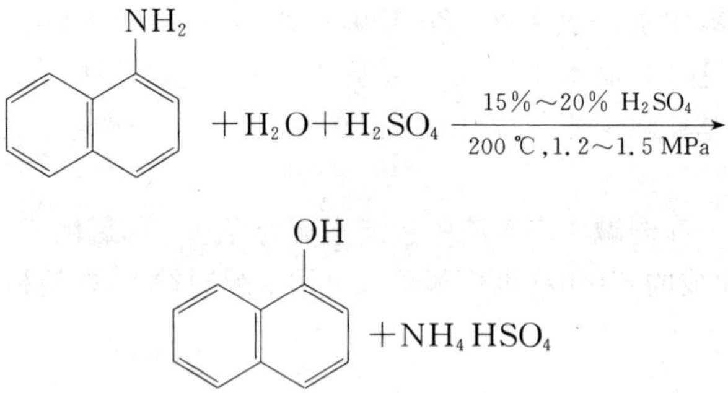
NH2
+H2O+H2SO4
15%～20% H2SO4
200 ℃，1.2～1.5 MPa
OH
+NH4HSO4

(10-26)

用酸性水解法还可以从相应的 1-萘胺磺酸衍生物制得 1-萘酚磺酸衍生物：

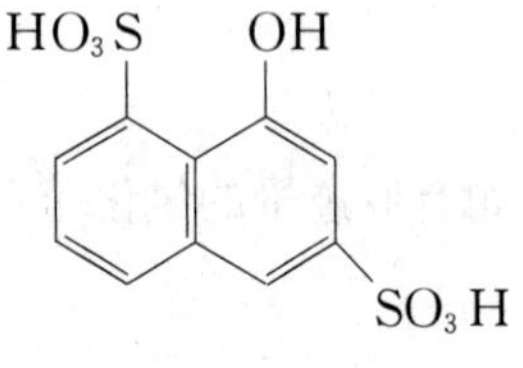
HO3S
OH
SO3H

ε酸
(1-萘酚-3,8-二磺酸)

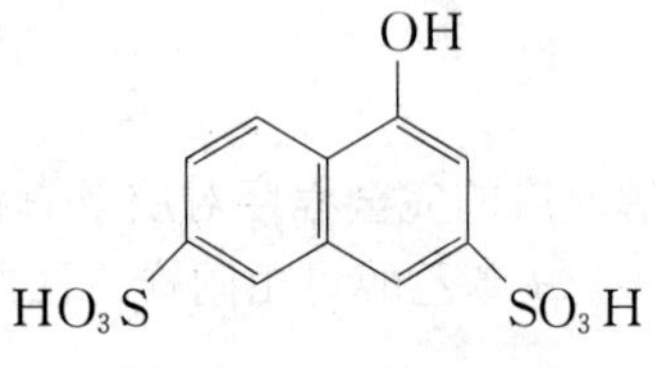
OH
HO3S
SO3H

羟基 F 酸
(1-萘酚-3,6-二磺酸)

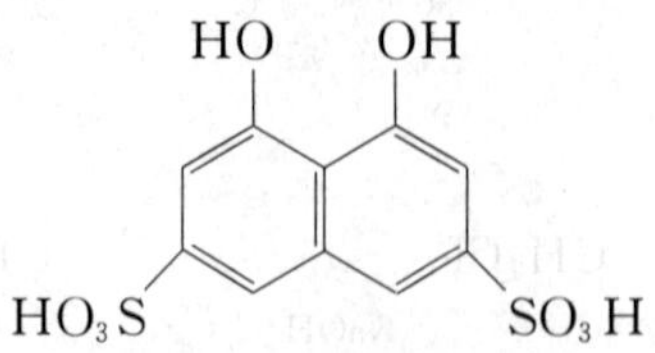
HO
OH
HO3S
SO3H

变色酸

在酸性水解时，萘系衍生物中 1-氨基的迫位和 β 位的磺基并不会被水解掉。

但是 1-氨基的 4 位和 5 位的磺基将同时水解。因此由 1,4-萘胺磺酸和 1,5-萘胺磺酸的水解以制备 1,4-萘酚磺酸和 1,5-萘酚磺酸时,不能用酸性水解法,而必须用亚硫酸氢钠水解法。

10.1.3.2 碱性水解

在碱性介质中,在较高温度下,萘环上 1 位的磺基和 8 位的氨基同时被羟基置换,例如:

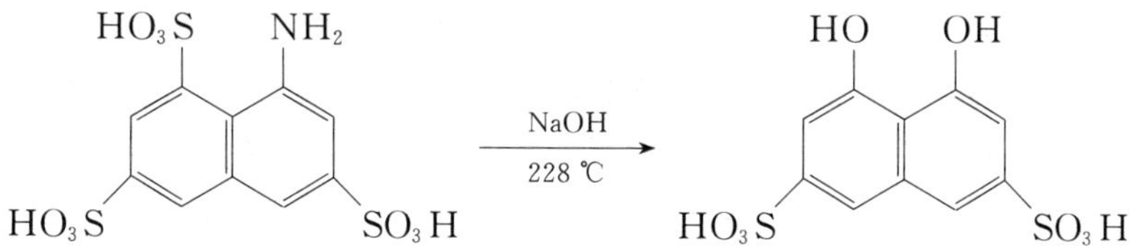

HO_3S NH_2 ... HO_3S SO_3H $\xrightarrow[228\ ℃]{NaOH}$ HO OH ... HO_3S SO_3H

(10-27)

10.1.3.3 亚硫酸氢钠水解

某些结构的芳伯胺,在亚硫酸氢钠水溶液中,常压沸腾回流(100 ℃～104 ℃),然后再加碱处理,即可完成氨基被羟基置换的反应。此反应也称为布赫尔反应,一般认为它是萘酚转变为萘胺的逆反应。这种方法主要适用于容易互变异构为亚胺式,并且容易和亚硫酸氢钠形成加合物的萘系胺类衍生物的水解。例如:

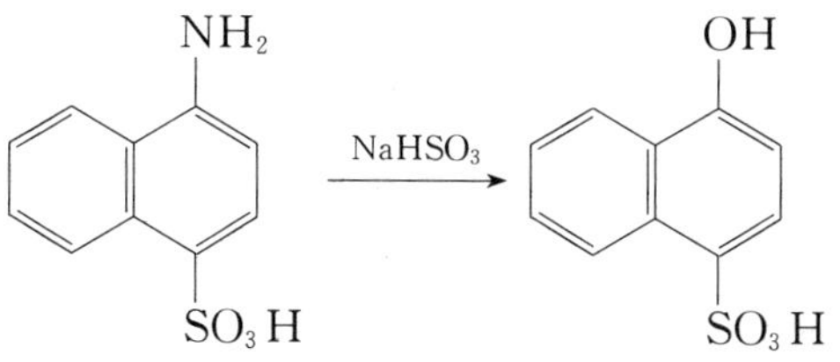

NH_2 ... SO_3H $\xrightarrow{NaHSO_3}$ OH ... SO_3H

(10-28)

NW 酸
(1-萘酚-4-磺酸)

10.1.4 重氮盐的水解

由芳伯胺重氮化生成的重氮盐经酸性水解即可得到酚。利用此法可将羟基导入指定的位置,可作为碱熔方法的补充。此法特别是对某些结构的酚,因定位关系而不易制得时,更有实用价值。

常用的重氮盐是重氮硫酸氢盐,分解反应常在硫酸溶液中进行。重氮盐的水解不宜采用盐酸和重氮盐酸盐,因为氯离子的存在会导致发生重氮基被氯原子置换的副反应。

重氮盐水解成酚的一个改良方法是将重氮盐与氟硼酸作用,生成氟硼酸重氮盐，然后用冰乙酸处理，得乙酸芳酯，再将它水解即得到酚：

$$ArN_2^+Cl^- \xrightarrow{HBF_4} ArN_2^+BF_4^- \xrightarrow{CH_3COOH} ArOCOCH_3 \xrightarrow{H_2O} ArOH \quad (10\text{-}29)$$

重氮盐的水解是单分子亲核取代反应，其历程可简单表示如下：

$$ArN_2^+ \underset{}{\overset{慢}{\rightleftharpoons}} Ar^+ + N_2\uparrow \xrightarrow[H_2O]{快} ArOH \quad (10\text{-}30)$$

所以水解速度只与重氮盐的浓度成正比，而与亲核试剂的浓度无关。

重氮盐是很活泼的化合物，水解时会发生各种副反应，为了避免这些副反应，总是将冷的重氮硫酸氢盐溶液慢慢加到热的或沸腾的稀硫酸中，使重氮盐在反应液中的浓度始终很低。水解生成的酚最好随同水蒸气一起蒸出。如果酚不易随水蒸气一起蒸出，必要时可在反应液中加入有机溶剂（例如氯苯、二甲苯等），使生成的酚立即从水相转移到有机相，以减少副反应。利用此法可以制备下列酚：

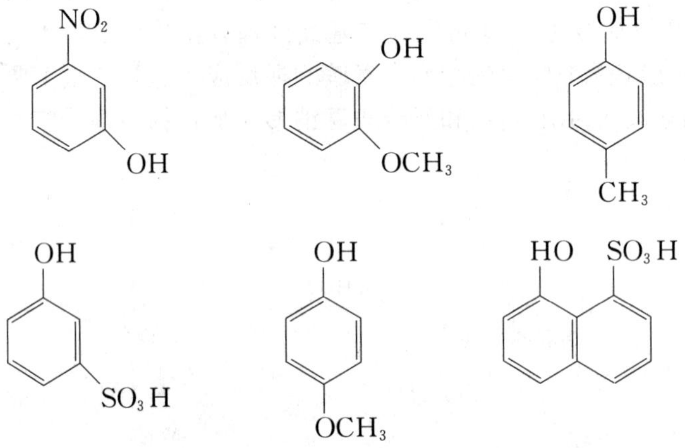

NO_2 / OH　　OH / OCH_3　　OH / CH_3

OH / SO_3H　　OH / OCH_3　　HO　SO_3H

重氮盐水解时，如果有硝酸存在，则可以制得相应的硝基酚：

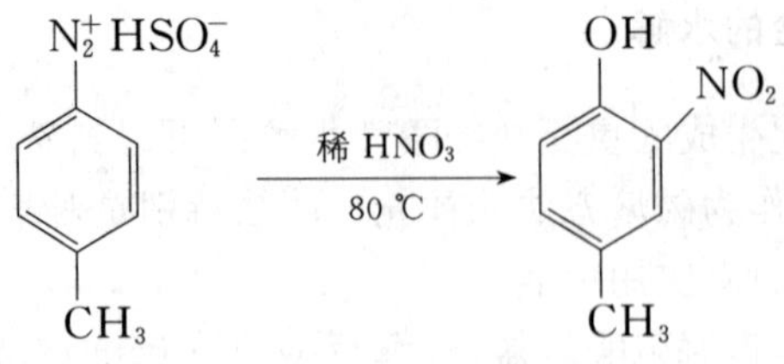

$N_2^+HSO_4^-$ / CH_3 $\xrightarrow[80\ ℃]{稀\ HNO_3}$ OH / NO_2 / CH_3 (10-31)

10.1.5 硝基化合物的水解

芳环上的硝基若受邻、对位上强吸电子基团的影响而得到活化，则这种活化后的硝基在亲核试剂氢氧化钠作用下也可以转化为羟基。动力学研究认为硝基的亲核取代反应的相对速度大于氯原子。邻、对二硝基苯同氢氧化钠在二甲基亚砜中反应生成硝基苯酚，它的历程是生成一个阴离子自由基的二硝基苯的中间产物：

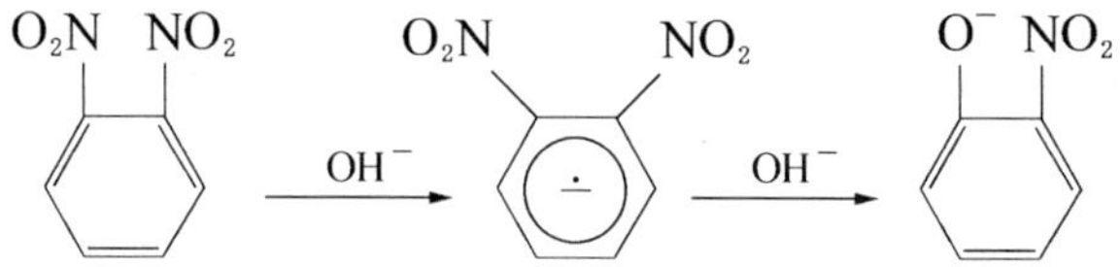

O_2N NO_2 $\xrightarrow{OH^-}$ O_2N NO_2 $\xrightarrow{OH^-}$ O^- NO_2 (10-32)

1-硝基蒽醌或 1,5-二硝基蒽醌在 15%～20%氢氧化钾水溶液中，在环丁砜作溶剂下，于 100 ℃～105 ℃反应，生成 1-羟基蒽醌或 1,5-二羟基蒽醌，收率大于 95%：

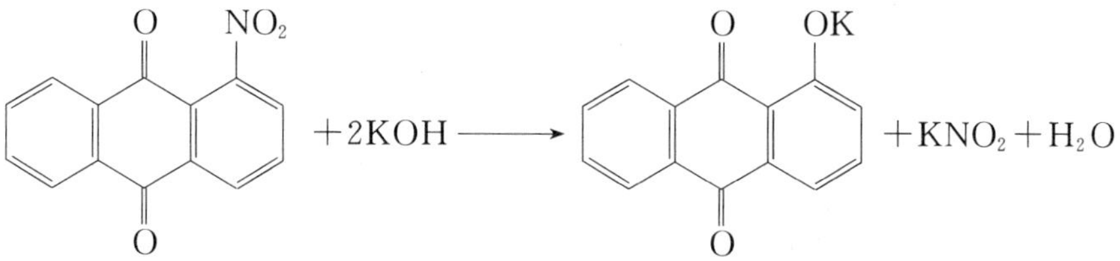

O NO_2 O $+2KOH \longrightarrow$ O OK O $+KNO_2+H_2O$

(10-33)

萘系中间体中，2-硝基-1-萘胺衍生物经重氮化后，硝基在酸性介质中可转化为羟基：

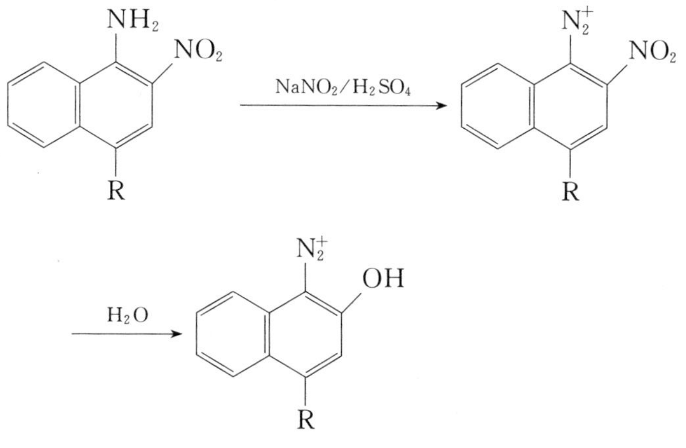

NH_2 NO_2 R $\xrightarrow{NaNO_2/H_2SO_4}$ N_2^+ NO_2 R

$\xrightarrow{H_2O}$ N_2^+ OH R (10-34)

10.1.6 异丙苯过氧化氢的酸解

10.1.6.1 苯酚的生产

随着有机合成工业的发展，对苯酚的需要量很大，但是由苯的磺化-碱熔法和氯苯水解法制取苯酚都存在很多缺点。在 20 世纪 40 年代又研究了以石油化工产品苯和丙烯为原料的异丙苯氧化-酸解法。此法的优点是在生产苯酚的同时,可联产丙酮;且不需要消耗大量的酸、碱,而且"三废"少,能连续操作,生产能力大,成本低。此方法已发展成为生产苯酚的主要方法,工业上已有数万吨级装置。

异丙苯法制苯酚包括以下三步反应:

$$C_6H_6 + CH_2{=}CH{-}CH_3 \xrightarrow{\text{烷基化}} C_6H_5{-}CH(CH_3)_2 \tag{10-35}$$

$$C_6H_5{-}CH(CH_3)_2 + O_2 \xrightarrow{\text{氧化}} C_6H_5{-}C(CH_3)_2{-}OOH \tag{10-36}$$

$$C_6H_5{-}C(CH_3)_2{-}OOH \xrightarrow{\text{酸分解}} C_6H_5OH + CH_3COCH_3 \tag{10-37}$$

异丙苯过氧化氢在强酸性催化剂(例如硫酸、磷酸或强酸性离子交换树脂等)的存在下,可分解为苯酚和丙酮,其反应历程如下:

$$C_6H_5{-}C(CH_3)_2{-}OOH \xrightarrow[\text{质子化}]{H^+} C_6H_5{-}C(CH_3)_2{-}OOH_2^+ \xrightarrow{-H_2O} C_6H_5{-}C(CH_3)_2{-}O^+$$

$$\xrightarrow{\text{转位}} C_6H_5{-}O{-}C^+(CH_3)_2 \xrightarrow{H_2O} C_6H_5{-}O{-}C(CH_3)_2{-}OH_2^+ \xrightarrow{\text{分解}}$$

$$C_6H_5OH + CH_3COCH_3 + H^+ \tag{10-38}$$

酸解是放热反应,如果温度过高,异丙苯过氧化氢会按其他方式分解为副产物,甚至会发生爆炸事故。若用硫酸作催化剂时,以 80%异丙苯过氧化氢氧化液在 86 ℃左右进行酸解为最好,可利用丙酮的沸腾回流来控制反应温度。

酸解液中约含有苯酚30%～35%，丙酮44%，异丙苯8%～9%，α-甲基苯乙烯3%～4%，二甲基苄醇9%～10%，苯乙酮2%，其他杂质2%。经过中和、水洗和精馏，即可得到丙酮和苯酚，回收的异丙苯可循环利用。

从仲丁苯氧化得到的氢过氧化物经酸解可得到苯酚和甲乙酮。从间-二异丙苯和对-二异丙苯氧化生成的氢过氧化物，酸解后可分别得到间苯二酚和对苯二酚。

10.1.6.2 甲酚的生产

甲酚有三种异构体，其中的间甲酚是制备高效低毒浓药杀螟松和速灭威的重要中间体。对甲酚是制备抗氧化剂2,6-二叔丁基对甲酚的重要中间体。20世纪60年代开辟了异丙基甲苯的氧化-酸解法，制造间甲酚和对甲酚：

$$C_6H_5CH_3 + CH_2{=}CH{-}CH_3 \xrightarrow{\text{烷基化}} CH_3C_6H_4CH(CH_3)_2 \quad (10\text{-}39)$$

$$CH_3C_6H_4CH(CH_3)_2 + O_2 \xrightarrow{\text{氧化}} CH_3C_6H_4C(CH_3)_2OOH \quad (10\text{-}40)$$

$$CH_3C_6H_4C(CH_3)_2OOH \xrightarrow{\text{酸解}} CH_3C_6H_4OH + CH_3COCH_3 \quad (10\text{-}41)$$

生成的异丙基甲苯可经分子筛分离得到对异丙基甲苯、间异丙基甲苯，再经氧化-酸解为相应的甲酚。异丙基甲苯也可不经分离直接进行氧化-酸解，这样就涉及到混合甲酚的分离。由于间甲酚与对甲酚的沸点相近，所以目前工业上要采用异丁烯烷基化法才能完成分离，其反应式如下：

$$m\text{-}CH_3C_6H_4OH + CH_2{=}C(CH_3)_2 \xrightarrow[70\ ^\circ C]{H_2SO_4} (H_3C)_3C\text{-}C_6H_2(OH)(CH_3)\text{-}C(CH_3)_3$$

4,6-二叔丁基间甲酚

(10-42)

$$\text{对甲酚} + CH_2{=}C(CH_3)_2 \xrightarrow[70\ ℃]{H_2SO_4} \text{2,6-二叔丁基对甲酚}\quad(10\text{-}43)$$

生成的4,6-二叔丁基间甲酚和2,6-二叔丁基对甲酚,两者的沸点相差达20 ℃之多,可用一般精馏法分离。分出的4,6-二叔丁基间甲酚在硫酸催化剂作用下,脱去叔丁基即得到间甲酚,而副产的2,6-二叔丁基对甲酚经进一步精制即得抗氧化剂BHT①

10.1.6.3 2-萘酚的生产

异丙基萘在碱金属碳酸盐、硬脂酸铝、硝酸铜、氧化铅及硬脂酸锰等存在下,用空气进行氧化,氧化液用含水的极性溶剂(如含水20%的甲醇)提取,提取物含2-异丙基萘过氧化氢4%,萃取液在盐酸(或硫酸)存在下酸解。精馏得到的2-萘酚中含有少量异丙基萘,可用共沸蒸馏法除去。2-萘酚中的少量1-萘酚可用结晶法除去。此法比传统的萘的磺化碱熔法优越,三废量可大大减少。

10.1.7 环烷的氧化-脱氢

此法最初用于环己烷的氧化-脱氢制苯酚:

$$\text{环己烷} \xrightarrow[\text{硬脂酸钴}]{\text{液相空气氧化}} \text{环己醇} + \text{环己酮} \xrightarrow[\text{Ni-Sn}\ 375\ ℃]{\text{气相接触催化脱氢}} \text{苯酚}\quad(10\text{-}44)$$

后来又推广到四氢萘的氧化-脱氢制1-萘酚。1-萘酚是农药甲萘威的中间体,需要量很大,国内外对其合成路线进行了广泛的研究,其中四氢萘法是目前较理想的方法,整个工艺过程不用酸、碱,三废少,产品质量好,成本低,便于连续化和自控,适合于大规模生产,国外已有万吨级生产装置。其反应过程如下:

① 系英文Butylated Hydroxy Toluene的缩写。

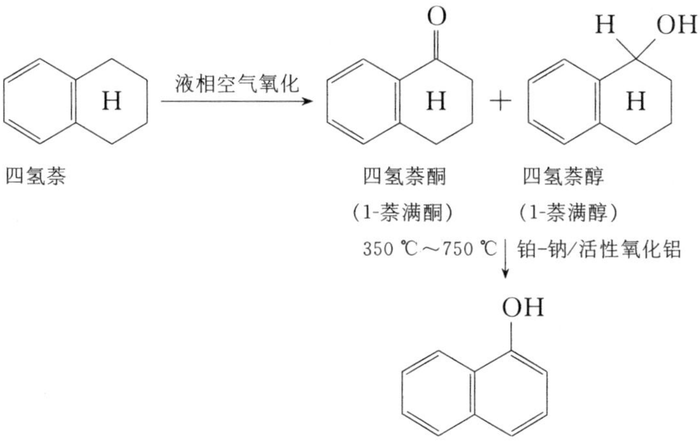

四氢萘 $\xrightarrow{\text{液相空气氧化}}$ 四氢萘酮（1-萘满酮）+ 四氢萘醇（1-萘满醇）$\xrightarrow[\text{铂-钠/活性氧化铝}]{350\ ℃\sim750\ ℃}$ 1-萘酚 (10-45)

10.1.8 芳羧酸的氧化-脱羧

甲苯经氧化为苯甲酸，苯甲酸在铜-镁催化剂存在下反应，氧化脱羧生成苯酚，其反应历程为：

(A) 苯甲酸铜的生成

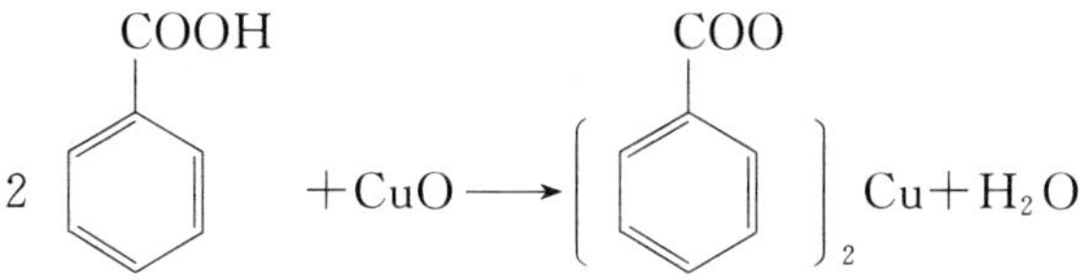

$$2\,C_6H_5COOH + CuO \longrightarrow (C_6H_5COO)_2Cu + H_2O \qquad (10\text{-}46)$$

(B) 苯甲酸铜的热解

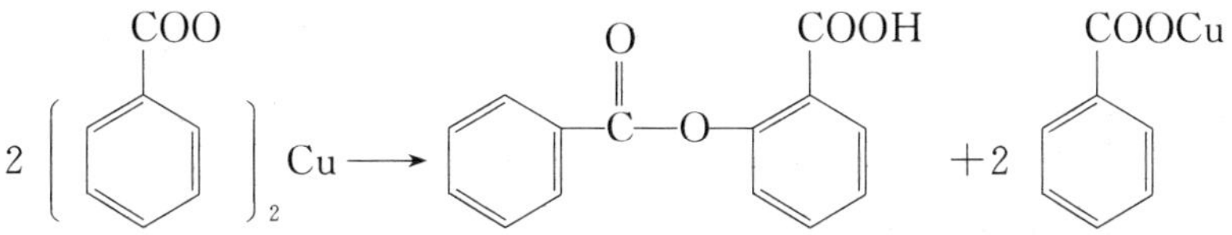

$$2\,(C_6H_5COO)_2Cu \longrightarrow C_6H_5C(=O)-O-C_6H_4COOH + 2\,C_6H_5COOCu \qquad (10\text{-}47)$$

(C) 苯甲酰基水杨酸的水解

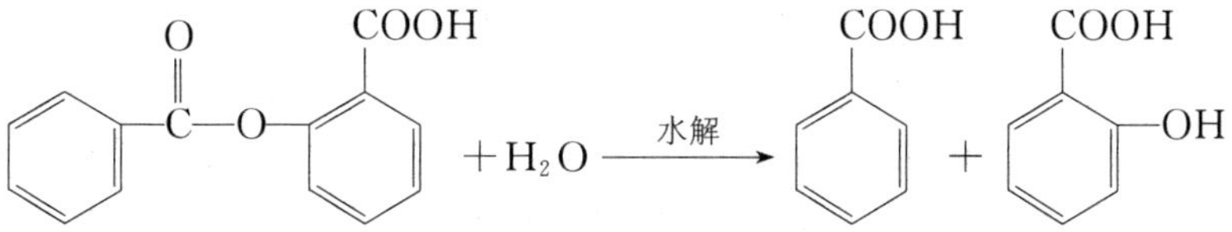

$$C_6H_5C(=O)-O-C_6H_4COOH + H_2O \xrightarrow{\text{水解}} C_6H_5COOH + HOC_6H_4COOH \qquad (10\text{-}48)$$

(D) 水杨酸脱羧生成苯酚

$$\text{(邻羟基苯甲酸)} \xrightarrow{\text{热脱羧}} \text{(苯酚)} + CO_2\uparrow \quad (10\text{-}49)$$

(E) 苯甲酸亚铜可再生为苯甲酸铜

$$2\,C_6H_5COOCu + 2\,C_6H_5COOH + \frac{1}{2}O_2 \xrightarrow{\text{氧化}} 2\,(C_6H_5COO^-)_2Cu + H_2O \quad (10\text{-}50)$$

整个过程在一个反应塔中同时进行,氧化铜是氧化催化剂,氧化镁的作用是抑制副产物焦油的生成,并促进苯甲酰水杨酸的水解。

此法是利用甲苯生产苯酚的方法,反应条件温和,但此法不如异丙苯法经济,限制了它的发展。据报道,美国鲁姆斯公司开发了新型铜催化剂,可以采用气相接触催化法,使生成的苯酚迅速离开反应区,克服了过去苯甲酸的液相气化过程中生成的苯酚因不能很快离开反应区而生成焦油的缺点,因此本方法可提高苯酚的收率,并且不产生废渣,因而有可能与异丙苯法相竞争。利用此法也可以先从邻二甲苯氧化为邻甲基苯甲酸,然后再氧化-脱羧为间-甲酚,但副产物多、收率低。

10.1.9　芳环上直接羟基化

苯的直接氧化制苯酚是引人注意的方法,但从理论上分析,实现这一目的并不容易,这是因为:苯分子中由六个 π 电子构成的共轭分子轨道使苯分子在热力学上具有相当特殊的稳定性,难以进行加成和氧化;由于苯环中的碳原子受共轭 π 电子屏蔽的作用,即使在取代反应中,也只有利于亲电的取代反应,而在羟基化反应中的进攻基团 OH^- 或 O_2 恰好相反,都是亲核的;反应产物酚的化学活性比苯高,生成的酚将进一步反应,生成多元酚或其他产物。

所以在温和条件下由苯直接羟基化合成酚既是一个令人感兴趣的问题,又是一个难题。苯的单程转化率不能太高,因此苯的损失大,回收费用也大。目前着重开发的新工艺是苯的液相直接羟基化,就其本质而言,不外乎是从苯的结构出发,建立起一个有利于亲电进攻的体系,把羟基引入苯核。反应机理可概括成三类:其一,亲电取代,即在强负电性离子的作用下,使亲核基团 OH^- 具有亲电子性;其二,自由基在催化剂作用下,产生亲电自由基OH · 或 · OOH;其三,金属-氧络合物,即通过金属-氧络合物将氧原子插入 C—H 键。

在芳环上直接引入羟基的方法,也适用于从对苯二酚制备 2,4-二羟基苯酚。

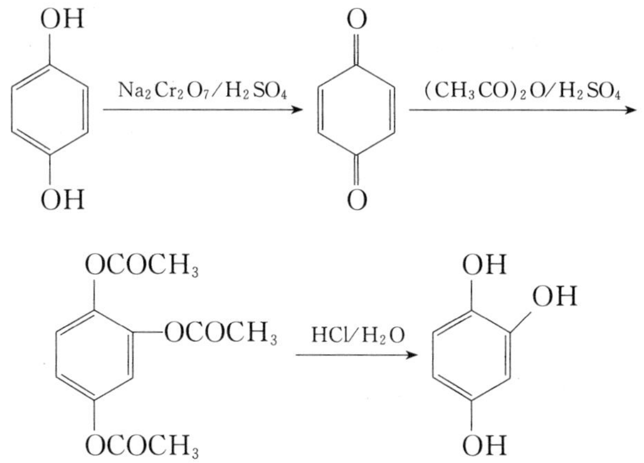

OH / OH $\xrightarrow{Na_2Cr_2O_7/H_2SO_4}$ O / O $\xrightarrow{(CH_3CO)_2O/H_2SO_4}$

$OCOCH_3$ / $OCOCH_3$ / $OCOCH_3$ $\xrightarrow{HCl/H_2O}$ OH / OH / OH (10-51)

在稠环系化合物上引入羟基具有实际意义,例如 2-氯蒽醌或蒽醌-2-磺酸在氢氧化钠中生成 1,2-二羟基蒽醌:

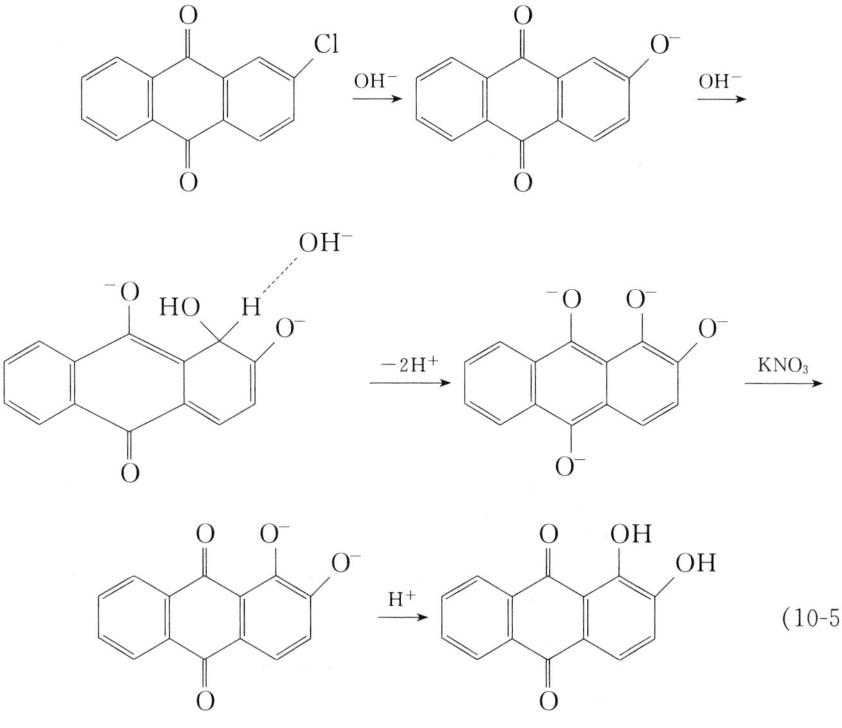

O / Cl / O $\xrightarrow{OH^-}$ O / O^- / O $\xrightarrow{OH^-}$

OH^- / ^-O / HO / H / O^- / O $\xrightarrow{-2H^+}$ ^-O / O^- / O^- / O^- $\xrightarrow{KNO_3}$

O / O^- / O^- / O $\xrightarrow{H^+}$ O / OH / OH / O (10-52)

苯并蒽酮在苛性钾和氯酸钾作用下生成4-羟基苯并蒽酮和6-羟基苯并蒽酮的混合物。紫蒽酮在浓硫酸中用二氧化锰氧化可制得二羟基-紫蒽酮。

10.1.10 其他

(1) **经由铊化反应的羟基化** 铊化反应(Thallation)是当代有机合成的新发展之一。当芳烃经三氟醋酸铊 $Tl(O_2CCF_3)_3$ 处理,得到芳基铊化物,后者在三苯基膦存在下可被四醋酸铅氧化为三氟醋酸的酚酯,该酯水解即可得到酚。例如:由氯苯制备对氯苯酚可表示如下:

$$\text{Cl—C}_6\text{H}_5 \xrightarrow[\text{铊化}]{Tl(O_2CCF_3)_3} \text{Cl—C}_6\text{H}_4\text{—}Tl(O_2CCF_3)_2$$

$$\xrightarrow[\text{氧化}]{Pb(OAc)_4\text{-}Ph_3P} \text{Cl—C}_6\text{H}_4\text{—}O_2CCF_3 \xrightarrow[\text{水解}]{H_2O/OH^-}$$

$$\text{Cl—C}_6\text{H}_4\text{—}O^- \xrightarrow[\text{酸化}]{H^+} \text{Cl—C}_6\text{H}_4\text{—OH} \qquad (10\text{-}53)$$

本法的优点为:1) 铊化反应中由于作为亲电试剂的三氟醋酸铊体积庞大,其进攻部位几乎全部发生于—R、—Cl、—OMe等的对位。于是如上述氯苯的羟基化中,得到的对氯苯酚几乎为唯一的产物;2) 中间体不需分离即可进行后续的氧化、水解等步骤。

(2) **由苯胺经氧化法制备对苯二酚** 由苯胺经氧化为对苯二醌,再还原成对苯二酚:

$$\text{C}_6\text{H}_5\text{NH}_2 \xrightarrow{K_2Cr_2O_7} \text{O=C}_6\text{H}_4\text{=O} \longrightarrow \text{HO—C}_6\text{H}_4\text{—OH} \qquad (10\text{-}54)$$

法国罗纳-普朗克公司采用苯酚羟基化法生产对苯二酚和邻苯二酚。它以过氧化氢为氧化剂,磷酸和高氯酸为催化剂,于88 ℃和0.4 MPa下反应,对苯二酚和邻苯二酚的总选择性(以苯酚计)为94%。装置的总能力为每年2万吨。

拜耳公司最近开发的新工艺是采用苯酚与过丙酸溶液反应制取对苯二酚和邻苯二酚,反应式如下:

$$C_6H_5OH + C_2H_5C(=O)OOH \longrightarrow C_6H_4(OH)_2 + C_2H_5C(=O)OH \qquad (10\text{-}55)$$

反应过程中苯酚过量，反应后经蒸馏分离，分出的过量的苯酚、过丙酸和溶剂均循环于反应系统。过丙酸的总转化率可达 99.5%。此法特点是连续操作，原料消耗低，无污染，已完成中间试验，据称有较好的工业化前景。

脂肪酸甘油酯在氢氧化钠中皂化为肥皂和甘油：

$$\begin{array}{l} CH_2—COOR \\ | \\ CH—COOR \\ | \\ CH_2—COOR \end{array} + 3NaOH \longrightarrow 3RCOONa + \begin{array}{l} CH_2OH \\ | \\ CHOH \\ | \\ CH_2OH \end{array} \qquad (10\text{-}56)$$

10.2 烷氧基化反应

芳环上的取代基（主要是氯原子和硝基）被烷氧基所置换的反应叫做烷氧基化。烷氧基化是亲核取代反应。

10.2.1 氯原子置换成烷氧基

当芳环上氯原子的邻位或对位有硝基时，氯原子比较活泼，被烷氧基置换的反应较易进行。

这种反应是在碱性试剂存在下（例如苛性钠），用醇作用于芳香族氯衍生物来完成的，反应方程式为：

$$ArCl + ROH + NaOH \longrightarrow ArOR + NaCl + H_2O \qquad (10\text{-}57)$$

芳香族氯衍生物与下列平衡反应所生成的醇钠起反应。

$$ROH + NaOH \rightleftharpoons RONa + H_2O \qquad (10\text{-}58)$$

由于存在上述平衡，当反应系统中有水时，此平衡向左移动，所以芳香族氯衍生物在反应中除生成烷氧基化合物外，还有少量酚类生成。此外，芳香族氯衍生物中的硝基，在碱性介质中也能受到醇钠的还原作用生成氧化偶氮苯。

下列因素能促进氧化偶氮苯的生成：反应温度增高，所用的醇中含有醛类杂质，反应物中的碱浓度增高。反应中硝基酚的生成量会随着温度与碱溶液浓度的提高而增加。因此，常常采用逐步加碱的办法，使它在反应物中的浓度不至于太高，在反应液上保持一定数量的空气或加入二氧化锰等弱氧化剂，使用大大过量的醇等措施，以限制生成硝基酚的副反应。碱的用量只要稍稍超过理论量即可。

烷氧基化时加入相转移催化剂（主要是季铵盐），可以减少醇的用量（相应地提高了碱浓度），缩短反应时间，反应可在常压下进行。按照皮尔逊（Pearson）的软硬酸碱理论，季铵盐的作用是易与水相中的 OR^- 形成离子对，然后被提取到有机相，使原来不溶于有机相的亲核试剂变为溶于有机相。同时由于季铵盐催化剂的阳离子部分的体积较大，因此与 OR^- 之间的亲和力较小，所以 OR^- 实际上为裸离子，它可以提高反应活泼性，同时可以提高产品的质量和收率。其反应历程为：

$$(C_4H_9)_4N^+Cl^- + RONa \rightleftharpoons (C_4H_9)_4N^+OR^- + NaCl$$

水相 / 有机相（上下两式之间以 ⇅ 相连）

$$(C_4H_9)_4N^+Cl^- + ArOR \longleftarrow (C_4H_9)_4N^+OR^- + ArCl \tag{10-59}$$

应用此法制得的重要硝基苯烷醚可以举出：

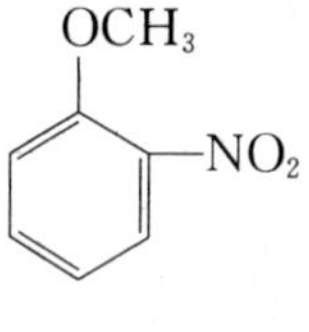

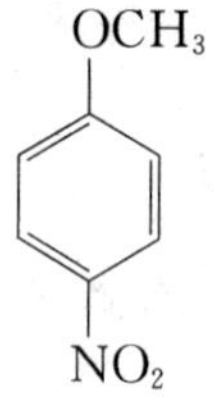

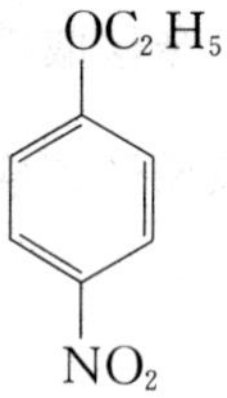

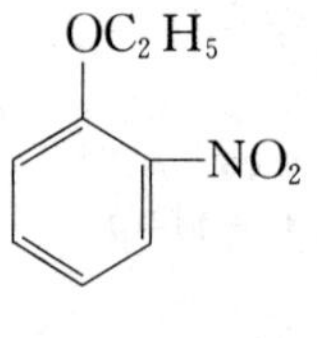

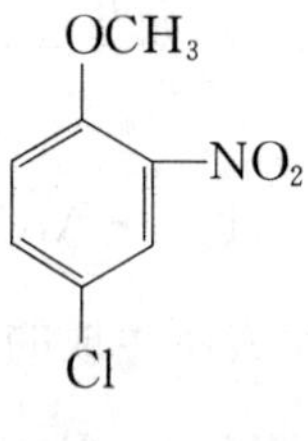

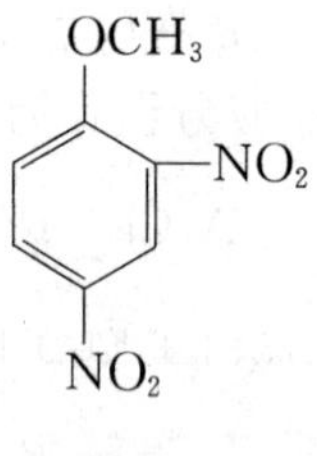

（邻硝基苯甲醚（OCH_3，邻位 NO_2）；对硝基苯甲醚（OCH_3，对位 NO_2）；对硝基苯乙醚（OC_2H_5，对位 NO_2）；邻硝基苯乙醚（OC_2H_5，邻位 NO_2）；4-氯-2-硝基苯甲醚（OCH_3，NO_2，Cl）；2,4-二硝基苯甲醚（OCH_3，NO_2，NO_2））

如果芳环上没有能使氯原子活化的吸电子基时，氯原子一般不易被烷氧基所置换，但是若用冠醚作相转移催化剂，例如 18 冠-6，邻二氯苯在甲醇和氢氧化钾中可转化为邻氯苯甲醚。以 TDA[①]-1 即三-[3,6-二氧(杂庚基)]胺 $(CH_3OCH_2CH_2OCH_2CH_2)_3N$ 作为相转移催化剂可使 1,2,3-三氯苯转化为 2,3-二氯苯甲醚和 2,5-二氯苯甲醚：

① 系英文 Tris(3,6-dioxaheptyl)amine 的缩写。

$$1,2,3\text{-}C_6H_3Cl_3 + KOH + CH_3OH \xrightarrow{TDA\text{-}1} 2,3\text{-}Cl_2C_6H_3OCH_3 + 2,6\text{-}Cl_2C_6H_3OCH_3 \quad (10\text{-}60)$$

表 10-3 芳族氯衍生物在 HMPA 中与甲醇钠反应

氯衍生物	CH_3ONa(mol)	温度(℃)	时间(h)	产物	收率(%)
1,3-二氯苯	1.2	90	20	3-氯苯甲醚 (m-$ClC_6H_4OCH_3$)	87
	1.1	90	19		79
1,2-二氯苯	1.1	90	19.5	2-氯苯甲醚 (o-$ClC_6H_4OCH_3$)	78
氯苯	1.5	120	18.5	$C_6H_5OCH_3$	50
1-氯萘	1.5	120	19	1-甲氧基萘 ($C_{10}H_7OCH_3$)	54
4-氯甲苯	1.5	120	24	4-甲基苯甲醚 (p-$CH_3C_6H_4OCH_3$)	13

若使用非质子型极性溶剂如六甲基磷酰胺(简称 HMPA[①])也能得到较好的效果,在这里 HMPA 似乎起桥梁试剂的作用。不活泼卤素衍生物的甲氧基化结果见上页表 10-3。

若用二甲基亚砜作溶剂,可使 1,2,4-三氯苯在甲醇钠中转化为 2,5-二氯苯甲醚:

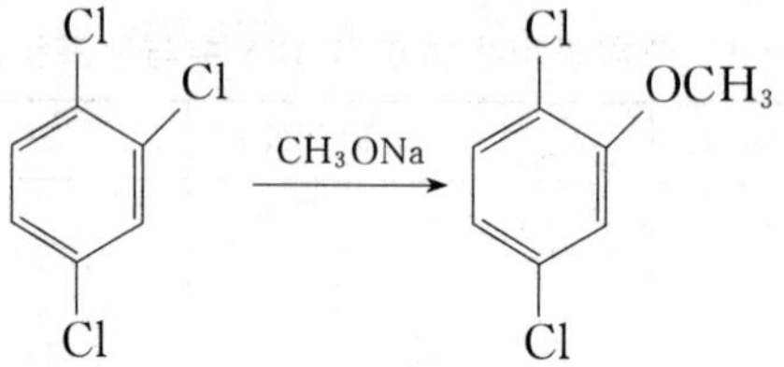

Cl, Cl, Cl $\xrightarrow{CH_3ONa}$ Cl, OCH_3, Cl　　(10-61)

10.2.2　硝基置换成烷氧基

芳香族硝基被 OR^- 置换的亲核取代反应,近几年来被广泛地研究,所采用的方法是在非质子有机溶剂中进行(如二甲基甲酰胺,二甲基亚砜),见表 10-4。

表 10-4　芳香硝基化合物被烷氧基置换

芳香硝基化合物	亲核试剂	产　　物	收率(%)
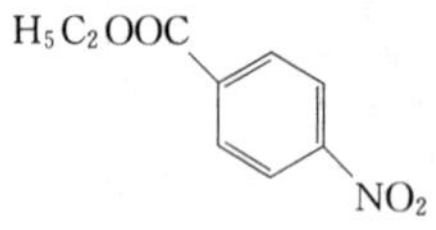 H_5C_2OOC, NO_2	$C_2H_5O^-$	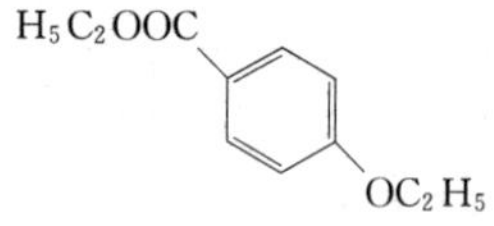 H_5C_2OOC, OC_2H_5	81
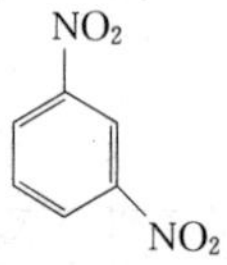 NO_2, NO_2	CH_3O^-	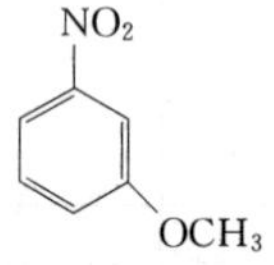 NO_2, OCH_3	83
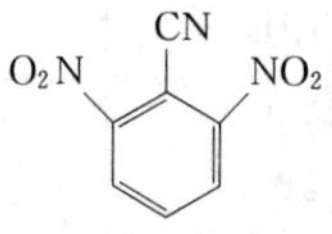 CN, O_2N, NO_2	CH_3O^-	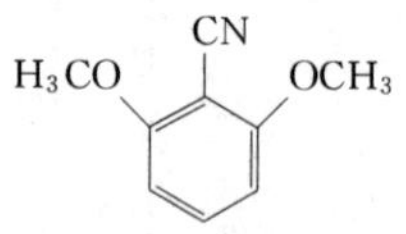 CN, H_3CO, OCH_3	81
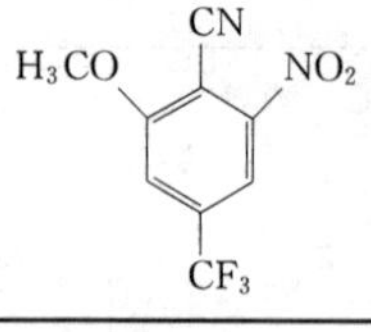 CN, H_3CO, NO_2, CF_3	$C_2H_5O^-$	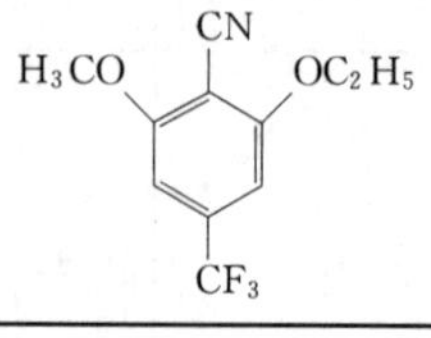 CN, H_3CO, OC_2H_5, CF_3	92

① 系英文 Hexamethylphosphoramide 的缩写。

芳香族硝基化合物中的硝基在季铵盐相转移催化剂作用下也可转化为烷氧基：

$$\text{间二硝基苯} + CH_3ONa \xrightarrow[\text{氯苯},\ 80\ ^\circ C]{(C_7H_{15})_3\overset{+}{N}(CH_3)Cl^-} \text{间硝基苯甲醚} \quad (10\text{-}62)$$

1-硝基蒽醌或1,5-二硝基蒽醌和1,8-二硝基蒽醌在甲醇中，在无水碳酸钾存在下，生成相应的甲氧基蒽醌：

$$\text{1-硝基蒽醌} + CH_3OH \xrightarrow{K_2CO_3} \text{1-甲氧基蒽醌} \quad (10\text{-}63)$$

$$\text{1,5-二硝基蒽醌} + CH_3OH \xrightarrow{K_2CO_3} \text{1,5-二甲氧基蒽醌} \quad (10\text{-}64)$$

10.2.3 重氮基置换成烷氧基

芳环上的重氮基在酸性介质中，在甲醇溶液中，存在下面两种反应：

$$R-C_6H_4-N_2^+ \xrightarrow[-N_2]{CH_3OH} \begin{cases} R-C_6H_4^+ \xrightarrow{+CH_3OH} R-C_6H_4-OCH_3 \\ R-C_6H_4\cdot \xrightarrow{+CH_3OH} C_6H_5R \end{cases} \quad (10\text{-}65)$$

由于R取代基不一样，生成的$R-C_6H_4-OCH_3$和C_6H_5R的比例也不同。

10.3 芳氧基化反应

芳环上的取代基被芳氧基所取代的反应叫做芳氧基化，制得的产物是二芳基醚。

二芳醚一般是由芳族卤化物与酚钠盐（或酚钾盐）相作用而生成：

$$ArCl + NaOAr' \longrightarrow ArOAr' + NaCl \quad (10\text{-}66)$$

只有对于非常活泼的芳族氯化物，例如2,4-二硝基氯苯，对硝基氯苯邻磺酸等，反应才有可能在水介质中进行；否则，在一般情况下，都需要在无水介质及较高的温度下进行：

$$2,4\text{-}Cl_2C_6H_3OH + KOH \xrightarrow{190\ ℃} 2,4\text{-}Cl_2C_6H_3OK + H_2O \quad (10\text{-}67)$$

$$2,4\text{-}Cl_2C_6H_3OK + Cl\text{-}C_6H_4\text{-}NO_2 \xrightarrow{195\ ℃} 2,4\text{-}Cl_2C_6H_3\text{-}O\text{-}C_6H_4\text{-}NO_2 + KCl \quad (10\text{-}68)$$

除草醚

邻硝基氯苯与苯酚钠在铜催化剂作用下，于150 ℃～160 ℃生成邻硝基二苯醚：

$$C_6H_5ONa + o\text{-}ClC_6H_4NO_2 \xrightarrow{Cu} C_6H_5\text{-}O\text{-}C_6H_4NO_2(o) + NaCl \quad (10\text{-}69)$$

苯酚钠与氯苯在铜盐催化剂作用下，于190 ℃生成二苯醚：

$$C_6H_5ONa + C_6H_5Cl \xrightarrow{铜盐} C_6H_5\text{-}O\text{-}C_6H_5 + NaCl \quad (10\text{-}70)$$

对硝基酚钾与对硝基氯苯在二甲基亚砜溶剂中，作用生成4,4′-二硝基二苯醚：

$$O_2N-C_6H_4-OK + Cl-C_6H_4-NO_2 \longrightarrow$$

$$O_2N-C_6H_4-O-C_6H_4-NO_2 + KCl \qquad (10\text{-}71)$$

蒽醌的卤素衍生物与苯酚钾在过量苯酚作溶剂或二甲基亚砜作溶剂下也可以发生芳氧基化反应：

$$\text{1-氨基-2-溴-4-羟基蒽醌} + C_6H_5OK \xrightarrow[]{C_6H_5OH\ (\text{或二甲基亚砜})} \text{1-氨基-2-苯氧基-4-羟基蒽醌} \qquad (10\text{-}72)$$

1,5-和 1,8-二硝基蒽醌与苯酚钾作用制得 1,5-和 1,8-二苯氧基蒽醌：

$$\text{1,5-二硝基蒽醌} + 2C_6H_5OK \xrightarrow[\text{苯酚}]{145\ ℃\sim150\ ℃} \text{1,5-二苯氧基蒽醌} + 2KNO_2 \qquad (10\text{-}73)$$

11 酯化反应

酯化反应通常是指醇或酚和含氧的酸类(包括有机酸和无机酸)作用生成酯和水的过程,其实就是在醇或酚羟基的氧原子上引入酰基的过程,亦可称为O-酰化反应。产物酯的种类非常多,广泛应用于香料、医药、农药、增塑剂和溶剂等。酯化的方法亦很多,由于醇和酚均为易得原料,可与酰化剂作用,完成酯化反应,其通式为:

$$R'OH + RCOZ \rightleftharpoons RCOOR' + HZ \quad (11\text{-}1)$$

$R'OH$是醇或酚,其中的R'可以是脂肪族或芳香族烃基。RCOZ为酰化剂,其中的Z可以代表OH, X, OR'', $OCOR'$, NHR''等基团。生成的羧酸酯分子中的R及R'可以是相同的或者是不同的烃基。酯化反应可以根据实际需要选用羧酸、羧酸酐、酰氯等作为酰化剂。除了最常用的醇或酚的酯化法外,还可以选用酯交换法,腈或酰胺和醇的酯化法,以及烯、炔类的加成酯化法等,以制取各种酯类化合物,它们的反应式如下:

酸 $R'OH + RCOOH \rightleftharpoons RCOOR' + H_2O$ (11-2)

酐 $R'OH + (RCO)_2O \longrightarrow RCOOR' + RCOOH$ (11-3)

酰氯 $R'OH + RCOCl \longrightarrow RCOOR' + HCl$ (11-4)

酯交换 $RCOOR' + R''OH \rightleftharpoons RCOOR'' + R'OH$ (11-5)

$RCOOR' + R''COOH \rightleftharpoons R''COOR' + RCOOH$ (11-6)

$RCOOR' + R''COOR''' \rightleftharpoons RCOOR''' + R''COOR'$ (11-7)

腈 $R'OH + RCN + H_2O \longrightarrow RCOOR' + NH_3$ (11-8)

酰胺 $R'OH + RCONH_2 \longrightarrow RCOOR' + NH_3$ (11-9)

烯酮 $R'OH + CH_2=CO \longrightarrow CH_3COOR'$ (11-10)

炔 $CH\equiv CH + RCOOH \longrightarrow CH_2=CHCOOR$ (11-11)

醚 $CH_3OCH_3 + CO \longrightarrow CH_3COOCH_3$ (11-12)

醛 $RCHO + HOOCCH_2COOR' \longrightarrow RCH=CHCOOR'$ (11-13)

酮 $RCOCCl_3 + R'OH \longrightarrow RCOOR' + CHCl_3$ (11-14)

11.1 羧酸法

用羧酸和醇合成酯类是典型的酯化反应：

$$RCOOH + R'OH \xrightleftharpoons{H^+} RCOOR' + H_2O \tag{11-2}$$

此法又称为直接酯化法，由于所用的原料醇和羧酸均容易获得，所以是合成酯类的最重要方法。醇类中以伯醇的酯化产率较高，仲醇较低，而叔醇和酚类直接酯化的产率甚低。这种直接酯化方法一般要有少量酸性催化剂存在，使醇和羧酸加热回流。常用的酸性催化剂为硫酸、盐酸或磺酸，此外也可选用锡盐、有机钛酸酯、硅胶、阳离子交换树脂。实验室制备中使用硫酸及盐酸作催化剂较多，但可能有形成氯代烃、脱水、异构化或聚合等副反应同时发生。工业生产从减少设备腐蚀考虑，可选用磺酸作催化剂，如苯磺酸、对甲苯磺酸或甲磺酸。用金属盐类作催化剂与用强无机酸相比，虽然可以减少副反应，但往往需要更高的反应温度。用强酸型阳离子交换树脂作催化剂，可使反应和分离过程大为简化。上述酯化反应是一可逆平衡反应，为使反应有利于酯的生成，可以用过量的醇或羧酸，或者把生成的酯或水从反应产物中不断分离出来，使酯化反应趋向完全。尤其是往往利用共沸蒸馏，或借添加脱水剂，去除反应生成的水。用共沸蒸馏法去水可加入苯、甲苯、二甲苯、氯仿或四氯化碳等溶剂。如果酯的沸点低于酸、醇和水，则也可不断蒸出酯，使平衡反应的平衡点不断右移，完成酯化反应，如制备甲酸甲酯、甲酸乙酯、乙酸甲酯、乙酸乙酯等。

有机羧酸和醇的酯化反应是通过双分子反应历程进行的：

$$R-\underset{\underset{O}{\|}}{C}-OH + H^+ \rightleftharpoons R-\underset{\underset{^+OH}{\|}}{C}-OH \longleftrightarrow R-\overset{+}{C}\langle^{OH}_{OH}$$

$$\xrightleftharpoons{+R'OH} R-\underset{OH}{\overset{OH}{\overset{|}{\underset{|}{C}}}}-\underset{H}{\overset{+}{\underset{|}{O}}}-R' \rightleftharpoons \left[R-\underset{^+OH_2}{\overset{OH}{\overset{|}{\underset{|}{C}}}}-OR' \right] \rightleftharpoons$$

$$R-\underset{\underset{^+OH}{\|}}{C}-OR' + H_2O \rightleftharpoons R-\underset{\underset{O}{\|}}{C}-OR' + H_3O^+ \tag{11-15}$$

无机酸能使羰基氧质子化，因而羰基碳容易受到亲核进攻。在酯化反应中，亲核试剂是醇，离去基团是水。对于酯化的逆反应即水解反应而言，情况正好相反，亲核试剂是水，而离去基团是醇。此外，利用 ^{18}O 标记试剂研究了酯化和水解两个反应，证明断裂的位置分别为：RCO ⋮ OH 和 RCO ⋮ OR′，即键的断裂是发生在氧和酰基之间的。反应过程中存在有呈四面体的中间体也已被酯的羰基氧和溶剂之间的 ^{18}O 交换所证实。

按式(11-2)进行的酯化反应是个可逆平衡反应，其平衡常数为：

$$K=\frac{[RCOOR'][H_2O]}{[RCOOH][R'OH]}$$

K 值的大小除了与反应温度有关外，主要取决于羧酸和醇或酚的性质。

11.1.1 影响因素

(1) **醇或酚的结构** 从表 11-1 可以看出，伯醇的酯化反应速度最快，仲醇较慢，叔醇最慢。伯醇中又以甲醇最快。丙烯醇虽也是伯醇，但因氧原子上的未共享电子与分子中的不饱和双键间存在着共轭效应，因而氧原子的亲核性有所

表 11-1 乙酸与各种醇的酯化反应转化率、平衡常数

（等摩尔配比，155 ℃）

序号	ROH	转化率(%)		平衡常数 K
		1 小时后	极　限	
1	CH_3OH	55.59	69.59	5.24
2	C_2H_5OH	46.95	66.57	3.96
3	C_3H_7OH	46.92	66.85	4.07
4	C_4H_9OH	46.85	67.30	4.24
5	$CH_2{=}CHCH_2OH$	35.72	59.41	2.18
6	$C_6H_5CH_2OH$	38.64	60.75	2.39
7	$(CH_3)_2CHOH$	26.53	60.52	2.35
8	$(CH_3)(C_2H_5)CHOH$	22.59	59.28	2.12
9	$(C_2H_5)_2CHOH$	16.93	58.66	2.01
10	$(CH_3)(C_6H_{13})CHOH$	21.19	62.03	2.67
11	$(CH_2{=}CHCH_2)_2CHOH$	10.31	50.12	1.01
12	$(CH_3)_3COH$	1.43	6.59	0.004 9
13	$(CH_3)_2(C_2H_5)COH$	0.81	2.53	0.000 67
14	$(CH_3)_2(C_3H_7)COH$	2.15	0.83	
15	C_6H_5OH	1.45	8.64	0.008 9
16	$(CH_3)(C_3H_7)C_6H_3OH$	0.55	9.46	0.019 2

减弱,所以其酯化速度就较碳原子数相同的饱和丙醇为慢。苯甲醇由于存在有苯基,酯化速度受到影响。叔醇与羧酸的直接酯化,显然非常困难,这是由于空间阻碍较大,另外因为叔醇在反应中极易与质子作用发生消除脱水生成烯烃,而得不到酯类产物,其反应过程如下:

$$R'CH_2-\underset{R}{\overset{R}{|}}C-OH + H^+ \rightleftharpoons R'CH_2-\underset{R}{\overset{R}{|}}C-\overset{+}{O}H_2$$

$$\rightleftharpoons R'CH_2-\underset{R}{\overset{R}{|}}C^+ + H_2O$$

$$R'CH_2-\underset{R}{\overset{R}{|}}C^+ \begin{cases} \longrightarrow + R''COOH \rightleftharpoons R'CH_2-\underset{R}{\overset{R}{|}}C-\underset{H}{\overset{+}{O}}-COR'' \\ \qquad \rightleftharpoons R'CH_2-\underset{R}{\overset{R}{|}}C-O-\underset{O}{\overset{\|}{C}}-R'' + H^+ \\ \longrightarrow R'CH=CR_2 + H^+ \end{cases} \tag{11-16}$$

由上式可见,虽然在酸催化下叔醇生成的叔碳正离子可按烷氧键断裂的单分子反应历程与羧酸作用生成酯,但这种酯化过程系叔碳正离子与 R″COOH 之间的反应;由于反应体系内已有水存在,而水的亲核性比羧酸更强,因此水与叔碳正离子相作用回复为原来叔醇的倾向大于生成酯的倾向。这些因素都促使叔醇与羧酸直接酯化反应的收率很低,所以叔醇的酯化通常要选用酸酐或酰氯。

(2) **羧酸的结构** 从表 11-2 可以看出,甲酸及其他直链羧酸与醇的酯化反应速度均较大,而具有侧链的羧酸就很难酯化。当羧酸的脂肪链中取代有苯基时,酯化反应并未受到明显的影响;但苯基如与烯键共轭时,则酯化反应受到抑制。以上结果表明脂肪族羧酸中烃基对酯化反应的影响,除了电子效应会影响羰基碳的亲电能力外,主要是空间阻碍对反应速度具有更显著的影响。至于芳香族羧酸,一般比脂肪族羧酸困难得多,但空间阻碍的影响同样要比电子效应大得多,而且更为明显,以苯甲酸为例,当邻位有取代基时,酯化反应速度减慢;如两个邻位都有取代基时,则更难酯化,但形成的酯特别不易皂化。

表 11-2 异丁醇与各种酸的酯化反应转化率、平衡常数

(等摩尔配比,155 ℃)

序号	RCOOH	转化率(%)		平衡常数 K
		1 小时后	极 限	
1	$HCOOH$	61.69	64.23	3.22
2	CH_3COOH	44.36	67.38	4.27
3	C_2H_5COOH	41.18	68.70	4.82
4	C_3H_7COOH	33.25	69.52	5.20
5	$(CH_3)_2CHCOOH$	29.03	69.51	5.20
6	$(CH_3)(C_2H_5)CHCOOH$	21.50	73.73	7.88
7	$(CH_3)_3CCOOH$	8.28	72.65	7.06
8	$(CH_3)_2(C_2H_5)CCOOH$	3.45	74.15	8.23
9	$(C_6H_5)CH_2COOH$	48.82	73.87	7.99
10	$(C_6H_5)C_2H_4COOH$	40.26	72.02	7.60
11	$(C_6H_5)CH{=}CHCOOH$	11.55	74.61	8.63
12	C_6H_5COOH	8.62	72.57	7.00
13	p-$(CH_3)C_6H_4COOH$	6.64	76.52	10.62

(3) 平衡转化率　由于羧酸和醇的酯化是平衡可逆反应,如为了能制取更多的酯类产物,根据化学热力学原理,可以采用两种办法:其一是原料配比中,对于便宜原料可以采用过量,以提高酯的平衡转化率。图 11-1 中各曲线是在不同化学平衡常数时,改变原料配比对酯的平衡转化率的关系。由图可见,当 K 值很小时,原料配比对平衡转化率的影响是很有限的。随着 K 值的增大,原料配比对平衡转化率的影响才逐渐明显起来;其二是通过不断蒸出反应生成的酯或水,破坏反应的平衡,使酯化趋向完全。这种方法比前者更为有效。实际使用时,视酯类的挥发性又可区分下列情况:

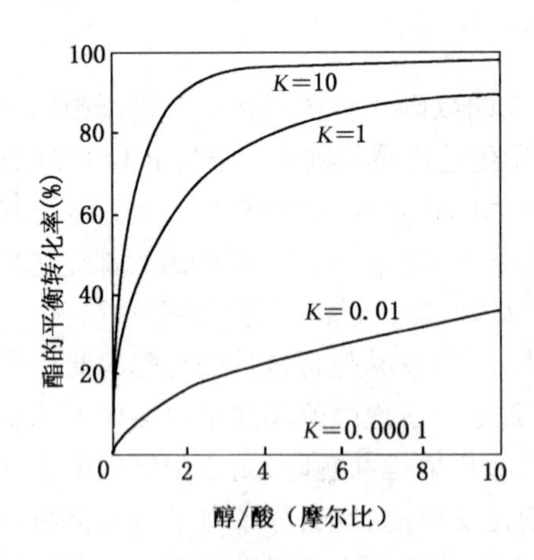

图 11-1　各种 K 值下,酯的平衡转化率与原料配比关系

(A) 容易挥发的酯　如甲酸甲酯、乙酸甲酯、甲酸乙酯等酯的沸点比反应所用的醇的沸点更低,因此可以全部从

反应混合物中蒸出,而剩余的是醇及水。

(B) 中等挥发的酯　它们可随反应生成的水一起蒸出,例如甲酸的丙酯、丁酯及戊酯、乙酸的乙酯、丙酯、丁酯及戊酯,丙酸、丁酸及戊酸的甲酯及乙酯等。但是有时蒸出的可能是醇、酯及水的三元混合物。此外,这类酯化反应的蒸出过程还可细分为两种情况:乙酸乙酯可以全部与醇及部分水以蒸汽混合物蒸出,反应系统剩余的是水;乙酸丁酯可以部分与醇及全部水从顶部蒸出,而剩余的是酯。

(C) 不易挥发的酯　也应根据所用的原料醇,选用不同的方法以提高酯化反应的平衡转化率。如用的是丁醇或戊醇,反应生成的水可与醇成为二元混合物蒸出;如用的是低级醇(甲醇、乙醇或丙醇),则要添加苯或甲苯,以增加水的蒸出数量;若用的是高沸点醇(如苄醇、糠醇或β-苯乙醇),也必须添加辅助的溶剂,以蒸出反应生成的水。

11.1.2　乙酸乙酯

乙酸乙酯是羧酸酯化法合成酯类的代表品种,广泛应用于油漆、合成革、火炸药、食品、感光材料、医药及染料等生产,是大吨位产品。它的制造方法有乙酸乙醇酯化法、乙醛缩合法和乙烯酮乙醇法,其中以乙酸直接酯化法最为经济。酯化反应可以间歇或连续进行,连续法制备乙酸乙酯的流程如图 11-2 所示。这是利用共沸原理提高酯的平衡转化率的典型实例。

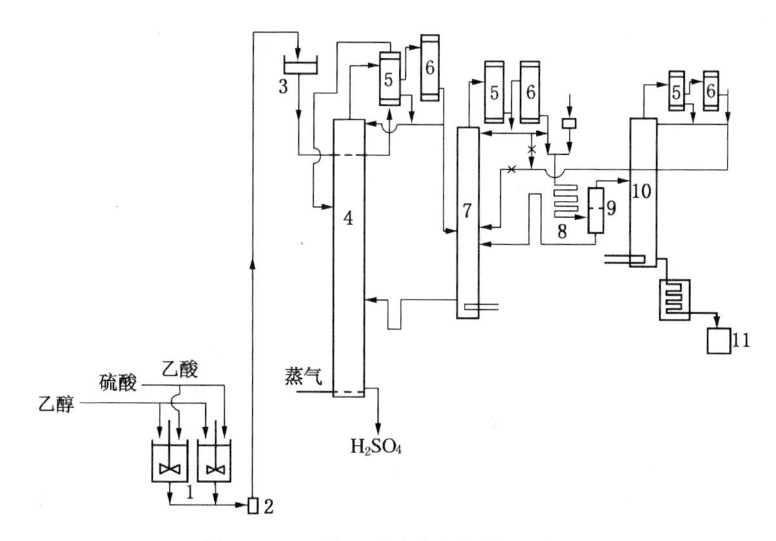

图 11-2　乙酸与乙醇连续酯化流程示意图

1—混合器;2—泵;3—高位槽;4—酯化反应塔;5—回流分凝器;6—全凝器;7—酯蒸出塔;8—混合盘管;9—分离器;10—酯干燥塔;11—产品贮槽

乙酸与硫酸及过量乙醇(95%)在混合器内搅拌均匀,当混合物中酯化反应达到平衡,就用泵输送到高位槽,物料经预热器进入酯化反应塔的上部。此塔的下部由直接蒸汽加热,反应在塔中进行,随着醇和反应生成的酯和水(约 10%)以 80 ℃的蒸汽不断地从塔顶部蒸出,酯化反应便能进行完全。塔底排出的是含硫酸的废水。蒸汽经分凝器,部分凝液回流入酯化反应塔,其余的凝液与全凝器凝液合并后进入酯蒸出塔,此塔底部间接加热,塔顶蒸出的是含酯 83%、醇 9%及水 8%的三元共沸物,顶温为 70 ℃。共沸物中添加水,经混合盘管后进入分离器,液体便分成两层,上层含有乙酸乙酯 93%、水 5%及醇 2%。下层液体再回入酯蒸出塔,以回收少量的酯及醇。含水及醇的粗酯进入酯干燥塔,此塔顶部蒸出的也是三元共沸物,可以与酯蒸出塔塔顶物料合并处理。塔底得到的便是含量为 95%～100%的乙酸乙酯成品。这种连续酯化方法也可用来制备乙酸甲酯或丁酸甲酯等其他酯类产品。

11.2 羧酸酐法

羧酸酐是比羧酸更强的酰化剂,适用于较难反应的酚类化合物及空间阻碍较大的叔羟基衍生物的直接酯化,因此本法也是酯类的重要合成方法之一,其反应过程如下:

$$(RCO)_2O + R'OH \longrightarrow RCOOR' + RCOOH \tag{11-3}$$

反应中生成的羧酸不会使酯发生水解,所以这种酯化反应可以进行完全。羧酸酐可与叔醇、酚类、多元醇、糖类、纤维素及长碳链不饱和醇(沉香醇、香叶草醇)等进行酯化反应,例如乙酸纤维素酯及乙酰基水杨酸(即阿司匹林)就是用乙酸酐进行酯化大量生产的。

用羧酸酐进行的酯化可用酸性或碱性催化剂加速反应。如硫酸、高氯酸、氯化锌、三氯化铁、吡啶、无水乙酸钠、对甲苯磺酸或叔胺等,其中以硫酸、吡啶和无水乙酸钠最为常用。强酸的催化作用可能是氢质子首先与酸酐生成酰化能力较强的酰基正离子:

$$(RCO)_2O + H^+ \rightleftharpoons (RCO)_2\overset{+}{O}H \rightleftharpoons R\overset{+}{C}O + RCOOH \tag{11-17}$$

$$R\overset{+}{C}O + R'OH \longrightarrow RCOOR' + H^+ \tag{11-18}$$

吡啶的催化作用一般认为是能与酸酐形成活性络合物:

$$(RCO)_2O + C_5H_5N \rightleftharpoons C_5H_5\overset{+}{N}\text{—}COR + RCOO^- \tag{11-19}$$

$$\text{(N-acylpyridinium: } C_5H_5\overset{+}{N}-COR) + R'OH \longrightarrow RCOOR' + C_5H_5\overset{+}{N}H \qquad (11\text{-}20)$$

但是酸性催化剂的活性一般比碱性催化剂为强。酯化反应所用的催化剂及其他的反应条件主要是根据醇或酚中羟基的亲核活性和空间阻碍的大小而定。

醇和酸酐酯化反应的难易程度与醇的结构关系较大,这种影响与直接酯化法的影响类同,表 11-3 的数据也充分说明了影响的规律,即伯醇 > 仲醇 > 叔醇。

表 11-3 乙酐与各种醇的酯化反应速度常数

ROH	反应速度常数(min^{-1})	相对速度(以 CH_3OH 为 100)
CH_3OH	0.105 3	100
CH_3-CH_2OH	0.050 5	47.9
$CH_3-CH_2-CH_2OH$	0.048 0	45.6
n-$CH_3-(CH_2)_5-CH_2OH$	0.039 3	37.3
n-$CH_3-(CH_2)_{16}-CH_2OH$	0.024 5	23.2
$CH_2=CH-CH_2OH$	0.028 7	27.2
$C_6H_5-CH_2OH$	0.028 0	26.6
$(CH_3)_2CHOH$	0.014 8	14.1
$(CH_3)_3COH$	0.000 91	0.8

常用的酸酐除乙酸酐和丙酸酐外,尚有二元酸酐,如苯二甲酸酐、顺丁烯二酸酐、琥珀酸酐等。这类二元酸酐和醇共热,就能按下式首先生成单烷基酯:

$$R\left\langle\begin{matrix}CO\\ \\CO\end{matrix}\right\rangle O + R'OH \longrightarrow R\left\langle\begin{matrix}COOR'\\ \\COOH\end{matrix}\right. \qquad (11\text{-}21)$$

然后再进一步酯化成为二元酯:

$$R\left\langle\begin{matrix}COOR'\\ \\COOH\end{matrix}\right. + R'OH \rightleftharpoons R\left\langle\begin{matrix}COOR'\\ \\COOR'\end{matrix}\right. + H_2O \qquad (11\text{-}22)$$

工业上大规模生产的各种型号的塑料增塑剂邻苯二甲酸二丁酯及二辛酯等就是以邻苯二甲酸酐和过量的醇在硫酸催化下进行酯化而成的。

11.3 酰氯法

酰氯和醇按式(11-4)反应生成酯：

$$RCOCl + R'OH \longrightarrow RCOOR' + HCl \tag{11-4}$$

这是一个不可逆反应。酰氯的反应活性比相应的酸酐为强，比相应的羧酸更要强得多，因此用酰氯的酯化反应极易进行，可以用来制备某些靠羧酸或酸酐难以生成的酯。甚至对于一些空间阻碍较大的叔醇，选用酰氯也能顺利完成酯化反应。本法是广为应用的酯类合成方法之一。特别是在实验室中合成酯类，不仅反应容易进行，而且酯化产物的分离提纯大为简化。但是要注意反应中有氯化氢释出。因此凡对氯化氢较为敏感的醇类，特别是叔醇的羟基易被氯原子取代，或发生脱水和异构化等副反应，所以有时还要用碱中和酯化生成的氯化氢。为了防止酰氯的分解，一般都采用分批加碱以及低温反应的方法。常用的碱类有碳酸钠、乙醇钠、吡啶、三乙胺或 N, N-二甲基苯胺等。

脂肪族酰氯的活性通常比芳香族酰氯为高，其中乙酰氯最为活泼，但随着烃基碳原子数的增多，脂肪族酰氯的活性有所下降。芳香族酰氯的活性主要因羰基碳上的正电荷分散于芳环上而受到减弱。当脂肪族酰氯 α-碳原子上的氢被吸电子基团所取代，则反应活性得到增强，例如 β-氯乙醇与各种不同酰氯的酯化反应速度相差较大，见表 11-4。

表 11-4 β-氯乙醇与各种酰氯的相对酯化反应速度

酰氯的 R 基	CH_3	C_2H_5	$ClCH_2$	Cl_2CH	Cl_3C
相对酯化反应速度	1.0	0.784	1.48	4.46	33

对于芳香族酰氯，如果在间位或对位有吸电子取代基，则反应活性增强；反之如有给电子取代基，则反应活性减弱。

对于一些较易反应的醇类，用酰氯酯化的反应可在酸性条件下进行。但是对于某些难于酯化的醇类，如 β-三氯乙醇，则还要用无水三氯化铝或三溴化铝等催化剂，才能顺利进行酯化反应。

由于脂肪族酰氯的活性较强，对水敏感，容易发生水解副反应，因此酯化反应中如需用溶剂，就必须选用非水溶剂，如苯或二氯甲烷等；芳香族酰氯的活性较弱，对水不敏感，所以酯化反应可以在碱的水溶液中进行，称为肖藤-鲍曼反应。现在这一反应已不常用，而改用艾因霍恩(Einhorn)反应，即以吡啶代替碱的水溶液。吡啶不仅可以中和反应所形成的氯化氢，而且兼有催化作用，可以与酰氯生成中间活性络合物：

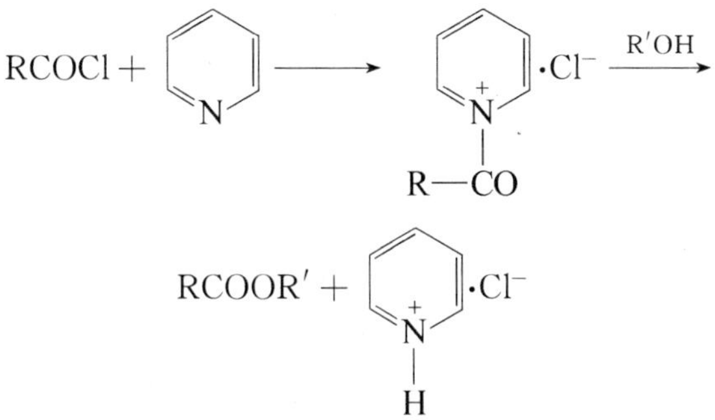

$$RCOCl + C_5H_5N \longrightarrow [C_5H_5\overset{+}{N}-COR]\cdot Cl^- \xrightarrow{R'OH} RCOOR' + [C_5H_5\overset{+}{N}-H]\cdot Cl^- \tag{11-23}$$

进行这种反应时可以将醇与无水吡啶先混合溶解,再用水浴冷却,滴加酰氯,并在室温下完成反应,即生成酯。

11.4 酯互换法

酯可与其他的醇、羧酸或酯分子中的烷氧基或酰基进行互换反应,实现由一种酯转化为另一种酯,这也是合成酯类的一种重要方法。酯的互换反应可按式(11-5)、式(11-6)、式(11-7)三种类型进行,包括醇解、酸解和互换:

$$RCOOR' + R''OH \rightleftharpoons RCOOR'' + R'OH$$

$$RCOOR' + R''COOH \rightleftharpoons R''COOR' + RCOOH$$

$$RCOOR' + R''COOR''' \rightleftharpoons RCOOR''' + R''COOR'$$

这三种类型都是利用反应的可逆性而实现的。

11.4.1 醇解

酯交换法中应用最广泛的是醇解,此法一般总是把酯分子中的伯醇基由另一高沸点的伯醇基所替代,甚至还可以由仲醇基所替代。一般而言,伯醇最易反应,所以常用甲醇进行酯的醇解;此外,仲醇往往也有良好结果。醇解反应是可逆反应,为使反应向右方进行,一般常用过量的反应醇,或将反应生成的醇不断地蒸出,以完善酯交换反应。

酯的醇解反应可用酸(硫酸、干燥氯化氢或对甲苯磺酸)或碱(通常是醇钠)催化。酸催化的醇解反应历程如下:

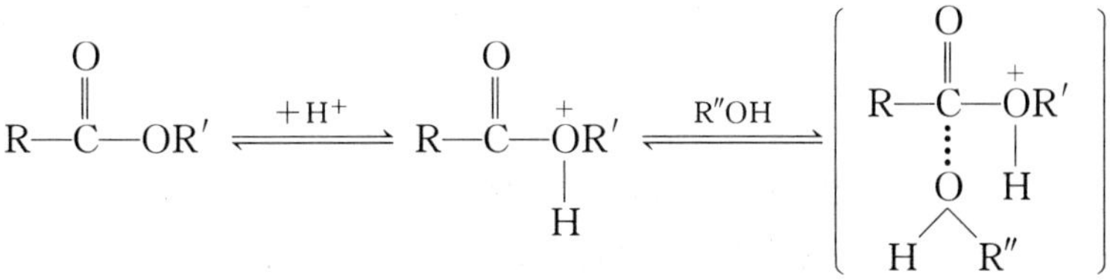

$$R-\overset{\overset{O}{\|}}{C}-OR' \xrightleftharpoons{+H^+} R-\overset{\overset{O}{\|}}{C}-\overset{+}{O}R'(H) \xrightleftharpoons{R''OH} \left[R-\overset{\overset{O}{\|}}{C}(\cdots O(H)R'')-\overset{+}{O}R'(H) \right]$$

$$\xrightleftharpoons{-R'OH} R-\overset{\overset{O}{\|}}{C}-\underset{\underset{H}{|}}{\overset{+}{O}}R'' \xrightleftharpoons{-H^+} R-\overset{\overset{O}{\|}}{C}-OR'' \tag{11-24}$$

碱催化的醇解反应历程如下：

$$R-\overset{\overset{O}{\|}}{C}-OR' \xrightleftharpoons{+R''O^-} \left[R-\overset{\overset{O^-}{|}}{\underset{\underset{OR''}{|}}{C}}-OR' \right] \xrightleftharpoons{-R'O^-} R-\overset{\overset{O}{\|}}{C}-OR'' \tag{11-25}$$

催化剂的选择主要取决于醇的性质，如用的是含有碱性基团的醇或是叔醇，则宜选用醇钠作为催化剂。

酯的醇解反应只要有微量的酸或碱存在，就能进行交换，因此要特别注意，由其他醇生成的酯类产品切不宜在乙醇中进行重结晶，或者用乙醇作溶剂进行其他的加氢反应等，因为加氢时常用的阮内镍催化剂往往含有微量的碱。同样原因，由其他酸生成的酯，也不宜在乙酸中进行重结晶或其他反应。

酯的醇解在分析、研究或生产过程中的应用十分广泛，例如聚乙烯醇虽然可以由聚乙酸乙烯酯在酸或碱性水溶液中皂化制备，但不如用甲醇通过醇解的方法简便。其醇解反应式如下：

$$\left[CH_2-\underset{\underset{OOCCH_3}{|}}{CH} \right]_n + nCH_3OH \rightleftharpoons n\,CH_3COOCH_3 + \left[CH_2-\underset{\underset{OH}{|}}{CH} \right]_n \tag{11-26}$$

催化上述反应只需极少量的碱就够了，因此反应后聚乙烯醇中夹杂的无机盐类就能减少到最低的限度。

现在醇解反应还有选用强碱性离子交换树脂，或分子筛作为催化剂，不仅简化了反应的后处理过程，而且反应条件温和，适合于许多对酸敏感的酯的合成，如用强碱性离子交换树脂催化以下醇解反应：

$$C_{17}H_{35}COOC_2H_5 + CH_3OH \xrightarrow{室温} C_{17}H_{35}COOCH_3 + C_2H_5OH \tag{11-27}$$

由于分子筛可以吸附低分子量醇，如甲醇及乙醇，因此在分子筛作用下，就有可能使由甲醇或乙醇形成的酯与较高级的醇进行醇解反应：

$$p\text{-}C_6H_4(COOCH_3)_2 + 2\ (CH_3)_3COH \xrightarrow[\text{苯,80 ℃}]{\text{分子筛,少量}(CH_3)_3COK} p\text{-}C_6H_4(COOC(CH_3)_3)_2 + 2\ CH_3OH \tag{11-28}$$

11.4.2 酸解

酸解是通过酯与羧酸的交换反应合成另一种酯,虽然其应用不如醇解普遍,但这种方法特别适用于合成二元酸单酯及羧酸乙烯酯等。酸解反应与其他可逆的酯化反应相似,为了获得较高的转化率,必须使一种原料超过理论量,或者使反应生成物不断地分离出来。各种有机羧酸的反应活性相差并不太悬殊,只是带支链的羧酸、某些芳香族羧酸以及空间阻碍较大的羧酸(如在邻位有取代基的苯甲酸衍生物),其反应活性才比一般的羧酸为弱。

在浓盐酸催化下,己二酸二乙酯与己二酸在二丁醚中加热回流,则酸解成己二酸单乙酯:

$$H_5C_2OOC(CH_2)_4COOC_2H_5 + HOOC(CH_2)_4COOH \rightleftharpoons 2\ HOOC(CH_2)_4COOC_2H_5 \tag{11-29}$$

乙酸乙烯酯及乙酸丙烯酯都是容易得到的原料,通过酸解反应,可以合成多种羧酸乙烯酯或羧酸丙烯酯。例如在催化剂乙酸汞及浓硫酸存在下,乙酸乙烯酯与十二酸加热回流,即酸解成十二酸乙烯酯:

$$CH_3(CH_2)_{10}COOH + CH_3COOCH{=}CH_2 \rightleftharpoons CH_3(CH_2)_{10}COOCH{=}CH_2 + CH_3COOH \tag{11-30}$$

11.4.3 互换

互换就是在两种不同酯之间发生的互换反应,可生成另外两种新的酯。这是又一种制备酯的方法。当有些酯类不能采用直接酯化方法或其他酰化方法来制备时，常常可以考虑通过酯的互换方法来合成，其反应式：

$$RCOOR' + R''COOR''' \rightleftharpoons RCOOR''' + R''COOR' \quad (11\text{-}7)$$

为了能顺利完成这种互换反应，其先决条件是在反应生成的酯中至少有一种酯(如 $RCOOR'''$)的沸点要比另一种酯($R''COOR'$)低得多，因而在反应过程中，就能不断蒸出沸点较低的生成的酯，同时获得另一种生成的 $R''COOR'$。例如对于用其他方法不易制备的叔醇的酯，可以先制成甲酸的叔醇酯，再和指定羧酸的甲酯进行酯互换：

$$HCOOCR_3 + R''COOCH_3 \xrightarrow{CH_3ONa} HCOOCH_3 + R''COOCR_3 \quad (11\text{-}31)$$

因为甲酸甲酯的沸点很低(31.8 ℃)，很容易从反应产物中蒸出，就能使酯互换反应进行完全。

11.5　烯酮法

乙烯酮是由乙酸在高温下热裂脱水而成，由于它的反应活性极高，与醇类反应可以顺利制得乙酸酯：

$$CH_2 = CO + R'OH \longrightarrow CH_3COOR' \quad (11\text{-}10)$$

此法的产率较高，因此常用乙烯酮来合成乙酸酯。反应可用酸或碱来催化。酸性催化剂可用硫酸、对甲苯磺酸等；碱性催化剂中以叔丁醇钾较好。对于某些反应活性较差的叔醇及酚类，如与乙烯酮反应，均能制得相应的乙酸酯，其结果也较好。当含有 α-氢的醛或酮与乙烯酮反应也能生成乙酸烯醇酯。

烯酮与醇的反应先是发生加成，再通过互变异构而成酯：

$$CH_2 = CO + R'OH \longrightarrow CH_2 = C(OH)\text{—}OR' \rightleftharpoons CH_3COOR' \quad (11\text{-}32)$$

将乙烯酮气体通入含有少量硫酸的叔丁醇中，即能加成得乙酸叔丁酯：

$$CH_2 = CO + (CH_3)_3COH \xrightarrow[0\ ℃]{H_2SO_4} CH_3COOC(CH_3)_3 \quad (11\text{-}33)$$

以少量硫酸为催化剂，乙烯酮也能与丙酮反应生成乙酸的烯醇酯：

$$CH_2 = CO + CH_3COCH_3 \xrightarrow[75\ ℃]{H_2SO_4} CH_3COOC(CH_3)=CH_2 \quad (11\text{-}34)$$

此外,乙烯酮的二聚体,即双乙烯酮,也有很高的反应活性,在酸或碱的催化下,双乙烯酮与醇能反应生成β-酮酸酯。此法不仅产率较高,而且还可以合成用其他方法难以制取的β-酮酸叔丁酯。例如叔丁醇、乙酸钾和双乙烯酮一起加热,便生成乙酰乙酸叔丁酯:

$$\begin{array}{l}CH_2=C\text{—}O\\ \quad\ \ |\qquad\ |\\ \quad CH_2\text{—}C=O\end{array} + (CH_3)_3COH \xrightarrow{CH_3COOK}$$

$$CH_3COCH_2COOC(CH_3)_3 \tag{11-35}$$

又如工业上大批量制备的乙酰乙酸乙酯就是由双乙烯酮与乙醇反应而成,合成路线较其他方法简便得多:

$$\begin{array}{l}CH_2=C\text{—}O\\ \quad\ \ |\qquad\ |\\ \quad CH_2\text{—}C=O\end{array} + C_2H_5OH \xrightarrow{H_2SO_4} CH_3COCH_2COOC_2H_5 \tag{11-36}$$

11.6 腈的醇解

在硫酸或氯化氢作用下,腈与醇共热即可直接成为酯:

$$RCN + R'OH + H_2O \longrightarrow RCOOR' + NH_3 \tag{11-8}$$

由于腈的合成途径较多,容易制取,因此本法也是应用较广的制备酯类的方法之一。脂肪族、芳香族或杂环族的腈化物,均可转变成相应的酯。这种方法的优点在于腈可直接转变为酯,而不必先制成羧酸。工业上利用此法大量生产甲基丙烯酸甲酯,供制备有机玻璃。丙酮与氰化钠反应生成的丙酮氰醇,先在100 ℃用浓硫酸反应,生成相应的甲基丙烯酰胺硫酸盐,然后再用甲醇在90 ℃反应成甲基丙烯酸甲酯:

$$(CH_3)_2C(OH)CN + H_2SO_4 \longrightarrow \begin{array}{l}CH_2=C\text{—}CONH_2\cdot H_2SO_4\\ \qquad\quad |\\ \qquad\ CH_3\end{array} \tag{11-37}$$

$$\begin{array}{l}CH_2=C\text{—}CONH_2\cdot H_2SO_4 + CH_3OH\\ \qquad\quad |\\ \qquad\ CH_3\end{array}$$

$$\longrightarrow \begin{array}{l}CH_2=C\text{—}COOCH_3 + NH_4HSO_4\\ \qquad\quad |\\ \qquad\ CH_3\end{array} \tag{11-38}$$

本法还特别适用于合成多官能团的酯，例如丙二酸酯、α-羟基酸酯、酮酸酯及氨基酸酯，都可通过相应的腈的醇解来制取，如用α-氰乙酸酯合成丙二酸酯：

$$NCCH_2COOR + C_2H_5OH \xrightarrow{HCl} CH_2\left\langle\begin{matrix} COOR \\ COOC_2H_5 \end{matrix}\right. \tag{11-39}$$

如用芳香族腈，则要考虑到芳环上其他取代基的空间阻碍，如苯腈、间甲苯腈或对甲苯腈均能与醇反应生成相应的酯，但邻甲苯腈却不能与醇反应。

12 缩合反应

缩合是精细有机合成中的一类重要单元反应,它包括的反应非常广泛,所以很难像磺化、硝化、卤化、烷基化等反应一样下一个确切的定义。缩合一般系指两个或两个以上分子间通过生成新的碳-碳、碳-杂原子或杂原子-杂原子键,从而形成较大的单一分子的反应。缩合反应一般往往伴随着脱去某一种简单分子,如 H_2O、HX、ROH 等。缩合反应能提供由简单的有机物合成复杂有机物的许多合成方法,包括脂肪族、芳香族和杂环化合物,在香料、医药、农药、染料等许多精细化工生产中得到广泛应用。

缩合反应的类型繁多,有下列分类方法:1)按参与缩合反应的分子异同;2)按缩合反应发生于分子内或分子间;3)按缩合反应产物是否成环;4)按缩合反应的历程;5)按缩合反应中脱去的小分子。本章拟按参与反应的分子类别,选择精细有机合成中具有代表性的重要缩合反应进行讨论。

许多缩合反应需在缩合剂或催化剂如酸、碱、盐、金属、醇钠等存在下才能顺利进行,缩合剂的选择与缩合反应中脱去的小分子有密切关系,某些重要缩合剂及其应用范围见表 12-1,表内符号"+"表示该缩合剂可以应用。

表 12-1 重要缩合剂的应用

缩合剂	脱去分子						
	X_2	H_2O	H_2	HX	EtOH	NH_3	N_2
$AlCl_3$		+	+	+			
$ZnCl_2$		+		+	+	+	
H_2SO_4		+		+	+	+	
HCl		+				+	
NaOH		+		+			
Na	+				+		
Mg	+						
Cu	+						+
EtONa	+	+		+	+		
Pt/C			+				
$NaNH_2$				+	+		
HF		+		+			

12.1 醛酮缩合反应

12.1.1 羟醛缩合

含有 α-氢的醛或酮，在碱或酸的催化下生成 β-羟基醛或酮类化合物的反应称为羟醛或醇醛(Aldol)缩合反应。β-羟基醛或酮经脱水消除便成 α，β-不饱和醛或酮。这类缩合反应常需有碱(如苛性钾、醇钠、叔丁醇铝等)催化，有时也可用酸(如盐酸、硫酸、阳离子交换树脂等)催化。

典型的羟醛缩合反应可以乙醛在碱催化下的缩合来表示：

$$2CH_3CHO \xrightleftharpoons{\text{稀 NaOH}} CH_3CH(OH)CH_2CHO \xrightarrow[-H_2O]{} CH_3CH{=}CH{-}CHO \quad (12\text{-}1)$$

含 α-氢的醛、酮首先在碱催化下生成负碳离子，很快与另一分子醛、酮中的羰基发生亲核加成而得到产物，其反应历程为：

$$CH_3CHO + OH^- \xrightleftharpoons{\text{慢}} \left[\bar{C}H_2CHO \longleftrightarrow CH_2{=}CH{-}O^- \right] + H_2O \quad (12\text{-}2)$$

$$CH_3CHO + \bar{C}H_2CHO \xrightleftharpoons{\text{快}} CH_3{-}CH(O^-){-}CH_2CHO$$

$$\xrightleftharpoons{+H_2O} CH_3{-}CH(OH){-}CH_2CHO + OH^- \quad (12\text{-}3)$$

在酸催化下的缩合反应首先是醛、酮分子中的羰基质子化成为正碳离子，然后与另一分子发生亲电加成。丙酮以酸催化的缩合反应历程为：

$$CH_3{-}C(CH_3){=}O + H^+ \xrightleftharpoons{\text{快}} \left[CH_3{-}C(CH_3){=}\overset{+}{O}H \longleftrightarrow CH_3{-}\overset{+}{C}(CH_3){-}OH \right] \quad (12\text{-}4)$$

$$CH_3-\underset{CH_3}{\overset{OH}{\overset{|}{C^+}}}+CH_2=\overset{OH}{\overset{|}{C}}-CH_3 \xrightleftharpoons{\text{慢}} CH_3-\underset{CH_3}{\overset{OH}{\overset{|}{C}}}-CH_2-\overset{\overset{+}{O}H}{\overset{\|}{C}}-CH_3$$

$$\rightleftharpoons CH_3-\underset{CH_3}{\overset{OH}{\overset{|}{C}}}-CH_2-\overset{O}{\overset{\|}{C}}-CH_3+H^+$$

$$\rightleftharpoons CH_3-\underset{CH_3}{\overset{\overset{+}{O}H_2}{\overset{|}{C}}}-CH_2-\overset{O}{\overset{\|}{C}}-CH_3$$

$$\xrightleftharpoons{-H_2O,-H^+} CH_3-\underset{CH_3}{\underset{|}{C}}=CH-\overset{O}{\overset{\|}{C}}-CH_3 \qquad (12\text{-}5)$$

羟醛缩合反应有同分子醛、酮的自身缩合和异分子醛、酮间的交叉缩合两大类,在工业上都有重要用途。羟醛自身缩合在有机合成上的特点是可使产物的碳链长度增加一倍,工业上可利用这种缩合反应来制备高级醇,如以丙烯为起始原料,首先经羰基合成为正丁醛。再在氢氧化钠溶液或碱性离子交换树脂催化下成为β-羟基醛,它便具有2倍于原料醛的碳原子数,再经脱水和加氢还原可转化成2-乙基己醇:

$$CH_3-CH=CH_2+CO+H_2 \xrightarrow{\text{Co催化剂}} CH_3CH_2CH_2CHO \xrightarrow{OH^-}$$

$$CH_3CH_2CH_2\underset{HO}{\underset{|}{C}H}\underset{CH_2CH_3}{\underset{|}{C}H}CHO \xrightarrow[-H_2O]{} CH_3CH_2CH_2CH=\underset{CH_2CH_3}{\underset{|}{C}}CHO$$

$$\xrightarrow{+H_2,\text{Ni催化剂}} CH_3CH_2CH_2CH_2\underset{CH_2CH_3}{\underset{|}{C}H}CH_2OH \qquad (12\text{-}6)$$

2-乙基己醇在工业上大量用来合成邻苯二甲酸二辛酯,作为聚氯乙烯的增塑剂。

羟醛交叉缩合反应的典型代表是用一个芳香族醛和一个脂肪族醛或酮,反应是在氢氧化钠的水或乙醇溶液内进行的,得到产率很高的α,β-不饱和醛或酮,这种反应称为克莱森-斯密特(Claisen-Schmidt)缩合反应。例如苯甲醛和乙醛在低温和稀碱液中缩合得到两种羟醛，一种是乙醛自身缩合的产物，另一种是混合缩合产物，但这两者经过一定时间后，能形成一平衡体系，而且混合缩合产物的羟基同时受苯基和醛基的作用，容易生成由苯环、烯键和羰基组成共轭体系的稳定产物，因平衡常数 $k_2 \gg k_1$，所以最终生成的全是肉桂醛：

$$C_6H_5CHO + CH_3CHO \xrightarrow{OH^-} \begin{cases} \overset{k_1}{\rightleftharpoons} CH_3CH(OH)CH_2CHO \\ \rightleftharpoons C_6H_5CH(OH)CH_2CHO \overset{k_2}{\rightleftharpoons} \end{cases}$$

$$C_6H_5CH{=}CHCHO + H_2O, \tag{12-7}$$

肉桂醛是合成香料的重要产品之一，具有似肉桂、桂皮油气息，香气强烈持久。

芳香族醛若与不对称酮缩合，而且不对称酮中的一个 α-位没有活泼氢，则缩合反应不论用酸或碱催化均得同一产品：

$$p\text{-}O_2NC_6H_4CHO + C_6H_5COCH_3 \xrightarrow[H_2SO_4,\ CH_3COOH]{NaOH,\ EtOH} p\text{-}O_2NC_6H_4CH{=}CH{-}CO{-}C_6H_5 \tag{12-8}$$

在克莱森-斯密特缩合反应中，产品的构型一般都是反式的，例如：

$$C_6H_5CHO + CH_3COCH_3 \xrightarrow[25\ ℃]{10\%NaOH} \underset{H}{\overset{C_6H_5}{}}\!\!>C{=}C<\!\!\underset{COCH_3}{\overset{H}{}} \tag{12-9}$$

$$2\ C_6H_5CHO + CH_3COCH_3 \xrightarrow[25\ ℃]{NaOH,\ EtOH,\ H_2O}$$

$$\begin{matrix} C_6H_5 & & H & H & & C_6H_5 \\ & \rangle C{=}C\langle & & & \rangle C{=}C\langle & \\ H & & \diagdown CO \diagup & & & H \end{matrix} \tag{12-10}$$

$$C_6H_5CHO + C_6H_5COCH_3 \xrightarrow[25\ ℃]{NaOH, EtOH, H_2O}$$

$$\begin{matrix} C_6H_5 & & H \\ & \rangle C{=}C\langle & \\ H & & CO{-}C_6H_5 \end{matrix} \tag{12-11}$$

$$C_6H_5CHO + CH_3COC(CH_3)_3 \xrightarrow{NaOH, EtOH, H_2O}$$

$$\begin{matrix} C_6H_5 & & H \\ & \rangle C{=}C\langle & \\ H & & COC(CH_3)_3 \end{matrix} \tag{12-12}$$

由上面反应产品的构型可见带羰基的大基团总是和另外的大基团成反式。这种专一性的反应方式是由于失水的历程,以及中间产物的不同构型的空间阻碍所决定的。

甲醛由于不含 α-氢,所以它与其他含 α-氢的醛或酮缩合,可得到收率较高的产物,工业上利用此特点生产丙烯醛:

$$HCHO + CH_3CHO \rightleftharpoons CH_2(OH){-}CH_2CHO$$

$$\xrightarrow{-H_2O} CH_2{=}CH{-}CHO \tag{12-13}$$

12.1.2 氨甲基化

甲醛与含有活泼氢的化合物及氨、仲胺或伯胺同时进行缩合反应,活泼氢被氨甲基或取代氨甲基所取代,称为氨甲基化反应,又称为曼尼期(Mannich)反应,其通式如下:

$$R'H + HCHO + R_2NH \longrightarrow R'CH_2NR_2 + H_2O \tag{12-14}$$

生成的产物称为曼尼期碱。这种缩合反应一般是在水、醇或乙酸溶液中进行的。甲醛可以用甲醛水溶液、三聚甲醛或多聚甲醛。含活泼氢的化合物为醛、酸、酯、腈、硝基烷烃等,甚至端炔烃、酚类(邻、对位尚无取代基的)以及某些杂环化合物等。胺通常是用仲胺的盐酸盐,如二甲胺、六氢吡啶等。如果用伯胺或氨则生成的产物氮原子上还有多余的氢,可以再进一步和醛反应形成副产物,因此不常使用。反应时还要添加少量盐酸,以保证反应介质的酸性。

利用这种缩合反应可以在许多含有活泼氢的化合物中引入一个或几个氨甲基,操作简便,反应条件温和,不少曼尼期碱或其盐就是重要中间体,例如:

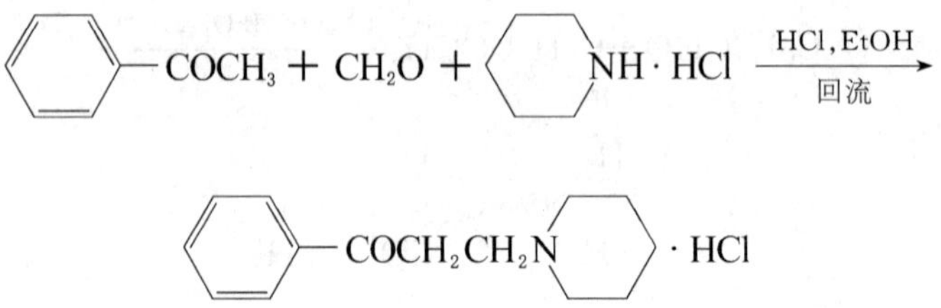

$$C_6H_5COCH_3 + CH_2O + C_5H_{10}NH\cdot HCl \xrightarrow[\text{回流}]{HCl,\ EtOH} C_6H_5COCH_2CH_2NC_5H_{10}\cdot HCl \quad (12\text{-}15)$$

医药苯海索中间体

$$\text{吲哚} + CH_2O + NH(CH_3)_2 \xrightarrow[35\ ℃]{CH_3COOH} \text{3-}(CH_2N(CH_3)_2)\text{吲哚} \quad (12\text{-}16)$$

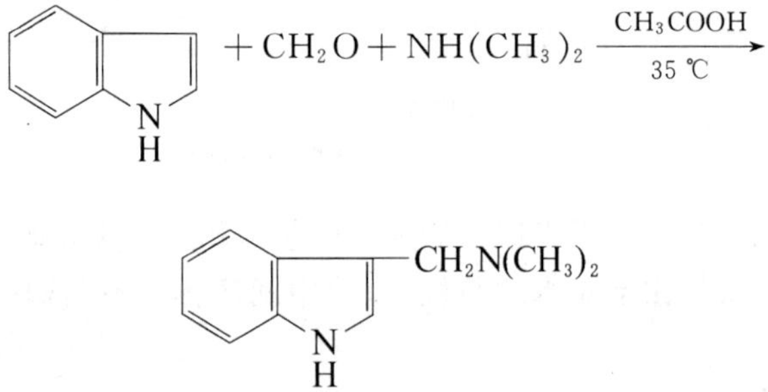

色氨酸中间体

式(12-16)中,吲哚环具有芳香性,其中 3 位上的电子云密度较高,所以氨甲基首先取代在 3 位;如果 3 位上已有取代基,则亲电试剂进攻 1 位,生成 N-氨甲基化产物。

曼尼期碱受热易分解出氨或胺,它的季铵盐较其本身更易分解,转化成 α,β-不饱和羰基化合物,后者在镍催化剂作用下,可以加氢生成比原先反应物增多一个碳原子的同系物,例如:

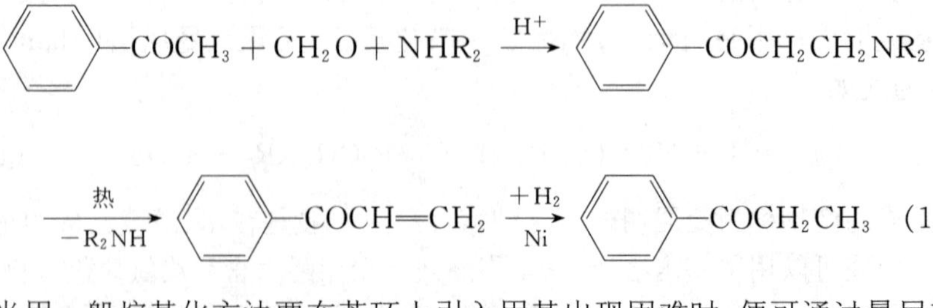

$$C_6H_5COCH_3 + CH_2O + NHR_2 \xrightarrow{H^+} C_6H_5COCH_2CH_2NR_2$$

$$\xrightarrow[-R_2NH]{\text{热}} C_6H_5COCH{=}CH_2 \xrightarrow[Ni]{+H_2} C_6H_5COCH_2CH_3 \quad (12\text{-}17)$$

当用一般烷基化方法要在芳环上引入甲基出现困难时,便可通过曼尼期碱,再进行氢解,就可顺利地引入一个甲基。例如制备维生素 K 的中间体 2-甲基萘醌:

$$\text{1-萘酚} + CH_2O + (CH_3)_2NH \longrightarrow \text{2-}(CH_2N(CH_3)_2)\text{-1-萘酚} \xrightarrow[Ni]{H_2}$$

$$\text{2-甲基-1-萘酚} \xrightarrow[\text{乙酸}]{CrO_3} \text{2-甲基-1,4-萘醌} \qquad (12\text{-}18)$$

12.2 醛酮与羧酸缩合反应

12.2.1 珀金缩合

芳香醛与脂肪酸酐在碱性催化剂作用下缩合，生成 β-芳基丙烯酸类化合物的反应称为珀金缩合反应。碱性催化剂一般是与所用脂肪酸酐相应的脂肪酸碱金属盐(钠或钾盐)，有时使用三乙胺可获得更好收率。本反应通常仅适用于芳醛或不含 α-氢的脂肪醛，反应通式可表示如下：

$$Ar{-}CHO + (RCH_2CO)_2O \xrightarrow[\text{加热}]{RCH_2COOK}$$

$$ArCH{=}C(R)COOH + RCH_2COOH \qquad (12\text{-}19)$$

反应中的脂肪酸酐是活性较弱的次甲基化合物，催化剂脂肪酸盐又是弱碱，所以要求较高的反应温度(150 ℃～200 ℃)和较长的反应时间。如果芳醛的芳环上含有吸电子基团如 X、NO_2 等，则反应容易进行，收率又高；相反，若含有给电子基团如 CH_3 等，则反应难于进行，收率又低。这些现象表明珀金反应为亲核加成反应，以苯甲醛和乙酸酐的缩合为例，其反应历程如下：

$$(CH_3CO)_2O \xrightleftharpoons{CH_3COO^-} \left[\bar{C}H_2C(=O){-}O{-}C(=O)CH_3 \longleftrightarrow CH_2{=}C(O^-){-}O{-}C(=O){-}CH_3 \right]$$

①

$$\xrightleftharpoons{C_6H_5CHO} \begin{matrix} C_6H_5CH—CH_2 \\ | \quad\quad \backslash \\ O^- \quad\quad C=O \\ CH_3C—O \\ \| \\ O \end{matrix} \text{②} \rightleftharpoons \begin{matrix} CH_2 \\ C_6H_5CH \quad C=O \\ | \quad\quad | \\ O \quad\quad O^- \\ C=O \\ CH_3 \end{matrix} \text{③}$$

$$\xrightarrow{(CH_3CO)_2O} \begin{matrix} H \\ | \\ CH \\ C_6H_5CH \quad C=O \\ | \quad\quad | \\ O \quad\quad OCOCH_3 \\ C=O \\ CH_3 \end{matrix} \text{④} \xrightarrow[-H^+,\ -CH_3COO^-]{}$$

$$\begin{matrix} H \\ | \\ C \\ C_6H_5C \quad C=O \\ | \quad\quad | \\ H \quad\quad OCOCH_3 \end{matrix} \xrightarrow[-CH_3COOH]{H_2O} \begin{matrix} C_6H_5 \quad\quad H \\ C=C \\ H \quad\quad COOH \end{matrix} \tag{12-20}$$

反应过程首先是乙酸酐在乙酸钠的作用下,生成负碳离子①,和芳醛亲核加成为烷氧负离子②,②再向分子中的羰基进攻得③,③和乙酸酐交换酰基便成混合酸酐④,再在乙酸钠作用下,失去 H^+ 及 CH_3COO^- 离子,成为不饱和的酸酐,最后水解得到肉桂酸。由于反应温度较高,③可能发生脱羧作用,产生烯烃:

$$\underset{\text{③}}{\underset{CH_3COO}{C_6H_5—\overset{|}{CH}}}—CH_2—\overset{O}{\overset{\|}{C}}—O^- \xrightarrow[-CO_2]{\triangle} C_6H_5—CH=CH_2 + CH_3COO^- \tag{12-21}$$

肉桂酸在合成香料中可用作为增香剂。按上面珀金方法制备,因反应时间较长,温度较高,所以收率不够高。为此可以改用诺文葛耳-多布纳(Knoevenagel-Doebner)缩合反应。醛、酮与含有活泼亚甲基的化合物,如丙二酸(酯),在缓和的条件下就能发生缩合反应,生成 α, β-不饱和化合物。诺文葛耳原先采用氨、伯胺或仲胺为催化剂,用于脂肪醛的缩合产品中,一般会生成 α, β-和 β, γ-不饱和化合物的混合物。后由多布纳改进，采用吡啶或吡啶加少量哌啶为催化剂，故称为诺文葛耳-多布纳缩合反应。此改良法的优点是反应快、条件温和、产品收率较高，纯度也高。而且此改良法的应用范围又有扩大，可适用于含各种取代基的芳香和脂肪醛。此缩合反应实际包括亲核加成、脱水和脱羟三步反应。醛类与丙二酸在有机碱催化下的反应过程如下：

$$RCHO + CH_2(COOH)_2 \longrightarrow RCH(OH){-}CH(COOH)_2 \xrightarrow[-BH^+]{B} RCH(OH){-}CH(COOH){-}C(=O)O^-$$

$$\xrightarrow{BH^+} RCH{=}CHCOOH + CO_2 + H_2O + B \qquad (12\text{-}22)$$

利用上述改良方法的反应温度为 95 ℃～100 ℃，反应时间在 1～2 小时，收率可高达 80%～95%。

珀金方法尽管存在一定缺点，但由于原料便宜易得，所以在工业生产上仍有重要意义，还是经常使用。如用糠醛和乙酸酐、乙酸钠反应：

$$\text{(呋喃-2-基)}CHO + (CH_3CO)_2O \xrightarrow[150\ ℃,7\ 小时]{CH_3COONa} \text{(呋喃-2-基)}CH{=}CHCOOH + CH_3COOH \qquad (12\text{-}23)$$

生成的呋喃丙烯酸是合成医治血吸虫病的呋喃丙胺药剂的原料。又如香豆素是一种重要的香料，也是利用此法合成的；水杨醛和乙酸酐在乙酸钠催化下，可以直接反应生成香豆素，即香豆酸的内酯：

$$\text{(邻羟基苯)}CHO + (CH_3CO)_2O \xrightarrow{CH_3COONa} \text{(邻羟基苯)}CH{=}CH{-}C(=O)OH \xrightarrow{-H_2O} \text{香豆素} \qquad (12\text{-}24)$$

12.2.2 达村斯缩合

醛或酮在强碱催化作用下和α-卤代羧酸酯反应，缩合生成α,β-环氧羧酸酯的反应称为达村斯(Darzens)缩水甘油酸酯缩合反应，其反应通式如下：

$$\begin{matrix}R\\ \\R'\end{matrix}\!\!>\!CO + R''CHXCOOEt \longrightarrow \begin{matrix}R\\ \\R'\end{matrix}\!\!>\!\underset{\diagdown O \diagup}{C\text{——}C}\!<\!\begin{matrix}R''\\ \\COOEt\end{matrix} + HX \quad (12\text{-}25)$$

反应通常用氯代酸酯，有时亦可用α-卤代酮为原料，本缩合反应对于大多数脂肪族和芳香族的醛或酮均可获得较好的收率。常用的强碱催化剂为 RONa、$NaNH_2$、t-C_4H_9OK，其中以后者的催化效果最佳。

达村斯缩合反应的历程如下：

$$ClCH_2COOEt + B \underset{}{\overset{-BH}{\rightleftharpoons}} \overset{-}{C}HClCOOEt \underset{}{\overset{RR'C{=}O}{\rightleftharpoons}}$$

$$\begin{matrix}R\\ \\R'\end{matrix}\!\!>\!\underset{O^-}{\underset{|}{C}}\text{—}\overset{Cl}{\overset{|}{C}}HCOOEt \xrightarrow{-Cl^-} \begin{matrix}R\\ \\R'\end{matrix}\!\!>\!\underset{\diagdown O \diagup}{C\text{—}CHCOOEt} \quad (12\text{-}26)$$

首先在碱催化下α-卤代羧酸酯形成负碳离子，继而与醛或酮的羰基发生亲核加成，得到烷氧负离子，氧上的负电荷把负的氯原子挤走，即成α，β-环氧羧酸酯。

缩合产物的立体化学构型有顺式和反式两种，一般以酯基与邻位碳原子的体积较大的基团处于反式的产物占主要组分。

α，β-环氧羧酸酯在很温和的条件下通过皂解和酸化，可以生成相应的游离酸，但很不稳定，受热后即失去二氧化碳，转变为醛或酮的烯醇式，因此本缩合方法在制备醛或酮时具有一定的用途。例如合成香料中的甲基壬基乙醛就是通过本缩合反应制备的。以十一酮-[2]与一氯乙酸乙酯为原料，经缩合成α，β-环氧羧酸酯，再经皂解、酸化和加热脱羧而成，反应式如下：

$$CH_3(CH_2)_8\text{—}\overset{CH_3}{\overset{|}{C}}{=}O + ClCH_2COOC_2H_5 \xrightarrow{C_2H_5ONa}$$

$$CH_3(CH_2)_8\text{—}\underset{\diagdown O \diagup}{\overset{CH_3}{\overset{|}{C}}\text{——}CHCOOC_2H_5} \xrightarrow{NaOH}$$

$$CH_3(CH_2)_8-\underset{\backslash O /}{\overset{CH_3}{\overset{|}{C}}}-CHCOONa \xrightarrow{H^+}$$

$$CH_3(CH_2)_8-\underset{\backslash O /}{\overset{CH_3}{\overset{|}{C}}}-CHCOOH \xrightarrow[-CO_2]{}$$

$$CH_3(CH_2)_8-\overset{CH_3}{\overset{|}{C}}=CH(OH) \longrightarrow$$

$$CH_3(CH_2)_8-\overset{CH_3}{\overset{|}{C}H}-CHO \tag{12-27}$$

12.3 醛酮与醇缩合反应

醛或酮在酸性催化剂作用下,很容易和两分子醇缩合,并失水变为缩醛或缩酮类化合物,其反应通式如下:

$$\begin{matrix}R\\R'\end{matrix}\!\!>C=O+2R''CH_2OH \xrightleftharpoons{H^+} \begin{matrix}R\\R'\end{matrix}\!\!>C<\!\!\begin{matrix}OCH_2R''\\OCH_2R''\end{matrix} +H_2O \tag{12-28}$$

当 $R'=H$ 时,称缩醛;$R'=R$ 时,称缩酮;当两个 R'' 一起共同构成—CH_2CH_2—时,称茂烷类;构成—$CH_2CH_2CH_2$—时,称噁烷类。这种缩合反应需用无水醇类和无水酸作催化剂,常用的是干燥氯化氢气体或对甲苯磺酸,也有采用草酸、柠檬酸、磷酸或阳离子交换树脂等。在制备缩醛二乙醇时,常常利用乙醇、苯和水的恒沸原理,帮助去除反应生成的水。形成缩醛要经过许多中间步骤,其反应历程如下:

$$\begin{matrix}R\\H\end{matrix}\!\!>C=O+H^+ \rightleftharpoons \left[\begin{matrix}R\\H\end{matrix}\!\!>C=\overset{+}{O}H\right]$$

⑤

$$\xrightleftharpoons{R'OH,\,-H^+} R-\underset{H}{\underset{|}{\overset{OR'}{\overset{|}{C}}}}-OH \xrightleftharpoons[-H]{H^+}$$

⑥

$$\left[\begin{array}{c} H \quad R' \\ \diagdown \ \diagup \\ \overset{+}{O} \\ | \\ R-C-OH \\ | \\ H \end{array}\right] \begin{array}{l} \xrightleftharpoons{-R'OH} \left[\begin{array}{c} R-C=\overset{+}{O}H \\ | \\ H \end{array}\right] \xrightleftharpoons{-H^+} \begin{array}{c} R-C=O \\ | \\ H \end{array} \\ \\ \rightleftharpoons \left[\begin{array}{c} OR' \quad H \\ | \quad \diagup \\ R-C-O^+ \\ | \quad \diagdown \\ H \quad H \end{array}\right] \xrightleftharpoons{-H_2O} \end{array}$$

$$\underset{⑦}{\begin{array}{c} R-C=\overset{+}{O}R' \\ | \\ H \end{array}} \xrightleftharpoons{R'OH,\ -H^+} \underset{⑧}{\begin{array}{c} OR' \\ | \\ R-C-OR' \\ | \\ H \end{array}} \tag{12-29}$$

首先是羰基和催化剂的氢质子结合形成鉎盐⑤,羰基碳原子的亲电性能增加,然后和亲核试剂醇类发生加成,再失去氢质子便成为不稳定的半缩醛⑥。⑥再与氢质子结合形成新的鉎盐,如失去醇就回复为原先的醛;但如失水则变成⑦,⑦再和一分子醇加成并失去氢质子,最后得到缩醛⑧。上列各个中间反应步骤均是可逆反应。显而易见,虽在酸催化下可以生成缩醛,但缩醛也可被酸分解为原先的醛和醇。一般为了使平衡有利于缩醛生成,必须及时去除反应生成的水。

酮在上述条件下,通常不能生成缩酮,主要是因为平衡反应偏向于反应物方面。为了制备缩酮更应设法把反应生成的水去除,使平衡移向缩酮产物。除此之外,另一种制备缩酮的方法是不用醇,而用原甲酸酯进行反应,可以得到较高产率。例如酮和原甲酸乙酯的反应式如下:

$$\begin{array}{c} R \\ \\ R \end{array}\!\!\!>C=O + HC(OC_2H_5)_3 \longrightarrow \begin{array}{c} R \\ \\ R \end{array}\!\!\!>C<\!\!\!\begin{array}{c} OC_2H_5 \\ \\ OC_2H_5 \end{array} + HCOOC_2H_5 \tag{12-30}$$

醛和酮的二醇缩合在工业上有重要意义,如性能优良的维尼纶合成纤维,就是利用上述缩合原理,使水溶性聚乙烯醇在硫酸催化下与甲醛反应,生成缩醛,生成物不溶于水。精细有机合成中也常用此类反应来制备缩羰基类化合物,这是一类合成香料。例如柠檬醛和原甲酸三乙酯在对甲苯磺酸催化下可以缩合成二乙缩柠檬醛:

$$\text{(citral)CHO} + HC(OC_2H_5)_3 \xrightarrow[\text{无水 } C_2H_5OH]{CH_3-C_6H_4-SO_3H} \text{(citral)}CH(OC_2H_5)_2 + HCOOC_2H_5 \tag{12-31}$$

收率可达85%～92%。又如β-丁酮酸乙酯(即乙酰乙酸乙酯)和乙二醇在柠檬酸催化下,用苯作溶剂和脱水剂,便缩合成苹果酯(2-甲基-2-乙酸乙酯-1,3-二氧茂烷):

$$CH_3COCH_2COOC_2H_5 + \underset{OH}{CH_2}-\underset{OH}{CH_2} \xrightarrow[\text{苯}]{\text{柠檬酸}}$$

$$\text{(2-甲基-1,3-二氧茂烷-2-基)}CH_2COOC_2H_5 + H_2O \tag{12-32}$$

经减压分馏精制,收率约为60%,产品具有新鲜苹果香气。

12.4 酯缩合反应

酯缩合反应系指以羧酸酯为亲电试剂,在碱性催化剂作用下,与含活泼甲基或亚甲基羰基化合物的负碳离子缩合而生成β-羰基类化合物的反应,总称为克莱森缩合反应。其反应通式如下:

$$RCOOC_2H_5 + H-\underset{R'}{\overset{COR''}{CH}} \longrightarrow RCO-\underset{R'}{\overset{COR''}{CH}} + C_2H_5OH \tag{12-33}$$

式中R、R′可以是H、脂肪族基、芳香族基或杂环基,R″可以是任何一种有机基。由式可见,事实上酯是以酰基形式进入反应产物的分子。该缩合反应需用RONa、$NaNH_2$、NaH等强碱催化剂。克莱森缩合是制取β-酮酸酯和β-二酮的重要方法。

12.4.1　酯-酯缩合

参加这类缩合反应的酯可以是相同的酯,或者是不同的酯。相同酯之间的缩合称为酯的自身缩合,不同酯之间的缩合称为异酯缩合。

(1) 酯的自身缩合　典型的例子是乙酸乙酯在乙醇钠作用下缩合而成乙酰乙酸乙酯:

$$CH_3C(=O)OC_2H_5 + HCH_2C(=O)OC_2H_5 \xrightleftharpoons{C_2H_5ONa} CH_3C(=O)CH_2C(=O)OC_2H_5 + C_2H_5OH \tag{12-34}$$

乙酰乙酸乙酯是重要的精细有机化工产品,广泛用作染料、医药、农药、香料及光化学品的中间体。

乙酸乙酯的酸性很弱($pK_a \approx 24$),而乙醇钠又是一个较弱的碱(乙醇的$pK_a \approx 15.9$)。可见由乙醇钠形成的乙氧负离子在平衡体系中是很少的,所以用乙氧负离子使乙酸乙酯形成负离子也是很少的。但实际上酯缩合反应进行得相当完全,其原因就在于缩合产物乙酰乙酸乙酯是个比较强的酸($pK_a \approx 11$),能形成很稳定的负离子,促使反应的平衡向产物方面移动。因此,即使体系中乙酸乙酯负离子的浓度很低,只要一旦形成就能不断地反应,使缩合完全。乙酸乙酯在乙醇钠催化下反应的平衡体系如下:

$$CH_3COOC_2H_5 + {}^-OC_2H_5 \rightleftharpoons {}^-CH_2COOC_2H_5 + C_2H_5OH \tag{12-35}$$

$$CH_3-C(=O)(OC_2H_5) + {}^-CH_2COOC_2H_5 \rightleftharpoons CH_3-C(O^-)(OC_2H_5)-CH_2COOC_2H_5 \tag{12-36}$$

$$CH_3-C(O^-)(OC_2H_5)-CH_2COOC_2H_5 \rightleftharpoons CH_3-C(=O)-CH_2COOC_2H_5 + {}^-OC_2H_5 \tag{12-37}$$

$$CH_3-\overset{\overset{\displaystyle O}{\|}}{C}-CH_2COOC_2H_5 \xrightleftharpoons{^-OC_2H_5} CH_3-\overset{\overset{\displaystyle O}{\|}}{C}-\overset{-}{C}HCOOC_2H_5 + C_2H_5OH \quad (12\text{-}38)$$

$$\xrightarrow{H^+} CH_3COCH_2COOC_2H_5$$

式(12-38)是关键步骤，由于乙酰乙酸乙酯是个较强的酸，可以释放出质子而形成稳定的负离子，同时又产生酸性较弱的乙醇，这就有利于反应的平衡偏向产物。反应中生成的乙醇，不断蒸出，更迫使反应进行得更完全。上述乙酸乙酯在金属钠和少量乙醇的催化下，缩合反应的收率可达 92%。乙酰乙酸乙酯在工业上还可以由双乙烯酮通过乙醇醇解制备。如改用别的醇就能得到其他的酯，一般收率都很高：

$$\begin{matrix} CH_2=C-O \\ \quad | \qquad | \\ \quad CH_2-C=O \end{matrix} \begin{cases} \xrightarrow{C_2H_5OH} CH_3COCH_2COOC_2H_5 \\ \xrightarrow[(CH_3)_3COH]{} CH_3COCH_2COOC(CH_3)_3 \end{cases} \quad (12\text{-}39)$$

(2) **异酯缩合** 如用两个不同的并都含有 α-氢的酯进行异酯缩合，则理论上就可得到四种不同的产物，一般没有很多的价值。因此异酯缩合通常只限于一个含有 α-氢的和另一个不含 α-氢的酯之间的缩合，仍可得到单一的 β-酮酸酯产物。常用的不含 α-氢的酯有：甲酸乙酯、乙二酸二乙酯、苯甲酸乙酯等。芳香酸酯中的羰基不够活泼，缩合时要用较强的碱如 NaH，才有足够浓度的负碳离子，以保证缩合反应顺利进行，如苯甲酸甲酯与丙酸乙酯在 NaH 催化下的缩合：

$$C_6H_5COOCH_3 + CH_3CH_2COOC_2H_5 \xrightarrow{NaH}$$

$$C_6H_5-CO\overset{\overset{\displaystyle CH_3}{|}}{\underset{-}{C}}COOC_2H_5 \xrightarrow{H^+} C_6H_5-CO-\overset{\overset{\displaystyle CH_3}{|}}{C}HCOOC_2H_5 \quad (12\text{-}40)$$

乙二酸酯由于一个酯基的诱导作用，增加了另一羰基的亲电性能，所以比较容易和别的酯发生缩合反应：

$$C_2H_5O\overset{\overset{O}{\|}}{C}-\overset{\overset{O}{\|}}{C}OC_2H_5 + CH_3CH_2COOC_2H_5 \xrightarrow{C_2H_5ONa} \xrightarrow{H^+} \underset{\underset{COCOOC_2H_5}{|}}{CH_3CHCOOC_2H_5} \tag{12-41}$$

但乙二酸二乙酯和长碳链脂肪酸酯缩合反应的收率很低，如把反应生成的乙醇蒸出，就能得到较好的收率：

$$(COOC_2H_5)_2 + C_{16}H_{33}CH_2COOC_2H_5 \xrightarrow[-C_2H_5OH]{C_2H_5ONa} \xrightarrow{H^+} C_{16}H_{33}\overset{\overset{COCOOC_2H_5}{|}}{C}HCOOC_2H_5 \tag{12-42}$$

乙二酸二乙酯的缩合产物还有一个 α-羰基酸酯的基团，经加热便脱去一分子的一氧化碳，成为取代的丙二酸酯。例如用作医药苯巴比妥的中间体苯基取代丙二酸酯，不能通过溴苯进行芳基化来制取，但可以用此法合成：

$$C_6H_5-CH_2COOC_2H_5 + (COOC_2H_5)_2 \xrightarrow[-C_2H_5OH]{C_2H_5ONa} \xrightarrow{H^+}$$

$$C_6H_5-\underset{\underset{CO-COOC_2H_5}{|}}{CHCOOC_2H_5} \xrightarrow[-CO]{170\ ℃} C_6H_5-\underset{\underset{COOC_2H_5}{|}}{CHCOOC_2H_5} \tag{12-43}$$

12.4.2 酯-酮缩合

如果反应物酯和酮都含有 α-氢，则酮的活性大(如丙酮的 $pK_a = 20$，乙酸乙酯的 $pK_a = 24$)，因此酮易形成负碳离子进攻酯的羰基，发生亲核加成而得 β-二酮类化合物，如：

$$CH_3COCH_3 + C_2H_5ONa \rightleftharpoons [CH_3\underset{\underset{O}{\|}}{C}\bar{C}H_2 \longleftrightarrow CH_3\underset{\underset{O^-}{|}}{C}=CH_2]Na^+ + C_2H_5OH \tag{12-44}$$

$$\mathrm{R\overset{O}{\overset{\|}{C}}OC_2H_5 + [CH_3CO\overset{-}{C}H_2]\ Na^+ \rightleftharpoons \left[\begin{array}{c} O^- \\ | \\ RCCH_2COCH_3 \\ | \\ OC_2H_5 \end{array}\right] Na^+}$$

$$\rightleftharpoons \mathrm{R\overset{O}{\overset{\|}{C}}CH_2COCH_3 + C_2H_5ONa} \tag{12-45}$$

$$\mathrm{R\overset{O}{\overset{\|}{C}}CH_2\overset{O}{\overset{\|}{C}}CH_3 + C_2H_5ONa \rightleftharpoons \left[R\overset{O}{\overset{\|}{C}}\bar{C}H\overset{O}{\overset{\|}{C}}CH_3 \longleftrightarrow \right.}$$

$$\mathrm{\left. R\overset{O}{\overset{\|}{C}}CH{=}\overset{O^-}{\overset{|}{C}}CH_3 \right] Na^+ + C_2H_5OH} \tag{12-46}$$

式(12-44)中酮形成的负碳离子,其活性次序可排列为:

$$\mathrm{\bar{C}H_2CO > R\bar{C}HCO > R_2\bar{C}CO}$$

式(12-45)中酯受到酮的负碳离子的进攻,反应性质类似于酯的水解,反应速度与相应酯的水解速度成正比。酯的羰基碳原子上带的正电荷愈大,则酯的活性也愈大,所以酯的活性次序可排列为:

$$\mathrm{HCOOR、ROOC{-}COOR > CH_3COOC_2H_5 > RCH_2COOC_2H_5 > R_2CHCOOC_2H_5 > R_3CCOOC_2H_5}$$

酯的醇部分性质对酰化活性也有影响,一般是:

$$\mathrm{CH_3COOC_6H_5 > CH_3COOCH_3 > CH_3COOC_2H_5}$$

式(12-46)为酸碱交换,生成稳定的 β-二酮负离子钠盐,使整个反应的平衡偏向产物方面。

在酯-酮缩合中,若在碱性催化剂作用下酮比酯更易形成负碳离子,则产物中还会混有酮自身缩合的副产物;相反,如酯比酮更易形成负碳离子,则产物中就会混有酯自身缩合的副产物。显而易见,只有不含 α-氢的酯与酮间的缩合反应,才能生成纯度较高的产物。例如:

$$\mathrm{\begin{array}{l} COOC_2H_5 \\ | \\ COOC_2H_5 \end{array} + HCH_2COCH_3 \xrightarrow[-C_2H_5OH]{C_2H_5ONa} \xrightarrow{H^+} C_2H_5COOCOCH_2COCH_3} \tag{12-47}$$

$$C_6H_5COOC_2H_5 + HCH_2-\overset{\overset{O}{\|}}{C}-C_6H_5 \xrightarrow[-C_2H_5OH]{C_2H_5ONa} \xrightarrow{H^+} C_6H_5COCH_2CO-C_6H_5 \qquad (12\text{-}48)$$

$$HCOOC_2H_5 + O{=}C_6H_{10} \xrightarrow[-C_2H_5OH]{NaH,乙醚} \xrightarrow{H^+} \text{2-OHC-环己酮} \qquad (12\text{-}49)$$

12.4.3　分子内酯-酯缩合

二元酸酯可以发生分子内的和分子间的酯-酯缩合反应。如分子内的两个酯基被三个以上的碳原子隔开时，就会发生分子内的缩合反应，形成五员环的酯。这种环化酯缩合反应又称为迪克曼(Dieckmann)反应，实际上可视为分子内的克莱森缩合。此类反应常用来合成某些环酯酮以及某些天然产物和甾体激素的中间体。缩合反应常用 C_2H_5ONa、C_2H_5OK、NaH 及 t-C_4H_9OK 等强碱为催化剂。如使反应在高度稀释的溶液内进行，则可抑制二元酯分子间的缩合，从而增加分子内缩合的几率，甚至可以合成更大环的环脂酮类化合物。

己二酸二乙酯在金属钠和少量乙醇存在下缩合，再经酸化便得 α-环戊酮甲酸乙酯：

$$\begin{array}{l} \quad\; O \\ \quad\; \| \\ \quad\; C-OC_2H_5 \\ H_2C \quad CH_2COOC_2H_5 \\ \;| \qquad\;\; | \\ H_2C-CH_2 \end{array} \xrightarrow[-C_2H_5OH]{Na/乙醇,甲苯} \text{环戊烯}(1\text{-}\bar{O}Na^+)\text{-2-}COOC_2H_5 \xrightarrow{H^+} \text{2-氧代环戊基}-COOC_2H_5 \qquad (12\text{-}50)$$

如果分子内两个酯基之间只被三个或三个以下的碳原子隔开时，就不能发生环化酯缩合反应，因为这样就要形成四员环或小于四员环的体系。但我们可以利用这种碳原子隔开数为三个以下的二元酸酯和不含 α-氢的二元酸酯，进行分子间缩合，同样也能获得环状羰基酯，例如在合成樟脑中，有一步反应就是用

β-二甲基戊二酸酯和乙二酸酯进行分子间缩合，得到五员环的二 β-羰基酯：

$$\begin{matrix} CH_3 \\ \\ CH_3 \end{matrix}\!\!>\!C\!<\!\!\begin{matrix} CH_2—COOC_2H_5 \\ \\ CH_2—COOC_2H_5 \end{matrix} + \begin{matrix} COOC_2H_5 \\ | \\ COOC_2H_5 \end{matrix}$$

$$\xrightarrow[-2C_2H_5OH]{C_2H_5ONa} \begin{matrix} CH_3 \\ \\ CH_3 \end{matrix}\!\!>\!C\!<\!\!\begin{matrix} COOC_2H_5 \\ | \\ CH—CO \\ \quad | \\ CH—CO \\ | \\ COOC_2H_5 \end{matrix} \qquad (12\text{-}51)$$

12.5 烯键参加的缩合反应

12.5.1 普林斯缩合

甲醛(或其他醛)与烯烃在酸催化下缩合成 1,3-二醇或其环状缩醛(1,3-二氧六环)的反应称普林斯(Prins)反应：

$$RCH=CH_2 + HCHO \xrightarrow[H_2O]{H^+} RCH(OH)CH_2CH_2OH$$

$$\xrightarrow{HCHO} \text{R—(1,3-二氧六环)} \qquad (12\text{-}52)$$

普林斯反应可以生成较原来烯烃增多一个碳原子的二元醇。其反应历程为首先在酸催化下甲醛质子化形成正碳离子，然后与烯烃发生亲电加成得 1,3-二醇，再与另一分子甲醛缩醛化成 1,3-二氧六环型产物：

$$HCHO + H^+ \longrightarrow [CH_2=\overset{+}{O}H \longleftrightarrow \overset{+}{C}H_2OH] \xrightarrow{RCH=CH_2} R\overset{+}{C}HCH_2CH_2OH$$

$$\xrightarrow{H_2O} \left[\begin{matrix} RCH—CH_2 \\ | \qquad | \\ H_2O^+ \quad CH_2OH \end{matrix}\right] \xrightarrow{-H^+} \begin{matrix} RCH—CH_2 \\ | \qquad | \\ OH \quad CH_2OH \end{matrix} \xrightarrow[-H_2O]{HCHO} \text{R—(1,3-二氧六环)}$$

$$(12\text{-}53)$$

该反应常用硫酸、盐酸、磷酸、路易斯酸以及强酸性离子交换树脂作催化剂。反应生成的 1,3-二醇和环状缩醛的比例取决于反应的条件。例如低分子量的叔烯在 25%～35%硫酸水溶液中，并在较低温度下与甲醛反应，主要生成环状缩醛，而分子量较大的伯烯、仲烯或叔烯，则要求酸的浓度较高，反应温度较高，才能得到以环状缩醛为主的产品。普林斯反应如在不同的介质中进行可以得到不同的产物,如以冰乙酸作为反应介质,甲醛和 α-烯烃在酸催化下缩合生成的1,3-二醇会进一步再转化为相应的二乙酸酯。合成香料茉莉酯就是采用此法制备的,茉莉酯的气息与天然的茉莉花香气甚为接近,因而得名,用于调配茉莉型和百花型香精。茉莉酯并非是一个单纯的有机化合物,而是一个混合物。原料烯烃可以利用生产邻苯二甲酸二辛酯增塑剂时的副产物辛烯,主要是1-辛烯和2-辛烯的混合物,醛采用多聚甲醛,乙酸作介质,浓硫酸作催化剂,反应式如下:

$$\begin{matrix} CH_3(CH_2)_4CH=CHCH_3 \\ CH_3(CH_2)_5CH=CH_2 \end{matrix} + (HCHO)_n + \underset{\text{介质}}{CH_3COOH} \xrightarrow{H_2SO_4}$$

$$CH_3(CH_2)_4-\underset{\displaystyle OCOCH_3}{\underset{|}{CH}}-\overset{\displaystyle CH_3}{\overset{|}{CH}}-CH_2OCOCH_3 +$$

$$CH_3(CH_2)_4-\underset{\displaystyle OH}{\underset{|}{CH}}-\overset{\displaystyle CH_3}{\overset{|}{CH}}-CH_2OCOCH_3 +$$

$$CH_3(CH_2)_5-\underset{\displaystyle OCOCH_3}{\underset{|}{CH}}-CH_2-CH_2OCOCH_3 +$$

$$CH_3(CH_2)_5-\underset{\displaystyle OH}{\underset{|}{CH}}-CH_2CH_2OCOCH_3 \qquad (12\text{-}54)$$

生成的为二乙酸酯和单乙酸酯混合物。

12.5.2 狄尔斯-阿德耳缩合

狄尔斯-阿德耳缩合反应,又称双烯合成。这是指含有烯键或炔键的不饱和化合物(其侧链还有羰基或羧基)能与链状或环状含有共轭双键系的化合物发生1,4 加成反应(对于烯键和炔键化合物是1,2 加成反应),生成六员环型的氢化芳香族化合物的反应。该反应发生于双烯体⑨与亲双烯体⑩之间:

$$\underset{⑨}{\text{(丁二烯)}} + \underset{⑩}{CH_2=CH-Z} \longrightarrow \text{(环己烯基-Z)} \qquad (12\text{-}55)$$

能作为双烯体⑨的化合物种类很多，见表 12-2。凡在烯键上有给电子基团者，则可加速反应。

表 12-2 双烯体⑨种类

种类	实例
脂肪族链状共轭双键化合物	丁二烯、烷基丁二烯、芳基丁二烯
脂肪族环状共轭双键化合物	环戊二烯、1-乙烯基环己烯
芳香族化合物	蒽、1-乙烯基萘、1-α-萘基-1-环戊烯
杂环化合物	呋喃

在亲双烯体⑩中，凡含有吸电子基团的都有利于反应顺利进行，能选用的化合物种类也很多，一般可归纳为表 12-3。

表 12-3 亲双烯体⑩种类

种类	实例
$CH_2=CHZ$	Z 可为—CHO、—H、—COOH
$ArCH=CHZ$	Z 可为—CHO、—COOH、—$COOC_2H_5$
$CH_2=CZ_2$	Z 可为—$COOC_2H_5$、—CN、—X(卤素)
$ZCH=CHZ$	Z 可为—COOH、—$COOC_2H_5$
醌类	苯醌、萘醌
$ZC\equiv CZ$	Z 可为—COOH、$COOCH_3$

按式(12-55)进行的成环缩合反应，没有任何小分子化合物释放出。进行这种反应只需光或热的作用，且不受催化剂或溶剂的影响，反应的收率一般都较高，例如 1,3-丁二烯与丙烯醛的加成反应可以获得定量收率：

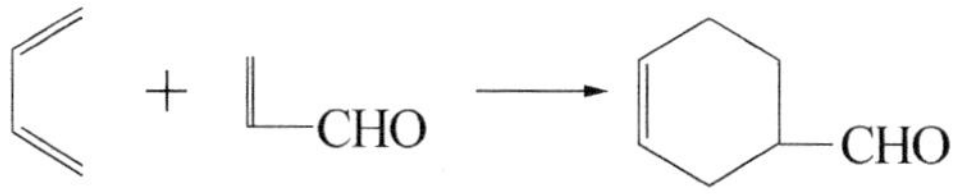

CHO CHO (12-56)

狄尔斯-阿德耳反应是经由环状过渡状态进行的反应，并不产生任何中间体，反应中旧键的断裂与新键的生成是协同进行的，属于协同反应。它既不同于一般的离子型反应，又不同于自由基型反应。其反应历程可表示如下：

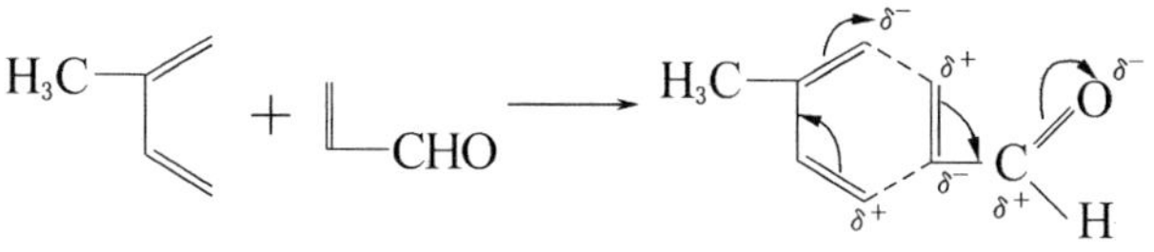

H_3C CHO H_3C δ^- δ^+ δ^- O δ^- C δ^+ H δ^+

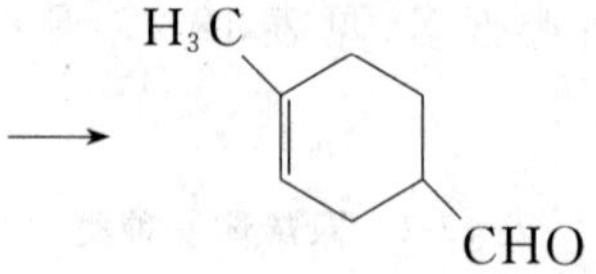
H_3C
CHO

(12-57)

这类缩合反应不仅在理论上,而且在实际生产上都具有重要价值。精细化工中利用此种缩合方法可以制备许多合成香料。例如:

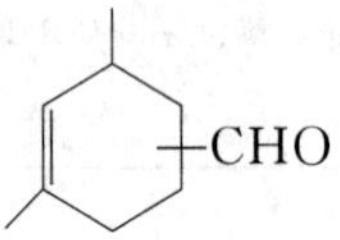
CHO

女贞醛

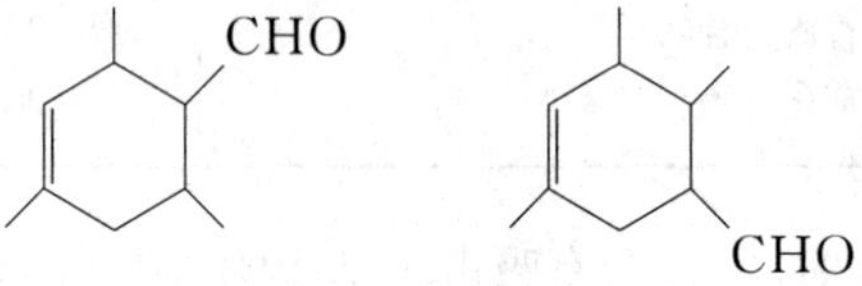
CHO
CHO

异环柠檬醛

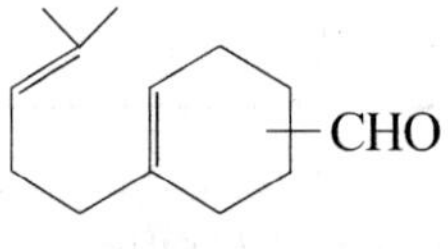
CHO

柑青醛

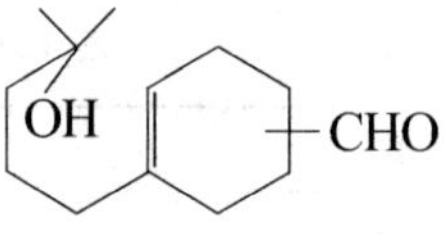
OH
CHO

新铃蓝醛

女贞醛具有强烈的清香和草香,能增加香精的新鲜感及扩散力。女贞醛可由2-甲基-1,3-戊二烯与丙烯醛加成缩合而得:

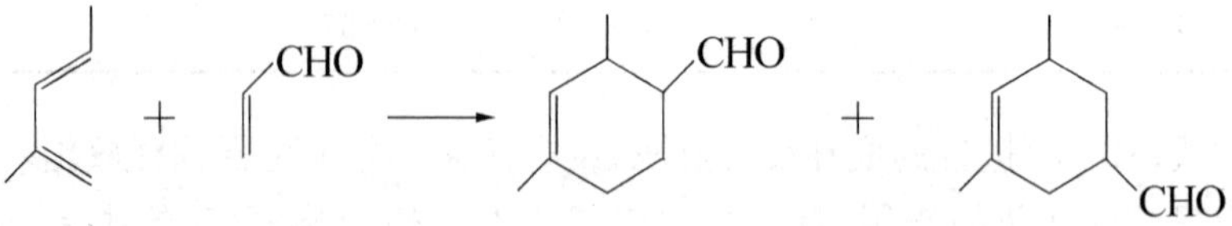
CHO
CHO
CHO

(12-58)

亲双烯体中醌类反应的实例有丁二烯和萘醌加成缩合成四氢蒽醌,后者经脱氢得到重要的中间体蒽醌:

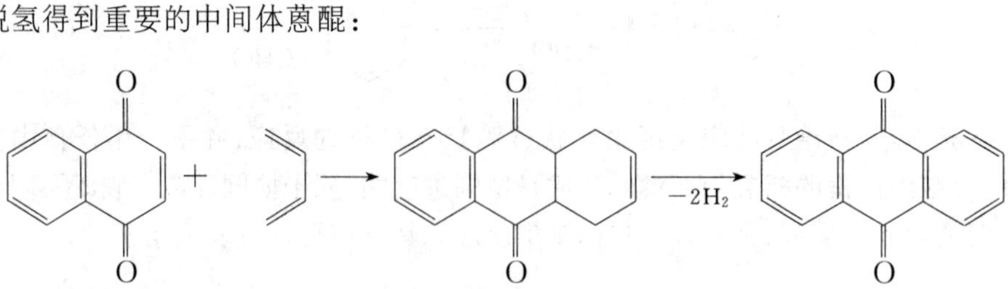
O
O
O
O
$-2H_2$
O
O

四氢蒽醌

(12-59)

12.6 成环缩合反应

又称闭环反应或环合反应。绝大多数成环缩合反应都是先由两个反应物分子在适当的位置发生反应，连接成一个分子，但尚未形成新环；然后在这个分子内部适当位置上的反应性基团间发生缩合反应而同时形成新环。成环缩合反应是通过生成新的碳—碳、碳—杂原子或杂原子—杂原子键完成的。由于这类反应的种类繁多，所用的反应物也是多种多样的，因此不像其他单元反应能写出反应的通式，也很难提出共同的反应历程和比较系统的一般规律。但成环缩合反应还是可以归纳出如下一些共同特点：

(A) 成环缩合形成的新环大多是具有芳香性的六员碳环以及五员和六员的杂环，主要因为这些环比较稳定，所以容易形成。

(B) 反应物分子中适当位置上必须有反应性基团，使易于发生内分子闭环反应，因此反应物之一常常是羧酸、酸酐、酰氯、羧酸酯、羧酸盐或羧酰胺；β-酮酸、β-酮酸酯、β-酮酰胺；醛、酮、醌；氨、胺类、肼类(用于形成含氮杂环)；硫酚、硫脲、二硫化碳、硫氰酸盐(用于形成含硫杂环)；含有双键或叁键的化合物等。

(C) 大多数成环缩合反应都要脱去一个小分子，如 H_2O、NH_3、C_2H_5OH、HCl、HBr、H_2 等，反应时常要添加缩合剂，见表 12-1。

12.6.1 六员碳环缩合

(1) 蒽醌及其衍生物　这是制备蒽醌系还原染料、分散染料、活性染料、酸性染料和有机颜料的重要中间体。蒽醌除了可用精蒽氧化、萘醌和丁二烯加成缩合生产外，另一重要的工业生产方法便是通过邻苯二甲酸酐与苯的傅列德尔-克拉夫茨反应，首先生成邻苯甲酰苯甲酸，再在缩合剂浓硫酸作用下发生脱水成环缩合得到蒽醌：

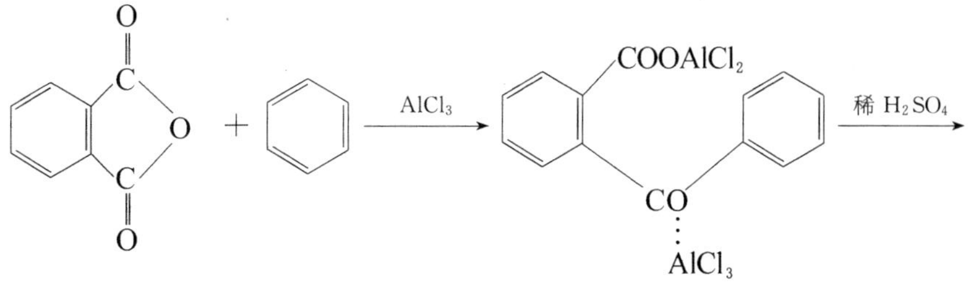

O
C
O
C
O
+
$\xrightarrow{AlCl_3}$
$COOAlCl_2$
CO
$AlCl_3$
$\xrightarrow{稀\ H_2SO_4}$

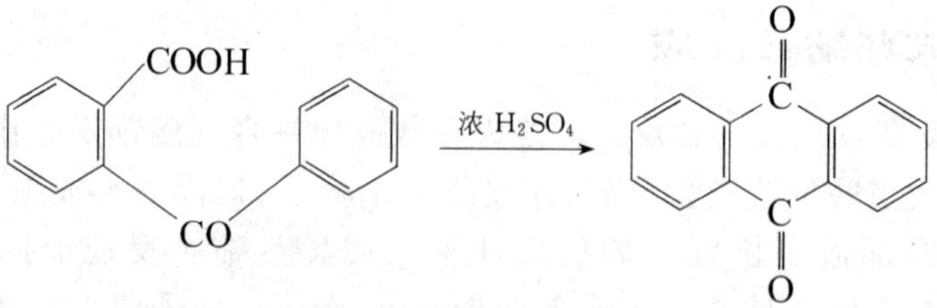

$$\text{邻苯甲酰苯甲酸} \xrightarrow{\text{浓 } H_2SO_4} \text{蒽醌} \qquad (12\text{-}60)$$

如用氯苯、甲苯代替苯，便可制得相应的 2-氯蒽醌和 2-甲基蒽醌，这是苯酐法可合成多种蒽醌类衍生物的主要优点。

此外，以苯乙烯为原料，经二聚制成 1-甲基-3-苯基茚满，后者再氧化便成邻苯甲酰苯甲酸，由此也能制取蒽醌：

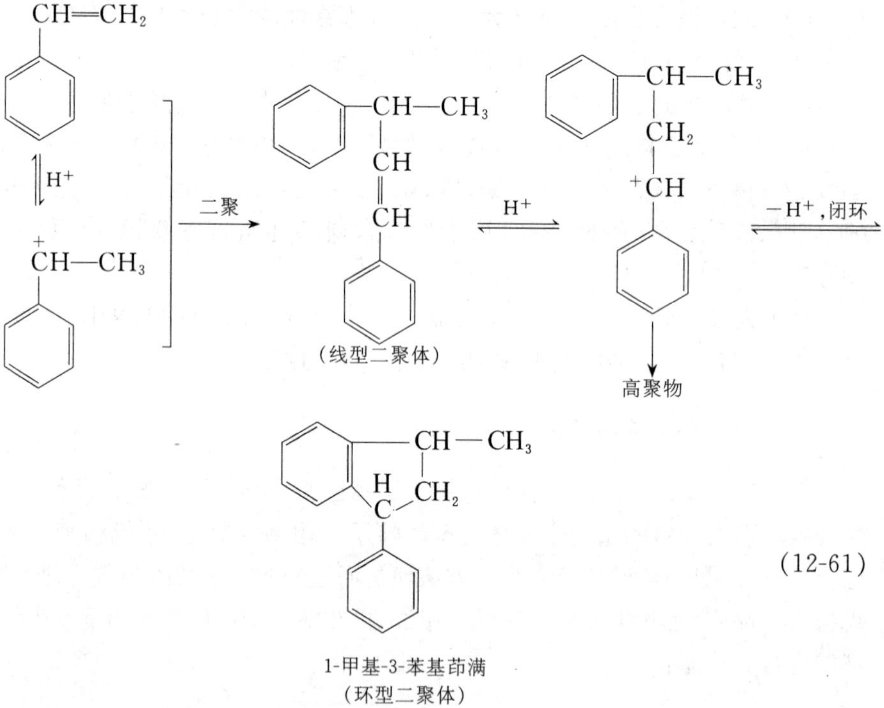

$$C_6H_5CH{=}CH_2 \underset{}{\overset{H^+}{\rightleftharpoons}} C_6H_5\overset{+}{C}H{-}CH_3 \xrightarrow{\text{二聚}} C_6H_5CH(CH_3){-}CH{=}CH{-}C_6H_5 \underset{}{\overset{H^+}{\rightleftharpoons}} C_6H_5CH(CH_3){-}CH_2{-}\overset{+}{C}H{-}C_6H_5 \underset{}{\overset{-H^+,\text{闭环}}{\rightleftharpoons}}$$

（线型二聚体）

高聚物

1-甲基-3-苯基茚满

（环型二聚体）

$$(12\text{-}61)$$

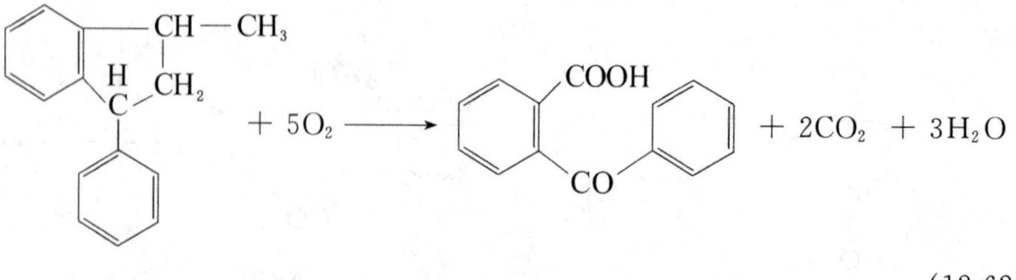

$$\text{1-甲基-3-苯基茚满} + 5O_2 \longrightarrow \text{邻苯甲酰苯甲酸 (COOH, CO)} + 2CO_2 + 3H_2O \qquad (12\text{-}62)$$

苯酐缩合法也能用来制取1,4-二氯蒽醌,但收率较低。工业上宜采用苯酞法,其合成路线可用以下反应式表示:

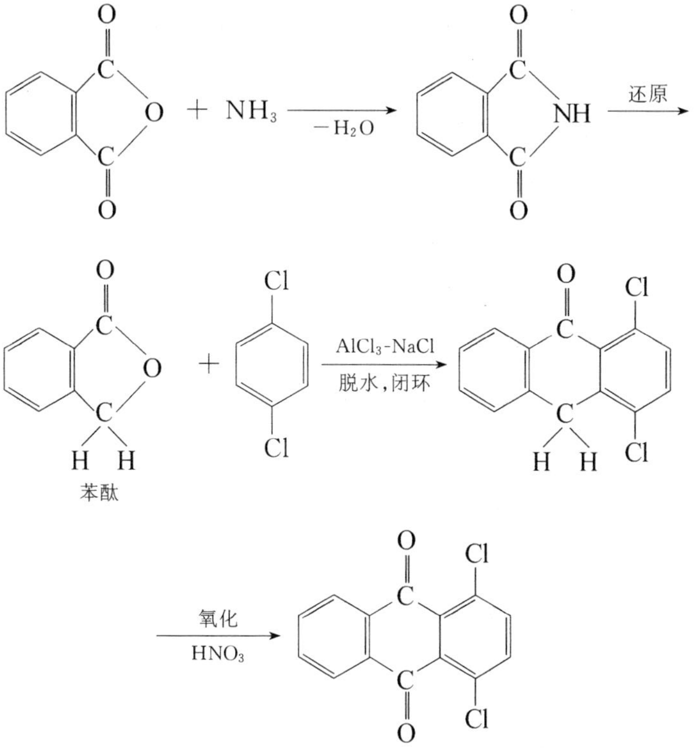

(邻苯二甲酸酐) + NH_3 $\xrightarrow{-H_2O}$ (邻苯二甲酰亚胺) $\xrightarrow{还原}$

苯酞 + (对二氯苯) $\xrightarrow[脱水,闭环]{AlCl_3\text{-}NaCl}$ (1,4-二氯蒽酮)

$\xrightarrow[HNO_3]{氧化}$ (1,4-二氯蒽醌) (12-63)

苯酐和对苯二酚还能制取1,4-二羟基蒽醌重要中间体。由于对苯二酚比较活泼,所以只要使苯酐和对苯二酚在硼酸存在下,在浓硫酸中加热反应,就可以一步直接成环缩合得1,4-二羟基蒽醌:

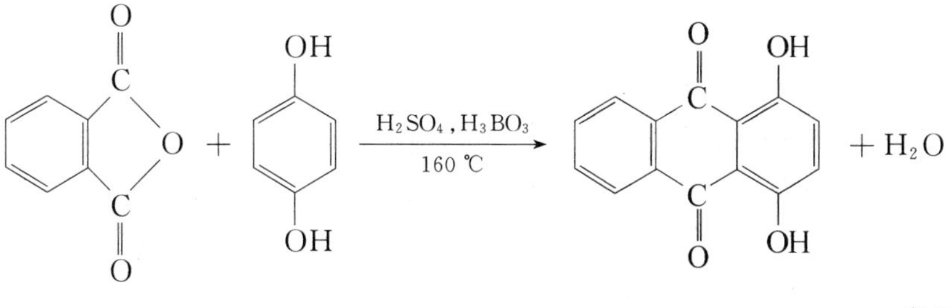

(苯酐) + (对苯二酚) $\xrightarrow[160\ ^\circ C]{H_2SO_4,\ H_3BO_3}$ (1,4-二羟基蒽醌) $+ H_2O$

(12-64)

反应中加入硼酸的目的是为了将羟基转变成硼酸酯,以避免发生氧化副反应。

(2) **苯绕蒽酮** 这是制备一系列优良还原染料的重要中间体。它是以蒽醌和甘油为主要原料制备的，其反应历程一般认为包括下列三步反应：

(A) 甘油在浓硫酸作用下脱水生成丙烯醛：

$$CH_2OH—CHOH—CH_2OH \xrightarrow[\text{脱水}]{H_2SO_4} CH_2═CH—CHO + 2H_2O \tag{12-65}$$

(B) 在浓硫酸中用锌粉(或铁粉)还原蒽醌成蒽酮酚：

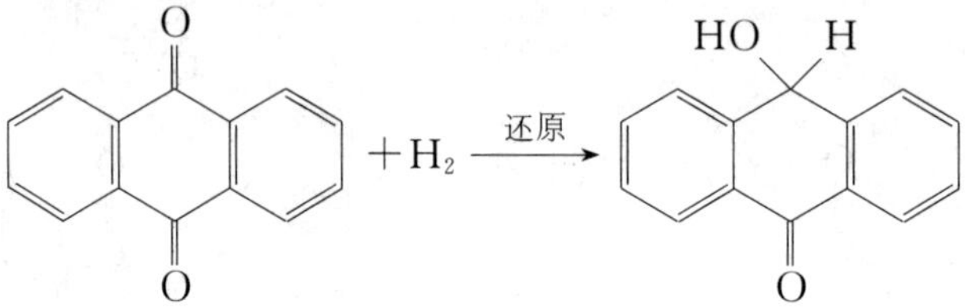

$$+ H_2 \xrightarrow{\text{还原}} \tag{12-66}$$

(C) 蒽酮酚和丙烯醛在浓硫酸中脱水，同时成环缩合得苯绕蒽酮：

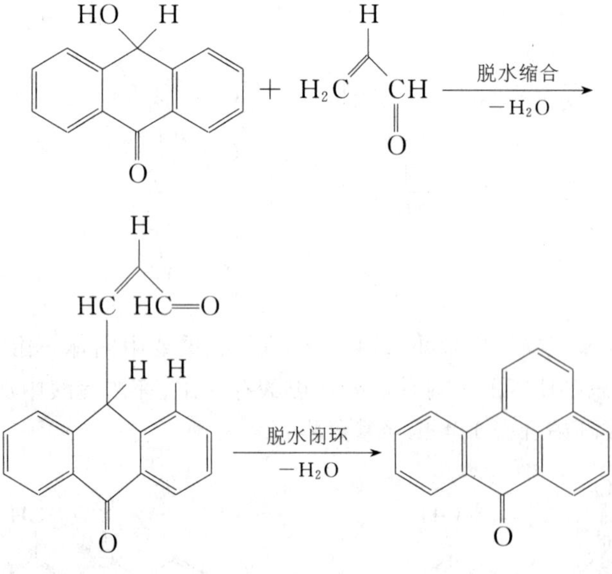

$$+ H_2C \quad CH \xrightarrow[-H_2O]{\text{脱水缩合}}$$

$$\xrightarrow[-H_2O]{\text{脱水闭环}} \tag{12-67}$$

在实际生产中，上述三步反应是在反应器内同时完成的，先将蒽醌溶于浓硫酸中，加入含有硫酸铜催化剂的甘油水溶液，然后在 115 ℃左右加入锌粉甘油悬浮液，反应完毕后，再稀释、过滤、水洗，即得粗苯绕蒽酮。粗品再经高压碱煮法、氯苯重结晶法或升华法精制便成精品。

12.6.2　杂环缩合

精细有机合成中的杂环化合物主要是五员或六员杂环化合物，往往也会有

多种可能途径来合成。但是如以环合时形成的新键来区分,可以归纳为三种环合方式:

第一种:通过碳—杂键形成的环合;

第二种:通过碳—杂键和碳—碳键形成的环合;

第三种:通过碳—碳键形成的环合。

(1) **环合方式** 现以常见的杂环化合物为例,分别讨论它们的环合方式。

含有一个杂原子的五员杂环,其环合途径有下列 6 种:

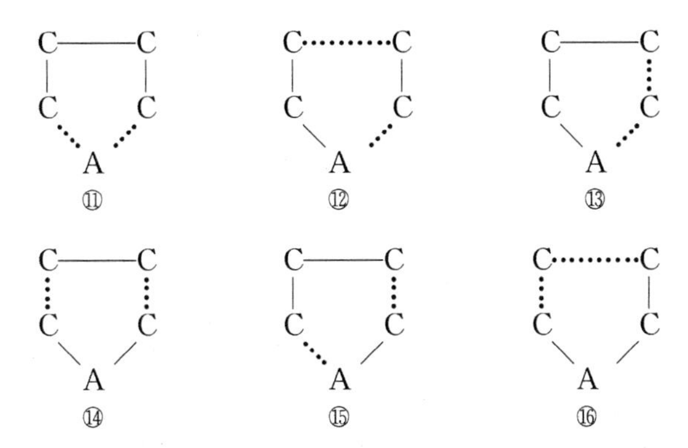

上列图式中的 A 代表杂原子,虚线代表新键的位置。其中⑪属于第一种环合方式,⑫、⑬和⑮属于第二种环合方式,而⑭、⑯则属第三种环合方式。单杂环如呋喃、吡咯、噻吩等以式⑪最重要,即这些单杂环的环合主要是通过碳—杂键的形成而实现的。苯并单杂环如吲哚、苯并噻吩或苯并呋喃等化合物的环合,以⑫为最重要,即苯并单杂环环合时,既有碳—杂键,还有碳—碳键的形成。⑬、⑭两种途径应用较少,而⑮、⑯应用更少。

含有一个杂原子的六员杂环,其环合途径也有下列 6 种:

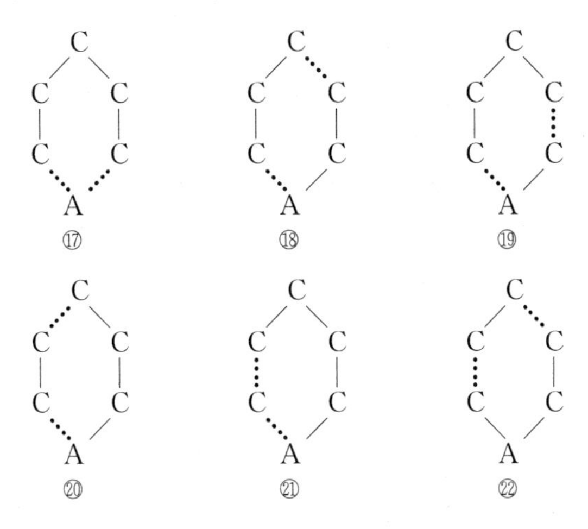

上列图式中,⑰属第一种环合方式,⑱～㉑属第二种环合方式,㉒属第三种环合方式。六员单杂环的吡啶类衍生物的环合采用第一种环合方式,即(17)式最常用。苯并六员杂环如喹啉、异喹啉类衍生物的环合都采用第二种环合方式,在喹啉类的环合中以⑱、⑳两式最常用;在异喹啉类的环合中则以⑱、㉑两式最重要。⑲和㉒两式应用极少。

含有两个杂原子的五员和六员环以及它们的苯并衍生物的环合,绝大多数是以第一种环合方式为主。如咪唑、噁唑、噻唑的环合都属第一种环合方式:

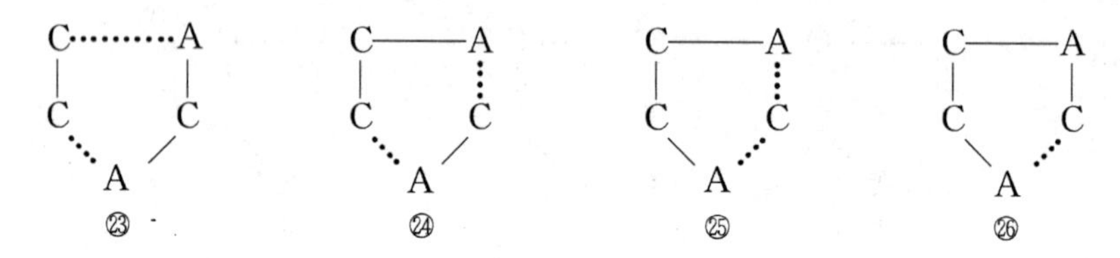

㉓是噻唑类衍生物环合的主要途径,这也适用于咪唑环、噁唑环的合成。但㉔是咪唑环和噻唑啉环环合的较常见的途径。㉕和㉖是噁唑环以及 1,3-二唑类的苯并稠杂环的重要环合途径。又如吡唑环和异噁唑的主要环合途径是㉗,它们的苯并稠环的环合途径往往是㉘。㉗和㉘属第一种环合方式。㉙属第二种环合方式,这是以炔类为原料制备吡唑环和异噁唑环衍生物的环合途径。

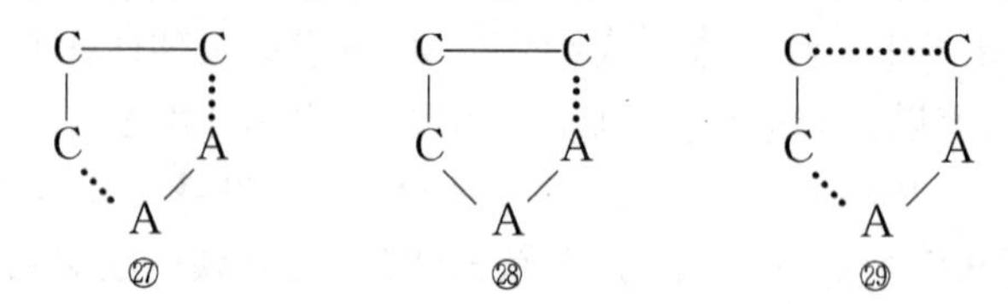

含有两个杂原子的六员杂环及其苯并稠杂环的环合途径较多采用第一种环合方式。嘧啶单杂环的环合绝大多数采用㉚,苯并嘧啶类的环合往往采用㉛和㉝,氢化嘧啶类和某些嘌呤类的环合则采用㉜。吡嗪单杂环的环合经常采用㉟,苯并吡嗪类的环合则几乎都用㉞,有一些氢化吡嗪衍生物的环合也采用㉞,吩嗪嗪的合成大多采用㊱,苯并二嗪(9,10-二氮杂蒽)的环合则㉞、㉟、㊲都可采用。哒嗪单杂环的环合绝大多数采用㊳,1,2-氧氮杂苯和 1,2-二氧杂苯的环合常采用㊳,苯并哒嗪类(1,2-二氮杂蒽,2,3-二氮杂蒽)的环合则㊳和㊴都有应用。

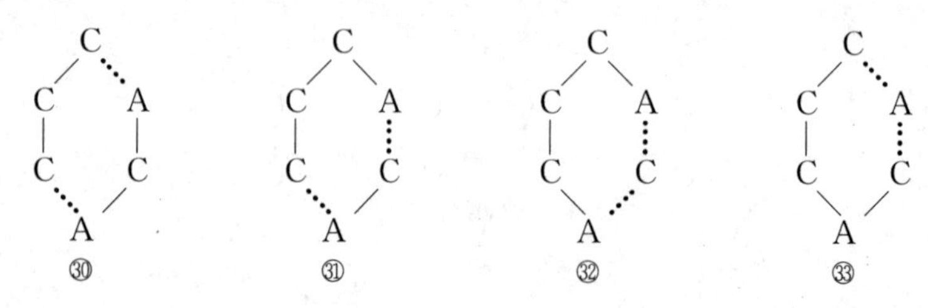

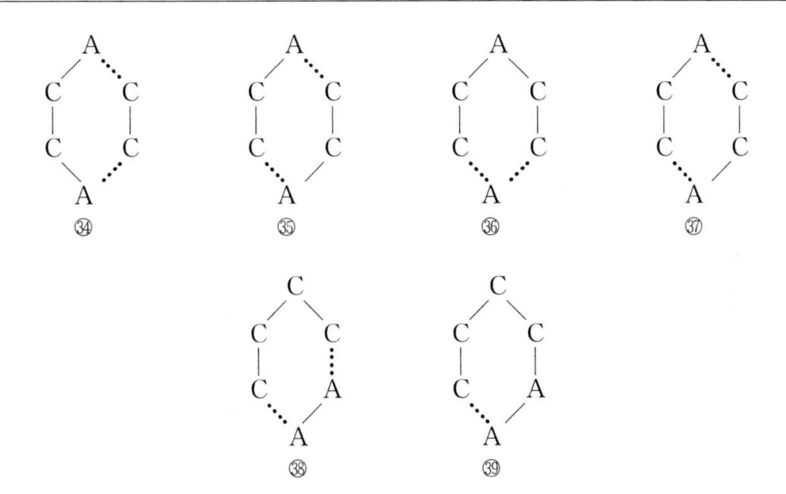

综上所述,含有一个或两个杂原子的五员和六员环以及它们的苯并稠杂环,绝大多数是采用第一种或第二种环合方式成环的。可见,杂环的环合往往是通过碳—杂键的形成而实现的。从键的形成而言,碳原子与杂原子之间结合成C—N、C—S、C—O键,比碳原子之间结合成C—C键要容易得多。

制备杂环化合物时,环合方式的选择与起始原料的关系很密切。一般都选用分子结构比较接近、供应方便、价格低廉的化合物作为起始原料。例如制备苯并杂环通常都选用合适的苯衍生物,所以吲哚、喹啉、异喹啉等的环合途径分别采用⑫、⑱、⑳、㉑较普遍。吡唑环和哒嗪环的合成常以肼或肼衍生物作为起始原料,它们的环合途径分别采用㉗和㉘较多。异噁唑环的合成一般选用羟胺为起始原料,其环合途径可采用㉗。嘧啶环的合成常常以脲或硫脲为起始原料,其环合途径大多数采用㉚。应该说明,由于杂环化合物的品种繁多,原料差别很大,上述环合方式和环合路线的分析仅提供了一般的规则,对于某一具体杂环化合物的合成,还要经过多方面的综合分析,才能确定适宜的合成途径。

(2) **五员杂环缩合反应** 这类反应可合成的产品非常之多,选择若干有代表性的精细化工产品为例,加以说明。

(A) 吲哚衍生物 这类五员杂环苯并衍生物含有一个杂原子,可供选用的环合的方法较多,但都是以苯衍生物为起始原料,如苯腙或苯胺。以苯腙为原料的费歇尔法应用最广泛。它是用苯腙在酸催化下加热重排消除一分子NH_3,便生成2-取代或3-取代吲哚衍生物。实际制备时,常用醛或酮与等摩尔的苯肼在乙酸中加热回流制取苯腙,生成的苯腙不需分离就可立即在酸催化下进行重排、消除NH_3而得吲哚环化合物,其反应历程如下:

$$C_6H_5-NH-N{=}C(R)-CH_2R' \rightleftharpoons C_6H_5-NH-NH-C(R){=}CHR' \xrightarrow{H^+} [\text{环己二烯亚胺}, NH_2^+] \longrightarrow [\text{二氢吲哚}, \overset{+}{N}H_2, {=}\overset{+}{N}H_2] \longrightarrow [\text{2-氨基二氢吲哚}, \overset{+}{N}H_2, NH_2] \xrightarrow{-NH_4^+} \text{2-R-3-R'-吲哚 (N—H)}$$

(12-68)

反应过程中,通过重排形成 C—C 键是关键的一步。反应中常用的催化剂为氯化锌、三氟化硼、多聚磷酸。醛和酮必须具有 $RCOCH_2R'$(R 可为烷基、芳基或氢)结构。

例如 2-甲基吲哚可用苯肼与丙酮为起始原料首先生成丙酮苯腙,再在氯化锌催化下脱除 NH_3 环合而成,其反应式如下:

$$C_6H_5-NHNH_2 + CH_3COCH_3 \xrightarrow{-H_2O} C_6H_5-NHN{=}C(CH_3)_2$$

$$\xrightarrow{ZnCl_2} \text{2-甲基吲哚 (CH=C—CH}_3\text{, N—H)} + NH_3 \quad (12\text{-}69)$$

产品可用作有机分析试剂和合成香料中间体。如果用苯乙酮代替丙酮,按类似方法便可制得 2-苯基吲哚,产品再经硫酸二甲酯甲基化,即得 N-甲基-2-苯基吲哚,它是合成阳离子染料的重要中间体:

$$C_6H_5-NHNH_2 + CH_3CO-C_6H_5 \xrightarrow{-H_2O}$$

$$C_6H_5-NHN{=}C(CH_3)-C_6H_5 \xrightarrow[-NH_3]{ZnCl_2}$$

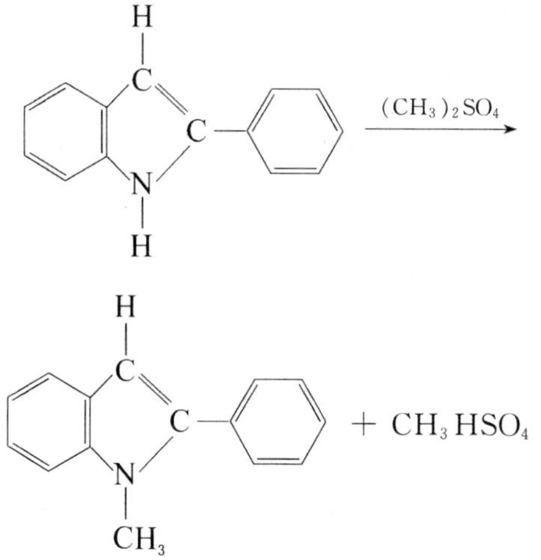
H
C
C
N
H
$(CH_3)_2SO_4$
H
C
C
N
CH_3
+ CH_3HSO_4

(12-70)

(B) 苯并咪唑衍生物　这类五员杂环苯并衍生物含有两个杂原子。由于衍生物分子中苯环的相邻位置上有两个氮原子，所以最方便和常用的起始原料为邻苯二胺，通过环合途径㉕即成。例如邻苯二胺与甲酸作用，能发生脱水、环合而成苯并咪唑，这是医药中间体：

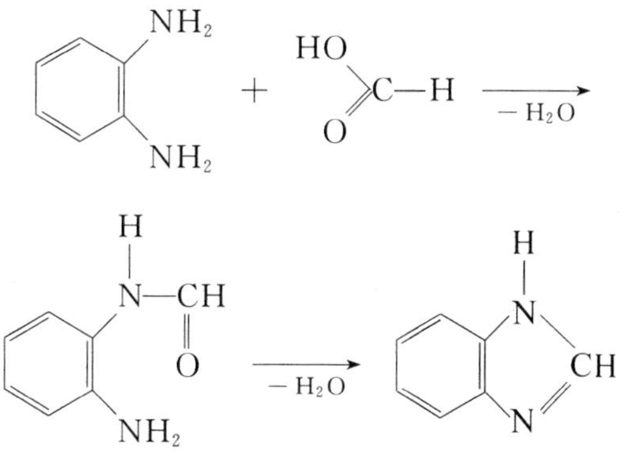
NH_2
NH_2
+
HO
C—H
O
$-H_2O$
H
N—CH
O
NH_2
$-H_2O$
H
N
CH
N

(12-71)

如果用其他羧酸衍生物，按类似方法便能制取其他的苯并咪唑衍生物，例如：

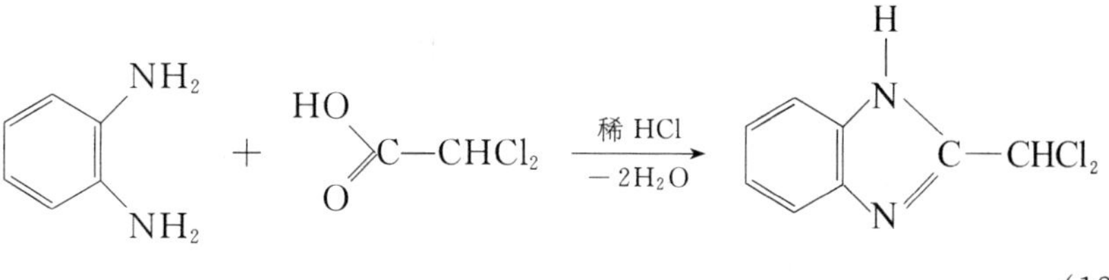
NH_2
NH_2
+
HO
C—$CHCl_2$
O
稀 HCl
$-2H_2O$
H
N
C—$CHCl_2$
N

(12-72)

2-(二氯甲基)苯并咪唑是制备阳离子染料的中间体。又如按下式生成的双苯并咪唑可用作荧光增白剂：

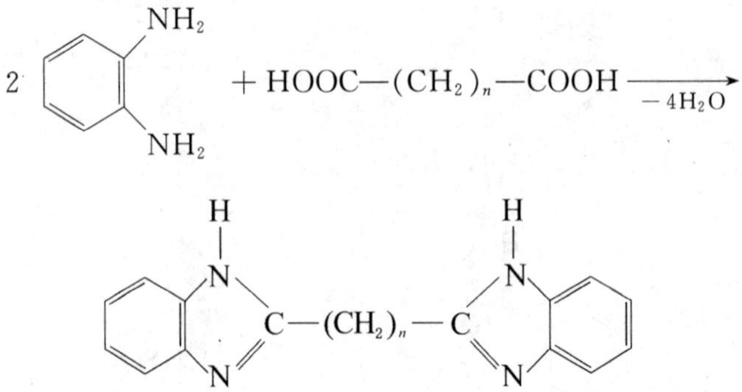

$$2\,\text{C}_6\text{H}_4(\text{NH}_2)_2 + \text{HOOC—(CH}_2)_n\text{—COOH} \xrightarrow{-4H_2O}$$

$$\text{(苯并咪唑-2-基)—(CH}_2)_n\text{—(苯并咪唑-2-基)} \qquad (12\text{-}73)$$

除了羧酸类原料外，还可选用醛、酮（都要附加温和氧化剂）或腈类衍生物与邻苯二胺来制备。例如：

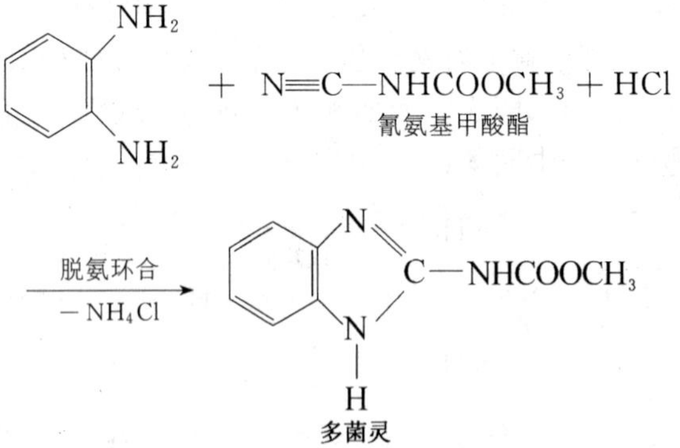

$$\text{C}_6\text{H}_4(\text{NH}_2)_2 + \text{N}\equiv\text{C—NHCOOCH}_3 + \text{HCl}$$

氰氨基甲酸酯

$$\xrightarrow[-NH_4Cl]{\text{脱氨环合}} \text{(1H-苯并咪唑-2-基)—NHCOOCH}_3 \qquad (12\text{-}74)$$

多菌灵

生成的多菌灵是良好的农药杀菌剂。原料氰氨基甲酸酯要用光气、甲醇和石灰氮来制备。

如果用邻氨基对甲酚代替邻苯二胺，并与二元酸反应，也能脱水环合生成苯并嗯唑类衍生物。如邻氨基对甲酚与羟基丁二酸（苹果酸）在二甲苯溶剂中，在少量硼酸存在下，通二氧化碳并加热反应，即生成对称型嗯唑的增白剂 DT：

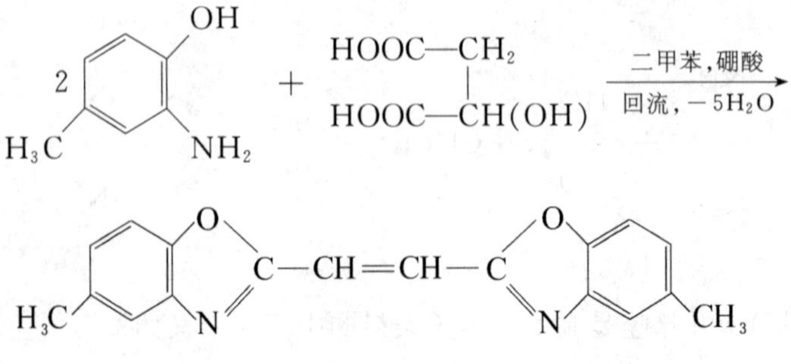

$$2\,\text{H}_3\text{C—C}_6\text{H}_3(\text{OH})(\text{NH}_2) + \begin{array}{l}\text{HOOC—CH}_2\\ \qquad\quad |\\ \text{HOOC—CH(OH)}\end{array} \xrightarrow[\text{回流},\,-5H_2O]{\text{二甲苯，硼酸}}$$

$$\text{H}_3\text{C—(苯并嗯唑-2-基)—CH=CH—(苯并嗯唑-2-基)—CH}_3 \qquad (12\text{-}75)$$

如果将邻苯二胺和碳酸或尿素相作用：

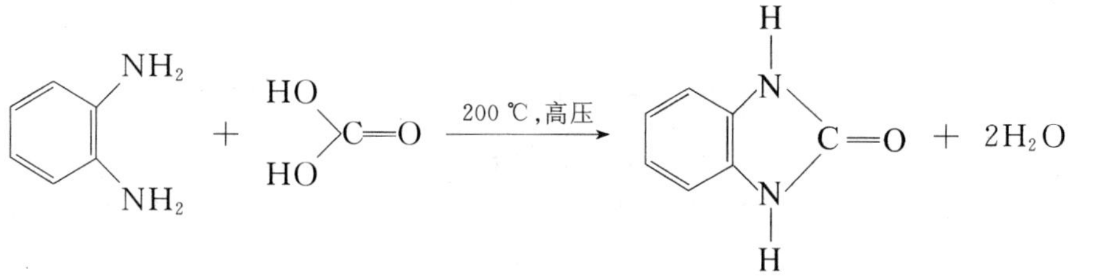

$$C_6H_4(NH_2)_2 + (HO)_2C{=}O \xrightarrow{200\,℃,\text{高压}} C_6H_4(NH)_2C{=}O + 2H_2O$$

(12-76)

$$C_6H_4(NH_2)_2 + (H_2N)_2C{=}O \xrightarrow{250\,℃,\text{常压}} C_6H_4(NH)_2C{=}O + 2NH_3$$

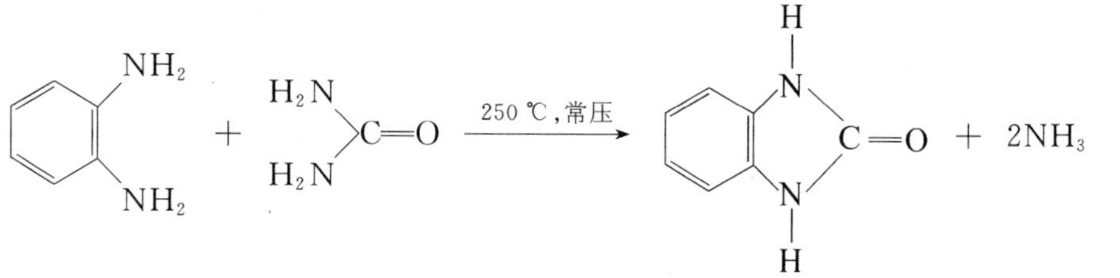

(12-77)

都能制得苯并吡唑酮，后者再经硝化、还原即成 5-(或 6-)氨基苯并吡唑酮，这是制备耐高温黄到红色有机颜料的主要中间体。

(C) 噻唑衍生物　这类五员杂环化合物含有两个杂原子，合成的环合途径主要是㉓。根据分子结构特征，常选用硫脲为起始原料，与氯乙醛在常温就能反应，脱水和氯化氢，并环合成 2-氨基噻唑：

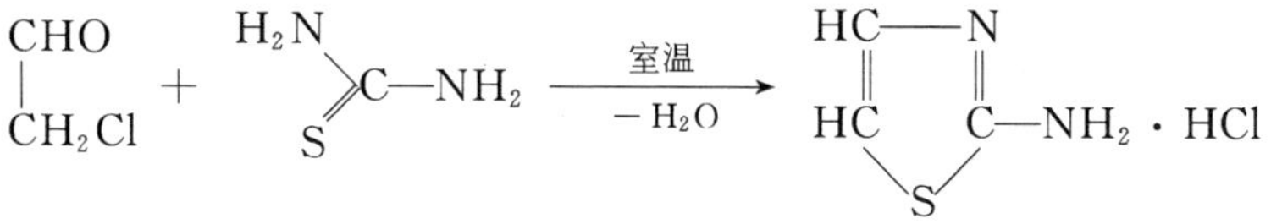

$$\begin{matrix}CHO\\|\\CH_2Cl\end{matrix} + H_2N{-}\underset{\|}{\overset{}{C}}(=S){-}NH_2 \xrightarrow[-H_2O]{\text{室温}} \text{2-氨基噻唑}\ (HC{=}CH{-}S{-}C(NH_2){=}N) \cdot HCl$$

(12-78)

产品可供制备医药磺胺噻唑。此外，还可选用苯基硫脲与氯化硫在无水氯仿介质中，发生脱氢(转化为氯化氢)和环合反应：

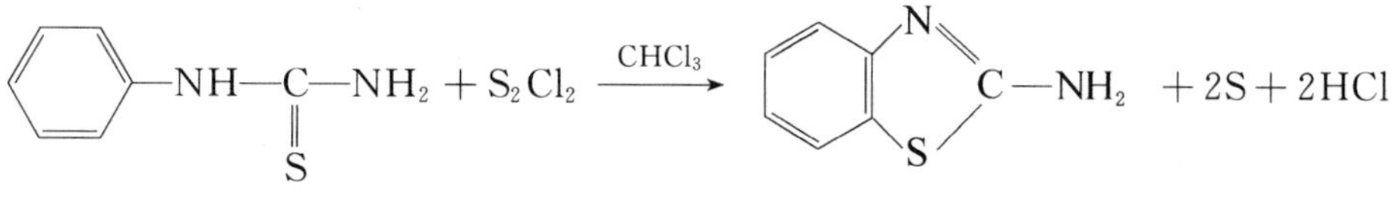

$$C_6H_5{-}NH{-}\underset{\underset{S}{\|}}{C}{-}NH_2 + S_2Cl_2 \xrightarrow{CHCl_3} \text{2-氨基苯并噻唑}\ (C_6H_4{<}^{N=}_{S-}{>}C{-}NH_2) + 2S + 2HCl$$

(12-79)

生成的 2-氨基苯并噻唑是染料中间体，可用来生产数种阳离子染料。

(D) 吡唑衍生物　这类五员杂环化合物含有两个杂原子。合成的环合途径主要是㉗。根据分子结构特征,可以选用肼类衍生物作起始原料,含有相邻两个氮原子的苯肼也可选作起始原料,只是合成的吡唑衍生物带有苯基取代基。许多在 3 位上有取代基的 1-芳基-5-吡唑酮衍生物是重要的染料和医药中间体。如用芳肼作起始原料,它很容易和含有羰基的醛或酮发生反应而生成腙。当芳肼和在 1,3 两个位置上含有羰基的 β-二酮相作用,所生成的腙很容易再进一步发生分子内环合反应成为 1-芳基-5-吡唑酮衍生物。此处所用的 β-二酮可以是乙酰乙酸乙酯、双乙酰胺、α-单取代或双取代的乙酰乙酸乙酯、烷酰基乙酸乙酯、芳酰基乙酸乙酯等。例如重要的中间体 1-苯基-3-甲基-5-吡唑酮便是由苯肼和双乙酰胺(即乙酰乙酰胺)相作用而制得的:

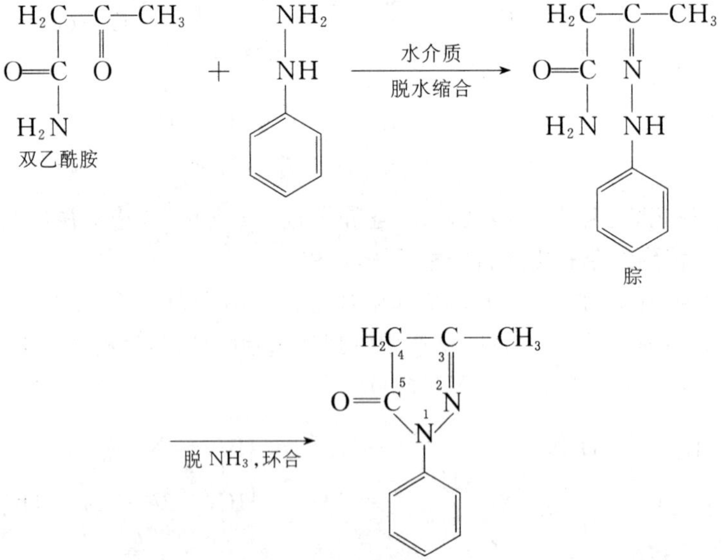

$H_2C—C(=O)—CH_3$, $O=C—NH_2$ (双乙酰胺) + $C_6H_5—NH—NH_2$ $\xrightarrow[\text{脱水缩合}]{\text{水介质}}$ $H_2C—C(=N—NH—C_6H_5)—CH_3$, $O=C—NH_2$ (腙)

$\xrightarrow{\text{脱 } NH_3\text{,环合}}$ $H_2C—C—CH_3$ (4, 3), $O=C$ (5), N (2), N (1)—C_6H_5　(12-80)

1-苯基-3-甲基-5-吡唑酮除了可用来生产多种染料外,如再通过 2 位 N-烷基化、4 位亚硝化、还原和 4 位 N-烷基化等反应,还可以制取如下重要医药产品:

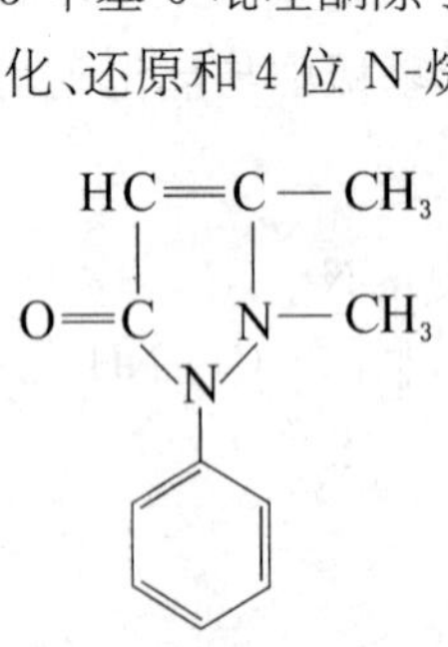

$HC=C—CH_3$, $O=C$, $N—CH_3$, $N—C_6H_5$　安替比林

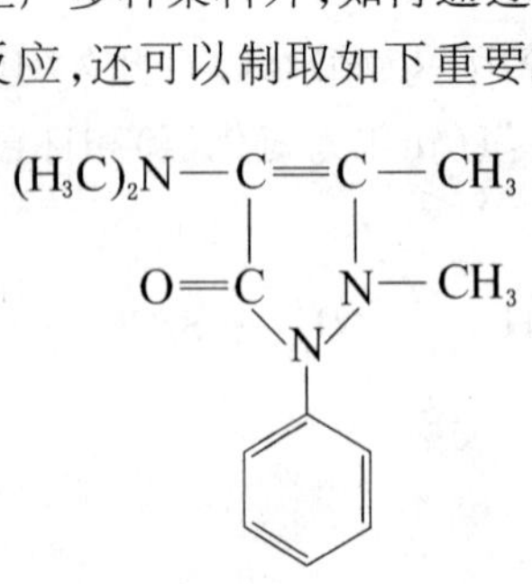

$(H_3C)_2N—C=C—CH_3$, $O=C$, $N—CH_3$, $N—C_6H_5$　四拉米董

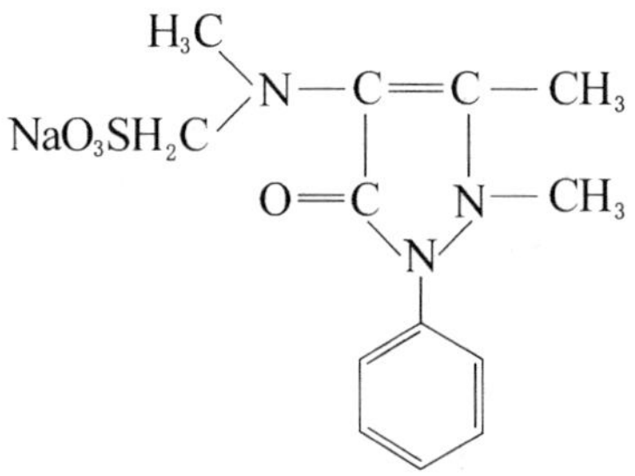

$$(H_3C)(NaO_3SH_2C)N-C{=}C(-CH_3)-N(-CH_3)-N(C_6H_5)-C(=O)$$

安乃近

(3) 六员杂环缩合反应

(A) 吡啶衍生物　这类六员杂环化合物含有一个杂原子。其中比较重要的是吡啶酮为产物。吡啶酮本身很易被氧化,但在 3 位或 4 位有取代基时就十分稳定,因此具有实用价值的是在 4 位或 3,4 位有取代基的吡啶酮衍生物,它们都是重要的染料中间体。

吡啶酮是 2-戊烯二酸内酰亚胺的互变异构体,因此用取代的 2-戊烯二酸二乙酯与氨相作用即可顺利制得吡啶酮衍生物:

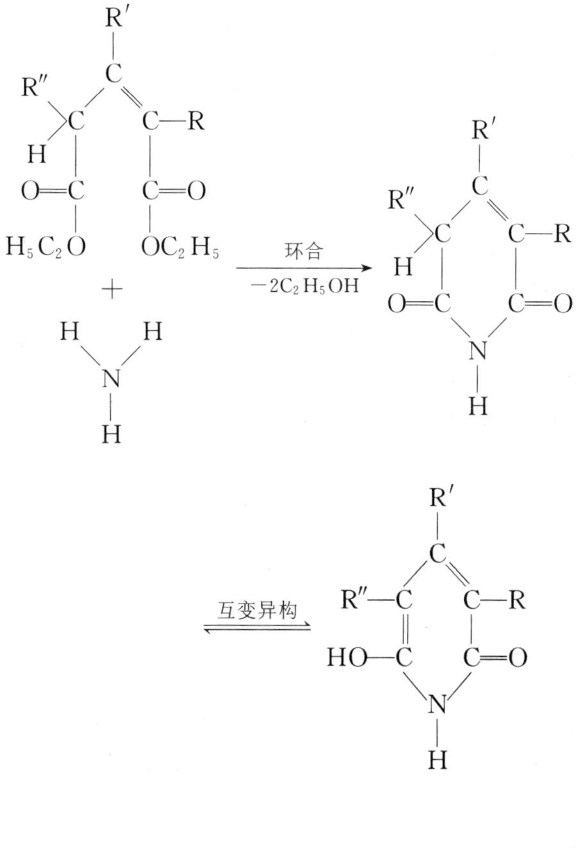

$$H_5C_2O-C(=O)-CH(R'')-C(R')=C(R)-C(=O)-OC_2H_5 + NH_3 \xrightarrow[-2C_2H_5OH]{\text{环合}} \text{(环状) } O=C-CH(R'')-C(R')=C(R)-C(=O)-NH$$

$$\underset{}{\overset{\text{互变异构}}{\rightleftharpoons}} \text{(环状) } HO-C=C(R'')-C(R')=C(R)-C(=O)-NH \qquad (12\text{-}81)$$

吡啶酮衍生物的合成路线较多,结合原料来源和反应顺利等因素,最常用的合成路线是氰乙酰胺和β-酮酸酯的成环缩合法。例如将氰乙酰胺和乙酰乙酯在乙醇介质中,并在碱性催化剂(苛性钠、苛性钾或哌啶)的存在下加热,就能顺利地制取 3-氰基-4-甲基-6-羟基-(1-H)吡啶-2-酮:

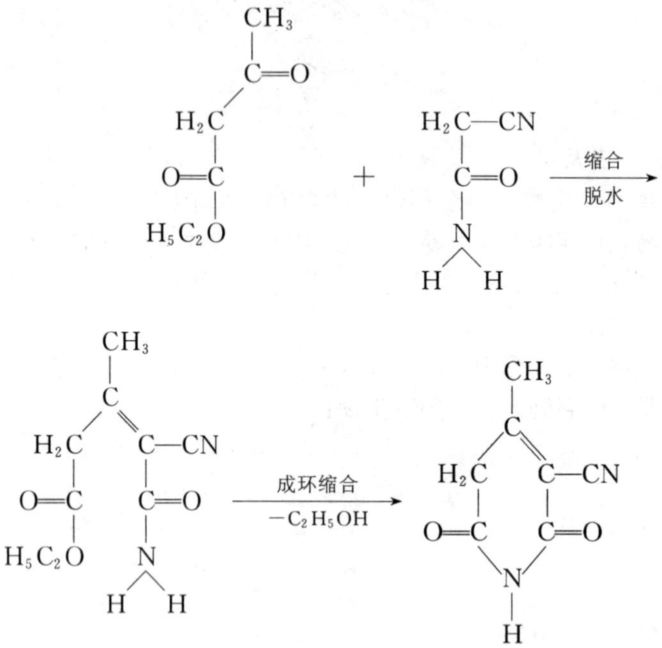

CH_3

C=O

H_2C　　　　H_2C—CN

O=C　　+　　C=O　——缩合/脱水——→

H_5C_2O　　　　N

H　H

CH_3　　　　　　　　　　CH_3

C　　　　　　　　　　C

H_2C　C—CN　　　　　H_2C　C—CN

O=C　C=O　——成环缩合/$-C_2H_5OH$——→　O=C　C=O　(12-82)

H_5C_2O　N　　　　　　　　N

H　H　　　　　　　　H

采用氰乙酰胺是利用氰基使分子中亚甲基上的两个氢原子活化,容易和乙酰乙酸乙酯发生脱水缩合反应。吡啶酮是许多分散染料和活性染料的重要中间体。

(B) 嘧啶衍生物 这类六员杂环化合物含有两个杂原子。合成的环合途径往往采用㉚方式。根据分子结构特征,通常选用 1,3-二羰基化合物和同一碳原子上有两个氨基的化合物作为起始原料:

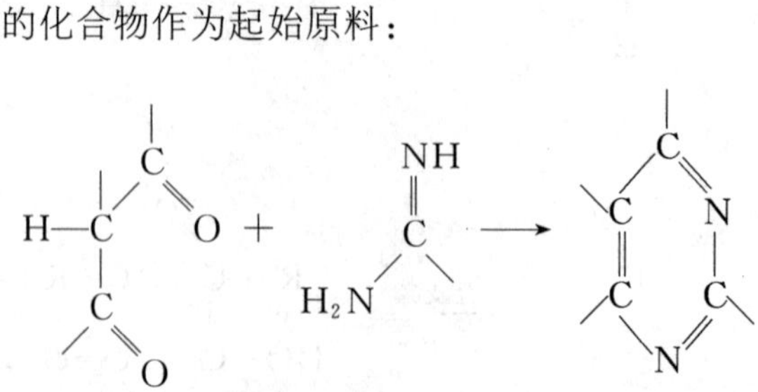

C　　　　NH　　　　　C

H—C　O　+　C　——→　C　N　(12-83)

C　　　H_2N　　　　C　C

O　　　　　　　　　N

其中可以用作 1,3-二羰基化合物的有:1,3-二醛、1,3-二酮、1,3-醛酮、1,3-酮酯、1,3-酮腈、1,3-二腈等。同一碳原子上有两个氨基的化合物有:脲、硫脲、脒和胍等。氨基的亲核程度与形成新碳—氮键是否顺利有密切关系，因此可以用碱性强度来推测二氨基物的相对反应活泼性，其中以胍最强，脒次之，硫脲再次之，脲的活性最弱。例如用作心血管新药潘生丁的中间体——甲基硫氧嘧啶就是由乙酰乙酸乙酯和硫脲反应生成的：

$$H_2N-\underset{\|}{\overset{}{C}}(=S)-NH_2 + H_5C_2O-C(=O)-CH_2-C(=O)-CH_3 \xrightarrow{-H_2O,\ -C_2H_5OH}$$

$$\text{O}=C\!\left\langle \begin{matrix} HN-C(=S)-N(H) \\ CH=C(CH_3) \end{matrix} \right. \qquad (12\text{-}84)$$

(C) 均三嗪衍生物　这类六员杂环化合物含有三个杂原子。其中以三氯均三嗪最为重要，因它是由氯氰三聚而成，故又名三聚氯氰。可以采用 HCN 作为起始原料，经氯化成为氯氰，再三聚而成三氯均三嗪，其反应式如下：

$$HCN + Cl_2 \longrightarrow ClCN + HCl \qquad (12\text{-}85)$$

$$3\ Cl-C\equiv N \xrightarrow{\text{三聚}} C_3N_3Cl_3\ (\text{2,4,6-三氯均三嗪环}) \qquad (12\text{-}86)$$

工业生产时，原料氢氰酸可以由甲烷的氨氧化或丙烯的氨氧化得到，来源丰富，成本低廉。

三聚氯氰是制备均三氮苯类除草剂、杀菌剂、活性染料、荧光染料、荧光增白剂、合成树脂、炸药、橡胶硫化促进剂等的重要中间体。

参考文献

[1] 唐培堃. 中间体化学及工艺学. 北京:化学工业出版社,1984.

[2] 朱淬砺. 药物合成反应. 北京:化学工业出版社,1982.

[3] Hancock E G. 甲苯二甲苯及其工业衍生物. 王杰,等译. 北京:化学工业出版社,1987.

[4] Weissermel K, Arpe H J. 工业有机化学重要原料和中间体. 白凤娥,等译. 北京:化学工业出版社,1982.

[5] 王葆仁. 有机合成反应(下). 北京:科学出版社,1985.

[6] 曹钢. 异丙苯法生产苯酚丙酮. 北京:化学工业出版社,1983.

[7] Hancock E G. 笨及其工业衍生物. 穆光照,等译. 北京:化学工业出版社,1982.

[8] 黄宪. 有机合成化学. 北京:化学工业出版社,1983.

[9] Groggins P H. 化工单元制造程序(下). 石清阳,译. 台湾:大行出版社,1981.

[10] 谭荡浓. 工业化学程序技术. 台湾:高立图书有限公司,1984.

[11] 顾可权,等. 有机合成化学. 上海 :上海科学技术出版社,1987.

[12] 金松寿. 有机催化. 上海:上海科学技术出版社,1986.

[13] 胡克纳尔 D J. 烃类的选择氧化. 汪汉卿,等译. 北京:科学出版社,1980.

[14] 袁开基,等. 有机杂环化学. 北京:人民卫生出版社,1984.

[15] Meyers A I. 有机合成中的杂环化合物. 陈国才,等译. 北京:化学工业出版社,1985.

[16] Ullmanns's *Encyclopedia of Industrial Chemistry*. 5th ed., Vol. A2, VCH, 1985.

[17] Sykes P. *A Guidebook to Mechanism in Organic Chemistry*. 5th ed., Longman, 1981.

[18] Joule J A. *Heterocyclic Chemistry*. 2nd ed., Van Nostrand Reinhold Company, 1978.

[19] Gilchrist T L. *Heterocyclic Chemistry*. Pitman, 1985.

[20] Ullmann's. *Encyclopedia of Industrial Chemistry*. 5th ed., Vol. A6, VCH, 1986.

[21] Resnick W. *Process Analysis and Design for Chemical Engineers*. McGraw-Hill, 1981.

[22] Эфрос Л С, Горелик М В. *Хития и Технология Промежуточных Продуктов*, Химия, 1980.

[23] Лисицын В Н. *Хития и Технология Протежуточных Продуктов*, Химия, 1987, 165.

[24] 上尾庄次郎,有機合成反応(下). 廣川書店,1983.